Franz Embacher

Elemente der theoretischen Physik

Franz Embacher

Elemente der theoretischen Physik

Band 1:
Klassische Mechanik und Spezielle Relativitätstheorie

Eine Einführung für das Lehramts- und Bachelorstudium

STUDIUM

VIEWEG+
TEUBNER

Bibliografische Information der Deutschen Nationalbibliothek
Die Deutsche Nationalbibliothek verzeichnet diese Publikation in der
Deutschen Nationalbibliografie; detaillierte bibliografische Daten sind im Internet über
<http://dnb.d-nb.de> abrufbar.

Doz. Dr. Franz Embacher
Franz Embacher ist Dozent für theoretische Physik an der Universität Wien. Neben seiner Forschungs-
tätigkeit in allgemeiner Relativitätstheorie, Supergravitation, Stringtheorie, Kosmologie und Quantengravitation entwickelte er seit langem ein besonderes Interesse an der Didaktik der Physik und der
Mathematik, zeitgemäßen Lehr- und Lernformen sowie der Modernisierung der im Lehramtsstudium
vermittelten Inhalte. Seit vielen Jahren ist er in der mathematischen Grundausbildung der Lehramtsstu-
dierenden aktiv und hält Lehrveranstaltungen zum Thema „Moderne Physik und Schule" ab. Er ist
Mitautor der Mathematik-Plattform www.mathe-online.at. Zwischen 2005 und 2010 leitete er das
eLearning-Projekt *eLearnPhysik* an der Fakultät für Physik der Universität Wien. 2008 erschien bei
Vieweg+Teubner das von ihm verfasste Lehrbuch *Mathematische Grundlagen für das Lehramtsstudium
Physik*.

1. Auflage 2010

Alle Rechte vorbehalten
© Vieweg+Teubner Verlag | Springer Fachmedien Wiesbaden GmbH 2010

Lektorat: Ulrich Sandten | Kerstin Hoffmann

Vieweg+Teubner Verlag ist eine Marke von Springer Fachmedien.
Springer Fachmedien ist Teil der Fachverlagsgruppe Springer Science+Business Media.
www.viewegteubner.de

Umschlaggestaltung: KünkelLopka Medienentwicklung, Heidelberg
Druck und buchbinderische Verarbeitung: MercedesDruck, Berlin
Gedruckt auf säurefreiem und chlorfrei gebleichtem Papier.
Printed in Germany

ISBN 978-3-8348-0920-9

Vorwort von Walter Thirring

Jede Generation erlebt die klassische Physik für sich aufs Neue und erarbeitet ihr Verständnis dessen, was eine gute Theorie will und kann. Dieses Verständnis zu übermitteln, verlangt, auf die Bedürfnisse des potentiellen Lesers einzugehen. Durch die Umstellung auf das Bakkalaureatsstudium und die entsprechende Reorganisation der Lehramtsausbildung haben sich neue Anforderungen ergeben.

Das vorliegende Buch geht auf die neuen Bedingungen ein. In ihm wird das „Wittensche Prinzip" verwirklich. Edward Witten ist einer der Physik-Heroen der Gegenwart. Wenn er verrät, wie er an die Spitze gekommen ist, verdient das Aufmerksamkeit. Er sagt: Um in etwas Neues einzudringen, muss man einmal drei Beispiele bis ins kleinste Detail durchrechnen. Erst dann ist man in der Lage, nach allgemeineren Prinzipien Ausschau zu halten.

Genau diesen Grundsatz verfolgt das vorliegende Buch. Ausführlichere und zahlreichere Beispiele wird man in anderen Lehrbüchern finden. Aber hier wird der Leser kritisch angeregt, anhand ausgewählter Beispiele grundlegende Prinzipien zu erkennen, und zu verstehen, *was eine Theorie ausmacht*. Jede Theorie muss von Annahmen ausgehen, aus denen sich dann die Details ableiten lassen. Wie diese Annahmen zu erkennen sind und eventuell zu hinterfragen sein werden, wird dem Leser in eindrucksvoller Weise klar gemacht.

Walter Thirring
Wien, Juli 2010

Vorwort des Autors

Dieses Buch ist das erste einer auf mehrere Bände geplanten Serie, die versucht, eine Lücke zu füllen. Eine Lücke, die im Lehramtsstudium Physik schon immer bestanden hat und mit der Einführung der neuen europäischen Studienarchitektur (Bachelor – Master – Ph. D.) in der universitären Physik-Ausbildung generell auftritt: Für das Lehrangebot im Bereich der theoretischen Physik steht im Bachelor- und im Lehramtsstudium nur wenig Zeit zur Verfügung, um die wichtigsten konzeptuellen Grundlagen und mathematischen Strukturen der modernen Physik zu vermitteln. Auch die mathematische Grundausbildung, auf der die theoretische Physik aufbauen sollte, ist von ähnlichen Problemen betroffen. Andererseits sind aber viele der heute in deutscher Sprache erhältlichen Lehrbuchwerke über theoretische Physik am früheren Diplomstudium orientiert und eignen sich hinsichtlich der benötigten mathematischen Voraussetzungen, des formalen Schwierigkeitsgrades und der in ihnen abgehandelten Stofffülle nicht immer optimal zur Begleitung von Lehrveranstaltungen des Bachelor- und Lehramtsstudiums.

Die mit dem vorliegenden Buch eröffnete Serie von Bänden versucht, eine angemessene Antwort auf dieses Problem darzustellen. Sie wird die theoretischen Grundpfeiler der Physik, soweit sie im Lehramts- und Bachelorstudium benötigt werden, vermitteln. Besonderes Gewicht liegt hierbei auf dem *konzeptuellen Verständnis* und auf Zugängen, die sowohl eine adäquate *Orientierung* über das Ganze des Stoffs als auch – in einem sinnvollen Umfang – *eigenständiges Operieren* ermöglichen. Der Einsatz des mathematischen Formalismus ist diesen Zielen untergeordnet.

Der erste Band ist den zwei großen Theorieentwürfen gewidmet, die *vor* dem Siegeszug der Quantentheorie (die der Gegenstand des zweiten Bandes sein wird) entwickelt wurden: der klassischen Mechanik und der Speziellen Relativitätstheorie. Die klassische Mechanik gilt zu unrecht als trocken und langweilig. In ihrem Rahmen hat das Weltbild der neuzeitlichen Physik – einschließlich des *theoretischen Standpunkts*, auf den ein Lehrbuch über theoretische Physik besonderes Gewicht zu legen hat – zum ersten Mal Gestalt angenommen. Vordergründig geht es dabei um die quantitative Beschreibung einer Reihe physikalischer Phänomene, die in mechanischen Systeme auftreten. Besondere Bedeutung besitzt die klassische Mechanik aber darüber hinaus, weil in ihr die Art und Weise, wie physikalische Gesetze formuliert und reflektiert werden, besonders klar zum Ausdruck kommt und dabei über manche Strecke – mehr als dies in Theorien wie der Elektrodynamik oder der Quantentheorie der Fall ist – durch unsere Alltagsvorstellungen unterstützt wird. Insbesondere haben Überlegungen, die über die Formulierung „einer Theorie" hinausweisen und eher auf der Ebene von *Gestaltungsprinzipien für Theorien* anzusiedeln sind, die moderne Physik nachhaltig beeinflusst. Sie werden in diesem Buch des Öfteren aufgegriffen, diskutiert und stellen gewissermaßen den roten Faden dar, dem die Entwicklung der Inhalte folgt. Das mit ihnen verbundene Orientierungswissen soll angehenden Physikerinnen und Physikern und angehenden Physik-Lehrkräften ein solides Fundament für ihre Weiterentwicklung und für die Ausübung ihres zukünftigen Berufs ermöglichen.

Um diesen Aspekt zu verdeutlichen, sei ein Beispiel erlaubt: Woher kommt eigentlich der Satz von der Erhaltung der Energie? Ist er ein *Ausgangspunkt* oder eine *Folgerung* von etwas anderem? Falls er ein *Ausgangspunkt* ist – warum wird er dann „Satz" genannt und nicht „Postulat"? Falls er eine *Folgerung* von etwas anderem ist – was ist dann dieses Andere? Die Antwort darauf werden Sie in diesem Buch finden. Sie ist verbunden mit dem so genannten Lagrangeformalismus, der oft fälschlicherweise als bloße „Umformulierung" der Newtonschen Mechanik angesehen wird. Tatsächlich bildet er den Schlüssel zum Verständnis einer Reihe physikalischer Prinzipien, die in unterschiedlichem Gewand auch die „späteren" physikalischen Theorien wie die Elektrodynamik, die Quantentheorie, die Teilchenphysik und die Allgemeine Relativitätstheorie prägen.

Ganz in diesem Sinn wird auch die Speziellen Relativitätstheorie im Hinblick auf ihre Bedeutung für die gesamte nach ihr kommende Physik behandelt. Wann immer möglich, werden die im Mechanik-Kapitel erarbeiteten Methoden angewandt, um nicht nur das umwälzend Neue an der Relativitätstheorie zu verdeutlichen, sondern auch um zu vermitteln, inwieweit sich manche ihrer Strukturen bestens in die klassischen Mechanik einfügen.

An manchen Stellen des Buches sind Bezüge zu physikalischen Phänomenen nötig, die als solche nicht in die zwei behandelten Gebiete fallen und gewissermaßen Vorgriffe auf die nachfolgenden Bände darstellen. Insbesondere werden des Öfteren elektromagnetische Felder auftreten (für deren eingehende Behandlung der dritte Band vorgesehen ist). Aufgrund der Vernetzung der physikalischen Teildisziplinen bestünde die Alternative darin, interessante und für die Physik wesentliche Aspekte unter den Tisch fallen zu lassen. Wann immer ein solcher Vorgriff nötig ist, werden Sie gebeten, den einen oder anderen Sachverhalt vorerst einfach zu akzeptieren.

Wieviel mathematischer Formalismus ist nötig, um die wichtigsten *Elemente der theoretischen Physik* in einer für das Bachelor- und Lehramtsstudium geeigneten Weise zu vermitteln? Nach der Aufführung von Wolfgang Amadeus Mozarts Oper *Die Entführung aus dem Serail* soll der österreichische Kaiser Joseph II mit einem kritischen Unterton bemerkt haben, dass sie „gewaltig viel Noten" enthalte. Der Komponist antwortete darauf: „Gerade so viel als nötig sind, Euer Majestät". So verhält es sich auch mit dem in diesem Buch betriebenen formalen Aufwand. Mathematik ist hier nicht Selbstzweck, sondern dient dazu, (i) physikalische Gesetze zu formulieren, (ii) das Formulierte zu verstehen und (iii) Folgerungen daraus zu ziehen, und zwar jeweils in einer Tiefe, die einem auf das *Ganze* der Physik zielenden Anspruch angemessen ist. Da sich ein solides Orientierungswissen nicht mit oberflächlichen Mitteln erreichen lässt, wird Ihnen ein bestimmtes Ausmaß an Mathematik nicht erspart bleiben. Um Ihnen dies zu erleichtern, wurde versucht, wichtige formale Argumentationen möglichst transparent darzustellen. Ein mathematischer Anhang mag Ihnen dabei zusätzlich behilflich sein.

Lehramts-Studierenden sei versichert, dass sich dieses Buch *nicht* als Empfehlung versteht, Physik in der Schule so zu unterrichten, wie Sie es hier lesen werden! Es wird sich dennoch für die souveräne Gestaltung eines spannenden Physikunterrichts bezahlt machen, wenn Sie sich auf die *theoretische Sichtweise* einlassen, und es wird Ihnen die Aneignung zukünftiger Entwicklungen in der Physik erleichtern.

Zu jedem der beiden Kapitel wird eine Reihe von Aufgaben unterschiedlichen Schwierigkeitsgrades angeboten. Ein Teil davon bezieht sich direkt auf den Text des Buches und soll Sie ein bisschen dazu drängen, wichtige Berechnungen oder Argumentationsschritte selbst durchzuführen. Ein anderer Teil hat den Charakter von Anwendungen, Ergänzungen oder Vertiefungen. Im Anhang finden Sie für die meisten der Aufgaben Lösungen oder Lösungshinweise und in manchen Fällen ausgearbeitete Lösungswege.

Generell versucht das Buch, Schwächeren zu helfen und Interessierte zum Nachdenken anzuregen. Um den Kerntext so schlank wie möglich zu halten, sind einige vertiefende Abschnitte und Aufgaben mittels eines „Doppelsternsystems" als Ergänzungen gekennzeichnet: Ein einfacher Stern * kennzeichnet Teile, die – nach meiner Einschätzung – weniger relevant für Lehramts-Studierende, aber von Interesse für Bachelor-Studierende sind. Ein doppelter Stern ** kann von allen Leserinnen und Lesern ohne Verlust des Zusammenhangs übersprungen werden.

Sowohl für Bachelor- als auch für Lehramts-Studierende soll das Buch nicht nur zur Begleitung einschlägiger Lehrveranstaltungen in theoretischer Physik dienen, sondern auch in späteren Phasen ihres Studiums bzw. in der beruflichen Praxis verwendbar sein.

Über Rückmeldungen jeder Art bin ich dankbar. Hinweise auf Fehler werden im Web unter der Adresse

http://homepage.univie.ac.at/franz.embacher/elemente/

veröffentlicht.

Franz Embacher
Wien, Juli 2010

Inhaltsverzeichnis

1 Klassische Mechanik

1.1 Was bedeutet eigentlich „klassisch"?

Diese kurze Vorbemerkung dient einer Begriffsklärung: Die vielleicht größte Revolution der Physik stellte die Entwicklung der Quantentheorie vor nunmehr über hundert Jahren dar. Ihr provokantester Zug ist die Aussage, dass Größen wie der Ort oder die Geschwindigkeit eines Teilchens keine „objektiv existierenden" Werte haben, sondern in gewisser Weise viele Werte gleichzeitig – sie sind *unbestimmt* (oder „ausgeschmiert", wie der Jargon sie nennt). Dementsprechend lässt sich nicht mit Bestimmtheit vorhersagen, welchen Wert die Messung einer solchen Größe liefern wird. Lediglich Wahrscheinlichkeitsaussagen sind möglich. Physikalische Konzepte und Theorien, die diese umwälzende Neuerung *nicht* berücksichtigen, werden als **klassisch** bezeichnet. Die klassische Physik hat keineswegs ausgedient, denn etwa zur Berechnung der Bahn einer Raumsonde auf dem Weg zum Jupiter ist die Berücksichtigung quantentheoretischer Effekte nicht nötig. Dieses Buch ist zwei großen klassischen Theorieentwürfen gewidmet. Die Quantentheorie wird im zweiten Band behandelt.

1.2 Zur Bedeutung mathematischer Modelle

Der Physik stehen viele Methoden zur Verfügung, um Erkenntnisse über die physikalischen Naturgesetze zu gewinnen. Dazu zählen das Beobachten und Experimentieren, das Ausbilden von Konzeptvorstellungen, das Nachdenken und Diskutieren, Versuch und Irrtum, das Aufstellen von Hypothesen, die Intuition, das Formulieren physikalischer Theorien, das Erzielen von Vorhersagen und das erneute Experimentieren, um eine Theorie zu testen, das Verbessern oder Verwerfen einer Theorie, das Überprüfen der inneren Widerspruchsfreiheit eines Modells, das Zusammenfassen der Kernstücke des bisher Erreichten und das Zusammenfügen („Vereinheitlichen") bisher getrennter Theorien unter einem gemeinsamen Blickwinkel. Prozesse diese Art erstreckten sich in der Geschichte über Jahrhunderte, wenn nicht Jahrtausende! Was bleibt von ihnen übrig, was geht in das zu einer bestimmten Zeit geltende „Weltbild" oder „Lehrgebäude" der Physik ein? Von der Fülle der technologischen Anwendungen, die aus diesem Wissen entstanden sind, einmal abgesehen, sind es vor allem die *Theorien*, die unser Wissen über die physikalischen Gesetze zum Ausdruck bringen.

Nun könnte man meinen, eine widerlegte Theorie könne getrost vergessen werden. Ganz so einfach ist es aber nicht! Hat sich eine physikalische Theorie einmal bewährt, indem sie eine Anzahl von Phänomenen erklären konnte und erfolgreiche Vorhersagen machte, so wird sie durch neue Entdeckungen, die ihr widersprechen, in der Regel nicht ganz und gar hinfällig! So wissen wir heute beispielsweise dank der drei größten Errungenschaften der Physik des zwanzigsten Jahrhunderts – der Speziellen und der Allgemeinen Relativitätstheorie sowie der

Quantentheorie –, dass die meisten der zuvor formulierten Naturgesetze genau genommen „falsch" sind. Dennoch leisten viele von ihnen – wie etwa das Newtonsche Gravitationsgesetz und das Konzept des klassischen elektromagnetischen Feldes – nach wie vor sehr nützliche Dienste, da sie zumindest in gewissen Situationen *näherungsweise* gültig sind. Man kann das auch so ausdrücken, dass sie in den neueren Theorien als *Grenzfälle* enthalten sind – wie etwa das Newtonsche Gravitationsgesetz als Grenzfall der Allgemeinen Relativitätstheorie für kleine Massen und kleine Geschwindigkeiten. Oft sind die Unterschiede zwischen den Vorhersagen der „neuen" und „alten" Theorien so klein, dass sie nur unter Zuhilfenahme aufwändiger Technologien übeprüft werden können. Um ein extremes Beispiel zu erwähnen: In den letzten zwei Jahrzehnten ist viel von der (angestrebten, aber noch nicht gefundenen) Theorie der Quantengravitation die Rede. Sollte eine solche je gelingen, so werden die Theorien, die sie ablösen wird (die Allgemeine Relativitätstheorie und die Quantentheorie) noch als Grenzfälle in ihr enthalten sein.

Es gibt noch einen zweiten Grund, warum auch Theorien, die nicht der letzte Schrei sind, zum „Lehrgebäude" der Physik zählen: Die Analyse deren innerer (konzeptueller und mathematischer) Logik und Strukturen kann Anhaltspunkte für die Formulierung weitergehender Theorien liefern. Ein besonders wichtiges Beispiel sind klassische Modelle, aus denen durch einen Prozess, der „Quantisierung" genannt wird, Modelle von Quantensystemen hervorgehen. Dieser Zusammenhang zwischen den Strukturen der klassischen Physik und jenen der Quantenphysik ist einer der Gründe dafür, dass Sie in diesem ersten Kapitel einen Abschnitt über den so genannten Hamiltonformalismus finden werden: Er stellt die beste Vorbereitung auf die Quantentheorie dar.

Kurz zusammengefasst: Die theoretische Physik beschäftigt sich mit verschiedenen physikalischen Theorien, auch solchen, die einem früheren Stand unserer Erkenntnisse entsprechen. Sie sollten nicht mit der „Wirklichkeit" verwechselt werden, sondern als das genommen werden, was sie sind: *mathematische Modelle*, die innerhalb eines gewissen Gültigkeitsbereichs zur Beschreibung der Natur genutzt werden können, und die eine *innere Logik* besitzen. Um diese innere Logik geht es der theoretischen Physik ganz besonders.

Um anschaulich zu illustrieren, was mit dem Begriff des mathematischen Modells gemeint ist, betrachten wir ein Beispiel, das Ihnen aus Ihrer bisherigen physikalischen Ausbildung – wahrscheinlich bereits aus Ihrem Physikunterricht – bekannt ist: die Bewegung eines Körpers, der aus der Ruhe fallen gelassen wird. Wir nennen diese Bewegungsform den *freien Fall*. Als mathematisches Modell für sie betrachten wir das (auf Galileo Galilei zurückgehende) Fallgesetz

$$s(t) = \frac{g}{2} t^2 . \tag{1.1}$$

Der Körper beginnt zur Zeit 0 zu fallen und hat bis zur Zeit t die Strecke $s(t)$ zurückgelegt. Die Konstante g steht für die Erdbeschleunigung, ihr numerischer Wert ist etwa $9.81\ \mathrm{m/s^2}$. (Der genaue Wert hängt vom Ort auf der Erde ab und variiert um einige Promille). Klarerweise wurden hier einige Idealisierungen vorgenommen:

- Das bewegte Objekt wird als *Punktteilchen* angesehen. Dieses Konzept entspringt *nicht* der Erfahrung[1], ist aber mathematisch leichter zu handhaben als das eines ausgedehnten Körpers und in vielen praktischen Situationen *näherungsweise* erfüllt. Die Frage, ob es in der Natur tatsächlich Punktteilchen gibt, die sich nach dem Gesetz (1.1) bewegen, ist insofern hinfällig, als die klassische Mechanik als Ganzes nur eine Näherung ist. Die Frage nach der Existenz von Punktteilchen lässt sich aber auch stellen, wenn wir an die – im Rahmen der Quantentheorie beschriebenen – Bausteine der Materie denken: So gibt es etwa heute keine experimentellen Hinweise darauf, dass das Elektron eine „innere Struktur" besitzt. Aber in jedem Fall ist klar, dass ein fallender Stein kein Punktteilchen ist.

- Das Gesetz (1.1) vernachlässigt den Luftwiderstand.

- Weiters berücksichtigt es nicht die Tatsache, dass sich der Abstand eines fallenden Objekts zum Erdmittelpunkt ändert und daher g keine Konstante ist.

- Es vernachlässigt die Erdrotation (die eine kleine Ablenkung der Flugbahn aus der Lotrechten bewirkt).

- Es ignoriert die Erkenntnisse der Relativitätstheorie. In diesem Sinne kann es ein *nicht-relativistisches* Gesetz genannt werden.

- Und schließlich stellt es eine klassische, d. h. *nicht-quantentheoretische* Beschreibung dar.

Man kann durchaus noch tiefer schürfen und fragen, ob die Beschreibung von Orten (Positionen im Raum) und Zeiten durch *reelle Zahlen* gerechtfertigt ist und ob das Voranschreiten der Zeit tatsächlich eine *kontinuierliche* Entwicklung ist (und nicht etwa eine Abfolge *diskreter* Zeitpunkte).

Trotz all dieser Unsicherheiten sind Aussagen wie (1.1) nützlich. Wir wollen noch einmal betonen, dass uns mathematische Modelle mit zweierlei Aspekten konfrontieren:

- Ein mathematisches Modell hat (in der Regel) einen gewissen Gültigkeitsbereich, d. h. einen Bereich, in dem es – im Hinblick auf die Genauigkeit, mit der wir es experimentell überprüfen können – eine gute (vielleicht sogar *sehr* gute) Näherung darstellt. Beispielsweise ist (1.1) gut genug, um mit Zehntelsekunden-Genauigkeit vorhersagen zu können, wie lange eine aus dem Fester geworfene Eisenkugel fällt, bis sie den Boden erreicht.

- Ein mathematisches, d. h. ein formales, in sich logisch konsistentes Modell erlaubt weitergehende Fragen, die unabhängig vom Gültigkeitsbereich gestellt (und in den meisten Fällen auch durch mathematische Argumentation beantwortet) werden können. So kann beispielsweise nach der Geschwindigkeit gefragt werden, die ein gemäß dem Modell (1.1) bewegter Körper zur Zeit t hat. Ganz allgemein ist die (Momentan-)Geschwindigkeit

---

[1] Vor zwei Jahrtausenden schrieb Euklid von Alexandria in seinen *Elementen*: „Ein Punkt ist, was keine Teile hat".

zur Zeit t durch die Zeitableitung $\dot{s}(t)$ gegeben[2]. Mit (1.1) ergibt sich $\dot{s}(t) = gt$. Das bedeutet, dass die Geschwindigkeit linear mit der Zeit zunimmt, und zwar ohne jegliche Beschränkung! Eine vorgegebene Geschwindigkeit v wird zur Zeit $t = v/g$ erreicht. Nach knapp einem Jahr bewegt sich der Körper mit Lichtgeschwindigkeit! Das ist natürlich für Fallbewegungen in der Nähe der Erdoberfläche irrelevant, aber es zeigt, dass ein Gesetz der Form (1.1) *im Prinzip* mit der Speziellen Relativitätstheorie (der zufolge sich kein Körper schneller als das Licht bewegen kann) nicht vereinbar ist. Eine interessante Beziehung ergibt sich zwischen der Geschwindigkeit $\dot{s}(t)$ zur Zeit t und der Durchschnittsgeschwindigkeit während des gesamten Falls bis zur Zeit t. Letztere ist durch $\bar{v}(t) = s(t)/t = \frac{1}{2}gt$ gegeben. Daher gilt $\dot{s}(t) = 2\bar{v}(t)$, d. h. die Geschwindigkeit zu einer beliebigen Zeit ist stets doppelt so groß wie die Durchschnittsgeschwindigkeit während der bisherigen Falldauer. Diese einfachen Überlegungen illustrieren, dass die Analyse der inneren Logik eines mathematischen Modells in der Regel eine *mathematische Analyse* ist.

Weiters kann anhand des Fallgesetzes (1.1) eine „theoretische Tugend" verdeutlicht werden, die Ihnen hiermit ans Herz gelegt sei: In den allermeisten Fällen ist es sinnvoll, in Berechnungen physikalische Konstanten durch ihre *Symbole* darzustellen, nicht durch ihre numerischen Werte. So ist beispielsweise für das Studium der inneren Logik des Fallgesetzes der Wert der Konstanten g eigentlich unerheblich. Die Verwendung des Symbols g anstelle des numerischen Werts $9.81\ \mathrm{m/s}^2$ macht Berechnungen übersichtlicher, und wenn Sie die Bewegung eines auf der Mondoberfläche fallen gelassenen Körpers beschreiben wollen, setzen Sie für g einfach den entsprechenden Wert der Schwerebeschleunigung auf dem Mond ($1.62\ \mathrm{m/s}^2$) ein. In der Sprache der Mathematik stellt (1.1) eine ganze *Familie* von Bewegungsformen dar. Die Konstante g spielt in ihr die Rolle eines *Parameters*, und es kann etwa gefragt werden, wie die für das Durchfallen einer gegebenen Strecke benötigte Zeit von g abhängt – eine Möglichkeit, die nicht besteht, wenn anstelle des Symbols g von Beginn an der Wert $9.81\ \mathrm{m/s}^2$ eingesetzt wird.

Mathematische Modelle sind natürlich nicht immer so einfach wie (1.1). Wie wir bald besprechen werden, kann das Fallgesetz gemeinsam mit anderen Bewegungsformen unter einem einheitlichen Gesichtspunkt zusammengefasst werden, der etwas abstrakter und mathematisch aufwändiger ist. Aber die beiden zentralen Aspekte – ein Gültigkeitsbereich und eine davon unabhängige innere Logik – kennzeichnen auch komplexere mathematische Modelle.

---

[2] Die (gewöhnliche) Ableitung einer von der Zeit abhängigen Größe wird traditionellerweise mit einem über das betreffende Symbol gestellten Punkt gekennzeichnet, die zweite Ableitung mit zwei Punkten.

1.3 Womit beschäftigt sich die klassische Mechanik?

Den Kern der klassischen Mechanik bildet die Beschäftigung mit physikalischen Systemen, die nur eine endliche Zahl zeitlich veränderlicher Freiheitsgrade (*Koordinaten* oder *Ortsvariable*) aufweisen, und die ohne Zuhilfenahme der Quantentheorie beschrieben werden. Typische Beispiele sind die Bewegung von Objekten, die näherungsweise als Punkte behandelt werden können (wir nennen sie *Punktteilchen* oder *Massenpunkte*), wie z. B. die Bewegung eines Satelliten im Schwerefeld eines Himmelskörpers oder die Bewegungen der Planeten und der Sonne unter der Wirkung ihrer gegenseitigen Gravitationsanziehung. Ein anderes Beispiel ist die Bewegung eines Elektrons in einem gegebenen elektromagnetischen Feld, *sofern* Quanteneffekte nicht berücksichtigt werden. Aufgrund des Vorherrschens punktförmiger Objekte in diesem Gebiet der Physik wird es auch als *Punktmechanik* bezeichnet. Systeme wie das Pendel oder der starre Körper (die nicht punktförmig sind, aber ebenfalls nur endlich viele Freiheitsgrade besitzen) können mit dem gleichen Schema beschrieben werden.

Die erste umfassende und einheitliche Beschreibung all dieser Bewegungsformen geht auf Isaac Newton zurück und beruht vor allem auf den Konzepten der *Beschleunigung* und der *Kraft*. Sie wird im Abschnitt 1.4 über die Newtonsche Mechanik (Seite 7) besprochen. Im Bemühen, die Struktur der klassischen Mechanik besser zu verstehen und sie auch auf komplexere Probleme anzuwenden (wie z. B. die Dynamik eines Systems mit Zwangsbedingungen) wurde sie im achzehnten und neunzehnten Jahrhundert auf verschiedene Weise weiterentwickelt. Die daraus entstandenen Zugänge, der Lagrangeformalismus (Abschnitt 1.6, Seite 103) und der Hamiltonformalismus (Abschnitt 1.7, Seite 148), förderten ein Gestaltungsprinzip für physikalische Theorien zutage, das seither die Physik beherrscht, zu einer neuen Sichtweise über ihre grundlegenden Prinzipien geführt hat, bei der Herausbildung des modernen Feldkonzepts und der Entwicklung der Quantentheorie eine wichtige Rolle spielte und auch der modernen Teilchenphysik zugrunde liegt.

Bewegungsformen von Teilchen, wie sie in relativistischen Theorien auftreten, können ebenfalls zur klassischen Mechanik gezählt werden. Wir werden ihnen sowohl im Rahmen der klassischen Mechanik als auch im Kapitel über die spezielle Relativitätstheorie begegnen.

In moderner Zeit hat sich der Begriff *klassische dynamische Systeme* herausgebildet. Das damit bezeichnete Gebiet kann zwar der klassischen Mechanik zugeordnet werden, legt aber sein Hauptinteresse auf andere Fragestellungen – wie z. B. die Ausbildung chaotischen Verhaltens – und verfügt über ein anderes Methodenspektrum. Zur Mechanik im weiteren Sinne zählt auch das Studium materieller Systeme mit unendlich vielen Freiheitsgraden (wie die Elastizitätstheorie und die Strömungsmechanik) – zusammengefasst unter dem Begriff *Kontinuumsmechanik*.

Systeme mit sehr großer Teilchenzahl werden der klassischen Mechanik üblicherweise nicht zugerechnet. Für ihre Beschreibung sind die Thermodynamik und die statistische Physik zuständig.

Damit ist umrissen, welche Typen physikalischer Systeme von der klassischen Mechanik behandelt werden. Daneben schwingt aber auch ein anderes, in gewisser Hinsicht weitergehendes

Interesse mit: Wir haben bereits den Begriff der „physikalischen Naturgesetze" verwendet. Mit ihm verbindet sich die Vorstellung eines gesetzmäßigen Verhaltens der Natur, das wir ergründen und verstehen wollen. Im Rahmen der Newtonschen Physik ist beispielsweise die Existenz der Gravitationskraft mit den von Newton formulierten Eigenschaften ein solches „Gesetz" – es beschreibt eine als *fundamental* betrachtete Wechselwirkung zwischen massiven Körpern. Man kann aber noch einen Schritt weiter gehen und fragen, ob es Prinzipien gibt, denen sogar derartige Gesetze unterworfen sind! Sicher würden wir einem Bericht über eine kürzlich entdeckte Wechselwirkung, die den Satz von der Erhaltung der Energie verletzt, keinen Glauben schenken – so als stünde der Energiesatz „über" den Gesetzen, die konkrete Wechselwirkungen beschreiben, als wäre er „noch fundamentaler" als diese. In der wissenschaftlichen Praxis spielen derartige Vorstellungen die Rolle von Gestaltungsprinzipien für physikalische Theorien. Sie sollen uns beispielsweise helfen, zu entscheiden, welche Typen von Kraftgesetzen – auf der Basis der grundlegendsten physikalischen Vorstellungen, die wir besitzen – überhaupt möglich sind! Aber wie sollen diese Vorstellungen formuliert werden? Soll beispielsweise der Energiesatz als eigenes Postulat aufgestellt werden? Oder folgt er aus einem anderen Prinzip? Aus welchem? Fragen wie diese beeinflussen nicht nur unsere Sichtweise der Natur, sondern auch die Vorgangsweise beim Aufstellen von Modellen, die Interessenslage bei deren Analyse und ganz allgemein die Richtung, in die wir die Physik weiterentwickeln wollen. Was nun die klassische Mechanik betrifft, so hat sich mit der Entwicklung vom älteren (Newtonschen) zum moderneren (Lagrangeschen und Hamiltonschen) Formalismus eine Veränderung der grundlegenden Gestaltungsprinzipien vollzogen, die ein Verständnis der modernen Physik nicht unberücksichtigt lassen kann. Eng damit verbunden ist das Raumzeit-Konzept, das der nichtrelativistischen Physik zugrunde liegt und gewissermaßen den Rahmen, in dem sich diese bewegt („bewegen muss"), absteckt. Wir werden es im Abschnitt 1.5 (Seite 91) – auch als Vorbereitung auf die Spezielle Relativitätstheorie – erörtern.

1.4 Newtonsche Mechanik

1.4.1 Bewegung, Geschwindigkeit und Beschleunigung

Der Ausgangspunkt der klassischen Mechanik ist die Bewegung von Körpern. Dazu wollen wir zunächst einige Konventionen vereinbaren. Der Ort eines Punktes in Bezug auf ein kartesisches (rechtwinkeliges) Koordinatensystem wird durch seine Koordinaten x, y und z angegeben. Manchmal ist es günstiger, diese durchzunummerieren und x_1, x_2 und x_3 zu nennen. (Wir sagen dann, dass x_j die j-te Koordinate ist). Die Koordinaten eines Punktes können zu seinem Ortsvektor

$$\vec{x} = \begin{pmatrix} x \\ y \\ z \end{pmatrix} \equiv \begin{pmatrix} x_1 \\ x_2 \\ x_3 \end{pmatrix} \tag{1.2}$$

zusammengefasst werden[3]. Dessen Betrag[4]

$$r = |\vec{x}| \equiv \sqrt{\vec{x}^2} \equiv \sqrt{x^2 + y^2 + z^2} \tag{1.3}$$

ist der Abstand des Punktes vom Koordinatenursprung. Bewegt sich ein als punktförmig gedachter Körper (wir werden dafür auch den Ausdruck „Teilchen" verwenden), so wird diese Bewegung durch eine Abhängigkeit[5]

$$\vec{x} \equiv \vec{x}(t) \tag{1.4}$$

des Ortsvektors von der Zeit t beschrieben: Zur Zeit t befindet sich der Körper am Ort $\vec{x}(t)$. Beachten Sie, dass (1.4) aus *drei* Funktionen besteht, da ja alle drei Komponenten des Ortsvektors von t abhängen:

$$\vec{x}(t) = \begin{pmatrix} x(t) \\ y(t) \\ z(t) \end{pmatrix}. \tag{1.5}$$

Die **Geschwindigkeit** des Körpers zur Zeit t ist durch die Ableitung[6]

$$\vec{v}(t) = \dot{\vec{x}}(t) \equiv \frac{d\vec{x}(t)}{dt} \equiv \begin{pmatrix} \dot{x}(t) \\ \dot{y}(t) \\ \dot{z}(t) \end{pmatrix}, \tag{1.6}$$

---

[3]   Mit dem Zeichen $\equiv$ („identisch") werden Dinge verbunden, die verschieden angeschrieben, aber auf triviale oder offensichtliche Weise gleich sind. Wir benutzen es auch, um auszudrücken, dass eine Größe von anderen Größen abhängt, etwa indem wir $f \equiv f(x)$, $V \equiv V(x,y,z)$ oder $\vec{x} \equiv \vec{x}(t)$ schreiben.

[4]   Unter $\vec{x}^2$ verstehen wir das Skalarprodukt des Vektors $\vec{x}$ mit sich selbst, das auch in der Form $\vec{x} \cdot \vec{x}$ angeschrieben werden kann.

[5]   Eine andere Schreibweise, um auszudrücken, dass $\vec{x}$ von t abhängt, ist $t \mapsto \vec{x}(t)$.

[6]   Für Schreibweisen von Ableitungen siehe den Abschnitt B.5 (Seite 300) im Anhang.

seine **Beschleunigung** durch die zweite Ableitung

$$\vec{a}(t) = \ddot{\vec{x}}(t) \equiv \frac{d^2\vec{x}(t)}{dt^2} \equiv \begin{pmatrix} \ddot{x}(t) \\ \ddot{y}(t) \\ \ddot{z}(t) \end{pmatrix} \tag{1.7}$$

definiert.

Beispiel: die gleichförmige Kreisbewegung

Wir betrachten als Beispiel ein Punktteilchen, das sich auf einer Kreisbahn mit Radius R bewegt, die in der xy-Ebene liegt:

$$\vec{x}(t) = \begin{pmatrix} R\cos(\omega t) \\ R\sin(\omega t) \\ 0 \end{pmatrix}. \tag{1.8}$$

Die Kreisbahn wird mit konstanter Winkelgeschwindigkeit ω durchlaufen, die Umlaufszeit beträgt $2\pi/\omega$ (siehe Aufgabe 1). Ist $\omega > 0$ (was üblicherweise angenommen wird, ohne es eigens dazuzusagen), so findet die Bewegung, wenn sie „von oben" betrachtet wird, im Gegenuhrzeigersinn (also im mathematisch „positiven" Umlaufsinn) statt. Die Geschwindigkeit ergibt sich durch komponentenweises Differenzieren nach der Zeitvariablen t zu

$$\dot{\vec{x}}(t) = \begin{pmatrix} -\omega R\sin(\omega t) \\ \omega R\cos(\omega t) \\ 0 \end{pmatrix}, \tag{1.9}$$

die Beschleunigung nach einer weiteren Differentiation nach t zu

$$\ddot{\vec{x}}(t) = \begin{pmatrix} -\omega^2 R\cos(\omega t) \\ -\omega^2 R\sin(\omega t) \\ 0 \end{pmatrix}. \tag{1.10}$$

Vielleicht haben Sie die Kreisbewegung noch nie auf diese Weise charakterisiert gesehen. Was in diesen Formeln steckt, kennen Sie aber wahrscheinlich aus Ihrem Physikunterricht: (1.10) heißt *Zentripetalbeschleunigung* und erfüllt

$$\ddot{\vec{x}}(t) = -\omega^2\,\vec{x}(t). \tag{1.11}$$

Sie ist zu jedem Zeitpunkt parallel und entgegengesetzt gerichtet zum Ortsvektor des Teilchens. Die Beträge der Geschwindigkeit und der Beschleunigung hängen nicht von der Zeit ab und sind durch

$$v = |\dot{\vec{x}}(t)| = \omega R \qquad \text{und} \qquad a = |\ddot{\vec{x}}(t)| = \omega^2 R = \frac{v^2}{R} \tag{1.12}$$

gegeben.

Neben Bewegungen von Punktteilchen im dreidimensionalen Raum sind auch manchmal Bewegungen von Interesse, die auf *eine* oder *zwei* Dimensionen beschränkt sind. Im Fall einer eindimensionalen Bewegung lassen wir die Vektorpfeilchen weg und bezeichnen den Ort, die Geschwindigkeit und die Beschleunigung (jeweils zur Zeit t) mit $x(t)$, $\dot{x}(t)$ und $\ddot{x}(t)$ oder – in entsprechender Weise – mit einem anderen Symbol, beispielsweise mit $z(t)$, $\dot{z}(t)$ und $\ddot{z}(t)$ für eine Bewegung in z-Richtung.

Beispiel: die harmonische Schwingung
Zu den für die Physik wichtigsten eindimensionalen Bewegungsformen zählt die *harmonische Schwingung*, beschrieben durch

$$x(t) = A \sin(\omega t + \varphi), \tag{1.13}$$

wobei die Konstanten $\omega > 0$ die *Kreisfrequenz*, $A > 0$ die *Amplitude* und φ die *Anfangsphase* genannt werden. Eine Änderung von φ entspricht lediglich einer Verschiebung des Zeitnullpunkts. Daher kann durch eine entsprechende Neudefinition der Zeitvariablen erreicht werden, dass $\varphi = 0$ gilt. Wie der Vergleich mit (1.8) zeigt, kann die harmonische Schwingung als Projektion der Kreisbewegung (mit $R = A$) in die x- oder y-Richtung interpretiert werden[7]. Ihre *Periodendauer* (oder *Schwingungsdauer*), d. h. die Zeit, in der eine gesamte Periode durchlaufen wird, ist durch

$$\tau = \frac{2\pi}{\omega} \tag{1.14}$$

gegeben, ihre *Frequenz* (d. h. die Zahl der pro Zeitintervall stattfindenden Schwingungen) ist gleich

$$f = \frac{1}{\tau} = \frac{\omega}{2\pi} \tag{1.15}$$

(siehe Aufgabe 2). Achtung: Die Kreisfrequenz ω wird in der theoretischen Physik – ein bisschen schlampig – oft einfach als „Frequenz" bezeichnet. Vergessen Sie aber nicht, dass sich die Größen ω und f um einen Faktor 2π unterscheiden! Durch Differenzieren nach der Zeitvariablen t erhalten wir für die Geschwindigkeit

$$\dot{x}(t) = \omega A \cos(\omega t + \varphi) \tag{1.16}$$

und für die Beschleunigung

$$\ddot{x}(t) = -\omega^2 A \sin(\omega t + \varphi). \tag{1.17}$$

Beachten Sie, dass letztere für alle Zeitpunkte t die Beziehung

$$\ddot{x}(t) = -\omega^2 x(t) \tag{1.18}$$

erfüllt.

---

[7] Beachten Sie dabei, dass Sinus und Cosinus nur „phasenverschobene" Versionen voneinander sind, denn es gilt $\cos(\alpha) = \sin(\alpha + \pi/2)$ für alle $\alpha \in \mathbb{R}$.

Betrachten wir ein aus *mehreren* Punktteilchen bestehendes System, so bezeichnen wir deren Orte zur Zeit t mit $\vec{x}_1(t)$, $\vec{x}_2(t)$ usw. Ihre Geschwindigkeiten sind dann $\dot{\vec{x}}_1(t)$, $\dot{\vec{x}}_2(t)$ usw., ihre Beschleunigungen sind $\ddot{\vec{x}}_1(t)$, $\ddot{\vec{x}}_2(t)$ usw.

1.4.2 Die Kraft als Ursache der Bewegungsänderung

Nun kommen wir zur entscheidenden Frage: Warum bewegt sich ein Körper? Wollen wir einen Gegenstand unseres Alltags in Bewegung setzen, so müssen wir eine **Kraft** auf ihn ausüben. Theoretisch können wir die Kraft, die wir zu jedem Zeitpunkt auf so einen Gegenstand ausüben, mit einer Federwaage[8] messen bzw. dosieren. Mathematisch wird sie als Vektor $\vec{F}$ dargestellt[9]. Wie ist aber das genaue Verhältnis der Bewegung zur Kraft? Seit der Antike glaube man, dass die Kraft die *Ursache der Bewegung* sei. Eine der ersten fundamentalen Errungenschaften der neuzeitlichen Physik bestand darin, dieses Verhältnis neu zu bestimmen: Aufbauend auf Galileis Annahme, dass sich ein kräftefreier Körper mit gleichbleibender Geschwindigkeit bewege, gelangte Newton zur Erkenntnis, dass die Kraft die *Ursache der Bewegungsänderung* ist, und er formulierte diese Aussage in mathematischer Form: Wirkt auf einen Körper zu einem gegebenen Zeitpunkt eine Kraft $\vec{F}$, so reagiert er damit, *beschleunigt* zu werden, und zwar so, dass seine – zu diesem Zeitpunkt erfahrene – Beschleunigung $\ddot{\vec{x}}$ zur Kraft $\vec{F}$ proportional ist. Der Proportionalitätsfaktor ist charakteristisch für den Körper – er ist der Kehrwert seiner *Masse*. Auf eine Krafteinwirkung $\vec{F}$ reagiert der Körper also mit der Beschleunigung

$$\ddot{\vec{x}} = \frac{1}{m}\,\vec{F}\,. \tag{1.19}$$

Ist seine Masse m groß, so ist die aus einer gegebenen Krafteinwirkung resultierende Beschleunigung klein (und umgekehrt). Denken Sie beispielsweise daran, einen auf einem Eislaufplatz stehenden PWK und – mit der gleichen Kraft – einen Kinderwagen (beide unter Vernachlässigung der Reibung) in Bewegung zu setzen! Der PKW wird der Krafteinwirkung eine größere *Trägheit* entgegensetzen als der Kinderwagen, daher ist seine Masse größer. Die Masse als Maß dafür, wie schwer oder leicht es fällt, die Trägheit eines Körpers zu überwinden, wird genau genommen *träge Masse* genannt. In allen Anwendungen dieses Kapitels wird $m > 0$, also insbesondere $m \neq 0$ sein. (Auf so genannte „masselose Teilchen" werden wir im Rahmen der Speziellen Relativitätstheorie eingehen, siehe Seite 208). Das Gesetz (1.19) ist der mathematische Ausgangspunkt der Newtonschen Mechanik. Es wird als **zweites Newtonsches Axiom** bezeichnet (auch manchmal die *Grundgleichung der Mechanik* oder das *Grundgesetz der Mechanik* genannt) und bildete einen der Grundpfeiler der Physik von Newton bis ins

---

[8] Eine Federwaage benutzt die Dehnung einer Schraubenfeder zur Messung der Kraft. Dieses Prinzip wird uns bei der Besprechung der harmonischen Kraft (Seite 16) noch einmal begegnen.

[9] Die Komponenten des Vektors $\vec{F}$ wollen wir entweder mit F_x, F_y und F_z oder – in durchnummerierter Form – mit F_1, F_2 und F_3 bezeichnen. Wir werden diese Konvention auch bei anderen Vektoren verwenden.

neunzehnte Jahrhundert[10]. Es wird üblicherweise in der Form

$$m\ddot{\vec{x}} = \vec{F} \tag{1.20}$$

oder umgekehrt als $\vec{F} = m\ddot{\vec{x}}$, d. h. „Kraft ist gleich Masse mal Beschleunigung", angeschrieben[11], aber seine eigentliche Bedeutung erhält es in der Lesart (1.19): **Ist die Krafteinwirkung bekannt, so lässt sich daraus etwas über die Bewegung erschließen**. Um auszudrücken, dass ein als punktförmig gedachter Körper eine Masse besitzt, nennen wir ein solches (idealisiertes) Objekt einen *Massenpunkt*.

Ist die Bewegung eines Teilchens auf *eine* Dimension eingeschränkt, so muss nur *eine* relevante Kraftkomponente F betrachtet werden. Anstelle von (1.20) schreiben wir das zweite Newtonsche Axiom dann ohne Vektorpfeilchen in der Form

$$m\ddot{x} = F \tag{1.21}$$

an.

Wir stellen gleich zu Beginn klar, dass das zweite Newtonsche Axiom in der Form (1.20) oder (1.21) aus heutiger Sichtweise betrachtet ein *nichtrelativistisches* Prinzip ist. Auch in der Speziellen Relativitätstheorie gibt es das Konzept der Kraft, aber an die Stelle des Produkts „Masse mal Beschleunigung" tritt dann eine andere Größe (die wir im Kapitel über die Spezielle Relativitätstheorie besprechen werden, Seiten 207 und 229). Selbst in der Allgemeinen Relativitätstheorie, die viele der bis ins frühe zwanzigste Jahrhundert geltenden Anschauungen ein weiteres Mal umwälzte, finden sich diese Begriffe, wenngleich in einer stark veränderten Form.

1.4.3 Wovon Kräfte abhängen

Zu den Kräften, die die Physik interessieren, gehören jene, die mechanisch (etwa unter Zuhilfenahme einer Federwaage zur richtigen Dosierung) auf Körper übertragen werden, aber auch jene, die Ausdruck fundamentaler Wechselwirkungen sind, wie etwa die Schwerkraft oder die elektrische Kraft. Was auch immer ihre Ursache im Einzelfall sein mag – in den interessantesten Fällen hängen sie von einer Reihe physikalischer Größen ab.

Kräfte in drei Dimensionen

Der wichtgste und am häufigsten studierte Fall liegt vor, wenn eine auf ein Punktteilchen wirkende Kraft vom Ort x abhängt, an dem es sich befindet. Hangt eine Kraft *nur* von

---

[10] Das *erste Newtonsche Axiom* ist der – eigentlich auf Galilei zurückgehende und aus dem zweiten Axiom folgende – *Trägheitssatz*: Ein kräftefreier – als punktförmig gedachter – Körper erfährt keine Beschleunigung, d. h. er bewegt sich mit konstanter Geschwindigkeit.

[11] Um der historischen Wahrheit die Ehre zu geben, fügen wir hinzu, dass diese Formulierung nicht von Newton, sondern von Leonhard Euler stammt. Newtons ursprüngliche Formulierung würden wir in modernen Begriffen als „zeitliche Änderungsrate des Impulses = Kraft" wiedergeben – auf den Impuls kommen wir später zu sprechen.

diesem Ort ab, ist sie also eine Funktion $\vec{F} \equiv \vec{F}(\vec{x})$, so sprechen wir von einem (zeitunabhängigen) **Kraftfeld**. Hängt sie zusätzlich noch *explizit* von der Zeit ab, d. h. ist sie eine Funktion $\vec{F} \equiv \vec{F}(\vec{x},t)$, so liegt ein zeitabhängiges Kraftfeld vor[12]. Ist ein derartiges Kraftfeld fix *vorgegeben*, so spricht man auch von einer *äußeren Kraft* oder einem *äußeren Kraftfeld*. Typische Beispiele für Kräfte dieser Art sind jene, die vorgegebene (d. h. „äußere") Newtonsche Gravitationsfelder[13] und elektrische Felder auf Teilchen ausüben.

Beispiel: die Newtonsche Gravitationskraft

Die Newtonsche *Gravitationskraft* (*Schwerkraft*), die ein im Ursprung des Koordinatensystems fixierter Zentralkörper der Masse M auf einen zweiten (beweglichen) Körper (einen Satelliten) der Masse m ausübt, der sich am Ort $\vec{x}$ befindet, ist durch

$$\vec{F}(\vec{x}) = -\frac{GMm}{|\vec{x}|^3}\,\vec{x} \qquad (1.22)$$

gegeben, wobei $G = 6.67428 \cdot 10^{-11} \mathrm{m}^3/(\mathrm{kg}\,\mathrm{s}^2)$ die *Newtonsche Gravitationskonstante* ist. Genau genommen gilt diese Formel nur, wenn die räumliche Ausdehnung der beiden Körper sehr klein gegenüber ihrem Abstand ist (d. h. wenn sie in diesem Sinn als Massenpunkte betrachtet werden können) oder wenn sie Kugeln mit radialsymmetrischem Dichteverlauf sind, die einander nicht überschneiden. Wahrscheinlich kennen Sie diese Kraft bereits aus Ihrer früheren Physikausbildung, aber möglicherweise in einer anderen Schreibweise: Lassen Sie sich von der dritten Potenz von $|\vec{x}|$ im Nenner nicht irreführen – der Betrag dieser Kraft ist

$$|\vec{F}(\vec{x})| = \frac{GMm}{|\vec{x}|^2} \equiv \frac{GMm}{r^2}, \qquad (1.23)$$

nimmt also mit zunehmender Entfernung wie $1/r^2$ ab. Das Minuszeichen in (1.22) drückt aus, dass die Kraft auf den Satelliten stets zum Zentralkörper hin weist: Sie ist *anziehend*. Beachten Sie weiters, dass die Masse m des Satelliten in (1.22) eine andere Rolle spielt als die Masse in (1.19). Sie kennzeichnet hier nicht den Widerstand gegen die Überwindung der Trägheit, sondern die Stärke der Schwerkraft und wird daher als *schwere Masse* bezeichnet. Theoretisch wäre es möglich, dass träge und schwere Masse zwei *verschiedene* physikalische Größen sind – tatsächlich scheinen sie aber gleich zu sein, und daher unterscheiden wir in der Benennung der Größen nicht zwischen ihnen. Wir werden darauf noch zu sprechen kommen (Seiten 21 und 54).

---

[12] Die Bezeichnung „explizit" bezieht sich auf die – hier farblich hervorgehobe – Zeitabhängigkeit $\vec{F} \equiv \vec{F}(\vec{x},t)$, die verbleibt, wenn der Ort $\vec{x}$ als festgehalten betrachtet wird. Das sollte nicht verwechselt werden mit der Zeitabhängigkeit einer Kraft, die sich daraus ergibt, dass sich der Ort des Teilchens im Laufe seiner Bewegung ändert: Ist das Teilchen zur Zeit t am Ort $\vec{x}(t)$, so ist die zum Zeitpunkt t wirkende Kraft durch $\vec{F}(\vec{x}(t),t)$ gegeben. Falls keine explizite Zeitabhängigkeit vorliegt, ist sie durch $\vec{F}(\vec{x}(t))$ gegeben.

[13] Der Zusatz „Newtonsch" drückt aus, dass es sich um eine Beschreibung im Rahmen der Newtonschen Gravitationstheorie handelt. Wie bereits erwähnt, ist die beste Theorie der Schwerkraft, die uns heute zur Verfügung steht, die von Albert Einstein entwickelte Allgemeine Relativitätstheorie.

Beispiel: die Coulombkraft
Die *elektrische Kraft*, die eine im Ursprung des Koordinatensystems fixierte (elektrische) Punktladung Q auf ein Teilchen mit Ladung q ausübt, das sich am Ort $\vec{x}$ befindet, (die so genannte *Coulombkraft*) ist durch

$$\vec{F}(\vec{x}) = \frac{Qq}{4\pi\varepsilon_0 \, |\vec{x}|^3} \, \vec{x} \qquad (1.24)$$

gegeben (wobei $\varepsilon_0 = 8.85418781762 \cdot 10^{-12}\,\mathrm{C}^2/(\mathrm{N\,m}^2)$) die so genannte *elektrische Feldkonstante* ist, über die Sie sich an dieser Stelle keine weiteren Gedanken machen müssen). Genau genommen handelt es sich um eine nichtrelativistische Näherung: (1.24) gilt im Zusammenhang mit dem zweiten Newtonschen Axiom (1.20) nur dann, wenn die auftretenden Geschwindigkeiten klein gegenüber der Lichtgeschwindigkeit sind. Je nach den Vorzeichen der Ladungen kann diese Kraft zum Zentrum hin oder von ihm weg weisen: Sie kann anziehend oder abstoßend sein. Davon abgesehen besitzt sie die gleiche mathematische Struktur wie (1.22). Insbesondere nimmt ihr Betrag mit zunehmender Entfernung wie $1/r^2$ ab.

Beispiel: die konstante Gravitationskraft
Die Kraft auf ein nahe der Erdoberfläche frei fallendes Teilchen der Masse m ist durch

$$\vec{F}(\vec{x}) = \begin{pmatrix} 0 \\ 0 \\ -mg \end{pmatrix} \qquad (1.25)$$

gegeben, wobei die z-Achse nach oben weist, also von der Erde weg, und die (positive) Konstante g die Erdbeschleunigung bezeichnet. Es handelt sich hier um ein *homogenes* (d. h. konstantes) Kraftfeld, dessen Gültigkeitsbereich auf Raumgebiete beschränkt ist, die klein im Vergleich zur Erde sind. Mit Hilfe des Ausdrucks (1.22) kann es hergeleitet und der Wert der Erdbeschleunigung – unter der idealisierten Annahme, die Erde wäre eine Kugel – aus ihrer Masse und ihrem Radius berechnet werden (siehe Aufgabe 3).

Beispiel: Kraft in einem äußeren elektrischen Feld
Stellt $\vec{E} \equiv \vec{E}(\vec{x},t)$ ein gegebenes (also ein „äußeres") elektrisches Feld[14] dar, so ist die (nichtrelativistische) Kraft, die es auf ein Teilchen mit Ladung q ausübt, durch

$$\vec{F}(\vec{x},t) = q\vec{E}(\vec{x},t) \qquad (1.26)$$

---

[14] Die Bezeichnung „elektrisches Feld" meint in der Regel die *elektrische Feldstärke*. Auf die Eigenschaften und Dynamik des elektromagnetischen Feldes wird im dritten Band dieser Lehrbuchserie eingegangen werden. Im Moment genügt es, zu akzeptieren, dass Felder wie $\vec{E} \equiv \vec{E}(\vec{x},t)$ vorgegeben sind und Kräfte verursachen.

gegeben. Ein Spezialfall ist die Coubombkraft (1.24). Sie wird verursacht vom zeitunabhängigen elektrischen Feld

$$\vec{E}(\vec{x}) = \frac{Q}{4\pi\varepsilon_0 \, |\vec{x}|^3} \, \vec{x}, \tag{1.27}$$

das von der im Koordinatenursprung sitzenden Punktladung Q erzeugt wird.

Eine Kraft auf ein Punktteilchen kann zusätzlich noch von der Geschwindigkeit $\dot{\vec{x}}$ abhängen, mit der es sich bewegt. Hängt eine Kraft vom Ort und der Geschwindigkeit des Teilchens ab, so ist sie eine Funktion $\vec{F} \equiv \vec{F}\left(\vec{x}, \dot{\vec{x}}\right)$, hängt sie zusätzlich auch explizit von der Zeit ab, so ist sie eine Funktion $\vec{F} \equiv \vec{F}\left(\vec{x}, \dot{\vec{x}}, t\right)$.

Beispiel: Kraft in einem äußeren Magnetfeld
Stellt $\vec{B} \equiv \vec{B}(\vec{x}, t)$ ein gegebenes (also ein „äußeres") Magnetfeld[15] dar, so ist die Kraft, die es auf ein Teilchen mit Ladung q ausübt, durch

$$\vec{F}\left(\vec{x}, \dot{\vec{x}}, t\right) = q\,\dot{\vec{x}} \times \vec{B}(\vec{x}, t) \tag{1.28}$$

gegeben, wobei $\times$ das Vektorprodukt[16] bezeichnet. Sie wird – manchmal auch in Kombination mit (1.26), siehe Formel (1.40) weiter unten – *Lorentzkraft* genannt. Auch hierbei handelt es sich im Kontext mit dem zweiten Newtonsche Axiom (1.20) um eine nichtrelativistische Näherung.

Kräfte in Mehrteilchensystemen

In einem aus mehreren Teilchen bestehenden System kann die Kraft auf jedes dieser Teilchen von dessen Ort und Geschwindigkeit sowie von den Orten und Geschwindigkeiten aller anderen Teilchen und zudem noch explizit von der Zeit abhängen.

Beispiel: Kräfte im gravitativen Zweikörperproblem
Das berühmteste *Zweikörperproblem* besteht aus zwei (als Massenpunkten betrachteten) Körpern mit Massen m_1 und m_2, die sich zu einer gegebenen Zeit an den Orten $\vec{x}_1$ und $\vec{x}_2$ befinden, und zwischen denen die Newtonsche *Gravitationskraft* wirkt. Im Unterschied zu (1.22) können sich nun *beide* Körper bewegen. Ist $\vec{F}_1$ die Kraft, die auf den ersten und $\vec{F}_2$ die Kraft, die auf den zweiten Körper wirkt, so gilt

$$\vec{F}_1\left(\vec{x}_1, \vec{x}_2\right) = \frac{Gm_1m_2}{|\vec{x}_1 - \vec{x}_2|^3}\left(\vec{x}_2 - \vec{x}_1\right) \tag{1.29}$$

$$\vec{F}_2\left(\vec{x}_1, \vec{x}_2\right) = \frac{Gm_1m_2}{|\vec{x}_1 - \vec{x}_2|^3}\left(\vec{x}_1 - \vec{x}_2\right) \tag{1.30}$$

---

[15] Die Bezeichnung „Magnetfeld" meint in der Regel die *magnetische Flussdichte* (*magnetische Induktion*).
[16] Siehe (B.8) im Anhang.

(siehe Aufgabe 4). Das ist das *Newtonsche Gravitationsgesetz*, das die zwischen zwei Körpern wirkenden Gravitationskräfte angibt. Wird der erste Massenpunkt im Ursprung festgehalten (d. h. $\vec{x}_1 = 0$ gesetzt), so reduziert sich die Kraft auf den zweiten Massenpunkt mit $m_1 = M$, $m_2 = m$ und $\vec{x}_2 = \vec{x}$ genau auf (1.22). Beachten Sie, dass die Schwerkraft, die zu einem gegebenen Zeitpunkt auf einen der beiden Körper wirkt, von der Position des anderen *zur gleichen Zeit* abhängt. Die Schwerkraft wird in der Newtonschen Theorie als eine *instantane* Wechselwirkung betrachtet, die ohne Zeitverzögerung eintritt.

Beispiel: Coulombkräfte zwischen zwei Teilchen

Von ähnlicher mathematischer Struktur wie die Kräfte im gravitativen Zweikörperproblem sind die elektrischen Kräfte zwischen zwei geladenen Teilchen. Jedes der beiden Teilchen (mit Ladungen q_1 und q_2) erzeugt ein elektrisches Coulombfeld vom Typ (1.27). Wird mit diesen Feldern die Beziehung (1.26) auf das jeweils andere Teilchen angewandt, so ergeben sich die Ausdrücke

$$\vec{F}_1\left(\vec{x}_1, \vec{x}_2\right) = \frac{q_1 q_2}{4\pi\varepsilon_0 \left|\vec{x}_1 - \vec{x}_2\right|^3}\left(\vec{x}_1 - \vec{x}_2\right) \tag{1.31}$$

$$\vec{F}_2\left(\vec{x}_1, \vec{x}_2\right) = \frac{q_1 q_2}{4\pi\varepsilon_0 \left|\vec{x}_1 - \vec{x}_2\right|^3}\left(\vec{x}_2 - \vec{x}_1\right). \tag{1.32}$$

Sie sehen – bis auf die Konstanten und die Tatsache, dass Ladungen positiv oder negativ sein können – genauso aus wie (1.29)–(1.30). Auch hierbei handelt es sich im Kontext mit dem zweiten Newtonsche Axiom (1.20) um eine nichtrelativistische Näherung, die nur dann eine gute Beschreibung darstellt, wenn sich die Teilchen langsam (genauer: sehr viel langsamer als das Licht) bewegen[17].

Beachten Sie, dass sowohl die Kräfte (1.29)–(1.30) als auch die Kräfte (1.31)–(1.32) die Beziehung

$$\vec{F}_2\left(\vec{x}_1, \vec{x}_2\right) = -\vec{F}_1\left(\vec{x}_1, \vec{x}_2\right) \tag{1.33}$$

erfüllen: In beiden Fällen sind die auf die Teilchen wirkenden Kräfte zueinander parallel, entgegengesetzt orientiert und haben den gleichen Betrag, im Einklang mit dem *dritten Newtonschen Axiom*, dem wir uns nun kurz zuwenden.

---

[17] Für schnellere Teilchen kommen einige Effekte dazu, die hier vernachlässig sind: Das von einer schnell bewegten Punktladung erzeugte elektrische Feld sieht ein bisschen anders aus als (1.27). Weiters erzeugt eine bewegte Ladung auch ein magnetisches Feld. Zudem wurde hier ganz außer Acht gelassen, dass sich Änderungen im elektromagnetischen Feld mit einer endlichen Geschwindigkeit (nämlich mit Lichtgeschwindigkeit) ausbreiten, die Kraftwirkung also zeitlich verzögert („retardiert") eintritt – im obigen Modell wird, ebenso wie im Newtonschen Gravitationsgesetz, eine *instantane*, d. h. augenblicklich wirkende Kraft angenommen. Und schließlich strahlen beschleunigte Teilchen, d. h. sie erfahren eine weitere zusätzliche Kraft (die so genannte Strahlungsrückwirkung), die hier ignoriert wurde. Trotz dieser Einschränkungen des Gültigkeitsbereichs sind (1.31) und (1.32) – bzw. ihre Verallgemeinerung auf mehr als zwei Teilchen – nützlich, etwa für eine näherungsweise Beschreibung von Atomen und Molekülen in der Quantentheorie.

Das dritte Newtonsche Axiom

Newton postulierte, dass Kräfte immer paarweise auftreten, und dass die Kraft, die ein Körper A auf einen anderen Körper B ausübt, gleich (minus) der Kraft ist, die der Körper B auf den Körper A ausübt (*actio est reactio*), so wie dies beispielsweise für die Kräfte (1.29)–(1.30) sowie für (1.31)–(1.32) erfüllt ist. Dieses Prinzip ist nützlich bei der Modellierung von Kräften in Mehrteilchensystemen, hat aber aus heutiger Sicht nur einen begrenzten Wert. Neben den gravitativen und elektrischen Kräften in der oben angegebenen Form (die, wir betonen es nochmals, Näherungen darstellen) sind hier vor allem mechanische Kräfte zwischen Körpern zu nennen, die ein *abgeschlossenes* System, d. h. ein System ohne äußere Krafteinwirkungen bilden. Letzteres wird manchmal durch ein Experiment veranschaulicht, in dem zwei gleich schwere Personen in Sesseln, die (reibungslos) auf Rädern fahren können, sitzen und einander die Hände reichen. Unabhängig davon, welche Person die andere zu sich zieht, bewegen sich beide in gleicher Weise aufeinander zu.

In anderen Kontexten gilt das dritte Newtonsche Axiom *nicht* bzw. nicht in der von Newton angegebenen Form. Das ist insbesondere dann der Fall, wenn Kraftwirkungen aufgrund der endlichen Ausbreitungsgeschwindigkeit von Feldern mit einer zeitlichen Verzögerung eintreten. Wir werden auf diese Problematik, die gleichzeitig die Grenzen der klassischen Mechanik aufzeigt, später (Seite 62) zurückkommen, nachdem die Dynamik von Mehrteilchensystemen besprochen wurde. Die moderne Physik setzt an die Stelle des dritten Newtonschen Axioms ein anderes Prinzip, das im Abschnitt 1.6 (Seite 103) vorgestellt wird.

Kräfte in einer Dimension

Ist die Bewegung eines Teilchens auf *eine* Dimension eingeschränkt, so können wir in analoger Weise die Fälle $F \equiv F(x)$, $F \equiv F(x,t)$, $F \equiv F(x,\dot{x})$ und $F \equiv F(x,\dot{x},t)$ unterscheiden. Zusätzlich sind die Fälle $F \equiv F(\dot{x})$ – zur Beschreibung einer lediglich von der Geschwindigkeit abhängigen Reibungskraft – und $F \equiv F(t)$ – zur Beschreibung einer nur von der Zeit abhängigen äußeren Kraft – von Interesse. Eindimensionale Modelle werden auch herangezogen, um Systeme zu beschreiben, die nur einen Freiheitsgrad besitzen – selbst wenn es sich dabei nicht um Punktteilchen handelt. (Ein Beispiel für ein solches System ist das ebene Pendel, das auf Seite 138 behandelt wird).

Beispiel: die harmonische Kraft
Die so genannte *harmonische Kraft* oder *Federkraft* auf ein Punktteilchen in einer Dimension ist durch

$$F(x) = -kx \tag{1.34}$$

definiert, wobei die Konstante $k > 0$ als *Federkonstante* bezeichnet wird. Diese Kraft weist stets zum Nullpunkt $x = 0$ hin, und ihr Betrag ist proportional zum Abstand des Teilchens von diesem. Der Nullpunkt ist insofern ausgezeichnet, als er der einzige Punkt ist, an dem die Kraft verschwindet. Wird x als *Auslenkung* (vom Nullpunkt) bezeichnet, so können wird auch sagen, dass die F eine *rücktreibende Kraft* (*Rückstellkraft*) darstellt, die proportional zur Auslenkung ist. Mit ein bisschen Phantasie kann man sie sich mit Hilfe eines (idealen) elastischen Fadens realisiert vorstellen, das zwischen dem Teilchen und dem Nullpunkt gespannt ist. Auf diesem Prinzip beruht die Messung von Kräften mit Hilfe einer Federwaage, wobei nun x nicht als Ortskoordinate eines Punktteilchens angesehen wird, sondern die Dehnung einer Schraubenfeder bezeichnet: Ist k bekannt und wird x gemessen, so ergibt sich daraus F. Aber auch in vielen anderen Zusammenhängen tritt diese Form der Kraft auf. Durch $\vec{F}(\vec{x}) = -k\vec{x}$ kann die harmonische Kraft auf zwei oder drei Dimensionen verallgemeinert werden.

Beispiel: Reibungskräfte

Neben den bereits erwähnten in einem Magnetfeld auftretenden Kräften hängen auch *Reibungskräfte* von der Geschwindigkeit ab. Wir beschränken uns hier auf die Modellierung zweier Typen von Reibungskräften in eindimensionalen Modellen. In beiden Fällen hängt die Kraft nur von der Geschwindigkeit ab.

- Reibungskräfte, wie sie bei der *Dämpfung* von Schwingungen und bei der Bewegung von Körpern in zähen Flüssigkeiten auftreten, sind proportional zur Geschwindigkeit. In einem eindimensionalen Modell werden sie durch einen Ansatz der Form

$$F(\dot{x}) = -\alpha\dot{x} \tag{1.35}$$

  beschrieben, wobei $\alpha > 0$ die *Dämpfungskonstante* ist, auf deren Zustandekommen wir hier nicht näher eingehen. Das Minuszeichen drückt aus, dass die Reibung der Bewegung entgegenwirkt: Ist $\dot{x} > 0$ (Bewegung in positive x-Richtung, also nach „rechts"), so wirkt die Kraft in die negative x-Richtung (also nach „links"), ist $\dot{x} < 0$ (Bewegung in negative x-Richtung), so wirkt die Kraft in die positive x-Richtung.

- Der *Luftwiderstand* hingegen hängt vom Quadrat der Geschwindigkeit ab. Wir können ihn in der Form

$$F(\dot{x}) = -\beta\dot{x}|\dot{x}| \tag{1.36}$$

  anschreiben, wobei $\beta > 0$ eine Konstante ist, die von der Dichte der Luft und der Geometrie des bewegten Körpers abhängt. Die Schreibweise $\dot{x}|\dot{x}|$ stellt sicher, dass der Luftwiderstand der Bewegung entgegenwirkt: Für einen Körper, der sich in positive x-Richtung bewegt, d. h. für den $\dot{x} > 0$ gilt, reduziert sich (1.36) auf $F(\dot{x}) = -\beta\dot{x}^2$. Gilt $\dot{x} < 0$, so reduziert sich (1.36) auf $F(\dot{x}) = \beta\dot{x}^2$.

Beispiel: aufgeprägte (antreibende) Kräfte, die nur von t abhängen

Vor allem im Rahmen eindimensionaler Modelle ist der Fall von Interesse, dass eine lediglich von der Zeit abhängige Kraft $F \equiv F(t)$ wirkt. Wir können uns vorstellen, dass eine solche Kraft einem Körper sozusagen „mit der Hand" *aufgeprägt* wird. Wir sprechen auch von einer *antreibenden* Kraft. Insbesondere wird oft der Ansatz

$$F(t) = F_0\sin(\Omega t) \tag{1.37}$$

mit Konstanten F_0 und Ω zur Beschreibung einer periodisch wirkenden äußeren Kraft gemacht.

Komplexere Fälle

Es sind auch komplexere Fälle denkbar, z. B. dass die Kraft von der Vorgeschichte des Teilchens bzw. des Systems abhängt (etwa, weil die Wirkung eines Feldes aufgrund seiner endlichen Ausbreitungsgeschwindigkeit zeitlich verzögert eintritt), aber solche Situationen werden wir in diesem Kapitel nicht betrachten.

Das gemeinsame Wirken mehrerer Kräfte

Wirken auf ein Teilchen *mehrere Kräfte*, so müssen wir diese Teilkräfte *addieren*, um die wirkende *Gesamtkraft* (*resultierende* Kraft, kurz *Resultierende*) zu erhalten. (Diese Regel wird auch als das *Superpositionsprinzip von Kräften* bezeichnet).

> **Beispiele**:
> Befindet sich ein Teilchen unter dem Einfluss der harmonischen Kraft (1.34) und wirkt gleichzeitig eine Reibungskraft vom Typ (1.35), so ist die gesamte wirkende Kraft
>
> $$F(x,\dot{x}) = -kx - \alpha\dot{x}. \tag{1.38}$$
>
> Wirkt zusätzlich noch eine nur von der Zeit abhängige äußere („aufgeprägte") Kraft vom Typ (1.37), so ist die Gesamtkraft durch
>
> $$F(x,\dot{x},t) = -kx - \alpha\dot{x} + F_0 \sin(\Omega t) \tag{1.39}$$
>
> gegeben.

Beim Zusammenwirken mehrerer Kräfte in dreidimensionalen Modellen gehen wir analog vor: Sie werden *vektoriell* addiert. Geometrisch interpretiert führt dies zur berühmten Darstellungsform durch *Kräfteparallelogramme*, die Sie aus Ihrer bisherigen Physikausbildung kennen. Rechnerisch bedeutet es einfach, dass die Kraftvektoren komponentenweise addiert werden.

> **Beispiel: die Lorentzkraft**
> Die auf ein (nichtrelativistisch behandeltes) Teilchen in einem gegebenen (d. h. „äußeren") elektromagnetischen Feld wirkende Kraft ist durch die Summe aus (1.26) und (1.28)
>
> $$\vec{F}(\vec{x},\dot{\vec{x}},t) = q\left(\vec{E}(\vec{x},t) + \dot{\vec{x}} \times \vec{B}(\vec{x},t)\right) \tag{1.40}$$
>
> gegeben. Wie bereits erwähnt, wird manchmal diese Kraft, manchmal nur der vom Magnetfeld $\vec{B}$ herrührende Anteil als *Lorentzkraft* bezeichnet.

> **Beispiel: Schwerkraft und Coulombkraft**
> Wirkt auf ein Teilchen mit Masse m und Ladung q gleichzeitig die Gravitationskraft (1.22) und die elektrische Kraft (1.24), so ist die Gesamtkraft durch
>
> $$\vec{F}(\vec{x}) = \left(\frac{Qq}{4\pi\varepsilon_0} - GMm\right)\frac{\vec{x}}{|\vec{x}|^3} \tag{1.41}$$

gegeben. Durch geeignete Wahl der hier auftretenden Massen und Ladungen kann erreicht werden, dass die Teilkräfte einander aufheben, d. h. dass die Gesamtkraft verschwindet[18].

Damit haben wir die wichtigsten Krafttypen, die in das zweite Newtonsche Axiom (1.20) bzw. (1.21) eingesetzt werden, besprochen.

1.4.4 Die Grundgleichungen der Newtonschen Mechanik

Nun wollen wir in all diesen Fällen, die illustrieren, wovon Kräfte abhängen können, dem zweiten Newtonschen Axiom – d. h. (1.20) für die Bewegung eines Teilchens im Raum bzw. (1.21) für eine eindimensionale Bewegung – eine präzise mathematische Bedeutung geben.

Bewegungsgleichungen in einer Dimension

Der einfachste Fall liegt vor, wenn auf ein Punktteilchen der Masse m, dessen Bewegung auf eine Dimension eingeschränkt ist, eine Kraft wirkt, die nur von dessen Ort abhängt, d. h. wenn ein (eindimensionales zeitunabhängiges) Kraftfeld $F \equiv F(x)$ vorliegt. Das zweite Newtonsche Axiom ist in diesem Fall von der Form (1.21). Um durch die mathematische Notation auszudrücken, dass es für alle Zeitpunkte t gilt, schreiben wir die linke Seite von (1.21) zur Zeit t als $m\ddot{x}(t)$. Damit die rechte Seite von (1.21) die auf das Teilchen zur Zeit t wirkende Kraft darstellt, müssen wir in $F \equiv F(x)$ die allgemeine Ortsvariable x durch den Ort, an dem sich das Teilchen zur Zeit t befindet, ersetzen, also $F(x(t))$ schreiben[19]. Damit nimmt (1.21) die Form

$$m\ddot{x}(t) = F\left(x(t)\right) \tag{1.42}$$

an. Diese Beziehung wird die **(Newtonsche) Bewegungsgleichung** des Teilchens unter dem Einfluss der betrachteten Kraft genannt. („Newtonsch" nennen wir sie, um sie von anderen Formen von Bewegungsgleichungen, die wir später kennen lernen werden, zu unterscheiden).

Beispiel 1

Die Bewegungsgleichung eines Teilchens unter dem Einfluss der harmonischen Kraft (1.34) lautet

$$m\ddot{x}(t) = -kx(t). \tag{1.43}$$

Es ist dies eine der wichtigsten Bewegungsgleichungen der Physik. Wir werden sie in diesem Buch (unter dem Kürzel „harmonischer Oszillator") ausführlich besprechen und zur Illustration verschiedener Methoden und Prinzipien heranziehen (etwa auf den Seiten 29, 36 und 103).

---

[18] Die so genannten *extremen schwarzen Löcher* sind – hypothetische – Objekte, bei denen sich die gravitative Anziehung und die elektrische Abstoßung die Waage halten – allerdings nicht im Rahmen der Newtonschen Mechanik, sondern der Allgemeinen Relativitätstheorie.

[19] Auch auf die Gefahr hin, uns zu wiederholen: Da x von der Zeit abhängt und F von x, hängt die auf das Teilchen wirkende Kraft in der Regel ebenfalls von der Zeit ab. Diese Zeitabhängigkeit der Kraft, die durch die Bewegung $x \equiv x(t)$ zustande kommt, muss von der bereits diskutierten Möglichkeit einer *expliziten* Zeitabhängigkeit der Kraft unterschieden werden!

Beispiel 2

Für einen (unter Vernachlässigung des Luftwiderstands) nahe der Erdoberfläche frei fallenden Körper (wir bezeichnen die Ortsvariable nun mit z) finden wir unter Verwendung der z-Komponente der Kraft (1.25) die Bewegungsgleichung

$$m\ddot{z}(t) = -mg\,. \tag{1.44}$$

Nach Division beider Seiten durch m vereinfacht sie sich zu

$$\ddot{z}(t) = -g\,. \tag{1.45}$$

Beachten Sie, dass daraus zwei wichtige Erkenntnisse folgen: Die Masse m ist weggefallen („alle Körper fallen gleich schnell", sofern der Luftwiderstand nicht berücksichtigt wird), und die Bewegung erfolgt mit konstanter, in die negative z-Richtung (nach „unten") gerichteter Beschleunigung (und wird daher *gleichmäßig beschleunigt* genannt).

Hängt die Kraft noch zusätzlich von der Geschwindigkeit und explizit von der Zeit ab, so schreiben wir die Bewegungsgleichung in der Form

$$m\ddot{x}(t) = F\left(x(t), \dot{x}(t), t\right) \tag{1.46}$$

an.

Beispiel 1

Bewegt sich ein Teilchen unter dem Einfluss der harmonischen Kraft (1.34) und der gleichzeitigen Wirkung einer Reibungskraft vom Typ (1.35), so ist die Gesamtkraft durch (1.38) gegeben, und die Bewegungsgleichung lautet

$$m\ddot{x}(t) = -kx(t) - \alpha\dot{x}(t)\,. \tag{1.47}$$

Beispiel 2

Wirkt zusätzlich zu den in (1.47) angeschriebenen Kräften noch eine („aufgeprägte") Kraft vom Typ (1.37), so nimmt die Bewegungsgleichung die Form

$$m\ddot{x}(t) = -kx(t) - \alpha\dot{x}(t) + F_0 \sin(\Omega t) \tag{1.48}$$

an (vgl. (1.39)).

Beispiel 3

Für einen nahe der Erdoberfläche frei fallenden Körper (wieder bezeichnen wir die Ortsvariable mit z) finden wir unter Verwendung der z-Komponente der Kraft (1.25) und unter Berücksichtigung des Luftwiderstands (1.36) die Bewegungsgleichung

$$m\ddot{z}(t) = -mg + \beta\dot{z}(t)^2\,, \tag{1.49}$$

wobei angenommen wird, dass sich der Körper in negative z-Richtung (also nach „unten") bewegt. Da der letzte Term stets positiv ist, wirkt die Reibungskraft dann immer in positive z-Richtung (also nach „oben", der Bewegung entgegen).

Bewegungsgleichungen in drei Dimensionen

Um die Bewegung eines Punktteilchens der Masse m im dreidimensionalen Raum zu beschreiben, gehen wir analog zum eindimensionalen Fall vor: Wir betrachten zuerst den Fall, dass die Kraft nur von dessen Ort abhängt, d. h. dass ein zeitunabhängiges Kraftfeld $\vec{F} \equiv \vec{F}(\vec{x})$ vorliegt. Wieder argumentieren wir: Das zweite Newtonsche Axiom (1.20) gilt für alle Zeitpunkte t. Daher schreiben wir die linke Seite von (1.20) zur Zeit t als $m\ddot{\vec{x}}(t)$. Damit die rechte Seite von (1.20) die auf das Teilchen zur Zeit t wirkende Kraft darstellt, müssen wir in $\vec{F} \equiv \vec{F}(\vec{x})$ den allgemeinen Ortsvektor $\vec{x}$ durch den Ort, an dem sich das Teilchen zur Zeit t befindet, ersetzen, also $\vec{F}(\vec{x}(t))$ schreiben. Die Newtonsche Bewegungsgleichung nimmt für diesen Fall daher die Form

$$m\ddot{\vec{x}}(t) = \vec{F}\left(\vec{x}(t)\right) \tag{1.50}$$

an. Aufgrund ihres vektoriellen Charakters besteht sie genau genommen aus drei Gleichungen: In Komponenten aufgeschrieben, lautet sie

$$m\ddot{x}(t) = F_x\left(\vec{x}(t)\right) \equiv F_x\left(x(t), y(t), z(t)\right) \tag{1.51}$$
$$m\ddot{y}(t) = F_y\left(\vec{x}(t)\right) \equiv F_y\left(x(t), y(t), z(t)\right) \tag{1.52}$$
$$m\ddot{z}(t) = F_z\left(\vec{x}(t)\right) \equiv F_z\left(x(t), y(t), z(t)\right). \tag{1.53}$$

Beachten Sie, dass die Komponenten der Kraft von allen drei Koordinaten abhängen können. Hängt die Kraft noch zusätzlich von der Geschwindigkeit und explizit von der Zeit ab, so schreiben wir die Bewegungsgleichung in der Form

$$m\ddot{\vec{x}}(t) = \vec{F}\left(\vec{x}(t), \dot{\vec{x}}(t), t\right) \tag{1.54}$$

an.

Beispiel: das Keplerproblem
Für einen unter dem Einfluss der gravitativen Zentralkraft (1.22) bewegten Massenpunkt (das *Keplerproblem*) gilt

$$m\ddot{\vec{x}}(t) = -\frac{GMm}{|\vec{x}(t)|^3}\vec{x}(t). \tag{1.55}$$

Beachten Sie, dass die Masse m auf beiden Seiten dieser Gleichung steht und daher weggestrichen werden kann. Die Bewegung des Körpers ist unabhängig von seiner Masse! Dieser (ganz allgemein in äußeren Gravitationsfeldern geltenden) Konsequenz der Gleichheit von träger und schwerer Masse sind wir bereits beim Schritt von (1.44) zu (1.45) begegnet.

Bewegungsgleichungen von Mehrteilchensystemen

Einen letzten Fall müssen wir noch erwähnen: den eines Systems mehrerer miteinander wechselwirkender Teilchen. Zur Illustration betrachten wir ein System aus zwei Teilchen mit Massen m_1 und m_2 und nehmen an, dass die Kraft auf jedes von ihnen nur von den Orten (d.h. von *beiden* Orten) abhängt. Wir bezeichnen die Kraft, die auf das erste Teilchen wirkt, mit $\vec{F}_1$ und jene, die auf das zweite Teilchen wirkt, mit $\vec{F}_2$. Das System von Bewegungsgleichungen, das aus der Anwendung von (1.20) für jedes der beiden Teilchen und für alle Zeitpunkte t resultiert, wird dann in der Form

$$m_1\ddot{\vec{x}}_1(t) \;=\; \vec{F}_1\left(\vec{x}_1(t),\vec{x}_2(t)\right) \tag{1.56}$$

$$m_2\ddot{\vec{x}}_2(t) \;=\; \vec{F}_2\left(\vec{x}_1(t),\vec{x}_2(t)\right) \tag{1.57}$$

angeschrieben.

Beispiel: das gravitative Zweikörperproblem

Die Bewegungsgleichungen für das durch die Kräfte (1.29) – (1.30) definierte gravitative Zweikörperproblem lauten

$$m_1\ddot{\vec{x}}_1(t) \;=\; \frac{Gm_1m_2}{|\vec{x}_1(t)-\vec{x}_2(t)|^3}\left(\vec{x}_2(t)-\vec{x}_1(t)\right) \tag{1.58}$$

$$m_2\ddot{\vec{x}}_2(t) \;=\; \frac{Gm_1m_2}{|\vec{x}_1(t)-\vec{x}_2(t)|^3}\left(\vec{x}_1(t)-\vec{x}_2(t)\right). \tag{1.59}$$

Sie stellen einen Höhepunkt der Newtonschen Mechanik dar. Aus ihnen lassen sich – wie wir sehen werden – die Keplerschen Gesetze der Planetenbewegung herleiten. Andererseits kann aus ihnen (wenn einer der Körper die Erde, der andere ein fallender Apfel ist) das Fallgesetz (1.1) hergeleitet werden[20]. Historisch betrachtet verhalfen sie der Ansicht zum Durchbruch, dass auf der Erde und im Himmel die *grundsätzlich gleichen physikalischen Gesetze* gelten.

Die Verallgemeinerung auf Systeme mit mehr als zwei Teilchen oder mit Kräften, die auch von den Geschwindigkeiten und explizit von der Zeit abhängen, liegt auf der Hand.

Bemerkung zur Schreibweise

Wir haben bisher peinlich genau darauf geachtet, in den Bewegungsgleichungen die Abhängigkeit der Ortsvariablen von der Zeit anzudeuten, d. h. $x(t)$, $\vec{x}(t)$, $\dot{x}(t)$ usw. zu schreiben statt einfach x, $\vec{x}$, $\dot{x}$ usw. Damit sollte unterstrichen werden, dass etwa (1.47) eine Aussage

---

[20] Dazu setzen Sie m_1 gleich der Masse der Erde, ignorieren die Gleichung (1.58), die die Bewegung der Erde unter dem Einfluss des Apfels beschreibt, und nehmen in (1.59) an, dass $\vec{x}_1(t)-\vec{x}_2(t)$, also der Verbindungsvektor vom Apfel zum Erdmittelpunkt, zeitlich praktisch konstant sein wird. Um (1.59) weiter zu vereinfachen, legen Sie nun das Koordinatensystem so, dass sein Ursprung irgendwo in der Nähe des fallenden Apfels liegt und die z-Achse vom Erdmittelpunkt weg (also nach „oben") weist. Die rechte Seite von (1.59) nimmt dann in der Nähe des Geschehens die Form (1.25) an, wobei anstelle von m die Masse m_2 des Apfels auftritt und die Konstante g wie in Aufgabe 3 bestimmt wird. Da der Apfel (in vertikaler Linie) fallen soll, können Sie die Koordinaten x und y ignorieren. Kürzen Sie m_2 aus der verbleibenden Bewegungsgleichung heraus, so finden Sie genau (1.45). Dass daraus das Fallgesetz folgt, werden wir weiter unten bei der Besprechung der Bewegung im homogenen Schwerefeld (Seite 28) sehen.

für eine Funktion $x \equiv x(t)$ ist. Wenn Sie sich diesen Umstand klar gemacht haben und ihn nicht vergessen, können Sie (1.47) zu

$$m\ddot{x} = -kx - \alpha\dot{x} \qquad (1.60)$$

verkürzen, und auch in allen anderen Bewegungsgleichungen können die Zusätze „(t)" weggelassen werden. Es sei aber betont, dass damit die Unterscheidung zwischen den zeitabhängigen Ortsvariablen und den zusätzlich auftretenden Konstanten schwieriger sein kann – insbesondere, wenn die Ortsvariable mit einem anderen Symbol als x bezeichnet wird[21]!

Resümee: die allgemeine Theorie der Bewegung

Mit (1.42), (1.46), (1.50) und (1.54) sowie (1.56)–(1.57) haben wir die **Grundgleichungen der Newtonschen Mechanik** für die hauptsächlich auftretenden Typen von Kräften formuliert. Die eingeflochtenen Beispiele illustrieren, dass diese – sehr allgemeine – Theorie der Bewegung eine Fülle konkreter physikalischer Systeme unter dem gemeinsamen Gesichtspunkt des zweiten Newtonschen Axioms, d. h. der „Kraft als Ursache der Bewegungsänderung" zusammenfasst.

Bisher alles verstanden?

Ist Ihnen aufgefallen, dass in diesem Buch bisher noch fast nichts *gerechnet* wurde? Aber dennoch sind bereits viele mathematische Symbole hingeschrieben worden. Falls es Ihnen schwer gefallen ist, den Argumenten zu folgen, halten Sie an dieser Stelle inne! Vielleicht hilft es Ihnen, die bisherigen Ausführungen über die Newtonsche Mechanik noch einmal zu lesen. Versuchen Sie, sich an die verwendete mathematische Schreibweise zu gewöhnen! Rekapitulieren wir kurz, welche mathematischen Voraussetzungen nötig sind, um das bisher Gesagte zu verstehen:

- Es muss bekannt sein, dass die Geschwindigkeit und die Beschleunigung eines Teilchens die erste und die zweite Ableitung des Ortes nach der Zeit sind.

- Es wurden einfachste Regeln für den Umgang mit dreidimensionalen Vektoren vorausgesetzt.

- Das zweite Newtonsche Axiom (1.20) bzw. (1.21) als fundamentales Grundgesetz wurde *nicht begründet*. Wenn Sie so wollen, rechtfertigt es sich durch seinen Erfolg (den wir anhand einiger Beispiele noch demonstrieren werden).

- Eine mögliche Hürde für das Verständnis ist die für funktionale Abhängigkeiten verwendete Schreibweise. Machen Sie sich klar, welche Arten von Abhängigkeiten durch Ausdrücke wie $F(x)$ und $F(x(t))$ – bzw. $\vec{F}(\vec{x})$ und $\vec{F}(\vec{x}(t))$ – ausgedrückt werden. Insbesondere sollte Ihnen klar sein,

---

[21] Im Physikunterricht würde man statt (1.60) etwa die Schreibweise $ma = -kx - \alpha v$ verwenden, wobei v für die Geschwindigkeit und a für die Beschleunigung steht. Leider ist in dieser Schreibweise nun gar nicht mehr offensichtlich, dass es sich um eine Aussage für „x als Funktion von t" handelt.

- dass eine Funktion der Form $\vec{F} \equiv \vec{F}(\vec{x})$ ein *Vektorfeld* darstellt, d. h. dass in jedem Raumpunkt $\vec{x}$ ein Vektor $\vec{F}(\vec{x})$ definiert ist,

- und warum die Schreibweise „$x(t)$" in einer Kraftdefinition wie $F(x) = -kx$ nichts verloren hat, in einer Bewegungsgleichung wie $m\ddot{x}(t) = -kx(t)$ aber sehr wohl sinnvoll ist!

1.4.5 Bewegungsgleichungen lösen

Die Bewegungsgleichungen der Newtonschen Mechanik sind *Differentialgleichungen* für die Ortsvariable(n). Genau genommen sind sie im eindimensionalen Fall *Differentialgleichungen*, im dreidimensionalen Fall bzw. für Mehrteilchensysteme *Systeme von Differentialgleichungen*[22]. Sie alle sind von *zweiter Ordnung*, da die höchsten auftretenden Zeitableitungen zweite Ableitungen sind. Der direkteste Weg, um herauszufinden, welche Bewegungsform von einer gegebenen Kraft verursacht wird (d. h. wie die **Zeitentwicklung** des betreffenden Systems aussieht), besteht darin, die entsprechende Differentialgleichung zu *lösen*. Beispielsweise ist eine Lösung der Bewegungsgleichung (1.47) eine Funktion $x \equiv x(t)$, die, in die Aussage (1.47) eingesetzt, diese erfüllt. Eine Lösung der Bewegungsgleichung (1.55) besteht aus drei Funktionen $\vec{x} \equiv \vec{x}(t)$, die, in die Aussage (1.55) eingesetzt, diese erfüllen. In diesem Sinn beschreiben die Bewegungsgleichungen die *Dynamik* der betrachteten Systeme.

Die Struktur der Bewegungsgleichungen und das Anfangswertproblem

In den folgenden Abschnitten werden wir einige Grundtatsachen über Differentialgleichungen zweiter Ordnung benötigen. Die wichtigsten betreffen die Struktur der *allgemeinen Lösungen* – wir stellen sie hier zusammen und werden gleich darauf mit einer fundamentalen Erkenntnis belohnt:

- Eindimensionaler Fall: Die allgemeine Lösung (d. h. die Lösungsmenge) einer Differentialgleichung zweiter Ordnung vom Typ (1.46) – dem allgemeinsten Typ, den wir betrachtet haben – besitzt zwei frei wählbare Konstanten. Diese können durch den Anfangsort $x(0)$ und die Anfangsgeschwindigkeit $\dot{x}(0)$ – die *Anfangsdaten* – ausgedrückt werden.

- Dreidimensionaler Fall: Die allgemeine Lösung einer Differentialgleichung zweiter Ordnung vom Typ (1.54) – dem allgemeinsten Typ, den wir betrachtet haben – besitzt sechs frei wählbare Konstanten. Diese können durch den Anfangsort $\vec{x}(0)$ und die Anfangsgeschwindigkeit $\dot{\vec{x}}(0)$ – die *Anfangsdaten* – ausgedrückt werden.

- Mehrteilchensysteme: Das entsprechende System von Bewegungsgleichungen für n Teilchen in drei Dimensionen besitzt $6n$ frei wählbare Konstanten. Diese können ebenfalls

---

[22] Der sprachlichen Einfachheit halber werden wir auch ein System von Differentialgleichungen meist einfach als „Differentialgleichung" bezeichnen. In gewisser Weise ist das nicht einmal falsch, da etwa (1.50) im vektoriellen Sinn *eine* Differentialgleichung für den zeitabhängigen Vektor $\vec{x}(t)$ ist.

durch die Anfangsdaten (alle Anfangsorte und Anfangsgeschwindigkeiten) ausgedrückt werden. Das Zweikörperproblem $(1.58) - (1.59)$ ist ein Beispiel für $n = 2$.

Allein aus diesen allgemeinen Eigenschaften folgt ein zentraler Aspekt der Newtonschen Mechanik: Sind die wirkenden Kräfte (d. h. die Bewegungsgleichungen) und die Anfangsdaten (d. h. die Anfangsorte und Anfangsgeschwindigkeiten aller beteiligten Teilchen) bekannt, so ist daraus die gesamte Bewegung (die Zeitentwicklung) eindeutig und vollständig bestimmt[23]. Als Anfangszeit haben wir hier der Einfachheit halber $t = 0$ gewählt, könnten dazu aber auch jede andere Zeit $t = t_0$ benutzen.

Die Aufgabe, die Lösung einer Differentialgleichung zu gegebenen Anfangsdaten zu finden, wird als *Anfangswertproblem* bezeichnet. Dessen allgemeine Lösbarkeit im Rahmen der Newtonschen Mechanik hat Pierre-Simon Laplace durch den nach ihm benannten „Laplaceschen Dämon" veranschaulicht: Bestünde die gesamte Welt aus Punktteilchen, die der Newtonschen Mechanik gehorchen, so könnte diese imaginierte Intelligenz aus der Kenntnis der Kräfte und der Anfangsdaten die gesamte Zukunft des Universums berechnen!

Lösungsmethoden

Von der bloßen – mathematisch gesicherten – *Existenz* von Lösungen der Bewegungsgleichungen hat man in der Praxis nicht allzu viel. Vielmehr wollen wir die Lösungen, wann immer das möglich ist, auch *finden*. *Wie* Lösungen von Differentialgleichungen tatsächlich gefunden werden können, ist nur in einem sehr eingeschränkten Sinn Gegenstand dieses Buchs. Dafür ist ein eigenes – sehr umfassendes – Gebiet der Mathematik zuständig. Die Handhabung einfacher Differentialgleichungen sollten Sie in den der mathematischen Grundausbildung gewidmeten Lehrveranstaltungen kennen gelernt haben. Das konkrete Lösen von Bewegungsgleichungen wird in diesem Buch nur anhand einiger einfacher Fälle (und – um Ihnen ein Gefühl für komplexere Situationen zu geben – anhand des Keplerproblems) vorgeführt werden.

Leider gibt es für das Auffinden der Lösungen von Differentialgleichungen keine Rezepte, die in jedem Fall funktionieren würden. Nicht in allen Fällen gelingt es, Lösungen durch bekannte mathematische Funktionen (in *geschlossener* Form) auszudrücken. Man ist dann auf die Nutzung von Näherungsverfahren und numerischen Techniken angewiesen. Glücklicherweise lassen sich aber auch dann, wenn keine geschlossenen Lösungen vorliegen, aus den Bewegungsgleichungen wichtige Eigenschaften der Bewegungsvorgänge erschließen. Vor allem die so genannten *Erhaltungsgrößen*, auf die wir später in diesem Kapitel eingehen werden, helfen uns dabei.

Eine Methode, die Ihnen in jedem Fall offen steht, ist die Nutzung von **Computeralgebra-Systemen** (CAS). Die meisten dieser Programme können geschlossene Lösungen von Diffe-

---

[23] Wir erwähnen der Vollständigkeit halber, dass es Ausnahmen geben kann. So wird es beispielsweise im Fall des Zweikörperproblems $(1.58) - (1.59)$ nicht klug sein, die Anfangsdaten so zu wählen, dass $\vec{x}_1(0) = \vec{x}_2(0)$ gilt, da dann die Kräfte auf der rechten Seite der beiden Bewegungsgleichungen mathematisch nicht wohldefiniert sind. Zudem kann es auch bei harmlos anmutenden Anfangsdaten zu Zusammenstößen von Teilchen kommen. Was nach einem solchen Ereignis passiert, können die Modelle der klassischen Mechanik nicht voraussagen. Zum Glück tritt dieses Problem in der Quantentheorie nicht auf.

rentialgleichungen suchen und, falls keine gefunden werden, numerische Näherungslösungen angeben.

Tipps zur Nutzung von Computeralgebra

Computeralgebra kann Ihnen viel Arbeit ersparen und ist dennoch für das Verständnis nicht unbedingt abträglich. Programme wie *Mathematica* oder *Maple* können (unter anderem) Gleichungen und Gleichungssysteme lösen, mit Vektoren und Matrizen rechnen, differenzieren, Reihenentwicklungen ermitteln, bestimmte und unbestimmte Integrale berechnen und Differentialgleichungen lösen. In vielen Fällen sind Sie nicht darauf angewiesen, die Ergebnisse kritiklos hinzunehmen. Wenn ein Computeralgebra-System etwa die Lösung einer Differentialgleichung in geschlossener (d. h. durch „bekannte" Funktionen ausgedrückter) Form ausgibt, müssen Sie sie nicht blind glauben: Setzen Sie sie in die Differentialgleichung ein und verifizieren Sie durch Rechnung auf dem Papier, dass es sich tatsächlich um eine Lösung handelt! Manche Differentialgleichungen besitzen keine geschlossenen Lösungen – in diesem Fall können Computeralgebra-Systeme (wie auch andere Programme) benutzt werden, um numerische Näherungslösungen zu finden. Das Plotten von Lösungen (ob sie nun in symbolisch-exakter oder numerischer Form ausgegeben werden) informiert sie in Sekundenschnelle über deren Verhalten. Schalten Sie aber dabei nie den Kopf aus: Computerprogramme denken nicht so wie wir Menschen! Wenn Ihnen (um ein anderes – und übertrieben einfaches – Beispiel auszuwählen) ein Computerprogramm sagt, dass das unbestimmte Integral von $1/x^2$ gleich $-1/x$ ist, dürfen Sie daraus *nicht* schließen, dass

$$\int_{-1}^{1} \frac{dx}{x^2} = \left. -\frac{1}{x} \right|_{-1}^{1} = -2 \qquad (1.61)$$

ist! Wenn Sie jetzt nicht wissen, warum, dann plotten Sie den Graphen von $1/x^2$! Ein gutes Computeralgebra-System würde das bestimmte Integral (1.61) sofort als divergent erkennen, aber grundsätzlich ist zu empfehlen, Ergebnisse derartiger Systeme so gut (durch Rechnungen und durch Mitdenken) zu überprüfen, wie es eben geht! Als Bonus können Sie auf diese Weise auch ihr Verständnis für die erhaltenen Resultate verbessern.

Wir wollen uns nun drei besonders wichtige Beispiele einfacher physikalischer Systeme ansehen und ihre Bewegungsgleichungen lösen. Im Anschluss daran wird ein einfaches und nützliches numerisches Verfahren vorgestellt.

Kräftefreie Bewegung

Wie bewegt sich ein *kräftefreier* (als Massenpunkt betrachteter) Körper? Ist $\vec{F}(\vec{x}) = 0$ für alle $\vec{x}$, so lautet die Bewegungsgleichung (1.50) einfach $m\ddot{\vec{x}}(t) = 0$ oder, nach Division beider Seiten durch m,

$$\ddot{\vec{x}}(t) = 0. \qquad (1.62)$$

In Worten besagt dies: Ein Massenpunkt, auf den keine Kraft wirkt, bewegt sich so, dass seine Beschleunigung gleich 0 ist. Nun wollen wir die – sehr einfache – Differentialgleichung (1.62) lösen, d. h. $\vec{x} \equiv \vec{x}(t)$ finden. Eine etwas akribisch anmutende Methode, die aber zwingend und logisch transparent zum Ergebnis führt (und zudem veranschaulicht, dass das Lösen von Differentialgleichungen etwas mit Integrieren zu tun hat) ist diese: Wir benennen zunächst die Zeitvariable t in t' um und integrieren beide Seiten von (1.62) nach t' von 0 bis zu einem gegebenen Zeitpunkt t. Wir erhalten

$$\int_0^t dt' \, \ddot{\vec{x}}(t') = 0. \tag{1.63}$$

Beachten Sie, dass der Integrand eine Zeitableitung ist ($\ddot{\vec{x}}$ ist die Zeitableitung von $\dot{\vec{x}}$)! Nach dem Hauptsatz der Differential- und Integralrechnung[24] vereinfacht sich (1.63) daher zu

$$\dot{\vec{x}}(t')\big|_0^t \equiv \dot{\vec{x}}(t) - \dot{\vec{x}}(0) = 0. \tag{1.64}$$

Die Aussage $\dot{\vec{x}}(t) - \dot{\vec{x}}(0) = 0$ ist ebenfalls eine Differentialgleichung (mit $\dot{\vec{x}}(0)$ als Konstante), die für alle Zeiten t erfüllt sein muss. Wieder benennen wir die Zeitvariable t in t' um und integrieren ein zweites Mal beide Seiten nach t' von 0 bis zu einem gegebenen Zeitpunkt t:

$$\int_0^t dt' \, \left(\dot{\vec{x}}(t') - \dot{\vec{x}}(0)\right) = 0. \tag{1.65}$$

Das Integral des ersten Terms wird wieder mit Hilfe des Hauptsatzes des Differential- und Integralrechung gefunden, das Integral des zweiten Terms ergibt sich ganz elementar, da dieser Term ja konstant ist, als das Produkt $\dot{\vec{x}}(0)\,t$. Insgesamt erhalten wir

$$\vec{x}(t) - \vec{x}(0) - \dot{\vec{x}}(0)\,t = 0, \tag{1.66}$$

was wir zu

$$\vec{x}(t) = \vec{x}(0) + \dot{\vec{x}}(0)\,t \tag{1.67}$$

umformen. Damit ist die *allgemeine Lösung* von (1.62) gefunden! Die Probe durch Differenzieren ergibt sofort, dass (1.67) die Differentialgleichung (1.62) erfüllt. Da die beiden – frei wählbaren – Konstanten $\vec{x}(0)$ und $\dot{\vec{x}}(0)$ die Anfangsdaten (Anfangsort und Anfangsgeschwindigkeit) darstellen, ist gleichzeitig auch das *allgemeine Anfangswertproblem* gelöst.

Die Lösung (1.67) stellt keine große Überraschung dar[25]. Sie besagt, dass sich ein kräftefreier Massenpunkt stets mit (in Richtung und Betrag) konstanter Geschwindigkeit bewegt: Die Geschwindigkeit zu jeder Zeit t ist gleich der Anfangsgeschwindigkeit $\dot{\vec{x}}(0)$. Damit haben wir aus dem zweiten Newtonschen Axiom (1.50) für den kräftefreien Fall den *Trägheitssatz* (das erste Newtonsche Axiom) abgeleitet: Ein kräftefreier (als Massenpunkt betrachteter) Körper bewegt sich mit konstanter Geschwindigkeit. (Handelt es sich um einen ausgedehnten Körper, so trifft diese Aussage genau genommen nur auf seinen *Massenmittelpunkt* zu).

---

[24] Siehe (B.134) im Anhang.

[25] Eine einfachere Methode, sie zu gewinnen, besteht darin, zunächst die Form $\vec{x}(t) = \vec{C}_1 + \vec{C}_2\,t$ (mit konstanten Vektoren $\vec{C}_1$ und $\vec{C}_2$) zu „erraten", durch Einsetzen in (1.62) die Probe durch Differenzieren zu machen – was natürlich ganz einfach ist, da die zweite Zeitableitung von t verschwindet – und schließlich herauszufinden, dass $\vec{C}_1$ und $\vec{C}_2$ den Anfangsort und die (konstante) Geschwindigkeit darstellen.

Bewegung im homogenen Schwerefeld

Ein zeitunabhängiges Kraftfeld heißt *homogen*, wenn es im ganzen Raum konstant, d. h. überall durch den gleichen Vektor gegeben ist. Als Prototyp eines homogenen Kraftfeldes betrachten wir das durch (1.25) gegebene Schwerefeld, das die tatsächliche Gravitationskraft in einem kleinen Raumbereich nahe der Erdoberfläche approximiert. Die Bewegungsgleichung (1.50) nimmt für diese Kraft, nach Division beider Seiten durch m, die Form

$$\ddot{\vec{x}}(t) = \begin{pmatrix} 0 \\ 0 \\ -g \end{pmatrix} \tag{1.68}$$

an. Ihre allgemeine Lösung kann genauso wie im kräftefreien Fall durch zwei Integrationen gefunden werden. Wir führen dies nicht vor (siehe dazu Aufgabe 5), sondern schreiben nur das Ergebnis an:

$$\vec{x}(t) = \vec{x}(0) + \dot{\vec{x}}(0)\,t + \begin{pmatrix} 0 \\ 0 \\ -\frac{g}{2}t^2 \end{pmatrix}. \tag{1.69}$$

Durch Differenzieren kann sofort überprüft werden, dass es die Differentialgleichung (1.68) erfüllt. Wieder ist damit sowohl die allgemeine Lösung der Bewegungsgleichung als auch die allgemeine Lösung des Anfangswertproblems gefunden. Nicht zum ersten Mal bemerken wir, dass die Masse m herausgefallen ist und daher in der allgemeinen Lösung nicht vorkommt. Eine zweite wichtige Eigenschaft dieser Bewegungsform wird sichtbar, wenn wir die Bewegungsgleichung (1.68) in Komponentenform

$$\ddot{x}(t) = 0 \tag{1.70}$$
$$\ddot{y}(t) = 0 \tag{1.71}$$
$$\ddot{z}(t) = -g \tag{1.72}$$

hinschreiben. Die Bewegung in den Koordinaten x und y, d. h. in die auf die Kraft orthogonal stehenden Richtungen, ist – für sich betrachtet – kräftefrei[26]. Dementsprechend lautet die allgemeine Lösung (1.69) in Komponentenform

$$x(t) = x(0) + \dot{x}(0)\,t \tag{1.73}$$
$$y(t) = y(0) + \dot{y}(0)\,t \tag{1.74}$$
$$z(t) = z(0) + \dot{z}(0)\,t - \frac{g}{2}t^2. \tag{1.75}$$

Diese Form der allgemeinen Lösung kann auch erzielt werden, indem die drei Differentialgleichungen (1.70)–(1.72) jeweils für sich gelöst werden. Damit ist das Problem des *schiefen Wurfs* ganz allgemein gelöst. Ein Spezialfall von (1.75) für die Anfangsgeschwindigkeit

---

[26] Dies rührt einfach daher, dass „die *horizontale* Kraftkomponente verschwindet" – es ist eine Folge der vektoriellen Natur der Kraft.

$\dot{z}(0) = 0$ ist der *freie Fall aus der Ruhe*. Indem wir die vom Anfangsort $z(0)$ aus als positiv gemessene durchfallene Strecke mit s bezeichnen, also $s(t) = z(0) - z(t)$ setzen, erhalten wir genau das eingangs diskutierte Fallgesetz (1.1). Zur Diskussion von (1.75) siehe auch Aufgabe 6.

Der harmonische Oszillator

Mit diesem Begriff wird ein eindimensionales System bezeichnet, dessen Bewegung durch das Wirken der harmonischen Kraft (1.34) zustande kommt. Die zugehörige Bewegungsgleichung haben wir in (1.43) bereits hingeschrieben und wiederholen sie hier:

$$m\ddot{x}(t) = -kx(t), \tag{1.76}$$

wobei $k > 0$ die *Federkonstante* ist. Der harmonische Oszillator ist charakterisiert durch eine zur Auslenkung x proportionale rücktreibende Kraft. Wir können uns vorstellen, dass diese Kraft auf ein Punktteilchen wirkt, aber sie tritt auch in anderen Zusammenhängen auf. Welche Bewegungform verursacht sie? Um dies bequem analysieren zu können, ist es üblich, den (positiven) Quotienten k/m als ω^2 zu schreiben, also $\omega = \sqrt{k/m}$ zu setzen. Nach Division beider Seiten der Bewegungsgleichung durch m nimmt diese dann die Form

$$\ddot{x}(t) = -\omega^2 x(t) \tag{1.77}$$

an. Zwei (linear unabhängige) Lösungen sind nach ein bisschen Nachdenken schnell gefunden: $\cos(\omega t)$ und $\sin(\omega t)$. Da die Differentialgleichung (1.77) linear ist, ist auch jede Linearkombination

$$x(t) = C_1 \cos(\omega t) + C_2 \sin(\omega t) \tag{1.78}$$

eine Lösung. (Rechnen Sie nach!) Nun besagt die Theorie der linearen Differentialgleichungen zweiter Ordnung, dass die allgemeine Lösung als Linearkombination zweier beliebiger (linear unabhängiger) Lösungen – zweier *Basislösungen* – angeschrieben werden kann, woraus folgt, dass mit (1.78) bereits die allgemeine Lösung gefunden wurde[27]! Um sie durch die Anfangsdaten auszudrücken, gehen wir nach einem Schema vor, das ganz allgemein bei Bewegungsproblemen im Rahmen der klassischen Mechanik angewandt werden kann, wenn die allgemeine Lösung – mit zwei frei wählbaren Konstanten C_1 und C_2 – bekannt ist:

1. Zuerst wird die erste Ableitung der allgemeinen Lösung (1.78) gebildet, d. h. die Geschwindigkeit als Funktion der Zeit berechnet:

$$\dot{x}(t) = -\omega C_1 \sin(\omega t) + \omega C_2 \cos(\omega t). \tag{1.79}$$

---

[27] Dass die beiden Lösungen $\cos(\omega t)$ und $\sin(\omega t)$ linear unabhängig sind, bedeutet, dass sie keine Vielfachen voneinander sind. Damit ist sichergestellt, dass die Konstanten C_1 und C_2 in (1.78) tatsächlich *zwei* unabhängigen Freiheitsgraden entsprechen. Falls jemand nur $\sin(\omega t)$ als Lösung erkennt und den Ausdruck $x(t) = (C_1 + C_2)\sin(\omega t)$ mit dem Argument, dass zwei freie Konstanten drinnenstehen, als allgemeine Lösung verkaufen will, sollten Sie protestieren! Ist Ihnen klar, warum? $C_1 + C_2$ stellt in Wahrheit nur *eine einzige* Konstante dar! Mit (1.78) funktioniert so eine Reduktion auf eine einzige Konstante nicht.

2. Dann wird in die Ausdrücke für $x(t)$ und $\dot{x}(t)$ die Anfangszeit $t = 0$ eingesetzt:

$$x(0) = C_1 \tag{1.80}$$

$$\dot{x}(0) = \omega C_2. \tag{1.81}$$

3. Die beiden erhaltenen Beziehungen werden als Gleichungssystem für die Konstanten C_1 und C_2 aufgefasst. Dessen Lösung ist mit

$$C_1 = x(0) \tag{1.82}$$

$$C_2 = \frac{\dot{x}(0)}{\omega} \tag{1.83}$$

sogleich gefunden.

4. Die auf diese Weise erhaltenen Ausdrücke für die Konstanten C_1 und C_2 werden in die allgemeine Lösung (1.78) eingesetzt.

Damit ergibt sich mit

$$x(t) = x(0)\cos(\omega t) + \frac{\dot{x}(0)}{\omega}\sin(\omega t) \tag{1.84}$$

die allgemeine Lösung des Anfangswertproblems. Wieder bestätigt sich: Sind die Anfangsdaten $x(0)$ und $\dot{x}(0)$ bekannt, so ist der gesamte Bewegungsverlauf eindeutig bestimmt. Er wird *harmonische Schwingung* oder *harmonische Bewegung* genannt[28]. Eine seiner charakteristischen Eigenschaften besteht darin, dass er *periodisch* in der Zeit mit Periode $\tau = 2\pi/\omega$ ist. Das bedeutet, dass das Teilchen, das sich zu einer beliebigen Zeit t ja am Ort $x(t)$ befindet, zur Zeit $t + \tau$ wieder zu diesem Ort zurückgekehrt ist, und dass τ das *kleinste* Zeitintervall mit dieser Eigenschaft ist. In der mathematischen Formelsprache wird diese „Rückkehr zum selben Ort nach einer Periode" durch die Beziehung

$$x(t + \tau) = x(t) \quad \text{für alle } t \tag{1.85}$$

ausgedrückt. Rechnen wir sie für den Cosinus-Anteil nach:

$$\cos\left(\omega\left(t + \tau\right)\right) = \cos\left(\omega\left(t + \frac{2\pi}{\omega}\right)\right) = \cos\left(\omega t + 2\pi\right) = \cos\left(\omega t\right). \tag{1.86}$$

Für den Sinus-Anteil verläuft die Rechnung ganz identisch. Das Zeitintervall τ heißt auch *Periodendauer*. Ihr Kehrwert ist die *Frequenz*

$$f = \frac{1}{\tau} = \frac{\omega}{2\pi}. \tag{1.87}$$

---

[28] Ausgenommen ist die triviale Bewegung, die aus den Anfangsdaten $x(0) = \dot{x}(0) = 0$ entsteht. In diesem Fall gilt $x(t) = 0$ für alle t, d. h. das Teilchen ruht am Ort $x = 0$ und ist völlig mit sich und der Welt im Gleichgewicht. Der Ort $x = 0$ wird daher als *Gleichgewichtslage* oder *Ruhelage* bezeichnet. Bei einer nichttrivialen Bewegung kann x als *Auslenkung aus der Gleichgewichtslage* angesehen werden und wird auch als *Elongation* bezeichnet.

Sie gibt die Zahl der pro Zeitintervall stattfindenden (vollständigen) Schwingungen an. Die Konstante ω wird *Kreisfrequenz* genannt.

Sowohl die Bezeichnung „harmonische Schwingung" als auch die zuletzt eingeführten Begriffe der Periodendauer, der Frequenz und der Kreisfrequenz sollten Ihnen bekannt vorkommen – sie sind Ihnen in diesem Buch bereits begegnet! Tatsächlich handelt es sich bei der Lösung unserer Bewegungsgleichung um genau die gleiche Bewegung wie die in (1.13) wiedergegebene:

$$x(t) = A \sin(\omega t + \varphi). \tag{1.88}$$

Sie ist lediglich anders angeschrieben! Lesen Sie als Wiederholung die frühere Diskussion der harmonischen Schwingung auf Seite 9 noch einmal durch! Sie werden feststellen, dass wir die Beziehungen (1.87) in (1.15) bereits gefunden haben. Interessanterweise sind wir sogar schon auf die Differentialgleichung (1.77) gestoßen, und zwar in Form der Beobachtung (1.18). Das beweist, dass (1.84) und (1.88) die gleiche Bewegungsform darstellen. Um diese beiden Darstellungen ineinander umzurechnen, bilden wir die Zeitableitung von (1.88),

$$\dot{x}(t) = \omega A \cos(\omega t + \varphi), \tag{1.89}$$

und stellen fest, dass

$$x(0) = A \sin \varphi \tag{1.90}$$

$$\frac{\dot{x}(0)}{\omega} = A \cos \varphi \tag{1.91}$$

gilt. Dieses Ergebnis erlaubt es, $(x(0), \dot{x}(0))$ und (A, φ) ineinander umzurechnen, wobei φ nur bis auf ganzzahlige Vielfache von 2π bestimmt ist[29]. (Mathematisch ist diese Umrechnung ganz ähnlich dem Wechsel zwischen kartesischen Koordinaten und Polarkoordinaten in der Ebene[30]). Daraus folgt ein weiteres nützliches Resultat: Die Amplitude A, d. h. die größte Auslenkung, die das Teilchen im Laufe seiner Bewegung erfährt, hängt – im Unterschied zur Periodendauer und der Frequenz, die sich ja beide durch die Konstante ω ausdrücken lassen – von den Anfangsdaten ab. Aus (1.90)–(1.91) folgt unmittelbar

$$A = \sqrt{x(0)^2 + \frac{\dot{x}(0)^2}{\omega^2}} \tag{1.92}$$

(Aufgabe 7), was mit (1.82)–(1.83) auch in der Form

$$A = \sqrt{C_1^2 + C_2^2} \tag{1.93}$$

geschrieben werden kann. Da der Amplitude A durch die Wahl entsprechender Anfangsdaten *beliebige* (nicht-negative) Werte gegeben werden können, folgt: Es sind Bewegungen mit beliebiger (also auch beliebig großer) Amplitude möglich, und sie alle verlaufen mit der gleichen Frequenz f und der gleichen Periodendauer τ. Das wird manchmal auch so ausgedrückt, dass die Frequenz und die Periodendauer unabhängig von der Amplitude sind.

---

[29] Eine andere Methode, diese Umrechnung durchzuführen, besteht darin, das Additionstheorem $\sin(\alpha + \beta) = \sin(\alpha)\cos(\beta) + \cos(\alpha)\sin(\beta)$ zu benutzen, um (1.88) direkt in eine Linearkombination von $\cos(\omega t)$ und $\sin(\omega t)$ aufzuspalten.

[30] Siehe (B.46)–(B.47) im Anhang.

Ein numerisches Verfahren

Da – wie bereits erwähnt – viele interessante Bewegungsprobleme nicht geschlossen gelöst werden können, ist man in diesen Fällen auf numerische Verfahren angewiesen. Zudem können im Rahmen des Physikunterrichts beim Kennenlernen des zweiten Newtonschen Axioms noch keine Techniken der Analysis eingesetzt werden, so dass die Behandlung auch einfacher Systeme mit numerischen Methoden eine didaktische Option ist[31]. Dafür stehen ausgefeilte Methoden zur Verfügung (vor allem das sehr genaue *Runge-Kutta-Verfahren*), die sich aufgrund ihrer formalen Komplexität aber nur in Ausnahmefällen zur Anwendung im Physikunterricht eignen. Wir gehen auf diese hier nicht weiter ein, sondern skizzieren statt dessen ein nützliches, mathematisch einfaches und robustes Verfahren, das physikalisch einleuchtet (und im Physikunterricht insbesondere dazu benutzt werden kann, um das Vorhersagepotential des zweiten Newtonschen Axioms zu verdeutlichen). Wir formulieren es für eindimensionale Systeme und einer nur vom Ort abhängigen Kraft. Um eine Bewegungsgleichung vom Typ (1.42)

$$m\ddot{x}(t) = F\left(x(t)\right) \tag{1.94}$$

näherungsweise für gegebene Anfangsdaten $x(0) \equiv x_0$ und $\dot{x}(0) \equiv v_0$ zu lösen, kann der kontinuierliche Zeitfluss in kurze Zeitintervalle der Dauer ε zerlegt werden. Aus den Anfangsdaten werden die Werte $x(\varepsilon) \equiv x_1$ und $\dot{x}(\varepsilon) \equiv v_1$ abgeschätzt, aus diesen die Werte $x(2\varepsilon) \equiv x_2$ und $\dot{x}(2\varepsilon) \equiv v_2$ und so weiter. Die einfachste Methode, dies zu tun, ist das *Euler-Cauchy-Verfahren*

$$x_{n+1} = x_n + v_n\,\varepsilon \tag{1.95}$$

$$v_{n+1} = v_n + \frac{F(x_n)}{m}\,\varepsilon . \tag{1.96}$$

Es besteht einfach darin, die Bewegung im Zeitintervall $n\varepsilon \leq t \leq (n+1)\varepsilon$ in (1.95) als gleichförmige und in (1.96) als gleichmäßig beschleunigte Bewegung (mit Beschleunigung $F(x_n)/m$) zu approximieren. Dieser Algorithmus kann sehr leicht mit einem Tabellenkalkulationsprogramm durchgeführt und die Paare $(n\varepsilon, x_n)$ als Punktgraph visualisiert werden. Er ist allerdings nicht sehr genau. Auch für einfache Systeme wie dem harmonischen Oszillator weicht die Näherungslösung sehr bald merklich von der exakten ab, selbst wenn die Dauer ε der Zeitschritte sehr klein gewählt wird. Nichts ist irritierender als die Visualisierung einer Schwingung, die immer stärker ausschlägt, obwohl sie eigentlich eine konstante Amplitude haben sollte.

Eine wesentliche Verbesserung kann erzielt werden, indem zunächst (1.95) durch eine Approximation ersetzt wird, die die Bewegung als gleichmäßig beschleunigt annimmt:

$$x_{n+1} = x_n + v_n\,\varepsilon + \frac{F(x_n)}{2m}\,\varepsilon^2 . \tag{1.97}$$

---

[31] Eine andere Möglichkeit für den Physikunterricht besteht natürlich darin, Simulationsprogramme mit Black-Box-Charakter zu verwenden. Hier soll es aber um Verfahren gehen, deren Anatomie auch im Detail verstanden und überblickt werden kann.

Die Beschleunigung ist dabei die durch (1.94) angegebene Beschleunigung am Ort x_n, also $F(x_n)/m$. (Beachten Sie, dass es sich dabei um nichts anderes als den allgemeinen Lösungsausdruck für die gleichmäßig beschleunigte Bewegung handelt, wie er etwa durch (1.75) gegeben ist, wenn $-g$ durch $F(x_n)/m$ und t durch ε ersetzt wird). Um (1.96) durch eine genauere Variante zu ersetzen, belassen wir es zwar bei der Approximation der Bewegung als gleichmäßig beschleunigt, können aber den dabei verwendeten Wert der Beschleunigung verbessern: Da x_{n+1} in (1.97) bereits berechnet wurde, kann die Anfangsbeschleunigung $F(x_n)/m$ durch den Mittelwert aus Anfangs- und Endbeschleunigung ersetzt werden:

$$v_{n+1} = v_n + \frac{1}{2}\left(\frac{F(x_n)}{m} + \frac{F(x_{n+1})}{m}\right)\varepsilon. \qquad (1.98)$$

Der durch (1.97)–(1.98) definierte Algorithmus ist eine Kombination aus einer quadratischen Entwicklung mit dem so genannten *Heun-Verfahren*. Ebenso wie das Euler-Cauchy-Verfahren lässt er sich mit einem Tabellenkalkulationsprogramm durchführen und visualisieren, zeichnet sich aber durch seine numerische Zuverlässigkeit aus. Für die meisten für den Physikunterricht relevanten Systeme (wie etwa für den harmonischen Oszillator oder die Pendelbewegung) liefert er Ergebnisse, die auch nach einer beachtlichen Zahl von Iterationsschritten von den exakten Lösungen nicht merklich abweichen, selbst wenn ε nicht mikroskopisch klein gewählt wird (siehe Aufgabe 8). Weiters lässt er sich ohne großen Aufwand auch für komplexere Systeme, etwa in höheren Dimensionen (wie das Keplerproblem) oder für Systeme, in denen Reibungskräfte wirken (wie der freie Fall mit Luftwiderstand) oder für Systeme mit äußeren Kräften (wie die erzwungene Schwingung) verallgemeinern. Auch die Berechnung und Visualisierung von Größen wie dem Impuls und der Energie, auf die wir gleich zu sprechen kommen, ist mit diesem Zugang möglich.

1.4.6 Definition von Impuls, kinetischer Energie und Drehimpuls

Wir haben uns bisher auf *eine* der Hauptaufgaben der Newtonschen Mechanik konzentriert: das Lösen der Bewegungsgleichungen, um direkten Aufschluss über den Ablauf von Bewegungen zu erhalten. Damit ist es aber aus zwei Gründen nicht getan. Einerseits kann nicht für alle interessanten Systeme eine geschlossene Lösung der Bewegungsgleichung gefunden werden. Wir sind daher oft auf allgemeinere Charakterisierungen, die interessante Teilaspekte der Bewegung betreffen, angewiesen. Andererseits gibt es weitere Gesichtspunkte der Mechanik, die wir bisher gänzlich unterschlagen haben. Beispielsweise ist vom Begriff der Energie noch gar nicht die Rede gewesen.

Daher wollen wir uns nun der allgemeinen Analyse von Bewegungsabläufen zuwenden. Wir beginnen mit drei Größen, die unabhängig von der konkreten Dynamik (d. h. unabhängig von der konkreten Form der Kraft) durch die folgenden Formeln definiert werden können:

Impuls

Der (*lineare*) *Impuls* ist für drei- bzw. eindimensionale Bewegungen durch

$$\vec{p} = m\dot{\vec{x}} \qquad \text{bzw.} \qquad p = m\dot{x} \qquad (1.99)$$

definiert. In Worten: „Impuls = Masse mal Geschwindigkeit". Im dreidimensionalen Fall schreiben wir seine Komponenten gemäß der vereinbarten Konvention als p_x, p_y und p_z oder einfach in durchnummerierter Form als p_1, p_2 und p_3 an. Da $\dot{\vec{p}} = m\ddot{\vec{x}}$ bzw. $\dot{p} = m\ddot{x}$ gilt, kann das zweite Newtonsche Axiom (1.20) bzw. (1.21) auch in der Form

$$\dot{\vec{p}} = \vec{F} \qquad \text{bzw.} \qquad \dot{p} = F \tag{1.100}$$

geschrieben werden („zeitliche Änderungsrate des Impulses ist gleich Kraft", vgl. Fußnote 11 auf Seite 11).).

Kinetische Energie

Die *kinetische Energie* (*Translationsenergie*, *Bewegungsenergie*) ist für drei- bzw. eindimensionale Bewegungen durch

$$T = \frac{m}{2}\dot{\vec{x}}^2 \qquad \text{bzw.} \qquad T = \frac{m}{2}\dot{x}^2 \tag{1.101}$$

definiert.

Drehimpuls

Der *Drehimpuls* ist für dreidimensionale Bewegungen durch

$$\vec{L} = \vec{x} \times \vec{p} \equiv \begin{pmatrix} y\,p_z - z\,p_y \\ z\,p_x - x\,p_z \\ x\,p_y - y\,p_x \end{pmatrix} \tag{1.102}$$

definiert[32]. Er steht immer normal auf den Impuls und daher auch auf die Geschwindigkeit:

$$\vec{p} \cdot \vec{L} = 0 \qquad \text{und} \qquad \dot{\vec{x}} \cdot \vec{L} = 0. \tag{1.103}$$

Beachten Sie, dass er vom Ort des Teilchens abhängt! Dieser Hinweis mag überflüssig erscheinen, ist es aber nicht: Befindet sich ein Teilchen zu einem Zeitpunkt gerade am Koordinatenursprung, so verschwindet sein Drehimpuls zu dieser Zeit, unabhängig davon, wie es sich bewegt. Wird ein dazu verschobenes Koordinatensystem benutzt, um dieselbe Bewegung zu beschreiben, so kann sich hingegen ein nichtverschwindender Drehimpuls ergeben! Der Drehimpuls ist eine Größe, die sich auf den Ursprung des verwendeten Koordinatensystems bezieht.

Bei dieser Gelegenheit wollen wir auf eine Schreibweise hinweisen, die Berechnungen immer dann, wenn Vektorprodukte im Spiel sind, vereinfachen kann:

---

[32] Für das Vektorprodukt $\times$ siehe (B.8) im Anhang.

Exkurs*
Indexschreibweise, Epsilon-Symbol und Einsteinsche Summenkonvention:
Unter Zuhilfenahme des so genannten *Epsilon-Symbols* (*Epsilon-Tensors*)[33]

$$\varepsilon_{jkl} = \begin{cases} 1 & \text{... wenn } jkl \text{ eine gerade Permutation von 123 ist} \\ -1 & \text{... wenn } jkl \text{ eine ungerade Permutation von 123 ist} \\ 0 & \text{... sonst} \end{cases} \qquad (1.104)$$

(so ist z. B. $\varepsilon_{123} = 1$, $\varepsilon_{213} = -1$ und $\varepsilon_{112} = 0$) kann die j-te Komponente des Drehimpulses in der Form

$$L_j = \sum_{k,l=1}^{3} \varepsilon_{jkl} x_k p_l \qquad (1.105)$$

geschrieben werden (wobei alle Vektorkomponenten nun von 1 bis 3 durchnummeriert werden). Besonders bequem für das konkrete Rechnen ist die *Einsteinsche Summenkonvention*. Sie besagt, dass in der Summe über ein Produkt, das zwei Indizes gleichen Namens enthält, das Summensymbol $\sum$ weggelassen werden kann. Wird sie vereinbart, so kann (1.105) einfach in der Form

$$L_j = \varepsilon_{jkl} x_k p_l \qquad (1.106)$$

angeschrieben werden. Eine Demonstration der Nützlichkeit dieser Notation ist der Beweis von (1.103). Wir schreiben das Skalarprodukt des Impulses mit dem Drehimpuls zunächst als

$$\vec{p} \cdot \vec{L} = p_j L_j = \varepsilon_{jkl} p_j x_k p_l \qquad (1.107)$$

an. Nun fällt es nicht schwer, zu zeigen, dass ε_{jkl} unter der Vertauschung zweier Indizes sein Vorzeichen wechselt, d. h. dass das Epsilon-Symbol *total antisymmetrisch* ist (siehe Aufgabe 9) – eine Eigenschaft, die zu merken sich lohnt, da sie oft verwendet werden kann. Andererseits bleibt das Produkt $p_j p_l$ unter Vertauschung der beiden Indizes j und l gleich. Werden nun in der Summe (1.107) die Indizes j und l ineinander umbenannt, so folgt, dass diese Größe negativ zu sich selbst, also gleich 0 ist. Wenn man diese Logik einmal durchschaut hat, sieht man das mit einem Blick!

Wir werden das Epsilon-Symbol später vor allem im Zusammenhang mit der Mechanik des starren Körpers (Unterabschnitt 1.4.12, Seite 68) benötigen. Siehe den Abschnitt B.2 (Seite 290) des Anhangs für weitere Details zum Rechnen mit diesem Objekt.

Impuls, kinetische Energie und Drehimpuls sind *kinematisch* definierte Größen[34]. Ihre besonderen Bedeutungen werden erst klar, wenn sie vor dem Hintergrund der wirkenden Kräfte, also im Rahmen der *Dynamik* mechanischer Systeme, betrachtet werden.

---

[33] Näheres dazu finden Sie im Abschnitt B.2 (Seite 290) des Anhangs.
[34] *Kinematik* ist die Lehre der Bewegungen, soweit die wirkenden Kräfte nicht beachtet werden.

1.4.7 Dynamik eindimensionaler Bewegungen

Bereits bei der Analyse eindimensionaler Systeme leistet das Konzept der *Energie* unschätzbare Dienste. Einerseits führt es zu einer mathematischen Vereinfachung des Bewegungsproblems. Darüber hinaus wird eine tiefer liegende Struktur sichtbar, die auch im dreidimensionalen Fall sowie in anderen Gebieten der Physik eine wichtige Rolle spielt.

Beispiel: Der harmonische Oszillator

Betrachten wir als Einstiegsbeispiel die Bewegungsgleichung (1.77) des harmonischen Oszillators. Wir haben sie bereits gelöst und benutzen sie nun zur Illustration einer allgemeineren Betrachtungsweise. Wir schreiben sie in der Form

$$m\ddot{x}(t) + m\omega^2 x(t) = 0 \tag{1.108}$$

und wenden einen mathematischen Trick an, von dem wir Sie bitten, ihn zunächst einfach zur Kenntnis zu nehmen – die Belohnung wird sogleich folgen! Der Trick besteht darin, beide Seiten der Bewegungsgleichung mit der Geschindigkeit $\dot{x}(t)$ zu multiplizieren:

$$m\dot{x}(t)\ddot{x}(t) + m\omega^2\dot{x}(t)x(t) = 0. \tag{1.109}$$

Nun fällt auf, dass beide Terme als Zeitableitungen geschrieben werden können, denn aus der Produktregel für das Differenzieren folgt $\frac{d}{dt}(\dot{x}(t)^2) = 2\dot{x}(t)\ddot{x}(t)$ und $\frac{d}{dt}(x(t)^2) = 2\dot{x}(t)x(t)$. Damit kann (1.109) in der Form

$$\frac{m}{2}\frac{d}{dt}\left(\dot{x}(t)^2\right) + \frac{m\omega^2}{2}\frac{d}{dt}\left(x(t)^2\right) = 0 \tag{1.110}$$

oder, da die Vorfaktoren Konstanten sind, in der Form

$$\frac{d}{dt}\left(\frac{m}{2}\dot{x}(t)^2 + \frac{m\omega^2}{2}x(t)^2\right) = 0 \tag{1.111}$$

geschrieben werden. Das bedeutet: Ist $x \equiv x(t)$ eine Lösung der Bewegungsgleichung (1.108), so hängt die Größe, die hier in der Klammmer steht, nicht von der Zeit ab. Sie ist eine **Erhaltungsgröße**. Betrachten wir sie genauer: Ihr erster Summand ist die kinetische Energie (1.101) der eindimensionalen Bewegung. Den zweiten Summanden bezeichnen wir als **potentielle Energie** und schreiben ihn als Funktion von x in der Form

$$V(x) = \frac{m\omega^2}{2}x^2 \tag{1.112}$$

an. (Achtung: Diese Größe wird im Jargon der theoretischen Physik manchmal auch als *Potential* bezeichnet. Genau genommen ist das Potential, auf das wir noch zu sprechen kommen, die durch die Masse m dividierte potentielle Energie, also der Anteil $\frac{\omega^2}{2}x^2$ alleine). Sowohl die kinetische als auch die potentielle Energie hängen (außer für die triviale Lösung

$x(t) = 0$, die darin besteht, dass das Teilchen in seiner Gleichgewichtslage verweilt) von der Zeit ab, aber ihre Summe, die **Gesamtenergie** (kurz **Energie**)

$$E = T + V = \frac{m}{2}\dot{x}^2 + \frac{m\omega^2}{2}x^2 \qquad (1.113)$$

ist für *jede* Lösung von (1.108) zeitlich konstant. Beachten Sie die Logik, mit der diese Erkenntnis gewonnen wurde: Die Form der potentiellen Energie wurde aus dem Ausdruck für die (harmonische) Kraft, d. h. dem zweiten Summanden in (1.108) gewonnen. Für andere Kräfte – d. h. für andere Bewegungsgleichungen – wird sie, sofern sich eine analoge Argumentation durchführen lässt, eine andere Form annehmen.

Dieses Ergebnis führt sofort zu einer Vereinfachung des Bewegungsproblems. Da die Energie für *jede* Lösung der Bewegungsgleichung (1.108) konstant ist, können wir E vorgeben und jene Lösungen suchen, deren Energie gleich E ist: Wir schreiben (1.113) in die Form

$$\dot{x}^2 + \omega^2 x^2 = \frac{2E}{m} \qquad (1.114)$$

um und interpretieren sie als Differentialgleichung *erster Ordnung* für die Funktion $x \equiv x(t)$. Differentialgleichungen erster Ordnung sind in der Regel leichter zu lösen als Differentialgleichungen zweiter Ordnung. Damit eröffnet sich – neben dem auf Seite 29 vorgeführten Weg, der auf dem Erraten zweier Basislösungen beruhte – eine zweite Möglichkeit, zur Lösung (1.78) bzw. (1.84) oder (1.88) des Bewegungsproblems zu gelangen.

Exkurs[*]
Lösen der Bewegungsgleichung unter Ausnutzung der Energierhaltung:
Wir werden nun eine – auf den ersten Blick vielleicht etwas skurril anmutende – Methode anwenden, um die Differentialgleichung (1.114) nach $x \equiv x(t)$ zu lösen. Dazu schreiben wir sie der Form

$$\left(\frac{dx}{dt}\right)^2 + \omega^2 x^2 = \frac{2E}{m} \qquad (1.115)$$

an (wobei E als nichtnegative Konstante betrachtet wird), behandeln die „Differentiale" dx und dt so, als wären sie gewöhnliche Variable, lösen nach dt^2 auf, ziehen die Wurzel und erhalten auf diese Weise

$$\frac{dx}{\sqrt{\frac{2E}{m} - \omega^2 x^2}} = \pm dt \qquad (1.116)$$

(in der Theorie der Differentialgleichungen heißt das „Trennung der Variablen"). Durch das Wurzelziehen hat sich eine Aufspaltung in zwei Fälle ergeben: Das obere (untere) Vorzeichen entspricht einer Bewegung in positive (negative) x-Richtung. Nun bilden wir auf beiden Seiten das unbestimmte Integral

$$\int \frac{dx}{\sqrt{\frac{2E}{m} - \omega^2 x^2}} = \pm \int dt. \qquad (1.117)$$

Das Integral auf der linken Seite wird entweder durch elementare Argumentation, durch Nachschlagen in einer Integraltafel oder mit Hilfe eines Computeralgebra-Systems berechnet. Wir erhalten

$$\frac{1}{\omega}\, \mathrm{asin}\left(\sqrt{\frac{m}{2E}}\,\omega x\right) = \pm\,(t - C_\pm)\,, \qquad (1.118)$$

wobei asin für die Arcus-Sinus-Funktion steht und $C_\pm$ die hier auftretenden Integrationskonstanten sind. Nach x aufgelöst ergibt sich mit

$$x \equiv x(t) = \pm\frac{1}{\omega}\sqrt{\frac{2E}{m}}\,\sin\left(\omega\,(t - C_\pm)\right) \qquad (1.119)$$

genau die harmonische Schwingung (1.88), aufgespaltet in die beiden Bewegungs-richtungen. Ihre Amplitude, durch die Energie ausgedrückt, ist durch

$$A = \frac{1}{\omega}\sqrt{\frac{2E}{m}} \qquad (1.120)$$

gegeben. Wir werden diese Beziehung weiter unten auch mit Hilfe einer anderen Methode erhalten, siehe (1.124).

Die Tatsache der Energieerhaltung führt auch zu einem äußerst nützlichen *grafischen Verfahren*, das zum (qualitativen und quantitativen) Verständnis des Bewegungsverlaufs beiträgt: Dazu denken wir uns zunächst E als vorgegeben und betrachten jene Lösungen der Bewegungsgleichung, für die die Energie den Wert E hat. Für jede dieser Bewegungen und für jeden Zeitpunkt gilt

$$\frac{m}{2}\dot{x}^2 + V(x) = E\,, \qquad (1.121)$$

wobei $V(x)$ durch (1.112) gegeben ist. Daraus folgt unmittelbar, dass

$$E - V(x) \geq 0 \qquad (1.122)$$

sein muss. Wie in Abbildung 1.1 skizziert, legen wir nun ein Ort-Energie-Diagramm an und zeichnen

- den Graphen der potentiellen Energie als Funktion des Orts, also den Graphen der Funktion $V \equiv V(x)$

- und den Graphen der (konstanten) Funktion mit dem Wert E (er ist eine zur x-Achse parallele Gerade)

ein. Mit Hilfe dieser Skizze lässt sich Einiges über den Bewegungsverlauf sagen: Zunächst kann sich das Teilchen aufgrund der Bedingung 1.122 nur an jenen Orten x aufhalten, an denen $V(x) \leq E$ ist, d. h. an denen der Graph der potentiellen Energie unterhalb der Geraden, die den Wert E darstellt, liegt oder diese schneidet. Da $V(x)$ – gegeben durch (1.112) – quadratisch in x mit positivem Vorfaktor ist (und daher in der Grafik durch eine nach oben offene und

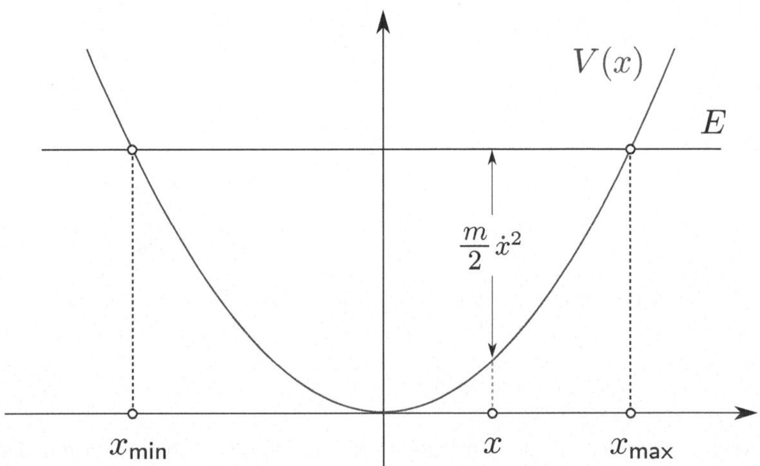

Abbildung 1.1: Grafisches Verfahren zur Diskussion der Bewegung des harmonischen Oszillators: In jedem Punkt der Bewegung muss (1.122) gelten. Für einen gegebenen Wert E der Energie ist die Bewegung daher auf jene x-Werte eingeschränkt, für die der Graph der potentiellen Energie $V(x)$ unterhalb der Geraden liegt, die den Wert E darstellt, oder diese schneidet: Die Bewegung findet nur im Intervall $[x_{\min}, x_{\max}]$ statt. Die Differenz $E - V(x)$ ist gleich der kinetischen Energie $\frac{m}{2}\dot{x}^2$, die das Teilchen besitzt, wenn es sich am Ort x befindet. $x_{\min}$ und $x_{\max}$ sind die Umkehrpunkte der Bewegung.

durch den Ursprung verlaufende Parabel dargestellt wird), scheiden negative Werte von E von vornherein aus: Zu $E < 0$ gibt es keine Lösung der Bewegungsgleichung. Der Wert $E = 0$ ist ein Grenzfall. Aus (1.121) und (1.112) folgt für ihn unmittelbar, dass sowohl die kinetische als auch die potentielle Energie, die ja beide nicht-negativ sind, gleich 0 sein müssen. Das entspricht der trivialen Lösung (das Teilchen befindet sich in seiner Gleichgewichtslage $x = 0$, spürt dort keine Kraft und bewegt sind nicht), also dem Grenzfall einer Schwingung, deren Amplitude gleich 0 ist, bzw. deren Anfangsdaten $x(0) = \dot{x}(0) = 0$ sind. Interessant wird es, wenn $E > 0$ ist. In diesem Fall besitzt der Graph der potentiellen Energie zwei Schnittpunkte mit der Geraden, die den Wert E darstellt. Da $V(x) \leq E$ gelten muss, kann die Bewegung nur in jenem Bereich stattfinden, der *zwischen* den x-Werten dieser beiden Schnittpunkte – wir nennen sie $x_{\min}$ und $x_{\max}$ – liegt. Der entscheidende Punkt ist nun dieser: Für jeden Ort x im Intervall $[x_{\min}, x_{\max}]$ wird die Differenz $E - V(x)$ durch den Vertikalabstand zwischen dem Graphen von $V(x)$ und der E-Linie dargestellt. Da $E - V(x)$ aber genau die kinetische Energie (und damit proportional zum Quadrat der Geschwindigkeit) ist, bewegt sich das Teilchen umso schneller (langsamer), je größer (kleiner) dieser Vertikalabstand ist! An den Randpunkten $x_{\min}$ und $x_{\max}$ des Intervalls schrumpft er auf 0 zusammen – dort ist die Geschwindigkeit 0. Es sind dies genau die beiden Umkehrpunkte der Schwingung. Am schnellsten bewegt sich das Teilchen, wenn es den Nullpunkt $x = 0$ passiert – was nicht überrascht. Auf diese Weise gelangen wir zur Vorstellung eines Teilchens, das in einem um den Nullpunkt symmetrisch liegenden Bereich hin und her pendelt – einer Vorstellung, die wir uns also auch verschaffen können, ohne die Bewegungsgleichung zu lösen!

Die Grafik kann uns auch eine Hilfe sein, wenn wir diese Situation durch*rechnen* wollen: Die Schnittpunkte des Graphen von $V(x)$ mit der E-Geraden sind die Lösungen der Gleichung $V(x) = E$. Mit (1.112) erhalten wir für sie

$$x_{\text{min}} = -\frac{1}{\omega} \sqrt{\frac{2E}{m}} \qquad \text{und} \qquad x_{\text{max}} = \frac{1}{\omega} \sqrt{\frac{2E}{m}}, \tag{1.123}$$

womit auch gleichzeitig – in Übereinstimmung mit (1.120) – die Amplitude

$$A = \frac{1}{\omega} \sqrt{\frac{2E}{m}} \tag{1.124}$$

durch die Energie ausgedrückt ist. Umgekehrt können wir die Energie durch die Amplitude ausdrücken:

$$E = \frac{1}{2} m \omega^2 A^2. \tag{1.125}$$

Was Sie sich von diesem Ergebnis merken sollten, ist, dass die *Energie einer harmonischen Schwingung proportional zum Quadrat der Amplitude* ist.

Die allgemeine Theorie der eindimensionalen Bewegung

Der Erfolg des Energiekonzepts bei der Behandlung des harmonischen Oszillators führt sofort zur Frage, ob sich auch für andere Bewegungsgleichungen eine erhaltene Energie finden lässt. Für eindimensionale Systeme, in denen die Kraft nur vom Ort abhängt, die also durch eine Bewegungsgleichung der Form (1.42) beschrieben werden, ist das tatsächlich der Fall. Die einzelnen Schritte der folgenden Argumentation können mehr oder weniger direkt vom Beispiel des harmonischen Oszillators auf den allgemeinen Fall übertragen werden.

Wieder zeigen wir die Existenz einer erhaltenen Energie mit Hilfe eines Tricks: Wir schreiben die Funktion $F \equiv F(x)$ (also das eindimensionale Kraftfeld) als (das Negative einer) Ableitung nach dem Ort:

$$F(x) = -V'(x). \tag{1.126}$$

Ist die Funktion F gegeben, so lässt sich eine solche Funktion V immer durch eine Integration finden – sie ist bis auf eine additive Konstante (die Integrationskonstante) eindeutig bestimmt. Damit nimmt die Bewegungsgleichung (1.42) die Form

$$m\ddot{x}(t) + V'(x(t)) = 0 \tag{1.127}$$

an. Der Sinn des Minuszeichens in (1.126) besteht darin, ein Pluszeichen in (1.127) zu bewirken. Nun multiplizieren wir – analog zum obigen Beispiel des harmonischen Oszillators – beide Seiten der Bewegungsgleichung mit $\dot{x}(t)$,

$$m\dot{x}(t)\ddot{x}(t) + \dot{x}(t)V'(x(t)) = 0, \tag{1.128}$$

wobei der erste Summand nun wieder die Zeitableitung der kinetischen Energie ist und der zweite sich mit Hilfe der Kettenregel[35]

$$\frac{d}{dt} V(x(t)) = \dot{x}(t) V'(x(t)) \tag{1.129}$$

ebenfalls als Zeitableitung herausstellt. Daher kann (1.128) in der Form

$$\frac{d}{dt} \left(\frac{m}{2} \dot{x}(t)^2 + V(x(t)) \right) = 0 \tag{1.130}$$

geschrieben werden. Diese Beziehung besagt, dass die Größe

$$E = \frac{m}{2} \dot{x}^2 + V(x) \tag{1.131}$$

eine **Erhaltungsgröße** ist. Wir bezeichnen die Funktion V als **potentielle Energie** und E (die Summe aus kinetischer und potentieller Energie) als die **Gesamtenergie** (kurz **Energie**) des betreffenden Systems.

Fassen wir zusammen: Für jedes eindimensionale System, in dem die Kraft nur vom Ort abhängt, das also durch eine Bewegungsgleichung von Typ (1.42) beschrieben wird, lässt sich eine zeitlich erhaltene Energie definieren. Sie ist die Summe aus kinetischer und potentieller Energie, wobei letztere durch die Beziehung (1.126) bis auf eine additive Konstante eindeutig festgelegt ist.

Zur besseren Ortientierung über den Bewegungsverlauf mit einer gegebenen potentiellen Energie $V \equiv V(x)$ kann das für den Fall des harmonischen Oszillators entwickelte grafische Verfahren (vgl. Abbildung 1.1) direkt auf den allgemeinen Fall übertragen werden: Eine Bewegung mit einem vorgegebenen Wert E der Energie kann nur in einem Bereich stattfinden, in dem $E - V(x) \geq 0$ ist. Die Differenz $E - V(x)$ ist die kinetische Energie $\frac{m}{2}\dot{x}^2$, die das Teilchen besitzt, wenn es sich gerade am Ort x befindet, und stellt daher ein Maß für das Quadrat der Geschwindigkeit dar (Abbildung 1.2). Mit Hilfe dieser Methode können wir auch im Fall komplizierter Ausdrücke für die potentielle Energie ein qualitatives Verständnis für die zugehörigen Bewegungen erlangen (siehe Aufgabe 10). Wir werden es später bei der Lösung des Keplerproblems (siehe Abbildung 1.5 auf Seite 132) noch einmal anwenden.

In einem eindimensionalen System, in dem die Kraft zusätzlich noch von der Geschwindigkeit und/oder explizit von der Zeit abhängt, existiert *keine* erhaltene Energie[36]. Das macht es we-

---

35 Zur Kettenregel siehe (B.81) auf Seite 301 im Anhang.

36 Diese Aussage ist ein bisschen schwammig. Sie wird schärfer, wenn unter dem Begriff „Energie" eine Summe der Form „kinetische + potentielle Energie" verstanden wird, wobei wir der potentiellen Energie erlauben, vom Ort und (explizit) von der Zeit abzuhängen, also $E = \frac{m}{2}\dot{x}^2 + V(x,t)$. Die Bewegungsgleichung sei von der Form $m\ddot{x} = F(x,\dot{x},t)$, wobei wir annehmen, dass F für alle seine Argumente wohldefiniert ist. Ist E für jede Lösung der Bewegungsgleichung eine Erhaltungsgröße, so folgt, dass F und V nur von x abhängen und (1.126) erfüllen. (In *allen* anderen Fällen gibt es daher *keine* erhaltene Energie). Der Beweis ist nicht schwierig: Bezeichnen wir $\dot{x}$ mit v, so ist die Aussage „$\dot{E} = 0$ für jede Lösung der Bewegungsgleichung"

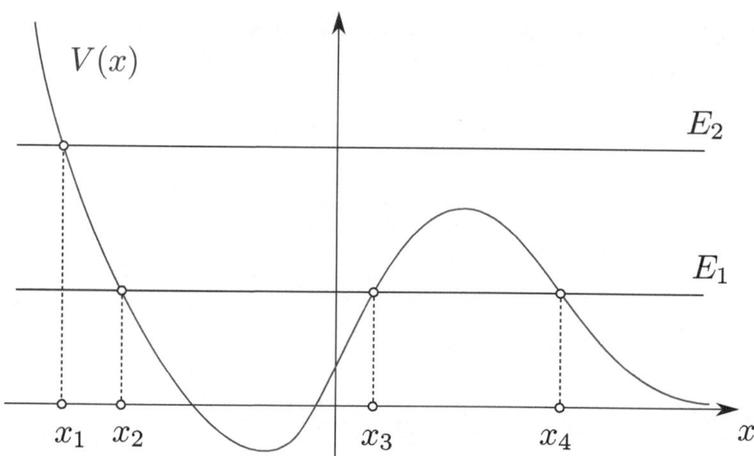

Abbildung 1.2: Grafisches Verfahren zur Diskussion der Bewegung mit einer gegebenen potentiellen Energie $V \equiv V(x)$: In jedem Punkt x der Bewegung muss $E - V(x) \geq 0$ gelten. Analog zur Diskussion des harmonischen Oszillators (vgl. Abbildung 1.1) ist die Bewegung für einen gegebenen Wert E der Energie auf jene x-Werte eingeschränkt, für die der Graph der potentiellen Energie $V(x)$ unterhalb der Geraden liegt, die den Wert E darstellt. In der obigen Grafik sind zwei Energiewerte dargestellt: Eine Bewegung mit Energie E_2 kann nur im Bereich $x \geq x_1$ stattfinden: Das Teilchen kommt von rechts, kehrt im Punkt x_1 um und entfernt sich wieder – die Bewegung ist *ungebunden*, da das Teilchen „ins Unendliche" entweichen kann. (Wie in der Grafik angedeutet, ist vorausgesetzt, dass $V(x) \to 0$ für $x \to \infty$). Die Differenz $E_2 - V(x)$ ist ein Maß für das Quadrat der Geschwindigkeit, mit der sich ein Teilchen mit Energie E_2 bewegt, wenn es gerade am Ort x ist. Für den Energierwert E_1 sind zwei Bewegungsformen möglich: Ein Hin- und Herpendeln zwischen den Punkten x_2 und x_3 (d. h. eine *gebundene* Bewegung) und eine *ungebundene* Bewegung, die x_4 als Umkehrpunkt besitzt. Die Differenz $E_1 - V(x)$ ist ein Maß für das Geschwindigkeitsquadrat eines Teilchens mit Energie E_1 am Punkt x. Für jede gegebene Energie lässt sich damit aus der Skizze ablesen, in welchem Bereich sich das Teilchen aufhalten kann, und wo es sich schneller bzw. langsamer bewegt.

sentlich schwieriger, die Bewegungsform zu erschließen. Betrachten wir zwei Beispiele dieses Typs. Beide Bewegungsgleichungen sind *linear*[37], was die Sache wieder einfacher macht.

- **Gedämpfte Schwingung**

  Ein Kraftterm der Form (1.35), also $-\alpha \dot{x}$ mit $\alpha > 0$, stellt eine Reibungskraft dar.

---

gleichbedeutend mit

$$v\left(F(x,v,t) + \frac{\partial V(x,t)}{\partial x}\right) + \frac{\partial V(x,t)}{\partial t} = 0 \qquad \text{für alle } x, v \text{ und } t. \tag{1.132}$$

Diese Beziehung ergibt sich, indem $\dot{E}$ mit Hilfe der Kettenregel berechnet und $m\ddot{x}$ durch $F(x,v,t)$ ersetzt wird. Mit $v = 0$ folgt nun $\partial V(x,t)/\partial t = 0$, also $V \equiv V(x)$, und damit $F(x,v,t) + V'(x) = 0$, was wieder für alle x, v und t gelten muss. Folglich ist $F \equiv F(x)$ und $F(x) = -V'(x)$.

[37] Sie sind sogar *linear mit konstanten Koeffizienten.*

Wirkt sie beispielsweise gemeinsam mit der harmonischen Kraft auf ein Teilchen, so ist die Gesamtkraft durch (1.38) gegeben. Die zugehörige Bewegungsgleichung lautet dann

$$m\ddot{x}(t) = -m\,\omega^2 x(t) - \alpha\,\dot{x}(t)\,, \tag{1.133}$$

wobei die bewährte Abkürzung $\omega = \sqrt{k/m}$ verwendet wurde. Sie beschreibt eine *gedämpfte Schwingung*. Physikalisch bedeutet das, dass dem Teilchen Energie entzogen wird. Diese geht in Form vom Wärme in die Umgebung über, die aber hier nicht eigens modelliert ist. Die auf das Teilchen fallende – gemäß (1.113) berechnete – Schwingungsenergie ist daher *keine* Erhaltungsgröße. Versuchen wir, den obigen Trick auch in diesem Fall anzuwenden, multiplizieren wir also beide Seiten von (1.133) mit $\dot{x}(t)$, so erhalten wir nach Anwendung der Produktregel anstelle von (1.111) die Beziehung

$$\frac{d}{dt}\left(\frac{m}{2}\dot{x}(t)^2 + \frac{m\omega^2}{2}x(t)^2\right) = -\alpha\,\dot{x}(t)^2 \tag{1.134}$$

oder kurz, mit E wie in (1.113) definiert,

$$\frac{dE}{dt} = -\alpha\,\dot{x}^2\,, \tag{1.135}$$

also eine „Nicht-Erhaltungs-Gleichung"! Der Energieverlust pro Zeitintervall (das ist genau die an die Umgebung abgegebene *Leistung*) ist proportional zum Quadrat der Geschwindigkeit.

Exkurs[*]
Gedämpfte Schwingung in Formeln:
Anhand dieses Beispiels illustrieren wir die Lösungsmethode des *Exponentialansatzes*, die sich für homogene[38] lineare Differentialgleichungen mit konstanten Koeffizienten immer bewährt: Wird der Ansatz $x(t) = e^{\lambda t}$ in (1.133) eingesetzt, so ergibt sich (mit $\dot{x}(t) = \lambda\,e^{\lambda t}$ und $\ddot{x}(t) = \lambda^2 e^{\lambda t}$) für λ die quadratische Gleichung (die *charakteristische Gleichung* der betrachteten Differentialgleichung)

$$\lambda^2 + \frac{\alpha}{m}\lambda + \omega^2 = 0\,. \tag{1.136}$$

Für jede ihrer beiden Lösungen

$$\lambda_\pm = -\frac{\alpha}{2m} \pm \frac{\sqrt{\alpha^2 - (2m\omega)^2}}{2m} \tag{1.137}$$

erhalten wir – zunächst formal – eine Lösung der Bewegungsgleichung. Nun sind drei Fälle zu unterscheiden:

---

[38] Die lineare Differentialgleichung (1.133) heißt *homogen*, da die triviale Zeitentwicklung $x(t) = 0$ eine Lösung ist. Ein Beispiel für eine *inhomogene* lineare Differentialgleichung wird weiter unten betrachtet, siehe (1.142).

- Gilt $\alpha > 2m\omega$, d.h. ist der durch α bestimmte Dämpfungsterm groß, so sind $\lambda_\pm$ zwei (linear unabhängige) *negative* Lösungen der Gleichung (1.136). Wir erhalten zwei Lösungen $x(t) = e^{\lambda_\pm t}$ der Bewegungsgleichung. Jede beschreibt eine exponentiell verlangsamte Bewegung ohne Schwingung („kriechen"). Die allgemeine Lösung ist durch eine beliebige Linearkombination $x(t) = C_+ e^{\lambda_+ t} + C_- e^{\lambda_- t}$ gegeben.

- Gilt $\alpha = 2m\omega$ (der so genannte *aperiodische Grenzfall*), so ist $\lambda_+ = \lambda_-$. In diesem Fall erhalten wir aus (1.137) nur *eine* Lösung der Bewegungsgleichung, und zwar $x(t) = e^{\lambda t}$ mit $\lambda = -\frac{\alpha}{2m}$. Eine zweite, von dieser linear unabhängige Lösung ist durch $x(t) = t\,e^{\lambda t}$ gegeben[39]. (Rechnen Sie nach!) Die allgemeine Lösung ist daher $x(t) = (C_1 + C_2 t)e^{\lambda t}$.

- Gilt $\alpha < 2m\omega$, so tritt unter dem Wurzelzeichen in (1.137) eine negative Zahl auf. Das bedeutet, dass die Gleichung (1.136) zwei *komplexe* Lösungen

$$\lambda_\pm = -\frac{\alpha}{2m} \pm i\,\frac{\sqrt{(2m\omega)^2 - \alpha^2}}{2m} \qquad (1.138)$$

besitzt. Mit Hilfe der Eulerschen Formel $e^{ix} = \cos x + i \sin x$ formen wir

$$e^{\lambda_\pm t} \;=\; \exp\left(-\frac{\alpha t}{2m}\right) \exp\left(\pm i\,\frac{\sqrt{(2m\omega)^2 - \alpha^2}}{2m}\,t\right) =$$

$$\exp\left(-\frac{\alpha t}{2m}\right)\Big(\cos(\widetilde{\omega}t) \pm i\sin(\widetilde{\omega}t)\Big) \qquad (1.139)$$

um, wobei

$$\widetilde{\omega} = \frac{\sqrt{(2m\omega)^2 - \alpha^2}}{2m} \equiv \sqrt{\omega^2 - \frac{\alpha^2}{4m^2}} \qquad (1.140)$$

gesetzt wurde. Damit sind zwei komplexe Lösungen gefunden. Real- und Imaginärteil (d.h. der Cosinus- und der Sinus-Anteil alleine) bilden jeweils eine reelle Lösung, so dass die allgemeine (reelle) Lösung durch

$$x(t) = \exp\left(-\frac{\alpha t}{2m}\right)\Big(C_1 \cos(\widetilde{\omega}t) + C_2 \sin(\widetilde{\omega}t)\Big) \qquad (1.141)$$

gegeben ist[40]. Die durch sie beschriebene Bewegungsform kann als Schwingung mit exponentiell abnehmender Amplitude angesehen werden. Im Vergleich zur ungedämpften (harmonischen) Schwingung mit gleicher Masse und Federkonstante – siehe (1.78) – ist die Kreisfrequenz, wie (1.140) zeigt, vermindert. Für große t strebt (1.141) gegen 0, d.h. die Bewegung kommt schließlich (asymptotisch) bei der Gleichgewichtslage $x = 0$ zum Stillstand. Für die Lösung des Anfangswertproblems siehe Aufgabe 11.

---

[39] Es handelt sich dabei um eine allgemeine Regel aus der Theorie der Differentialgleichungen.

[40] Hier haben wir ein schönes Beispiel dafür, dass die Verwendung komplexer Zahlen zur Lösung reeller Probleme nützlich sein kann.

Tabelle 1.1: Spezielle Lösungen der Bewegungsgleichung (1.142)

Fall	spezielle Lösung $x_{\mathrm{inh}}(t)$
$\alpha = 0$ und $\Omega \neq \omega$	$\dfrac{F_0 \sin(\Omega t)}{m(\omega^2 - \Omega^2)}$
$\alpha = 0$ und $\Omega = \omega$	$-\dfrac{F_0\, t \cos(\omega t)}{2m\omega}$
$\alpha > 0$ und $\Omega \neq \omega$	$\dfrac{F_0\big(m(\omega^2 - \Omega^2)\sin(\Omega t) - \alpha\,\Omega\cos(\Omega t)\big)}{\alpha^2\Omega^2 + m^2\big(\omega^2 - \Omega^2\big)^2}$
$\alpha > 0$ und $\Omega = \omega$	$-\dfrac{F_0 \cos(\omega t)}{\alpha\,\omega}$

- **Erzwungene und gedämpfte Schwingung**[*]
  Wirkt zusätzlich zu einer harmonischen Kraft und einer geschwindigkeitsabhängigen Dämpfung noch eine zeitabhängige aufgeprägte Kraft vom Typ (1.37), so ist die Gesamtkraft durch (1.39) und die Bewegungsgleichung durch (1.48) gegeben. Mit $\omega = \sqrt{k/m}$ lautet sie

$$m\ddot{x}(t) = -m\,\omega^2 x(t) - \alpha\,\dot{x}(t) + F_0 \sin(\Omega t). \tag{1.142}$$

Sie beschreibt den sehr allgemeinen Fall einer erzwungenen und gedämpfen Schwingung. Der aufgeprägte Kraftterm $F_0 \sin(\Omega t)$ bewirkt, dass Energie zeitweise in die Bewegung hineingepumpt und zu anderen Zeiten ihr auch entzogen werden kann. Der genaue Bewegungsverlauf hängt empfindlich von den Werten der auftretenden Konstanten (und in der Anfangsphase der Bewegung auch von den Anfangsdaten) ab. Mathematisch betrachtet, handelt es sich bei (1.142) um eine *inhomogene* lineare Differentialgleichung mit konstanten Koeffizienten. Der „inhomogene Anteil" ist der aufgeprägte, von $x(t)$ und seinen Ableitungen unabhängige Kraftterm $F_0 \sin(\Omega t)$. Er bewirkt, dass die triviale Zeitentwicklung $x(t) = 0$ *keine* Lösung ist. Nun besagt die Theorie der Differentialgleichungen, dass die allgemeine Lösung einer inhomogenen linearen Differentialgleichung gleich

$$x(t) = x_{\mathrm{hom}}(t) + x_{\mathrm{inh}}(t) \tag{1.143}$$

ist, wobei $x_{\mathrm{hom}}(t)$ die allgemeine Lösung der zugehörigen (durch Weglassung des inhomogenen Anteils erhaltenen) homogenen linearen Differentialgleichung und $x_{\mathrm{inh}}(t)$ eine – und zwar *irgendeine* – Lösung der inhomogenen Differentialgleichung ist. Im Fall unserer Bewegungsgleichung (1.142) bedeutet das: $x_{\mathrm{hom}}(t)$ ist die allgemeine Lösung von (1.133) – für $\alpha < 2m\omega$ ist sie durch (1.141) gegeben –, und $x_{\mathrm{inh}}(t)$ ist eine beliebige (z. B. durch Zufall und Glück gefundene) spezielle Lösung von (1.142). Einige spezielle Lösungen für verschiedene Fälle (wobei wir auch den Grenzfall $\alpha = 0$, d. h. die Abwesenheit einer Dämpfung, berücksichtigen), sind in Tabelle 1.1 aufgelistet. Sie beinhalten den Schlüssel zum Verständnis der Phänomene der *Resonanz* und der *Resonanzkatastrophe*. Auf diese wollen wir hier nicht weiter eingehen, sondern verweisen auf Aufgabe 12.

Um mit eindimensionalen Bewegungsgleichungen (und was wir aus ihnen lernen können) vertrauter zu werden, führen Sie die Aufgaben 13 und 14 durch! Sie betreffen zwei Systeme, in denen Reibung eine Rolle spielt (nämlich das Sinken eines Körpers in einer zähen Flüssigkeit und die Fallbewegung unter Berücksichtigung des Luftwiderstands).

Am Ende dieses Abschnitts über eindimensionale Bewegungen wollen wir noch hinzufügen, dass die hier besprochenen Methoden und Ergebnisse auch bei der Analyse von Bewegungen (eines oder mehrerer) Teilchen im dreidimensionalen Raum benutzt werden können, und zwar immer dann, wenn sich *ein Freiheitsgrad* eines höherdimensionalen Systems mathematisch *so verhält wie* die Ortskoordinate eines Teilchens, das sich nur in einer Dimension bewegen kann. Wir werden auf diesen Aspekt insbesondere bei der Diskussion des Keplerproblems im Unterabschnitt 1.6.7 (Seite 127) zurückkommen.

1.4.8 Dynamik dreidimensionaler Bewegungen

Im vorigen Abschnitt über die Dynamik eindimensionaler Bewegungen haben wir das Konzept der *Energie* benutzt, um uns über die Form von Bewegungsabläufen zu orientieren. In gewisser Weise haben wir sie lediglich als Rechenhilfe verwendet. Tatsächlich ist sie aber weit mehr als das! Um sie entsprechend der Rolle, die sie in der Physik spielt, würdigen zu können, müssen wir zunächst ein Konzept besprechen, das in diesem Buch bisher ignoriert wurde: das der *Arbeit*.

Arbeit

Aus Ihrem Physikunterricht ist Ihnen vielleicht die Kurzformel „Energie ist die Fähigkeit, Arbeit zu verrichten" in Erinnerung. Beim Begriff der Energie denken wir an eine Größe, die zwar ihre Erscheinungsform ändern kann, insgesamt aber erhalten bleibt. Aber was ist die Arbeit? Auch die Kurzformel „Arbeit ist Kraft mal Weg" haben Sie sicher schon gehört. Tatsächlich ist das eine *sehr* verkürzte Formulierung. Um eine präzisere Definition der Arbeit zu formulieren, betrachten wir ein Teilchen, das sich unter dem Einfluss einer Kraft $\vec{F}$ bewegt. Verfolgen wir seinen Weg entlang eines kurzen Stücks vom Ort $\vec{x}$ zum – *infinitesimal*[41] benachbarten – Ort $\vec{x} + d\vec{x}$. Während sich das Teilchen entlang dieses Bahnstücks bewegt, verrichtet die Kraft an ihm die **Arbeit**

$$dW = d\vec{x} \cdot \vec{F}, \tag{1.144}$$

---

[41] Mit dem Zauberwort *infinitesimal* bezeichnen wir Größen, die man sich am besten als *sehr klein* vorstellt – so klein, dass ihre Quadrate vernachlässigt werden können. Infinitesimale Größen haben keine Zahlenwerte, aber ihre *Verhältnisse* können angegeben werden, gerade so, wie die Momentangeschwindigkeit $v = dx/dt$ als Quotient „zurückgelegter Weg dx dividiert durch die dafür benötigte Zeit dt" verstanden werden kann, wenn dazugesagt wird, dass das im Limes $dt \to 0$ gemeint ist. In diesem Sinn kann die Beziehung zwischen dem zurückgelegten Weg und der benötigten Zeit in der Form $dx = v\,dt$ geschrieben werden.

wobei der Punkt das Skalarprodukt bezeichnet. Das entspricht der – etwas genaueren – Kurzformel „Arbeit = Kraft mal Weg in Kraftrichtung" oder „Arbeit = Weg mal Kraft in Wegrichtung". (1.144) ist natürlich – wie die Schreibweise ausdrückt – ebenfalls eine infinitesimal kleine Größe. Multiplizieren wir die rechte Seite von (1.144) mit $1 = dt/dt$, wobei dt die Zeitspanne ist, die das Teilchen zum Durchlaufen des Bahnstücks benötigt, und beachten, dass $d\vec{x}/dt \equiv \dot{\vec{x}}$ die Geschwindigkeit ist, so nimmt (1.144) die Form

$$dW = dt\, \dot{\vec{x}} \cdot \vec{F} \qquad (1.145)$$

an. Um die Arbeit, die die Kraft an dem Teilchen während eines *endlich langen* Stücks seiner Bewegung verrichtet, zu berechnen, müssen wir die Bahn – gedanklich – in infinitesimal kurze Stücke teilen, für jedes Stück (1.145) anwenden und die so erhaltenen Anteile der Arbeit addieren. Die mathematisch präzise Form, eine solche Addition durchzuführen, ist das bestimmte Integral. Hängt die Kraft ganz allgemein vom Ort und der Geschwindigkeit und explizit von der Zeit ab und verläuft die Bewegung von der Zeit t_0 bis zur Zeit t_1, so ist die gesamte an dem Teilchen verrichtete Arbeit durch

$$W = \int_{t_0}^{t_1} dt\, \dot{\vec{x}}(t) \cdot \vec{F}\left(\vec{x}(t), \dot{\vec{x}}(t), t\right) \qquad (1.146)$$

gegeben. Diese Größe steht in einer engen Beziehung zu der in (1.101) definierten kinetischen Energie $T = \frac{m}{2} \dot{\vec{x}}^2$. Um diese Beziehung herzuleiten, benutzen wir die Tatsache, dass die zur Zeit t auf das Teilchen wirkende Kraft $\vec{F}\left(\vec{x}(t), \dot{\vec{x}}(t), t\right)$ gleich $m\ddot{\vec{x}}(t)$ ist. Dies setzen wir in (1.146) ein und erhalten

$$W = \int_{t_0}^{t_1} dt\, m\, \dot{\vec{x}}(t) \cdot \ddot{\vec{x}}(t). \qquad (1.147)$$

Der Integrand ist nichts anderes als die Zeitableitung der kinetischen Energie, denn

$$\frac{dT(t)}{dt} \equiv \frac{d}{dt}\left(\frac{m}{2} \dot{\vec{x}}(t)^2\right) = m\, \dot{\vec{x}}(t) \cdot \ddot{\vec{x}}(t). \qquad (1.148)$$

Nach dem Hauptsatz der Differential- und Integralrechnung ist die Integration (1.147) daher leicht durchzuführen und ergibt

$$W = T(t_1) - T(t_0) \equiv T|_{\text{Endpunkt}} - T|_{\text{Anfangspunkt}}. \qquad (1.149)$$

Die an dem Teilchen während eines beliebigen Stücks seiner Bewegung verrichtete Gesamtarbeit ist gleich der Änderung der kinetischen Energie!

Eine vereinfachte Variante dieses Arguments kann im Physikunterricht dazu benutzt werden, um die Formel (1.101) für die kinetische Energie *herzuleiten*, wenn das Konzept der Arbeit bekannt ist. Dazu beschleunigen wir ein Teilchen (in einer Dimension bzw. in eine fixe räumliche Richtung) aus der Ruhelage mit einer konstanten Kraft F, bis es die Geschwindigkeit v hat. Durch die konstante Kraft erfährt es die konstante Beschleunigung $a = F/m$. Ist t die Dauer dieses Vorgangs, so legt das Teilchen insgesamt die Wegstrecke $x = \frac{1}{2}at^2$ zurück (gleichmäßig beschleunigte Bewegung!), und die Endgeschwindigkeit ist durch $v = at$ gegeben. Die von der

Kraft an dem Teilchen verrichtete Arbeit wird zwar von Rechts wegen als Integral berechnet, aber da die Kraft konstant ist, ist auch der Integrand konstant, so dass die (nun anwendbare) Kurzformel „Arbeit ist Kraft mal Weg" auf

$$W = Fx = max = \frac{1}{2} m (at)^2 = \frac{m}{2} v^2 \qquad (1.150)$$

führt, also auf den Ausdruck für die kinetische Energie: Die kinetische Energie eines Teilchens mit Geschwindigkeit v ist gleich der Arbeit, die aufgewandt werden muss, um es aus der Ruhelage auf die Geschwindigkeit v zu beschleunigen. Allerdings lässt diese Argumentation offen, ob andere Beschleunigungsformen (mit einer veränderlichen Kraft) auf einen anderen Wert der aufzubringenden Arbeit führen. Erst die Berechnung von (1.147) mit dem Resultat (1.149) zeigt ganz allgemein, dass das nicht der Fall ist.

Arbeit, Energie und konservative Kraftfelder

Was bedeutet der mit (1.149) gefundene Zusammenhang zwischen der Arbeit und der kinetischen Energie? Betrachten wir die Bewegung eines Teilchens unter dem Einfluss einer äußeren Kraft, und lassen wir uns einen Moment vom Gedanken inspirieren, dass die Gesamtenergie des Teilchens die Summe aus kinetischer und potentieller Energie und in der Zeit erhalten ist. Falls das zutrifft, hat eine Zunahme der kinetischen Energie eine gleich große Abnahme der potentiellen Energie zur Folge (und umgekehrt). Die an dem Teilchen verrichtete Arbeit – nach (1.149) die Änderung der kinetischen Energie – müsste dann von einer entsprechenden Änderung der potentiellen Energie begleitet sein. Tatsächlich ist das aber *nicht immer* der Fall! Einer der Gründe dafür liegt darin, dass ein im Rahmen der Newtonschen Mechanik aufgestelltes Modell einer Teilchenbewegung in physikalischer Hinsicht *nicht* unbedingt ein *abgeschlossenes* System darstellen muss. Beispielsweise kann eine geschwindigkeitsabhängige Reibungskraft darauf hin deuten, dass ein Mechanismus existiert, der kinetische Energie in Wärme verwandelt, aber der Körper, der diese Wärme aufnimmt, ist nicht Teil des beschriebenen Systems! Obwohl also die Summe aus der Energie des Teilchens und der in Wärme umgewandelten Energie erhalten ist, ist die Energie des Teilchens *alleine* dann *nicht* erhalten – erinnern Sie sich an die Beziehung (1.135), die das anhand eines eindimensionalen Beispiels explizit zeigt.

Damit stellt sich die Frage, welche Modelle, d. h. welche *Typen* von Kräften die Konstruktion einer erhaltenen Gesamtenergie zulassen. Beschränken wir uns auf Kräfte, die nur vom Ort des Teilchens abhängen, so lautet die Antwort: Unter den zeitunabhängigen Kraftfeldern $\vec{F} \equiv \vec{F}(\vec{x})$ lassen genau jene eine erhaltene Gesamtenergie zu, die der Gradient eines skalaren Feldes (d. h. einer Funktion) sind. Diese Bedingung wird üblicherweise mit einem Minuszeichen in der Form

$$\vec{F}(\vec{x}) = -\vec{\nabla} V(\vec{x}) \qquad (1.151)$$

geschrieben, wobei das Symbol $\vec{\nabla}$ („Nabla") das Bilden des Gradienten

$$\vec{\nabla} = \begin{pmatrix} \frac{\partial}{\partial x} \\ \frac{\partial}{\partial y} \\ \frac{\partial}{\partial z} \end{pmatrix}, \quad \text{daher} \quad \vec{\nabla} V(\vec{x}) = \begin{pmatrix} \frac{\partial V(\vec{x})}{\partial x} \\ \frac{\partial V(\vec{x})}{\partial y} \\ \frac{\partial V(\vec{x})}{\partial z} \end{pmatrix} \qquad (1.152)$$

bezeichnet[42]. Ist sie erfüllt, so stellt V die potentielle Energie dar.

Beweis

Sei $\vec{F} \equiv \vec{F}(\vec{x})$ ein zeitunabhängiges Kraftfeld. Wir nehmen versuchsweise an, es gäbe eine – nur vom Ort des Teilchens abhängige – potentielle Energie $V \equiv V(\vec{x})$, die zusammen mit der kinetischen Energie T eine erhaltene Gesamtenergie bildet. Die Zeitableitung der Gesamtenergie, d. h. die Summe aus der Zeitableitung der kinetischen Energie, die ganz allgemein durch (1.148) gegeben ist, und der Zeitableitung $\frac{d}{dt}V(\vec{x}(t))$ der potentiellen Energie muss dann verschwinden. Letztere kann mit Hilfe der Leibnizschen Kettenregel[43] zu

$$\frac{d}{dt}V(\vec{x}(t)) = \sum_{j=1}^{3} \frac{dx_j(t)}{dt} \frac{\partial V}{\partial x_j}(\vec{x}(t)) \equiv \dot{\vec{x}}(t) \cdot \vec{\nabla}V(\vec{x}(t)) \qquad (1.153)$$

umgeformt werden. Die Aussage, dass die Summe aus kinetischer und potentieller Energie nicht von der Zeit abhängt, lautet daher

$$m\,\dot{\vec{x}}(t) \cdot \ddot{\vec{x}}(t) + \dot{\vec{x}}(t) \cdot \vec{\nabla}V(\vec{x}(t)) = 0. \qquad (1.154)$$

Wir ersetzen den Anteil $m\ddot{\vec{x}}(t)$ mittels der Bewegungsgleichung (1.50) durch $\vec{F}(\vec{x}(t))$ und erhalten

$$\dot{\vec{x}}(t) \cdot \left(\vec{F}(\vec{x}(t)) + \vec{\nabla}V(\vec{x}(t)) \right) = 0. \qquad (1.155)$$

Wenn diese Beziehung für *jede* Lösung der Bewegungsgleichung (1.50) gilt, betrachten wir sie einfach zur Zeit $t = 0$. Da die Anfangsgeschwindigkeit $\dot{\vec{x}}(0)$ beliebig gewählt werden kann, muss der Term in der Klammer auf *jeden* Vektor normal stehen und daher verschwinden. Da der Anfangsort $\vec{x}(0)$ beliebig gewählt werden kann, muss für alle $\vec{x}$

$$\vec{F}(\vec{x}) = -\vec{\nabla}V(\vec{x}) \qquad (1.156)$$

gelten, was genau (1.151) ist: Die Kraft ist (minus) der Gradient der potentiellen Energie!

Nun ist allerdings nicht jedes Kraftfeld der Gradient eines skalaren Feldes. Da Kraftfelder dieses Typs zu den wichtigsten in der Physik gehören, geben wir ihnen einen Namen: Ein (zeitunabhängiges) Kraftfeld $\vec{F} \equiv \vec{F}(\vec{x})$ heißt **konservativ**, wenn es der Gradient eines skalaren Feldes ist.

---

[42] Näheres dazu finden Sie im Abschnitt B.6 (Seite 304) des Anhangs.
[43] Siehe (B.92) im Anhang.

Exkurs[*]

Kriterium für Konservativität:

Wir wollen ganz allgemein ein Vektorfeld $\vec{F} \equiv \vec{F}(\vec{x})$ – egal, ob es eine Kraft darstellt oder in einem anderen Zusammenhang auftritt – als konservativ bezeichnen, wenn es der Gradient eines skalaren Feldes, d. h. einer Funktion $f \equiv f(\vec{x})$ ist. Da die Rotation[44] eines Gradienten stets verschwindet ($\mathrm{rot}\,\vec{\nabla} f = 0$ für jedes – hinreichend differenzierbare – Skalarfeld f), gilt: Ist $\vec{F}$ ein konservatives Vektorfeld, so gilt

$$\mathrm{rot}\,\vec{F} = 0, \tag{1.157}$$

d. h. *ein konservatives Vektorfeld ist rotationsfrei*. In einem weitgehenden Sinn gilt auch die Umkehrung (die wir hier nicht beweisen, sondern lediglich angeben): *Ein rotationsfreies Vektorfeld ist konservativ*. Um also von einem gegebenen Vektorfeld herauszufinden, ob es der Gradient eines skalaren Feldes ist, muss nur überprüft werden, ob seine Rotation verschwindet. Allerdings ist anzumerken, dass (1.157) dafür in einem Raumbereich gelten muss, in dem sich jede geschlossene Kurve auf einen Punkt zusammenziehen lässt. Das ist beispielsweise der Fall, wenn der Raumbereich der gesamte $\mathbb{R}^3$ ist oder wenn nur einzelne Punkte herausgenommen werden (wie beispielsweise bei der Newtonschen Gravitationskraft (1.22) oder bei der Coulombkraft (1.24), die beide im Ursprung nicht definiert sind). Näheres zu dieser Einschränkung können Sie im Unterabschnitt B.6.4 des Anhangs (Seite 308) finden.

Ist also $\vec{F} \equiv \vec{F}(\vec{x})$ ein konservatives Kraftfeld, so existiert ein skalares Feld $V \equiv V(\vec{x})$, das (1.151) erfüllt. Es ist bis auf eine additive Konstante eindeutig bestimmt und spielt die Rolle der potentiellen Energie. Für jede Lösung der durch eine solche Kraft definierten Bewegungsgleichung ist die (Gesamt-)Energie

$$E = \frac{m}{2}\dot{\vec{x}}^2 + V(\vec{x}) \tag{1.158}$$

eine Erhaltungsgröße.

Kehren wir nun zu der durch eine Kraft an einem Teilchen verrichteten Arbeit (1.147) zurück. In einem (zeitunabhängigen) Kraftfeld $\vec{F} \equiv \vec{F}(\vec{x})$ vereinfacht sie sich zu

$$W = \int_{t_0}^{t_1} dt\, \dot{\vec{x}}(t) \cdot \vec{F}(\vec{x}(t)). \tag{1.159}$$

Mathematisch ist dieser Ausdruck nichts anderes als das Linienintegral[45]

$$W = \int_{\gamma} d\vec{x} \cdot \vec{F} \tag{1.160}$$

---

[44] Die Rotation eines Vektorfeldes $\vec{F}$ – sie kann symbolisch in der Form $\mathrm{rot}\,\vec{F} = \vec{\nabla} \times \vec{F}$ definiert werden – kennen Sie wahrscheinlich aus Ihrer bisherigen mathematischen Ausbildung. Siehe dazu auch den Unterabschnitt B.6.3 (Seite 307) im Anhang.

[45] Was Sie über Linienintegrale wissen sollten, ist im Unterabschnitt B.7.2 des Anhangs (Seite 315) zusammengefasst.

über die Bahnkurve γ. Interessanterweise hängt er nur von der Bahnkurve ab und nicht davon, wie schnell sich das Teilchen entlang dieser Kurve bewegt! Diese Beobachtung eröffnet die Möglichkeit, (1.160) über eine beliebige Kurve γ zu bilden, die nicht unbedingt eine Bahnkurve sein muss. Wir können uns vorstellen, dass das Teilchen sehr langsam „per Hand" entlang einer *beliebigen* Kurve im Kraftfeld bewegt wird. Physikalisch kann das realisiert werden, indem das Teilchen nach jeder – sehr kurzen – Flugstrecke „per Hand" zum Stillstand gebracht, dann in die gewünsche Richtung „abgeschossen", kurz danach wieder zum Stillstand gebracht wird und so fort. Unter dem Strich leistet das derart *im Kraftfeld* bewegte Teilchen eine Arbeit, die durch das Linienintegral (1.160) angegeben wird. Ist es negativ, so stellt sein Betrag die Arbeit dar, die (sozusagen „mit der Hand") aufgebracht werden muss, um das Teilchen im Kraftfeld zu bewegen. Ein einfaches Beispiel für einen solchen Mechanismus besteht darin, dass ein Körper im homogenen Schwerefeld gehoben oder gesenkt wird. Im ersten Fall muss an dem Körper Arbeit verrichtet werden, im zweiten verrichtet der Körper Arbeit. Bei der guten alten Pendeluhr verrichtet eine (sehr langsam) nach unten bewegte Masse die nötige Arbeit, um das Pendel nach jeder Schwingung neu anzustoßen.

Wird nun ein Teilchen von einem Ort $\vec{x}_0$ zu einem Ort $\vec{x}_1$ bewegt, so kann dies entlang verschiedener Kurven geschehen. Im allgemeinen Fall hängt die dabei vom Teilchen geleistete Arbeit vom Weg ab, der dabei eingeschlagen wird. Sind γ und γ' zwei verschiedene Kurven mit gleichem Anfangs- und Endpunkt, und ist $\vec{F} \equiv \vec{F}(\vec{x})$ ein beliebiges (zeitunabhängiges) Kraftfeld, so wird im Allgemeinen

$$\int_{\gamma} d\vec{x} \cdot \vec{F} \neq \int_{\gamma'} d\vec{x} \cdot \vec{F} \qquad (1.161)$$

sein, d. h. die vom Teilchen geleistete (oder an ihm verrichtete) Arbeit ist im allgemeinen Fall *wegabhängig*. Allerdings gibt es spezielle Kräfte, für die die Arbeit *wegunabhängig* ist, und das sind genau die konservativen: Ist $\vec{F} \equiv \vec{F}(\vec{x})$ ein konservatives Kraftfeld, so gilt für zwei Kurven γ und γ' mit gleichem Anfangs- und Endpunkt stets

$$\int_{\gamma} d\vec{x} \cdot \vec{F} = \int_{\gamma'} d\vec{x} \cdot \vec{F}. \qquad (1.162)$$

Der Grund dafür liegt in der Existenz einer potentiellen Energie, wie die Rechnung[46]

$$\begin{aligned}
W &= -\int_{\gamma} d\vec{x} \cdot \vec{\nabla}V = -\int_{t_0}^{t_1} dt\, \dot{\vec{x}}(t) \cdot \vec{\nabla}V(\vec{x}(t)) = \\
&= -\int_{t_0}^{t_1} dt\, \frac{d}{dt} V(\vec{x}(t)) = -V(\vec{x}(t_1)) + V(\vec{x}(t_0)) = \qquad (1.163) \\
&= -V(\vec{x}_1) + V(\vec{x}_0) = -V\big|_{\text{Endpunkt}} + V\big|_{\text{Anfangspunkt}}
\end{aligned}$$

zeigt: Da W nur von den Werten der potentiellen Energie am Anfangs- und am Endpunkt der Kurve γ abhängt[47], ist diese Größe für alle Kurven mit gleichem Anfangs- und Endpunkt

---

[46] Das gleiche Resultat kann ohne Rechnung mit (1.149) und der Erhaltung der Gesamtenergie in der Form $T\big|_{\text{Anfangspunkt}} + V\big|_{\text{Anfangspunkt}} = T\big|_{\text{Endpunkt}} + V\big|_{\text{Endpunkt}}$ erzielt werden.

[47] Vgl. (B.159) im Anhang.

Tabelle 1.2: Beispiele konservativer Kräfte und ihrer potentiellen Energien

Kraftfeld	potentielle Energie
(1.22)	$V(\vec{x}) = -\dfrac{GMm}{\lvert\vec{x}\rvert}$
(1.24)	$V(\vec{x}) = \dfrac{Qq}{4\pi\varepsilon_0\,\lvert\vec{x}\rvert}$
(1.25)	$V(\vec{x}) = mgz$

gleich! $-W$ stellt die Differenz der potentiellen Energie zwischen End- und Anfangspunkt (im Kurz-Jargon: die Potentialdifferenz) dar.

Interessanterweise gilt auch die Umkehrung: Gilt für ein Kraftfeld $\vec{F} \equiv \vec{F}(\vec{x})$ stets (1.162), d. h. hängt das Linienintegral über *beliebige* Kurven nur von deren Anfangs- und Endpunkt ab, so ist das Kraftfeld konservativ.

Exkurs [*]

Konstruktion der potentiellen Energie:
Um eine Beweisidee für die letzte Aussage zu geben, betrachten wir ein Kraftfeld $\vec{F}$, für das jedes Linienintegral nur vom Anfangs- und Endpunkt der Kurve abhängt, über die es gebildet wird. Um die zugehörige potentielle Energie V zu konstruieren, fixieren wir einen (beliebigen) Punkt $\vec{x}_0$. Für jeden Punkt $\vec{x}$ definieren wir

$$V(\vec{x}) = -\int_{\vec{x}_0}^{\vec{x}} d\vec{x} \cdot \vec{F}\,, \qquad (1.164)$$

wobei das Integral auf der rechten Seite das Linienintegral über eine (beliebige) Kurve bezeichnet, die von $\vec{x}_0$ nach $\vec{x}$ verläuft. Aufgrund der vorausgesetzten Wegunabhängigkeit wird dadurch eine Funktion V eindeutig festgelegt. Nun lässt sich zeigen, dass V die Beziehung (1.151) erfüllt, also die gesuchte potentielle Energie ist. Wird ein anderer Referenzpunkt $\vec{x}_0$ gewählt, so ändert sich V nur um eine additive Konstante.

Beispiele für konservative Kräfte sind die von einer Punktmasse ausgeübte Newtonsche Gravitationskraft (1.22), die Coulombkraft (1.24) und das nahe der Erdoberfläche näherungsweise geltende homogene Schwerkraftfeld (1.25). Die zugehörigen potentiellen Energien sind in der Tabelle 1.2 wiedergegeben. (Zur Überprüfung siehe Aufgabe 15).

Potentiale und Feldstärken – Elemente des Feldkonzepts

Die in der Tabelle 1.2 angegebenen Ausdrücke für die potentiellen Energien besitzen einen praktischen Nachteil. Beim ersten und beim dritten Beispiel geht es um die Bewegung eines Teilchens in einem gegebenen Gravitationsfeld. Die potentiellen Energien hängen von dessen Masse m ab. Nun können aber Teilchen ganz unterschiedlicher Masse in die ansonsten gleiche physikalische Situation (Bewegung eines Satelliten um die Erde oder um die Sonne bzw. ein zu Boden fallender Körper) hineingestellt werden. In gewisser Weise können sie als „Probeteilchen" verstanden werden, auf die ein gegebenes *Feld*, das es auch ohne sie gibt, wirkt. Um dieses Feld von den Eigenschaften des Probeteilchens zu trennen, führen wir das Newtonsche **Gravitationspotential** ϕ als die durch m dividierte potentielle Energie ein. Der negative Gradient des Gravitationspotentials (also die durch m dividierte Gravitationskraft) ist die Newtonsche **Gravitationsfeldstärke**

$$\vec{\mathscr{G}} = -\vec{\nabla}\phi. \tag{1.165}$$

Im Fall der von einer Punktmasse M ausgeübten Gravitationskraft (1.22) ist

$$\phi(\vec{x}) = -\frac{GM}{|\vec{x}|} \quad \text{und} \quad \vec{\mathscr{G}}(\vec{x}) = -\frac{GM}{|\vec{x}|^3}\,\vec{x}, \tag{1.166}$$

für das homogene Schwerefeld (1.25) ist

$$\phi(\vec{x}) = gz \quad \text{und} \quad \vec{\mathscr{G}}(\vec{x}) = \begin{pmatrix} 0 \\ 0 \\ -g \end{pmatrix}. \tag{1.167}$$

Erst diese Größen erlauben es, von „dem" Gravitationsfeld zu sprechen – unabhängig von den Teilchen, auf die es wirkt.

Exkurs **
Das Newtonsche Gravitationsfeld einer beliebigen Massenverteilung:
Bei dieser Gelegenheit besprechen wir das von einer beliebigen Massenverteilung erzeugte Newtonsche Gravitationsfeld. Die von einer diskreten Anzahl punktförmiger Gravitationszentren auf ein Probeteilchen ausgeübte Kraft ist – gemäß dem Prinzip über das gemeinsame Wirken mehrerer Kräfte, siehe Seite 18 – gleich der Summe der von den einzelnen Zentren ausgehenden Kräften. Daher ist auch das gesamte Gravitationspotential durch die Summe der einzelnen Gravitationspotentiale gegeben. Von besonderem Interesse sind aber auch kontinuierliche Massenverteilungen, wie etwa ein durch seine Rotation abgeplatteter Himmelskörper, der in seinem Inneren dichter ist als am Rand, oder eine als Kontinuum modellierte Galaxie. Eine solche Verteilung wird – in der Regel innerhalb eines begrenzten Raumbereichs – durch eine kontinuierliche Massendichte $\rho(\vec{x})$ beschrieben. Damit ist gemeint, dass die in einem infinitesimalen Volumselement d^3x nahe dem Punkt $\vec{x}$ enthaltene Masse gleich $d^3x\,\rho(\vec{x})$ ist. Das von einer derartigen Massenverteilung erzeugte Gravitationspotential kann intuitiv als eine Art „kontinuierliche"

Summe angesehen werden. Der exakte mathematische Ausdruck dafür ist das Volumsintegral[48]: Das am Ort $\vec{\xi}$ im Volumselement $d^3\xi$ sitzende infinitesimale Massenelement $dM = d^3\xi\,\rho(\vec{\xi})$ erzeugt an einem beliebigen anderen Ort $\vec{x}$ das Gravitationspotential

$$-G\,\frac{dM}{|\vec{x}-\vec{\xi}|} = -G\,\frac{d^3\xi\,\rho(\vec{\xi})}{|\vec{x}-\vec{\xi}|}\,. \tag{1.168}$$

(Es wird aus (1.166) erhalten, indem M durch dM und $\vec{x}$ durch $\vec{x}-\vec{\xi}$ ersetzt wird). Das gesamte von der Massenverteilung erzeugte Gravitationsfeld ist daher durch das Volumsintegral

$$\phi(\vec{x}) = -G\int_{\mathbb{R}^3}\frac{d^3\xi\,\rho(\vec{\xi})}{|\vec{x}-\vec{\xi}|} \tag{1.169}$$

gegeben. Ist die Massendichte nur innerhalb eines Raumbereichs B von 0 verschieden, so kann das Integrationsgebiet $\mathbb{R}^3$ durch B ersetzt werden. Die zugehörige Feldstärke $\vec{\mathcal{G}}$ wird dann wie in (1.165) als negativer Gradient von ϕ berechnet. Ohne Beweis merken wir an, dass (1.169) jene Lösung der partiellen Differentialgleichung[49]

$$\Delta\phi = 4\pi G\rho \tag{1.170}$$

ist, die im Unendlichen (d. h. für $|\vec{x}| \to \infty$) gegen 0 strebt. Mit Hilfe dieser *Newtonschen Feldgleichung* fällt es nicht allzu schwer, etwa das im Inneren einer homogenen massiven Kugel herrschende Gravitationsfeld zu berechnen (siehe Aufgabe 16).

Die Bewegungsgleichung eines Probeteilchens mit Masse m in diesem Feld lautet[50]

$$m\ddot{\vec{x}}(t) = m\vec{\mathcal{G}}(\vec{x}(t)) \equiv -m\vec{\nabla}\phi\,(\vec{x}(t))\,. \tag{1.171}$$

Wie bereits in den bisherigen Beispielen zur Gravitation fällt auch in dieser allgemeinen Formulierung die Masse m heraus. (Genau genommen müssten wir das Symbol m auf der linke Seite als *träge Masse* und das Symbol m in den beiden anderen Termen als *schwere Masse* bezeichnen. Aufgrund der Gleichheit von träger und schwerer Masse kann es weggekürzt werden).

Da die Gravitationswechselwirkung aus Newtonscher Sicht, wie bereits früher erwähnt (Seite 15), eine *instantane* ist, d. h. augenblicklich über beliebig große Distanzen wirkt, gilt (1.169) – ebenso wie (1.165) – im Fall einer von der Zeit

---

[48] Was Sie über Volumsintegrale wissen sollten, ist im Unterabschnitt B.7.1 des Anhangs (Seite 313) zusammengefasst.

[49] Δ bezeichnet den Laplace-Operator – siehe dazu den Unterabschnitt B.6.5 im Anhang (Seite 309). Eine partielle Differentialgleichung dieses Typs – mit gegebenem ρ und gesuchtem ϕ – heißt *Poissongleichung*.

[50] Dabei ist wie immer vorausgesetzt, dass die Kraftwirkung des Probeteilchens auf die gegebene Massenverteilung vernachlässigbar klein ist. Das ist die eigentliche Idee des Begriffs „Probeteilchen".

abhängigen Massenverteilung zu *jedem* Zeitpunkt. Das Newtonsche Gravitationsfeld ist zu jeder Zeit durch die Verteilung der Massen vollständig bestimmt – es hat im Unterschied zum elektromagnetischen Feld keinerlei „Eigenleben"[51]. Das macht die Newtonsche Gravitationstheorie mathematisch sehr viel einfacher als die Elektrodynamik, die dem elektromagnetischen Feld ein „Eigenleben" in Form elektromagnetischer Wellen zugesteht.

Das mittlere Beispiel in Tabelle 1.2 betrifft die Bewegung eines geladenen Teilchens in einem gegebenen elektrischen Feld. Die potentielle Energie hängt von seiner elektrischen Ladung q ab, ebenso wie die Coulombkraft (1.24). Um eine von den Eigenschaften eines solchen Probeteilchens unabhängige Feldgröße zu definieren, führen wir das **Coulombpotential** als die durch q dividierte potentielle Energie

$$\phi(\vec{x}) = \frac{Q}{4\pi\varepsilon_0\,|\vec{x}|} \tag{1.172}$$

und, als ihren negativen Gradienten, die von einer im Ursprung ruhenden Punktladung Q erzeugte **elektrische Feldstärke**

$$\vec{E}(\vec{x}) = -\vec{\nabla}\phi(\vec{x}) = \frac{Q}{4\pi\varepsilon_0\,|\vec{x}|^3}\,\vec{x} \tag{1.173}$$

ein. Letztere ist die durch q dividierte Coulombkraft. Da die elektromagnetische Wechselwirkung – im Gegensatz zur Newtonschen Gravitation – *keine* instantane ist (ein physikalischer Ausdruck dieser Tatsache ist die Existenz elektromagnetischer Wellen), kann die Beziehung $\vec{E} = -\vec{\nabla}\phi$ nicht auf den Fall zeitabhängiger Felder übertragen werden. Ihre korrekte Verallgemeinerung für *beliebige* elektromagnetische Felder muss auch das Magnetfeld berücksichtigen. Wir werden sie später – siehe (1.497) – kennen lernen.

Im Sprachgebrauch der theoretischen Physik wird nicht immer streng zwischen den Begriffen *Potential* und *potentielle Energie* bzw. zwischen *Feldstärke* und *Kraft* unterschieden. Um Rechnungen möglichst übersichtlich zu gestalten, wird bisweilen auch ganz brutal $m = 1$ oder $q = 1$ gesetzt (was die Unterscheidung zwischen Potential und potentieller Energie bzw. zwischen Feldstärke und Kraft hinfällig macht). Ganz ohne Hintergrund geschieht das allerdings nicht, wie das folgende Beispiel zeigt.

Beispiel

Die uns bereits bekannte Bewegungsgleichung eines Teilchens mit elektrischer Ladung q unter der Wirkung der Coulombkraft (1.24) lautet

$$m\ddot{\vec{x}}(t) = \frac{Qq}{4\pi\varepsilon_0\,|\vec{x}(t)|^3}\,\vec{x}(t)\,. \tag{1.174}$$

---

[51] Im Rahmen der Allgemeinen Relativitätstheorie hat das Gravitationsfeld hingegen sehr wohl ein „Eigenleben", und zwar in Form von Gravitationswellen.

Nehmen wir an, dass Q und q das gleiche Vorzeichen haben, d. h. dass $Qq > 0$ ist. Wird nun anstelle von t die Variable

$$\tau = t\sqrt{\frac{Qq}{4\pi\varepsilon_0 m}} \tag{1.175}$$

als Zeitkoordinate benutzt und die Bewegung durch diese ausgedrückt, d. h. als $\vec{x} \equiv \vec{x}(\tau)$ aufgefasst, so nimmt die Bewegungsgleichung (1.174) die Form

$$\vec{x}''(\tau) = \frac{\vec{x}(\tau)}{|\vec{x}(\tau)|^3} \tag{1.176}$$

an, wobei ein Strich nun eine Ableitung nach τ bezeichnet (siehe Aufgabe 17). Mit einem Schlag ist *effektiv* – und auf seriöse Weise – das Gleiche erhalten worden, als hätte man $m = Q = q = 1$ und $\varepsilon_0 = \frac{1}{4\pi}$ gesetzt! Ohne den Ballast dieser Konstanten kann nun die einfachere Version (1.176) analysiert – z. B. gelöst – werden. Bei Bedarf kann jederzeit wieder anstelle von τ die „wahre" Zeitkoordinate t verwendet werden.

Auch in anderen Theorien der Physik treten Größen auf, die als „Potentiale" bezeichnet werden. In gewisser Weise haben sie spätestens im zwanzigsten Jahrhundert die „Kräfte" als fundamentale Größen, die Wechselwirkungen beschreiben, abgelöst. Im Abschnitt 1.6 über den Lagrangeformalismus (Seite 103) werden wir ein Prinzip kennen lernen, das diesen Wandel kennzeichnet.

Wann ist der Impuls erhalten?

Eine Größe, die in der Physik eine wichtige Rolle spielt, ist der durch (1.99) definierte Impuls. Mit seiner Hilfe nimmt das zweite Newtonsche Axiom die Form (1.100) an. Für die dreidimensionale Bewegung lautet es $\dot{\vec{p}} = \vec{F}$, seine Komponentenschreibweise ist

$$\dot{p}_j = mF_j, \tag{1.177}$$

wobei der Index j die Komponenten der Vektoren $\vec{p}$ und $\vec{F}$ durchzählt, also die Werte x, y und z (oder, einfach durchnummeriert, 1, 2 und 3) annehmen kann. Daraus folgt unmittelbar: Ist eine Komponente F_j der Kraft gleich 0, so ist die entsprechende Komponente p_j des Impulses für *jede* Lösung der Bewegungsgleichung in der Zeit erhalten. Wir können das auch sofort für Kraftkomponenten in *beliebige* Richtungen[52] verallgemeinern: Ist $\vec{n}$ ein beliebiger konstanter Einheitsvektor und $\vec{n} \cdot \vec{F} = 0$, so ist $\vec{n} \cdot \vec{p}$ eine Erhaltungsgröße. (Beweis: Multiplizieren Sie beide Seiten von (1.177) mit n_j und bilden Sie die Summe über die drei Werte von j).

---

[52] Ist $\vec{n}$ einer der drei Einheitsvektoren in die Achsenrichtungen, so ist $\vec{n} \cdot \vec{F}$ die entsprechende Komponente von $\vec{F}$. Ganz allgemein bezeichnen wir daher das Skalarprodukt $\vec{n} \cdot \vec{F}$ für einen *beliebigen* Einheitsvektor $\vec{n}$ als die Komponente von $\vec{F}$ in Richtung $\vec{n}$.

Ist $\vec{F}$ eine nur vom Ort des Teilchens abhängige konservative Kraft, so lautet die Beziehung (1.151) in Komponentenform

$$F_j = -\frac{\partial V}{\partial x_j}. \tag{1.178}$$

Eine Komponente F_j der Kraft ist daher genau dann gleich 0, wenn die potentielle Energie V nicht von der entsprechenden Koordinate x_j abhängt, und genau in diesem Fall ist die entsprechende Komponente p_j des Impulses eine Erhaltungsgröße. Auch diesen Sachverhalt können wir leicht verallgemeinern: Die Kraftkomponente $\vec{n} \cdot \vec{F}$ in eine beliebige Richtung ist genau dann gleich 0, wenn die Richtungsableitung[53] $\vec{n} \cdot \vec{\nabla} V$ verschwindet, und genau in diesem Fall ist $\vec{n} \cdot \vec{p}$ eine Erhaltungsgröße.

Was wir in Form dieser einfachen Beobachtungen vor uns haben, ist ein Spezialfall für einen sehr allgemeinen Zusammenhang zwischen *Symmetrien* und *Erhaltungsgrößen*. Liegt beispielsweise eine konservative Kraft vor, deren Potential nicht von der x-Koordinate abhängt, so bezieht sich der Terminus „Symmetrie" auf die Tatsache, dass das Potential in sich selbst übergeht, wenn eine Verschiebung in x-Richtung durchgeführt, d. h. wenn $x \rightarrow x + a$ ersetzt wird: $V(x+a,y,z) = V(x,y,z)$ für alle $\vec{x}$ und für alle a. Genauer gesagt sprechen wir in diesem Fall von einer (*kontinuierlichen*) *Translationssymmetrie* in x-Richtung. Wir werden auf sie im Abschnitt 1.5 über Bezugssysteme und das Raumzeit-Konzept der Newtonschen Mechanik (Seite 91) zurückkommen.

Wann ist der Drehimpuls erhalten?

Die soeben über den Impuls angestellten Betrachtungen werfen die Frage auf, unter welchen Umständen der Drehimpuls (1.102) für *jede* Lösung der Bewegungsgleichung eine Erhaltungsgröße ist. Um sie näher zu studieren, berechnen wir ganz allgemein die Zeitableitung des Drehimpulses

$$\dot{\vec{L}} = \underbrace{\dot{\vec{x}} \times \vec{p}}_{0} + \vec{x} \times \dot{\vec{p}}, \tag{1.179}$$

wobei benutzt wurde, dass $\dot{\vec{x}} \times \vec{p} = m\dot{\vec{x}} \times \dot{\vec{x}} = 0$ ist. Mit dem zweiten Newtonschen Axiom $\dot{\vec{p}} = \vec{F}$ finden wir daher

$$\dot{\vec{L}} = \vec{x} \times \vec{F} \equiv \begin{pmatrix} yF_z \quad zF_y \\ zF_x - xF_z \\ xF_y - yF_x \end{pmatrix} \equiv \vec{N}, \tag{1.180}$$

eine Größe, die als **Drehmoment** bezeichnet wird. Unter welchen Umständen ist – beispielsweise – ihre z-Komponente gleich 0? Es ist dies der Fall, wenn $xF_y - yF_x = 0$ gilt. Diese

---

[53] Siehe dazu (B.105) auf Seite 306 im Anhang.

Bedingung[54] kann auch so ausgedrückt werden, dass $\vec{F}(\vec{x})$ an jedem Punkt $\vec{x}$ auf den Vektor

$$\begin{pmatrix} -y \\ x \\ 0 \end{pmatrix} \tag{1.181}$$

normal steht. (Für die geometrische Deutung dieser Aussage siehe Aufgabe 18). Im Fall einer konservativen Kraft (1.178) wird daraus die Bedingung

$$-y\,\frac{\partial V(\vec{x})}{\partial x} + x\,\frac{\partial V(\vec{x})}{\partial y} = 0 \quad \text{für alle } \vec{x}. \tag{1.182}$$

Geometrisch ausgedrückt besagt sie, dass die potentielle Energie V unter einer beliebigen Drehung um die z-Achse in sich selbst übergeht[55]. Ist sie erfüllt, so ist L_z für *jede* Lösung der Bewegungsgleichung eine Erhaltungsgröße. Analoges gilt für die anderen Komponenten des Drehimpulses.

Der *gesamte* Drehimpulsvektor $\vec{L}$ ist zeitlich erhalten, wenn die potentielle Energie V unter beliebigen Drehungen um alle drei Koordinatenachsen in sich selbst übergeht. Das ist nur dann der Fall, wenn sie lediglich vom Betrag des Ortsvektors abhängt, d. h. wenn

$$V \equiv V(r) \quad \text{mit} \quad r = |\vec{x}| \tag{1.183}$$

ist[56]. Eine solche Funktionen nennen wir *radialsymmetrisch*. Für eine konservative Kraft gilt also: Der gesamte Drehimpulsvektor ist genau dann für alle Lösungen der Bewegungsgleichung eine Erhaltungsgröße, wenn die potentielle Energie radialsymmetrisch ist.

Wieder sind wir auf einen Zusammenhang zwischen Symmetrien und Erhaltungsgrößen gestoßen, diesmal hinsichtlich (*kontinuierlicher*) *Rotationssymmetrien*. Durch Vergleich mit der oben erörterten Rolle des Impulses ergibt sich eine bemerkenswerte Entsprechung (siehe Tabelle 1.3).

1.4.9 Dynamik von Mehrteilchensystemen

Bisher haben wir unser Hauptaugenmerk auf die Bewegung *einzelner* Teilchen gelegt, auf die eine Kraft wirkt. Nun ist es an der Zeit, etwas näher auf Systeme eingehen, die aus *mehreren*, miteinander wechselwirkenden Teilchen bestehen. Mehrteilchensysteme sind vor allem wichtig, um *alle* an einem physikalischen Prozess beteiligten Partner zu berücksichtigen. In

---

[54] In der Form, in der sie aus (1.180) abgelesen wird, heißt die Bedingung zunächst $x(t)\,F_y(\vec{x}(t)) - y(t)\,F_x(\vec{x}(t)) = 0$ für alle Lösungen $\vec{x} \equiv \vec{x}(t)$ der Bewegungsgleichung. Um sie in einer weniger komplizierten Form auszudrücken, setzen wir $t = 0$. Da $\vec{x}(0)$ beliebig vorgegeben werden kann, folgt die Aussage $x\,F_y(\vec{x}) - y\,F_x(\vec{x}) = 0$ für alle $\vec{x}$.

[55] Am einfachsten lässt sich das in Zylinderkoordinaten − siehe den Unterabschnitt B.4.3 auf Seite 298 im Anhang − einsehen, denn durch diese ausgedrückt lautet (1.182) einfach $\partial V/\partial\varphi = 0$.

[56] V wird dann auch *Zentralpotential* genannt − vgl. den Hinweis über den Sprachgebrauch betreffend „Potential" und „potentielle Energie" auf Seite 55. Die zugehörige Kraft ist eine *Zentralkraft*.

Tabelle 1.3: Analogien zwischen Impuls/Translation und Drehimpuls/Rotation in einem Einteilchensystem mit konservativer Kraft

Größe	j-te Komponente des Impulses	j-te Komponente des Drehimpulses
Zeitableitung	j-te Komponente der Kraft	j-te Komponente des Drehmoments
Größe zeitlich erhalten, wenn V symmetrisch unter	Verschiebung in x_j-Richtung	Drehung um die x_j-Achse

gewisser Weise waren solche Partner bereits in den betrachteten Einteilchensystemen vorhanden, z. B. in Form der „im Ursprung festgehaltenen" Zentralmasse in der Bewegungsgleichung (1.55), deren gravitative Wirkung auf eine zweite Masse als vorgegebene „äußere Kraft" in das Modell eingeht. Sollen beide Partner „gleichberechtigt" behandelt werden, so müssen wir zum Zweikörperproblem (1.58)–(1.59) übergehen. Es ist komplizierter, da beide Partner Kräfte *aufeinander* ausüben, aber es kommt – insbesondere falls die beteiligten Massen von der gleichen Größenordnung sind – der physikalischen Wirklichkeit näher. Und es ist konzeptuell insofern befriedigender, als keine äußeren, vorgegebenen Kräfte mehr vorkommen – es stellt ein *abgeschlossenes System* dar.

Beschreibung von Mehrteilchensystemen

Definieren wir zunächst die wichtigsten kinematischen Bestimmungsgrößen eines n-Teilchensystems. Die Orte der Teilchen werden mit $\vec{x}_1, \vec{x}_2,... \vec{x}_n$, ihre Massen mit $m_1, m_2,...m_n$ und ihre Gesamtmasse mit

$$M = \sum_{\alpha=1}^{n} m_\alpha \tag{1.184}$$

bezeichnet. (Um die n Teilchen durchzuzählen, verwenden wir griechische Indizes. Mit Hilfe dieses kleinen Tricks in der Schreibweise können wir sie beim Anblick einer Formel leicht von den lateinischen Indizes, die die drei Raumachsen nummerieren, unterscheiden). Der **Massenmittelpunkt (Schwerpunkt)** des Systems ist durch

$$\vec{X} = \frac{1}{M} \sum_{\alpha=1}^{n} m_\alpha \vec{x}_\alpha \tag{1.185}$$

definiert[57], der **Gesamtimpuls** als die Summe

$$\vec{p}^{\,\text{tot}} = \sum_{\alpha=1}^{n} m_\alpha \dot{\vec{x}}_\alpha \tag{1.186}$$

der Einzelimpulse $\vec{p}_\alpha = m_\alpha \dot{\vec{x}}_\alpha$, die **gesamte kinetische Energie** als die Summe

$$T^{\text{tot}} = \sum_{\alpha=1}^{n} \frac{m_\alpha}{2} \dot{\vec{x}}_\alpha^{\,2} \tag{1.187}$$

der einzelnen kinetischen Energien und der **Gesamtdrehimpuls** als die Summe

$$\vec{L}^{\,\text{tot}} = \sum_{\alpha=1}^{n} \vec{x}_\alpha \times \vec{p}_\alpha \tag{1.188}$$

der Einzeldrehimpulse $\vec{L}_\alpha = \vec{x}_\alpha \times \vec{p}_\alpha$. Der Massenmittelpunkt (1.185) bewegt sich mit der Geschwindigkeit

$$\dot{\vec{X}} = \frac{1}{M} \sum_{\alpha=1}^{n} m_\alpha \dot{\vec{x}}_\alpha = \frac{1}{M} \sum_{\alpha=1}^{n} \vec{p}_\alpha = \frac{1}{M} \vec{p}^{\,\text{tot}}, \tag{1.189}$$

d. h. für das Gesamtsystem gilt die Beziehung $\vec{p}^{\,\text{tot}} = M\dot{\vec{X}}$. Das bedeutet, dass das System „aus großer Entfernung" so betrachtet werden kann, als wäre es ein punktförmiges Teilchen mit Masse M, Ort $\vec{X}$ und Impuls $\vec{p}^{\,\text{tot}}$.

Nun zur Dynamik: Zunächst bezeichnen wir ganz allgemein die Kraft, die auf das α-te Teilchen wirkt, mit $\vec{F}_\alpha$. Sie darf von allen Orten und Geschwindigkeiten und zusätzlich noch explizit von der Zeit abhängen. Für jedes Teilchen gilt dann das zweite Newtonsche Axiom — insgesamt wird die Bewegung des Systems durch die Bewegungsgleichungen

$$\dot{\vec{p}}_\alpha \equiv m_\alpha \ddot{\vec{x}} = \vec{F}_\alpha \tag{1.190}$$

beschrieben. Die Zeitableitung des Gesamtimpulses ist dann durch

$$\dot{\vec{p}}^{\,\text{tot}} \equiv M\ddot{\vec{X}} = \sum_{\alpha=1}^{n} \dot{\vec{p}}_\alpha = \sum_{\alpha=1}^{n} \vec{F}_\alpha \tag{1.191}$$

gegeben. Das bedeutet, dass der Gesamtimpuls erhalten ist, wenn die Summe aller wirkenden Kräfte gleich 0 ist. Wegen (1.189) ist die Erhaltung des Gesamtimpulses gleichbedeutend damit, dass sich der Massenmittelpunkt gleichförmig (d. h. mit konstanter Geschwindigkeit) bewegt. Man spricht dann von der *Erhaltung der Schwerpunktsbewegung*. Sie ist beispielsweise dann gegeben, wenn die Kräfte entsprechend dem dritten Newtonschen Axiom (siehe Seite 16) paarweise auftreten und einander paarweise aufheben. Für ein Zweiteilchensystem ($n = 2$) gilt das dritte Newtonsche Axiom, $\vec{F}_1 = -\vec{F}_2$, *genau dann*, wenn der Gesamtimpuls

---

[57] Er ist das *gewichtete Mittel* der Ortsvektoren $\vec{x}_\alpha$, wobei die *Gewichte* m_α/M die relativen Anteile der Teilchenmassen an der Gesamtmasse sind.

für alle Lösungen des Systems (1.190) erhalten ist, d. h. wenn sich der Massenmittelpunkt stets gleichförmig bewegt.

Die Zeitableitung des Gesamtdrehimpulses ist durch

$$\dot{\vec{L}}^{\text{tot}} = \sum_{\alpha=1}^{n} \vec{x}_\alpha \times \dot{\vec{p}}_\alpha = \sum_{\alpha=1}^{n} \vec{x}_\alpha \times \vec{F}_\alpha \equiv \sum_{\alpha=1}^{n} \vec{N}_\alpha = \vec{N}^{\text{tot}} \tag{1.192}$$

gegeben, ist also gleich dem **Gesamtdrehmoment**, der Summe der einzelnen Drehmomente, vgl. (1.180). Ist es 0, so ist der Gesamtdrehimpuls erhalten.

Spezialisieren wir unsere Überlegungen nun auf den Fall, dass die auftretenden Kräfte aus einer *gemeinsamen* potentiellen Energie gewonnen werden können: Bisher wurde der Begriff der konservativen Kraft lediglich für die Bewegung *eines* Teilchens in einem zeitunabhängigen, nur vom Ort abhängigen äußeren Feld entwickelt. Die Verallgemeinerung für ein n-Teilchensystem besteht darin, dass es eine für das gesamte System zuständige („gemeinsame") potentielle Energie $V \equiv V(\vec{x}_1, \vec{x}_2, \ldots \vec{x}_n)$ gibt, aus der die Kräfte nach der Formel

$$F_{\alpha j} = -\frac{\partial V}{\partial x_{\alpha j}} \tag{1.193}$$

berechnet werden, wobei $F_{\alpha j}$ die j-te Komponente des Vektors $\vec{F}_\alpha$ und $x_{\alpha j}$ die x_j-Koordinate des α-ten Teilchens ist. In Vektorschreibweise lässt sich dies in der Form

$$\vec{F}_\alpha = -\vec{\nabla}_\alpha V \tag{1.194}$$

ausdrücken, wobei unter $\vec{\nabla}_\alpha$ die Bildung des Gradienten hinsichtlich der Ortsvariablen $\vec{x}_\alpha$ des α-ten Teilchens verstanden wird. In einem solchen Fall ist die Gesamtenergie

$$E^{\text{tot}} = T^{\text{tot}} + V \tag{1.195}$$

eine Erhaltungsgröße (Aufgabe 19). Oft ist der Fall von Interesse, dass die potentielle Energie eine Summe von Termen ist, die *paarweise* Wechselwirkungen zwischen jeweils zwei Teilchen beschreiben. Für ein 3-Teilchensystem hat V dann die Form

$$V(\vec{x}_1, \vec{x}_2, \vec{x}_3) = V_{12}(\vec{x}_1, \vec{x}_2) + V_{23}(\vec{x}_2, \vec{x}_3) + V_{31}(\vec{x}_3, \vec{x}_1). \tag{1.196}$$

Die einzelnen Funktionen V_{12}, V_{23} und V_{31} werden auch als **Wechselwirkungspotentiale** oder **Wechselwirkungsenergien** bezeichnet. Hängen sie nur von den Differenzen der Teilchenkoordinaten ab (und nicht von den „absoluten" Orten, an denen sich die Teilchen befinden), ist also

$$V_{12} \equiv V_{12}(\vec{x}_2 - \vec{x}_1) \tag{1.197}$$
$$V_{23} \equiv V_{23}(\vec{x}_3 - \vec{x}_2) \tag{1.198}$$
$$V_{31} \equiv V_{31}(\vec{x}_1 - \vec{x}_3), \tag{1.199}$$

so ist damit automatisch das dritte Newtonsche Axiom erfüllt. So gilt beispielsweise für die Kräfte zwischen den ersten beiden Teilchen

$$F_{1j} = \frac{\partial}{\partial x_{1j}} V_{12}(\vec{x}_2 - \vec{x}_1) = -\frac{\partial}{\partial x_{2j}} V_{12}(\vec{x}_2 - \vec{x}_1) = -F_{2j}, \tag{1.200}$$

also $\vec{F}_1 = -\vec{F}_2$. Liegt zudem keine Richtungsabhängigkeit vor, so hängen die Wechselwirkungspotentiale nur von den *Beträgen* der Koordinatendifferenzen ab, d. h.

$$V_{12} \equiv V_{12}\left(|\vec{x}_2 - \vec{x}_1|\right) \tag{1.201}$$

$$V_{23} \equiv V_{23}\left(|\vec{x}_3 - \vec{x}_2|\right) \tag{1.202}$$

$$V_{31} \equiv V_{31}\left(|\vec{x}_1 - \vec{x}_3|\right). \tag{1.203}$$

Analoges gilt für n-Teilchensysteme.

Ein Beispiel für ein 2-Teilchensystem dieses Typs ist das durch die Kräfte (1.29)–(1.30) definierte gravitative Zweikörperproblem, dessen Bewegungsgleichungen wir in (1.58)–(1.59) bereits hingeschrieben haben. In diesem Fall ist das Wechselwirkungspotential V_{12}, das wir jetzt einfach als V bezeichnen, durch

$$V(\vec{x}_1, \vec{x}_2) = -\frac{Gm_1 m_2}{|\vec{x}_2 - \vec{x}_1|} \tag{1.204}$$

gegeben (Aufgabe 20). Wir werden es benötigen, wenn wir die Bewegung dieses Systems studieren (ab Seite 127). Es ist keine Überraschung, dass das Wechselwirkungspotential zweier geladener Teilchen, zwischen denen die Coulombkräfte (1.31)–(1.32) wirken,

$$V(\vec{x}_1, \vec{x}_2) = \frac{q_1 q_2}{4\pi\varepsilon_0 \, |\vec{x}_2 - \vec{x}_1|} \tag{1.205}$$

lautet.

Noch einmal das dritte Newtonsche Axiom *

Wir haben das dritte Newtonsche Axiom bereits früher (Seite 16) kurz besprochen, und es ist uns bei der Beschreibung von Mehrteilchensystemen begegnet. Außerdem haben wir bereits darauf hingewiesen, dass es nicht so universell gültig ist wie oft angenommen, und diesen Punkt wollen wir hier anhand der elektromagnetischen Kräfte zwischen Teilchen illustrieren.

Der Versuch, das dritte Newtonsche Axiom auf die heute bekannten fundamentalen Kräfte anzuwenden, stößt auf Schwierigkeiten, die in der moderneren Auffassung von Kräften, wie sie im neunzehnten Jahrhundert entstand, wurzeln: Kräfte zwischen Teilchen werden durch *dynamische Felder* vermittelt. Dies bringt zwei Probleme für das dritte Newtonsche Axiom mit sich: Einerseits benötigt die in einem Feld enthaltene Information eine gewisse Zeit, um von einem Teilchen zu einem anderen zu gelangen. Daher treten Kraftwirkungen verzögert (retardiert) ein, so dass nicht klar ist, von welchen zwei Kräften das dritte Newtonsche Axiom überhaupt spricht. Zweitens tragen Felder Energie und Impuls und lassen sich nicht einfach von den Teilchen, die sie beeinflussen, trennen. Ein Modell, das derartige Felder nicht als dynamische Größen enthält, sondern lediglich als Ausdrücke für die Kräfte zwischen Teilchen, kann also genau genommen kein „abgeschlossenes System" beschreiben! Beim Gravitationsfeld in Newtonscher Sicht tritt dieses Problem nicht auf: Wie die Ausdrücke (1.29) und (1.30) zeigen, ist die Kraft auf eine der beiden Punktmassen durch ihren Ort und durch den Ort der anderen *zum gleichen Zeitpunkt* gegeben. Wir sagen, dass die Kraft *instantan* wirkt, d. h. ohne Zeitverzögerung. Das ist aber nur eine Näherung, und die heutige Auffassung (für die die Allgemeine Relativitätstheorie zuständig ist) sieht die Dinge ganz anders. Auch die elektrische Wechselwirkung zwischen geladenen Teilchen kann näherungsweise analog zur Newtonsche Gravitationskraft beschrieben werden, siehe (1.31)–(1.32). Bei der durch das Magnetfeld verursachten Kraftwirkung allerdings klappt auch das nicht mehr. Auf diese Weise zeigt der Versuch, das dritte Newtonsche Axiom als fundamentales Prinzip aufzufassen, die Grenzen der Mechanik in der ursprünglich von Newton entworfenen Form auf (selbst wenn die Quantentheorie einmal beiseite gelassen wird, die ja ganz generell der klassischen Mechanik Grenzen setzt).

Exkurs
Magnetische Kräfte zwischen geladenen Teilchen:
Für den Fall, dass Sie das soeben Gesagte besser verstehen wollen, diskutieren wir nun kurz die Frage, welche Kräfte zwei frei bewegliche elektrisch geladene Teilchen aufeinander ausüben. Jedes der beiden Teilchen erzeugt sowohl ein elektrisches als auch ein magnetisches Feld, die beide vom jeweils anderen Teilchen als Krafteinwirkung gespürt werden. Können wir das dritte Newtonsche Axiom für Kraftwirkungen dieser Art wenigstens in einer *instantanen Näherung* retten?

Eine solche Näherung ist gegeben, wenn die auftretenden Abstände der Teilchen *klein* sind, so dass die Zeitverzögerungseffekte der Kraftwirkungen vernachlässigt werden können. Auch die Tatsache, dass beschleunigte Ladungen *strahlen*, also eine zusätzliche Kraft erfahren, wollen wir ignorieren. Was die elektrischen Kräfte betrifft, so führt dieser Ansatz auf (1.31)–(1.32), im Einklang mit dem dritten Newtonschen Axiom $\vec{F}_2\left(\vec{x}_1,\vec{x}_2\right) = -\vec{F}_1\left(\vec{x}_1,\vec{x}_2\right)$.

Die Probleme beginnen, wenn auch die magnetischen Kräfte betrachtet werden: Eine bewegte Ladung stellt einen elektrischen Strom dar, und ein solcher erzeugt ein Magnetfeld, das seinerseits – wie durch (1.28) beschrieben – auf geladene Teilchen wirkt. Die daraus resultierenden magnetischen Kräfte zwischen zwei geladenen Teilchen (in der instantanen Näherung) sind durch[58]

$$\vec{F}_1^{\text{magn}}\left(\vec{x}_1,\vec{x}_2\right) \;=\; \frac{q_1 q_2}{4\pi\varepsilon_0\left|\vec{x}_1-\vec{x}_2\right|^3}\,\frac{\dot{\vec{x}}_1}{c}\times\left(\frac{\dot{\vec{x}}_2}{c}\times\left(\vec{x}_1-\vec{x}_2\right)\right) \qquad (1.206)$$

$$\vec{F}_2^{\text{magn}}\left(\vec{x}_1,\vec{x}_2\right) \;=\; \frac{q_1 q_2}{4\pi\varepsilon_0\left|\vec{x}_1-\vec{x}_2\right|^3}\,\frac{\dot{\vec{x}}_2}{c}\times\left(\frac{\dot{\vec{x}}_1}{c}\times\left(\vec{x}_2-\vec{x}_1\right)\right) \qquad (1.207)$$

---

[58] Sie folgen aus den Grundgleichungen der Elektrodynamik, deren Details hier nicht unser Thema ist.

gegeben. Sie hängen von den Geschwindigkeiten ab und erfüllen das dritte Newtonsche Axiom *nicht* (siehe Aufgabe 21). Im Rahmen unserer Näherung bilden sie nur eine kleine (relativistische) Korrektur (c ist die Lichtgeschwindigkeit) und müssen zu (1.31)–(1.32) addiert werden, aber sie führen zu einem unerwarteten Effekt: Wie wir bereits wissen (Seite 61), ist das dritte Newtonsche Axiom in einem Zweiteilchensystem gleichbedeutend mit der Aussage, dass sich der Massenmittelpunkt stets gleichförmig (d. h. mit einer konstanten Geschwindigkeit) bewegt. Sind Kräfte von der Art (1.206)–(1.207) im Spiel, so erfährt der Massenmittelpunkt eine kleine, aber immerhin physikalisch wohlbegründete Beschleunigung! Sie rührt daher, dass sich ein wesentlicher Mitspieler – das elektromagnetische Feld – innerhalb der klassischen Mechanik nicht gebührend beschreiben lässt. Daher kann ein System aus zwei geladenen Teilchen – selbst in der instantanen Näherung – nicht als abgeschlossen betrachtet werden, denn physikalisch findet eine Wechselwirkung zwischen Teilchen und Feldern statt und nicht bloß eine Wechselwirkung zwischen Teilchen!

Der Vollständigkeit halber merken wir an, dass hier ein weiterer Effekt vernachlässigt wurde: Ein zeitlich veränderliches Magnetfeld erzeugt (gemäß dem Induktionsgesetz) ein elektrisches Feld, das eine zusätzliche Kraftwirkung ähnlicher Größenordnung bewirkt. An der Tatsache, dass Kräfte dieser Art das dritte Newtonsche Axiom nicht erfüllen, ändert das allerdings nichts.

Newtons drittes Axiom – in der auf Seite 16 wiedergegebenen Formulierung – ist also *kein* in der Natur universell gültiges Prinzip (nicht einmal im Rahmen der in der klassischen Mechanik üblichen Näherungen). Es sollte mit Vorsicht genossen und nur in den Zusammenhängen, für die es gedacht ist, angewandt werden. In der modernen Physik treten an seine Stelle andere fundamentale Prinzipien, aus denen es – allerdings in veränderter Form – wiederaufersteht. Wir werden im Abschnitt 1.6 über den Lagrangeformalismus (Seite 103) darauf zurückkommen.

Nichtrelativistische Stoßgesetze

Manche Kräfte wirken nur über kleine Distanzen. Ein typisches Szenario, das von solchen Kräften bewirkt wird, kann einfach darin bestehen, dass n Teilchen aufeinander zufliegen, miteinander wechselwirken und sich danach wieder voneinander wegbewegen. Sowohl *vor* als auch *nach* dem Wirken der Kräfte (dem „Stoß") können die Teilchen als frei betrachtet werden, bewegen sich also mit konstanten Geschwindigkeiten. Die Gesamtenergie und der Gesamtimpuls vor und nach dem Stoß können so berechnet werden wie für ein System aus n freien Teilchen – sie hängen lediglich von den Massen und Geschwindigkeiten ab. Ist von vornherein bekannt, dass Gesamtenergie und Gesamtimpuls erhalten sind (man spricht dann von einem *elastischen* Stoß), so müssen die (nichtrelativistischen) **Stoßgesetze**

$$E^{\text{tot}}_{\text{vorher}} = E^{\text{tot}}_{\text{nachher}} \tag{1.208}$$

$$\vec{p}^{\,\text{tot}}_{\text{vorher}} = \vec{p}^{\,\text{tot}}_{\text{nachher}} \tag{1.209}$$

gelten. Das sind 4 Gleichungen für die Impulse (oder Geschwindigkeiten) der Teilchen vor und nach dem Stoß, also für $6n$ Größen. Auch ohne die genaue Wirkungsweise der Kräfte zu kennen, bzw. auch ohne Kenntnis einer genauen Lösung der Bewegungsgleichungen, lassen sich daraus gewisse – oft wichtige – Aspekte der Dynamik des Systems erschließen! Bei einer Reduktion der Bewegung auf eine einzige Dimension handelt es sich bei der Aussage der Erhaltung von Gesamtenergie und Gesamtimpuls um 2 Gleichungen für $2n$ Größen. Das führt für den Fall $n = 2$ (2 Gleichungen für 4 Größen) zu einer bemerkenswerten Einsicht: Sind die Geschwindigkeiten der beiden Teilchen vor dem Stoß vorgegeben, so sind die Geschwindigkeiten nach dem Stoß – fast – eindeutig bestimmt. Wieso nur *fast*, können Sie in Aufgabe 22 herausfinden! Systeme, die aus elastisch stoßenden Körpern bestehen, werden oft auf diese Weise modelliert.

Die Aussagen (1.208) – (1.209) werden „nichtrelativistisch" genannt, weil sie im Rahmen der Relativitätstheorie modifiziert werden müssen (Kapitel 2, siehe Seite 218). Es sei in diesem Zusammenhang noch darauf hingewiesen, dass eine „Verwandlung" von Teilchen in der Newtonschen Mechanik nicht vorgesehen ist – hier behalten alle n Teilchen ihre Identität und ihre Massen stets bei –, in der Welt der Elementarteilchen aber durchaus vorkommt.

1.4.10 Der Zustandsbegriff in der klassischen Mechanik

Nachdem wir nun die Grundzüge der Newtonschen Mechanik für Ein- und Mehrteilchensysteme besprochen haben, ist es an der Zeit, auf einen Begriff hinzuweisen, der für die moderne Physik – sowohl für die klassische als auch für die Quantenphysik – von entscheidender Bedeutung ist: den des Zustands eines physikalischen Systems. Da sich der quantentheoretische vom klassischen Zustandsbegriff erheblich unterscheidet, wollen wir letzteren an dieser Stelle klar formulieren: Im Rahmen der klassischen Mechanik, soweit wir sie bisher besprochen haben, ist ein (**reiner**) **Zustand** *ein* konkreter Bewegungsverlauf, d. h. *eine* konkrete Lösung der entsprechenden Bewegungsgleichung. Da die Bewegung durch die Anfangsdaten – Anfangsort(e) und Anfangsgeschwindigkeit(en) – eindeutig festgelegt ist, kann ein reiner Zustand auch durch die Angabe *eines* konkreten Sets von Anfangsdaten festgelegt werden. Das bedeutet:

- Im eindimensionalen Fall kann zur Festlegung eines (reinen) Zustands ein Paar $(x(0), \dot{x}(0))$ angegeben werden. Falls die Ortsvariable beliebige Werte annehmen darf, kann die Menge *aller* reinen Zustände mit der Menge $\mathbb{R}^2$ identifiziert werden. (Ansonsten müssen entsprechende Einschränkungen gemacht werden).

- Im Fall einer Teilchenbewegung im dreidimensionalen Raum können zur Festlegung eines (reinen) Zustands sechs Zahlen $(\vec{x}(0), \dot{\vec{x}}(0))$ angegeben werden. Falls sich das Teilchen an jedem Ort aufhalten darf, kann die Menge *aller* reinen Zustände mit der Menge $\mathbb{R}^6$ identifiziert werden. (Ansonsten müssen entsprechende Einschränkungen gemacht werden).

- In Mehrteilchensystemen muss für jedes der beteiligten Teilchen Anfangsort und Anfangsgeschwindigkeit angegeben werden. Sind n Teilchen beteiligt, die sich an allen möglichen Orten des dreidimensionalen Raumes aufhalten dürfen, so kann die Menge *aller* reinen Zustände mathematisch mit der Menge $\mathbb{R}^{6n}$ identifiziert werden. (Ansonsten müssen entsprechende Einschränkungen gemacht werden).

Da der Impuls – wie wir noch sehen werden – in gewisser Weise eine fundamentalere Rolle spielt als die Geschwindigkeit, kann ein konkretes Set von Anfangsdaten auch durch ein Paar $(x(0), p(0))$ bzw. $(\vec{x}(0), \vec{p}(0))$, also durch Anfangsort(e) und Anfangsimpuls(e) angegeben werden.

Manchmal wird von einem „Zustand zu einer gegebenen Zeit t" gesprochen. Ein solcher ist durch die Angabe eines Paares $(x(t), p(t))$ bzw. $(\vec{x}(t), \vec{p}(t))$ festgelegt. Wird ein Zustand zu einer Zeit vorgegeben, so ist er dank der Bewegungsgleichungen des betreffenden Systems auch für alle anderen Zeiten festgelegt. Wir müssen daher zwischen einem „Zustand zu einer bestimmten Zeit" und einem „Zustand" (ohne Zeitangabe) nicht unterscheiden[59].

Ein so genannter **gemischter Zustand** liegt vor, wenn ein *Ensemble* von reinen Zuständen zusammen mit einer Wahrscheinlichkeitsverteilung gegeben ist. Ein gemischter Zustand drückt ein gewisses Maß an *Unkenntnis* aus. Ist beispielsweise von einer harmonischen Schwingung (1.88) mit gegebener Kreisfrequenz ω die Amplitude A bekannt, die Anfangsphase φ aber nicht, und wird letztere als gleichverteilt im Intervall $0 \leq \varphi < 2\pi$ angenommen, so ist dadurch ein gemischter Zustand definiert. Physikalisch bedeutet das, dass man von einem schwingenden System zwar die Amplitude kennt, aber nicht weiß, in welcher Phase es sich gerade befindet. Klassische gemischte Zustände spielen in der statistischen Physik eine wichtige Rolle.

Mit dem Wort „Zustand" – ohne Zusatz – ist in der Regel ein reiner Zustand gemeint. Sowohl der Begriff des reinen wie auch der des gemischten Zustands wird in der Quantentheorie eine neue – überraschende – Bedeutung erhalten.

1.4.11 Der Observablenbegriff in der klassischen Mechanik

Neben dem Begriff des Zustands ist ein weiterer Begriff für die moderne Physik – wiederum sowohl für die klassische als auch für die Quantenphysik – von entscheidender Bedeutung: der der Observable, d. h. der physikalischen Messgröße. Welche Größen lassen sich – im Prinzip – zu einer gegebenen Zeit messen? Legen wir zunächst ein System zugrunde, das aus einem Teilchen besteht, dessen Bewegung durch das zweite Newtonsche Axiom (1.20) bzw. (1.21) beschrieben wird, wobei die Kraft – zu einer gegebenen Zeit – ganz allgemein vom Ort und der Geschwindigkeit abhängen darf, und zählen wir einige Größen auf, deren Werte im Prinzip durch Messungen bestimmt werden können:

---

[59] Die pikanten Ausnahmen, dass die Zeitentwicklung plötzlich endet, wie es beispielsweise für eine Bewegungsgleichung vom Typ $\ddot{x}(t) = 2x(t)^3$ der Fall ist (durch die ein Teilchen mit den harmlosen Anfangsdaten $x(0) = \dot{x}(0) = 1$ nach endlicher Zeit ins Unendliche katapultiert wird – die Lösung lautet $x(t) = (1-t)^{-1}$), oder wie es den Massenpunkten im gravitativen Zweikörperproblem (1.58)–(1.59) ergeht, wenn sie genau aufeinander zielen, wollen wir hier geflissentlich ignorieren.

- Im eindimensionalen Fall: der Ort, die Geschwindigkeit, die Beschleunigung, der Impuls, die Kraft, die kinetische Energie (und, sofern die Kraft von der Geschwindigkeit nicht abhängt, die potentielle Energie und die Gesamtenergie).

- Im dreidimensionalen Fall: die Ortskoordinaten, die Komponenten der Geschwindigkeit, der Beschleunigung, des Impulses, der Kraft und des Drehimpulses, die kinetische Energie (und, sofern die Kraft von der Geschwindigkeit nicht abhängt und konservativ ist, die potentielle Energie und die Gesamtenergie).

Beachten Sie, dass wir Größen wie die Masse und die elektrische Ladung dabei nicht berücksichtigt haben – im Rahmen der klassischen Mechanik betrachten wir sie als *vorgegebene* Konstanten (oder Parameter). Die Liste ist nicht vollständig – wir könnten auch beispielsweise Größen wie den Abstand vom Ursprung, das Zweifache der kinetischen Energie oder die Kombination $\dot{x}\dot{y}\dot{z}$ hinzunehmen. Andererseits passt die Beschleunigung nicht wirklich hinein, denn aufgrund des zweiten Newtonschen Axioms lässt sie sich durch die Kraft ausdrücken und diese wiederum durch den Ort und die Geschwindigkeit. Letztlich sind alle bisher genannten Kandidaten Funktionen des Ortes und der Geschwindigkeit oder, was im Hinblick auf den Vergleich mit dem Observablenkonzept der Quantentheorie (im zweiten Band) günstiger ist, Funktionen des Ortes und des Impulses. Und das ist auch schon der allgemeine Observablenbegriff (für Einteilchensysteme) in der klassischen Mechanik.

Eine **Observable (Messgröße)** eines Einteilchensystems ist eine Funktion $f(x, p)$ bzw. $f(\vec{x}, \vec{p})$. Welche genauen Bedingungen an diese Funktion gestellt werden (wie etwa Stetigkeit oder Differenzierbarkeit) – ist dabei nicht so wichtig. Die Verallgemeinerung des Observablenbegriffs auf Mehrteilchensysteme liegt auf der Hand: In einem n-Teilchensystem ist eine Observable eine Funktion $f(\vec{x}_1, \vec{x}_2, \ldots \vec{x}_n, \vec{p}_1, \vec{p}_2, \ldots \vec{p}_n)$ der Orte und Impulse aller beteiligten Teilchen.

In theoretischer Hinsicht von Bedeutung ist das Zusammenspiel von Observablen mit Zuständen. Zunächst zur Sprechweise:

- Ein System *befindet sich in* einem gewissen *Zustand*.

- Eine gewisse *Observable* wird – zu einer bestimmten Zeit – *gemessen*.

Wann immer von einer Messung gesprochen wird, sollte dazugesagt werden, *welche* Observable gemessen wird. Die Ausdrucksweise „ein Zustand wird gemessen" ist irreführend. Befindet sich ein System in einem bestimmten Zustand, so kann die Theorie befragt werden, welches Ergebnis sie für die – zu einer gegebenen Zeit stattfindende – Messung einer bestimmten Observable vorhersagt. In der klassischen Mechanik führt diese Frage auf keine grundsätzlichen Schwierigkeiten. Erinnern wir uns: Ein (reiner) Zustand ist ein konkreter Bewegungsverlauf und kann durch die Angabe *eines* konkreten Sets von Anfangsdaten festgelegt werden. Befindet sich das System in einem gegebenen (reinen) Zustand, so hat jede Observable zu jeder gegebenen Zeit einen eindeutig bestimmten Wert. Und dieser Wert wird von der Theorie als Ergebnis der Messung vorhergesagt[60]. So trivial diese Aussage klingen mag – in der Quantentheorie gilt sie *nicht* mehr.

---

[60] Ist unsere Kenntnis über den Bewegungsverlauf unvollständig – wird das System also durch einen *gemischten* Zustand beschrieben –, so kann für das Ergebnis einer Messung in der Regel nur eine Wahrscheinlich-

Wir schließen noch eine kleine Betrachtung zum Charakter der *Zeit* an. Im Rahmen der klassischen Mechanik kann man sich immer vorstellen, dass einem beliebigen physikalischen System eine Uhr angefügt wird, die die Zeit anzeigt, womit im Prinzip eine Zeitmessung auf die „Ablesung einer Uhr", d. h. auf eine Ortsmessung zurückgeführt werden kann. Die Zeitvariable selbst sollte als *Parameter* verstanden werden und nicht als Observable. Soll die Observable $f(x, p)$ zur Zeit t_0 gemessen werden, so kann diese auch als $f(x(t_0), p(t_0))$ geschrieben werden. In diesem Sinn können Observable, die zu verschiedenen Zeiten gemessen werden, auch gekoppelt werden, indem etwa das Produkt $x(t_1)x(t_2)$ betrachtet wird. Es verweist auf zwei Messungen (eine zur Zeit t_1 und eine zur Zeit t_2). Die beiden Messungen kommen einander dabei im Idealfall[61] nicht in die Quere, d. h. der Ausgang der zweiten ist unabhängig vom Ausgang der ersten. Auch diese beiden Aussagen – die Möglichkeit, eine Zeitmessung auf eine Ortsmessung zurückzuführen und die Unabhängigkeit hintereinander ausgeführter Messungen – gelten in der Quantentheorie nicht mehr!

1.4.12 Mechanik des starren Körpers *

Ausgedehnte Objekte spielen in der Physik eine ebenso wichtige Rolle wie „Teilchen". Makroskopische Objekte bestehen aus vielen miteinander wechselwirkenden Bestandteilen, so dass eine vollständige Beschreibung sehr kompliziert sein kann. Sind die Kräfte, die einen Körper zusammenhalten, aber so stark, dass die äußeren Einwirkungen, denen ein Körper ausgesetzt ist, keine nennenswerten Verformungen bewirken, so kann er als *starrer Körpers* idealisiert werden. Auch mikroskopische Objekte fallen in diese Kategorie. Beispielsweise kann ein Molekül rotieren und dadurch Energie aufnehmen. Die Rotationsenergie von Molekülen muss in der thermodynamischen Beschreibung eines (realen) Gases ebenso berücksichtigt werden wie ihre kinetische Energie – wir müssen daher in der Lage sein, sie zu berechnen. Wir wollen hier nicht sehr tief in die Theorie des starren Körpers eindringen, sondern nur einige Grundlagen skizzieren. Dennoch handelt es sich um einen der schwierigsten Teile dieses Buches. Der Grund dafür liegt vor allem darin, dass die rechnerische Beschreibung allgemeiner zeitabhängiger räumlicher Drehungen – trotz aller Bemühungen, sich die Dinge geometrisch *vorzustellen* – formal recht aufwändig ist. Um die Inhalte dieses Unterabschnitts zu verstehen, ist eine gewisse Vertrautheit mit den Methoden und Rechentechniken der linearen Algebra (vor allem der Matrizenrechnung) und mit der Indexschreibweise nützlich. An mehreren Stellen wird das auf Seite 35 eingeführte Epsilon-Symbol und seine Beziehung zum Vektorprodukt benutzt. Im Abschnitt B.2 (Seite 290) des Anhangs sind einige nützliche Formeln für das Rechnen mit dem Epsilon-Symbol angegeben. Wenn Sie angesichts dieser Warnungen beschließen, die nächsten Seiten zu überspringen, so seien Sie versichert, dass die hier besprochenen Inhalte im Rest des Buches nicht benötigt werden.

Makroskopische starre Körper werden meist als *kontinuierliche* Gebilde angesehen. Ein solches Objekt, das ein Raumgebiet (Volumen) V ausfüllt, kann durch die Angabe seiner Massen-

---

keitsaussage gemacht werden.

[61] Im Rahmen der klassischen Mechanik beeinflusst eine *ideale* Messung das System, an dem sie durchgeführt wird, nicht.

dichte $\rho \equiv \rho(\vec{x})$ beschrieben werden[62]. Die Massendichte stellt man sich am besten durch die folgende Aussage definiert vor[63]: Die in einem infinitesimalen Volumselement d^3x nahe dem Punkt $\vec{x}$ enthaltene Masse ist gleich $d^3x\rho(\vec{x})$. Die Gesamtmasse M des Körpers und sein Massenmittelpunkt $\vec{X}$ sind dann durch

$$M = \int_V d^3x\,\rho(\vec{x}) \qquad \text{und} \qquad \vec{X} = \frac{1}{M}\int_V d^3x\,\rho(\vec{x})\,\vec{x} \qquad (1.210)$$

gegeben. In manchen Zusammenhängen kann es aber auch günstiger sein, sich einen starren Körper aus n Massenpunkten mit Massen m_α an den Orten $\vec{x}_\alpha$ vorzustellen[64]. In diesem Fall werden die Gesamtmasse und der Massenmittelpunkt durch die uns bereits bekannten Formeln (1.184) und (1.185) angegeben. Im Grenzfall *sehr vieler* Massenpunkte, deren Verteilung ein Kontinuum annähert, gehen sie in (1.210) über. Generell können diese beiden Sichtweisen durch die Ersetzung

$$\sum_{\alpha=1}^{n} m_\alpha(\ldots) \quad \longleftrightarrow \quad \int_V d^3x\,\rho(\vec{x})\,(\ldots) \qquad (1.211)$$

ineinander übergeführt werden, wobei die Punkte für irgendeine von den Koordinaten abhängige Größe stehen, in der $\vec{x}_\alpha \leftrightarrow \vec{x}$ zu ersetzen ist. Wir werden unsere wichtigsten Ergebnisse in beiden Formen hinschreiben, in Berechnungen aber zum Zweck einer möglichst einleuchtenden Argumentation die diskrete Sichtweise benutzen.

Die Beschreibung starrer Körper fällt gewissermaßen aus dem Rahmen der bisher besprochenen Systeme, in denen es um die Bewegung von als punktförmig gedachten Körpern ging, heraus. Schon eine kleine Betrachtung über den Charakter der *Freiheitsgrade*, die einen starren Körper charakterisieren, macht dies deutlich. Um die Lage eines frei beweglichen starren Körpers im Raum festzulegen, sind 6 Zahlen nötig: Zunächst werden 3 Zahlen benötigt, um die Lage seines Massenmittelpunkts X anzugeben. Ist diese bekannt, so verbleibt noch die Freiheit einer räumlichen Drehung. Ist neben dem Massenmittelpunkt noch ein zweiter, mit dem Körper fix verbundener Punkt A gewählt, so werden 2 Zahlen benötigt, um die Richtung anzugeben, die der Verbindungsvektor $\overrightarrow{XA}$ im Raum annimmt. Ist auch diese Richtung bekannt, so bleibt noch die Freiheit einer Drehung um die Achse $\overrightarrow{XA}$, die durch eine letzte Zahl festgelegt wird. Insgesamt besitzt ein frei beweglicher starrer Körper also 6 Freiheitsgrade, von denen 3 vom Typ her den Teilchenkoordinaten ähneln und die restlichen 3 dazu dienen, Richtungen anzugeben, also Winkelcharakter besitzen. Alle diese 6 Freiheitsgrade müssen durch Variable dargestellt werden, die sich mit der Zeit ändern können – ihre Zeitableitungen stellen so etwas wie „Geschwindigkeiten" dar. Ist der Körper in irgendeiner Weise zusätzlich fixiert, so verringert sich dadurch die Zahl der Freiheitsgrade. Ist beispielsweise nur eine Rotation um eine gegebene Achse möglich, so besteht ein einziger Freiheitsgrad (vom Typ eines

---

[62] Theoretisch müssen wir V gar nicht angeben, wenn ρ im *ganzen* Raum bekannt ist, denn V kann definiert werden als die Menge aller Punkte $\vec{x}$, für die $\rho(\vec{x}) \neq 0$ ist. Um auszudrücken, dass die folgenden Integrale *über dieses Volumen* genommen werden, wollen wir es aber eigens als Integrationsgebiet dazuschreiben.

[63] Der übliche Slogan „Dichte ist gleich Masse dividiert durch Volumen" greift ein bisschen zu kurz, wenn die Dichte eines Körpers vom Ort abhängt.

[64] Für manche als starre Körper beschriebenen Systeme – wie beispielsweise rotierende Moleküle – trifft diese Beschreibung in gewisser Hinsicht sogar besser zu als die durch ein Kontinuum.

Winkels), der sich mit der Zeit verändern kann. Trotz dieser Unterschiede fügt sich auch die Mechanik des starren Körpers von ihrer Grundstruktur her in die Newtonsche Mechanik ein.

Um die Analyse der Dynamik zu vereinfachen, ist es in der Regel zweckmäßig, die Bewegung des Massenmittelpunkts abzuspalten, d. h. ein beim Punkt $\vec{x}$ befindliches Massenelement durch die mittels

$$\vec{x} = \vec{X} + \vec{\xi} \tag{1.212}$$

definierte Variable $\vec{\xi}$ zu beschreiben. In der diskreten Sichtweise bedeutet das, für alle Massenpunkte

$$\vec{x}_\alpha = \vec{X} + \vec{\xi}_\alpha \tag{1.213}$$

zu setzen. Die Ortsvektoren $\vec{\xi}_\alpha$ (deren drei Komponenten wir mit $\xi_{\alpha j}$ bezeichnen) beziehen sich nun auf ein Koordinatensystem, das bei einer Translationsbewegung des Körpers mitzieht, dessen Achsen dabei stets parallel zu jenen des (raumfesten) $\vec{x}$-Koordinatensystem bleiben, und in dessen Ursprung der Massenmittelpunkt liegt. Dieser letzte Sachverhalt wird durch die Beziehung

$$\sum_{\alpha=1}^{n} m_\alpha \vec{\xi}_\alpha = 0 \tag{1.214}$$

ausgedrückt, die wir in den folgenden Berechnungen an einigen Stellen benutzen werden. In der kontinuierlichen Sichtweise lautet sie

$$\int_V d^3\xi \, \rho(\vec{\xi}) \, \vec{\xi} = 0, \tag{1.215}$$

wobei die Massendichte am Ort $\vec{X} + \vec{\xi}$ einfach mit $\rho(\vec{\xi})$ bezeichnet wurde. Bezogen auf dieses Koordinatensystem stellt sich die Bewegung des starren Körpers als (zeitabhängige) Rotation mit dem Ursprung als Zentrum (aber nicht notwendigerweise um eine fixe Achse) dar. Um diesen Umstand auszunutzen, führen wir ein weiteres Koordinatensystem ein, das ebenfalls den Massenmittelpunkt als Ursprung besitzt, das aber auch mit dem Körper *mitrotiert*. Wir nennen es ein *körperfestes Koordinatensystem* und bezeichnen die Ortsvektoren, die sich darauf beziehen, mit $\vec{u}$ (bzw. in der diskreten Sichtweise mit $\vec{u}_\alpha$). Zu jedem Zeitpunkt ist die Beziehung zwischen den Ortsvektoren $\vec{\xi}_\alpha$ und den Ortsvektoren $\vec{u}_\alpha$ durch eine *Drehung* gegeben, die den (gemeinsamen) Ursprung in sich selbst überführt:

$$\vec{u}_\alpha \mapsto \vec{\xi}_\alpha(t), \tag{1.216}$$

wobei $\mapsto$ für eine zeitabhängige Drehung steht, die für alle α (d. h. für alle Punkte des Körpers) die gleiche ist. Die Vektoren $\vec{u}_\alpha$ hängen dabei definitionsgemäß nicht von der Zeit ab.

Beschreibung von Drehungen durch orthogonale Matrizen

Wir müssen nun einige Betrachtungen über die Beschreibung von Drehungen machen. Eine Drehung im dreidimensionalen Raum, die den Ursprung des verwendeten Koordinatensystems in sich selbst überführt, wird durch eine lineare Transformation der Form

$$\vec{x}' = R\vec{x} \tag{1.217}$$

beschrieben, wobei R eine 3×3-*Rotationsmatrix* (*Drehmatrix*) ist. Bezeichnen wir deren Komponenten mit R_{jk}, so können wir diese Beziehung auch in Komponentenform[65]

$$x_j{}' = \sum_{k=1}^{3} R_{jk} x_k \tag{1.219}$$

anschreiben. Nicht jede 3×3-Matrix beschreibt auf diese Weise eine Drehung: Eine Matrix R ist eine Rotationsmatrix, wenn sie zwei Bedingungen erfüllt (siehe auch den Abschnitt B.3 auf Seite 293 im Anhang): Zunächst muss sie eine *orthogonale Matrix* sein, was bedeutet, dass sie die Beziehung

$$R^T R = 1 \tag{1.220}$$

erfüllt (wobei R^T die zu R transponierte Matrix ist – sie entsteht aus R durch Vertauschung der Zeilen und Spalten). Diese Bedingung drückt aus, das Skalarprodukte (und daher auch Längen und Winkel) unter (1.217) nicht geändert werden[66]. Eine Matrix ist genau dann orthogonal, wenn ihre Spaltenvektoren eine Orthonormalbasis des $\mathbb{R}^3$ bilden, und das ist genau dann der Fall, wenn ihre Zeilenvektoren eine Orthonormalbasis des $\mathbb{R}^3$ bilden. Orthogonale Matrizen sind gerade jene Matrizen, die Drehungen und Drehspiegelungen beschreiben. Um Spiegelungen auszuschließen, muss zusätzlich zur Bedingung (1.220)

$$\det(R) = 1 \tag{1.221}$$

verlangt werden[67]. Sind diese beiden Bedingungen erfüllt, so beschreibt R eine Drehung um eine bestimmte Achse und um einen bestimmten Winkel. In einem fest gewählten Koordinatensystem wird eine gegebene Drehung durch *genau eine* Rotationsmatrix R beschrieben, d. h. in diesem Sinn können wir

$$\text{Drehung} \;\leftrightarrow\; \text{Rotationsmatrix} \tag{1.222}$$

identifizieren. Wie Rotationsmatrizen in einer für die Beschreibung des starren Körpers geeigneten Weise explizit angegeben werden können, werden wir später besprechen (Seite 82).

Eine von der Zeit abhängige Rotation, wie sie bei der Beschreibung des starren Körpers in (1.216) auftritt, wird daher durch eine zeitabhängige Rotationsmatrix $R(t)$ beschrieben:

$$\vec{\xi}_\alpha(t) = R(t)\,\vec{u}_\alpha, \tag{1.223}$$

---

[65] Unter Benutzung der Einsteinschen Summenkonvention, die wir im Exkurs auf Seite 35 eingeführt haben, kann dies auch kurz in der Form

$$x_j{}' = R_{jk} x_k \tag{1.218}$$

geschrieben werden.

[66] Mit der Schreibweise $\vec{u} \cdot \vec{v} \equiv \vec{u}^T \vec{v}$ für das Skalarprodukt wird $\vec{u}' \cdot \vec{v}' \equiv \vec{u}'^T \vec{v}' = (R\vec{u})^T R\vec{v} = \vec{u}^T R^T R\vec{v} \equiv \vec{u} \cdot R^T R\vec{v}$. Damit nun das Skalarprodukt $\vec{u} \cdot \vec{v}$ zweier beliebiger Vektoren $\vec{u}$ und $\vec{v}$ stets mit dem Skaraprodukt $\vec{u}' \cdot \vec{v}'$ übereinstimmt, ist (1.220) eine notwendige und hinreichende Bedingung. Sie besagt, dass die zu R inverse Matrix R^{-1} gleich der zu R transponierten Matrix R^T ist.

[67] Aus (1.220) folgt, dass $\det(R) = \pm 1$ ist. Bedingung (1.221) schließt also jene orthogonalen Matrizen aus, deren Determinante gleich -1 ist.

wobei wir im Folgenden anstelle von $\vec{\xi}_\alpha(t)$ und $R(t)$ einfach $\vec{\xi}_\alpha$ und R schreiben, die Zeitabhängigkeit dieser Größen aber immer ebenso mitbedenken wie die Tatsache, dass die $\vec{u}_\alpha$ zeitlich konstant sind. In diesem Zusammenhang benötigen wir eine weitere nützliche Beziehung. Die Umkehrung von (1.223) wird durch Multiplikation mit der zu R inversen Matrix R^{-1} von links erhalten: $\vec{u}_\alpha = R^{-1}\vec{\xi}_\alpha = R^T\vec{\xi}_\alpha$. Damit kann die Zeitableitung $\dot{\vec{\xi}}_\alpha = \dot{R}\vec{u}_\alpha$ (d. h. die Geschwindigkeit des α-ten Massenpunkts in Bezug auf das $\vec{\xi}$-Koordinatensystem) in der Form

$$\dot{\vec{\xi}}_\alpha = \dot{R}R^T\vec{\xi}_\alpha \tag{1.224}$$

geschrieben werden. Mit Hilfe der (zeitabhängigen) Matrix

$$S = \dot{R}R^T \tag{1.225}$$

(für die daher auch $\dot{R} = SR$ gilt) können wir sie in der Form $\dot{\vec{\xi}}_\alpha = S\vec{\xi}_\alpha$ oder, mit $\dot{\vec{\xi}}_\alpha = d\vec{\xi}_\alpha/dt$ und nach Multiplikation mit dt, als

$$d\vec{\xi}_\alpha = S\vec{\xi}_\alpha\, dt \tag{1.226}$$

schreiben, was eine Drehung während eines infinitesimalen Zeitintervalls dt, also eine *infinitesimale Drehung* darstellt.

Nun lässt sich zeigen[68], dass eine infinitesimale Drehung immer durch eine Beziehung der Form

$$d\vec{\xi}_\alpha = \vec{\omega} \times \vec{\xi}_\alpha\, dt \tag{1.227}$$

gegeben ist, wobei $\vec{\omega}$ der (eindeutig bestimmte) *Vektor der momentanen Winkelgeschwindigkeit* ist: Seine Richtung gibt die momentane Drehachse an, sein Betrag die momentane Winkelgeschwindigkeit. Für das Verständnis wichtig ist es, sich diese Bedeutung von $\vec{\omega}$ klar vor Augen zu halten. Führen Sie dazu die Aufgabe 23 durch! Wichtig ist auch, nicht zu vergessen, dass sich der Vektor $\vec{\omega}$ im Laufe der Zeit ändern kann.

Aus dem Vergleich von (1.226) und (1.227) folgern wir: Die Wirkung der Matrix S ist identisch mit der Operation „Bilden des Vektorprodukts mit $\vec{\omega}$". Durch eine Formel ausgedrückt: $S\vec{\xi} = \vec{\omega} \times \vec{\xi}$ für beliebige Vektoren $\vec{\xi}$. Die Komponenten von S sind durch

$$S_{jl} = \sum_{k=1}^{3} \varepsilon_{jkl}\,\omega_k \tag{1.228}$$

gegeben, wobei das auf Seite 35 eingeführte Epsilon-Symbol benutzt wurde[69], und es gilt

---

[68] Siehe (B.45) im Anhang.

[69] Mit der Einsteinschen Summenkokvention lässt sich das auch einfach in der Form

$$S_{kl} = \varepsilon_{jkl}\,\omega_k \tag{1.229}$$

schreiben. Die Komponenten von $\vec{\omega}$ können aus der Matrix $R \equiv R(t)$ durch

$$\omega_k = -\frac{1}{2}\,\varepsilon_{kpq}\dot{R}_{pr}R_{qr} \tag{1.230}$$

bestimmt werden.

$S\,\vec{\omega} = 0$ (Beweis: $S\,\vec{\omega} = \vec{\omega} \times \vec{\omega} = 0$). Damit können die Geschwindigkeiten (1.224) der Massenelemente des starren Körpers (in Bezug auf das mit dem Massenmittelpunkt mitbewegte Koordinatensystem) in der Form

$$\dot{\vec{\xi}}_\alpha = \vec{\omega} \times \vec{\xi}_\alpha \qquad (1.231)$$

geschrieben werden.

Ausgerüstet mit (1.223)–(1.231) können wir uns nun der Beschreibung des starren Körpers zuwenden.

Trägheitstensor, kinetische Energie und Drehimpuls

Wir beginnen unsere Betrachtungen damit, die kinetische Energie und den Drehimpuls eines starren Körpers zu berechnen. Dazu benutzen wir zunächst die Beziehung (1.213), die die Ortsvektoren $\vec{\xi}_\alpha$ der Massenelemente in Bezug auf das mit dem Massenmittelpunkt mitbewegte Koordinatensystem definiert. Die gesamte kinetische Energie ist durch den Ausdruck (1.187), dem wir bereits bei der Besprechung der Mehrteilchensysteme begegnet sind, gegeben. Mit (1.213) und (1.231) sowie unter Verwendung von (1.214) berechnen wir

$$T^{\text{tot}} = \sum_{\alpha=1}^{n} \frac{m_\alpha}{2} \dot{\vec{x}}_\alpha^{\,2} = \sum_{\alpha=1}^{n} \frac{m_\alpha}{2} \left(\dot{\vec{X}} + \vec{\omega} \times \vec{\xi}_\alpha \right)^2 = \frac{M}{2} \dot{\vec{X}}^2 + \sum_{\alpha=1}^{n} \frac{m_\alpha}{2} \left(\vec{\omega} \times \vec{\xi}_\alpha \right)^2 . \qquad (1.232)$$

Nach einer kleinen Umformung des letzten Terms (siehe Aufgabe 24) können wir die gesamte kinetische Energie des starren Körpers in der Form

$$T^{\text{tot}} = \frac{M}{2} \dot{\vec{X}}^2 + \frac{1}{2} \sum_{j,k=1}^{3} I_{jk} \omega_j \omega_k \qquad (1.233)$$

anschreiben[70], wobei die dabei auftretenden Größen

$$I_{jk} = \sum_{\alpha=1}^{n} m_\alpha \left(\vec{\xi}_\alpha^{\,2} \delta_{jk} - \xi_{\alpha j} \xi_{\alpha k} \right) \qquad (1.235)$$

als **Trägheitstensor** (bezüglich des Massenmittelpunkts) bezeichnet werden. In der kontinuierlichen Sichtweise können sie in der Form

$$I_{jk} = \int_V d^3\xi \, \rho(\vec{\xi}) \left(\vec{\xi}^{\,2} \delta_{jk} - \xi_j \xi_k \right) \qquad (1.236)$$

durch Volumsintegrale ausgedrückt werden, wobei die Massendichte am Ort $\vec{X} + \vec{\xi}$, wie in (1.215), mit $\rho(\vec{\xi})$ bezeichnet wurde. In beiden Ausdrücken wurde das durch

$$\delta_{jk} = \begin{cases} 1, & \text{wenn } j = k \\ 0, & \text{wenn } j \neq k \end{cases} \qquad (1.237)$$

---

[70] Mit Hilfe der Einsteinschen Summenkonvention kann dies in der Form

$$T^{\text{tot}} = \frac{M}{2} \dot{X}_j \dot{X}_j + \frac{1}{2} I_{jk} \omega_j \omega_k \qquad (1.234)$$

geschrieben werden.

definierte *Kronecker-Delta* (auch *Kronecker-Symbol*, *Kronecker-Tensor* oder *Einheitstensor*) benutzt, das die Komponenten der 3×3-Einheitsmatrix darstellt. Die Komponenten des Trägheitstensors bilden eine 3×3-Matrix und spielen in Bezug auf die Rotationsbewegung und die Winkelgeschwindigkeit eine ähnliche Rolle wie die Masse in Bezug auf die Translationsbewegung und die Geschwindigkeit. Mit (1.233) wurde eine saubere Trennung zwischen dem von der Bewegung *des Massenmittelpunkts* und dem von der Rotation *um den Massenmittelpunkt* herrührenden Anteil der kinetischen Energie erzielt. Der zweite Anteil wird als *Rotationsenergie* bezeichnet.

Beispiele für den Trägheitstensor

Wir wollen hier nur zwei konkrete Beispiele für (1.236) angeben: Der Trägheitstensor einer homogenen Kugel der Masse M, bezogen auf ihren Mittelpunkt, ist $I_{jk} = \frac{2}{5} MR^2 \delta_{jk}$, jener einer (unendlich dünnen) homogenen Hohlkugel, bezogen auf ihren Mittelpunkt, ist $I_{jk} = \frac{2}{3} MR^2 \delta_{jk}$. Die Zusätze „bezogen auf ihren Mittelpunkt" sind hier eigentlich nicht notwendig, da der Mittelpunkt gleichzeitig der Massenmittelpunkt ist. Da aber der Trägheitstensor auch auf ein verschobenes Koordinatensystem bezogen werden kann (wie weiter unten auf Seite 76 besprochen, siehe insbesondere (1.249)), haben wir sie sicherheitshalber dazugeschrieben.

Der gesamte Drehimpuls des Körpers ergibt sich mit (1.188), (1.213) und (1.231) zu

$$\vec{L}^{\text{tot}} = \sum_{\alpha=1}^{n} m_\alpha \vec{x}_\alpha \times \dot{\vec{x}}_\alpha = \sum_{\alpha=1}^{n} m_\alpha \left(\vec{X} + \vec{\xi}_\alpha \right) \times \left(\dot{\vec{X}} + \vec{\omega} \times \vec{\xi}_\alpha \right). \tag{1.238}$$

Unter Verwendung von (1.214) vereinfachen wir dies zu

$$\vec{L}^{\text{tot}} = \vec{X} \times \vec{P} + \vec{L}, \tag{1.239}$$

wobei

$$\vec{P} = M \dot{\vec{X}} \tag{1.240}$$

der Gesamtimpuls ist und die j-te Komponente des Vektors $\vec{L}$ sich unter Verwendung des Trägheitstensors (1.235) bzw. (1.236) in der Form

$$L_j = \sum_{k=1}^{3} I_{jk} \omega_k \tag{1.241}$$

darstellen lässt[71] (siehe Aufgabe 25). Der Gesamtdrehimpuls $\vec{L}^{\text{tot}}$ zerfällt in zwei Anteile: Den ersten Anteil, $\vec{X} \times \vec{P}$, kann man sich als *Bahndrehimpuls* vorstellen – es ist der Drehimpuls jenes

---

[71] Mit Hilfe des Epsilon-Symbols und der Einsteinschen Summenkonvention nehmen diese Beziehungen die Form

$$L_j^{\text{tot}} = \varepsilon_{jkl} X_k P_l + L_j \qquad \text{und} \qquad L_j = I_{jk} \omega_k \tag{1.242}$$

an, vgl. (1.106).

idealisierten Körpers, den man erhält, indem die gesamte Masse in den Massenmittelpunkt konzentriert und ihre Rotation vernachlässigt wird. Denken Sie dabei etwa an die Bewegung der Erde um die Sonne. Der zweite Anteil, der Vektor $\vec{L}$, ist der Drehimpuls in Bezug auf den Massenmittelpunkt. Denken Sie dabei etwa an die tägliche Rotation der Erde um ihre Achse. Man kann ihn als *inneren Drehimpuls* oder *Drehimpuls der Eigenrotation* bezeichnen. Die bei dieser Bezeichnung vielleicht aufkeimende Assoziation mit dem quantenmechanischen *Spin* ist aber mit Vorsicht zu genießen, wie bei der Behandlung dieser Größe im zweiten Band klar werden wird.

Mit (1.233) und (1.239) haben wir zwei wichtige Bewegungsgrößen durch den Trägheitstensor und die momentane Winkelgeschwindigkeit ausgedrückt. In einfachen Situationen reichen diese Formeln aus, um die kinetische Energie und den Drehimpuls zu bestimmen. Das ist insbesondere dann der Fall, wenn der Körper um eine im Raum *fixierte* Achse rotiert.

Beispiel: Rotation um eine fixe Achse
Ist beispielsweise nur eine Rotation um die ξ_3-Achse möglich, so ist der Vektor der Winkelgeschwindigkeit durch

$$\vec{\omega} = \begin{pmatrix} 0 \\ 0 \\ \omega \end{pmatrix} \qquad (1.243)$$

gegeben. Nehmen wir zusätzlich der Einfachheit halber an, der Massenmittelpunkt ruhe im Ursprung (d. h. $\vec{X} = 0$, so dass zwischen $\vec{x}$ und $\vec{\xi}$ nicht unterschieden werden muss), so geht in die Berechnung (1.233) der kinetischen Energie nur die Komponente

$$I_{zz} = \sum_{\alpha=1}^{n} m_\alpha \left(x_\alpha{}^2 + y_\alpha{}^2 \right) \qquad \text{bzw.} \qquad \int_V d^3x\, \rho\,(\vec{x})\, \left(x^2 + y^2 \right) \qquad (1.244)$$

des Trägheitstensors ein. Beachten Sie, dass die Kombination $x^2 + y^2$ gleich dem Abstandsquadrat des Punktes $\vec{x}$ von der z-Achse ist. In der diskreten Sichtweise des starren Körpers wird diese Formel oft in der Form

$$I_{zz} = \sum_{\alpha=1}^{n} m_\alpha\, d_\alpha{}^2 \qquad (1.245)$$

geschrieben, wobei d_α der Abstand des betreffenden Massenelements von der z-Achse ist. Die Komponente I_{zz} des Trägheitstensors heißt *Trägheitsmoment* bezüglich der z-Achse. Die kinetische Energie (1.233) reduziert sich dann auf

$$T = \frac{1}{2} I_{zz}\, \omega^2, \qquad (1.246)$$

wobei zu bedenken ist, dass sich sowohl I_{zz} als auch ω (je nach den wirkenden Kräften) im Laufe der Zeit ändern können. In die Berechnung des Drehimpulses

(1.241) gehen neben I_{zz} auch die Komponenten I_{xz} und I_{yz} ein – der Drehimpuls muss nicht parallel zu $\vec{\omega}$ sein! Nehmen wir *zusätzlich* noch an, dass der Körper um die z-Achse *axialsymmetrisch* ist, d. h. durch eine Drehung um diese Achse in sich selbst übergeht, so ist $I_{xz} = I_{yz} = 0$, und die einzige nichtverschwindende Komponente des Drehimpulses ist

$$L_z = I_{zz}\,\omega\,. \tag{1.247}$$

Führt ein Körper, der um die z-Achse axialsymmetrisch ist, eine Rotation um diese Achse aus, so wird der Körper durch die Rotation in sich selbst übergeführt. In diesem Fall hängt I_{zz} nicht von der Zeit ab und ist durch die Geometrie des Körpers eindeutig bestimmt. (Ist zudem ω zeitunabhängig, so nennen wir eine solche Rotation *stationär*, im Unterschied zu einer *statischen* Situation, in der sich nichts bewegt). Um einige konkrete Beispiele anzugeben:

- Für eine homogene Vollkugel, deren Mittelpunkt auf der z-Achse liegt, gilt $I_{zz} = \frac{2}{5}MR^2$.

- Für eine (unendlich dünne) Hohlkugel, deren Mittelpunkt auf der z-Achse liegt, gilt $I_{zz} = \frac{2}{3}MR^2$.

- Für einen homogenen Vollzylinder, dessen Symmetrieachse mit der z-Achse zusammenfällt, gilt $I_{zz} = \frac{1}{2}MR^2$.

- Für einen (unendlich dünnen) Hohlzylinder, dessen Symmetrieachse mit der z-Achse zusammenfällt, gilt $I_{zz} = MR^2$.

- Die Erde kann näherungsweise als Kugel angesehen werden. Da sie in ihrem Inneren dichter ist als am Rand, gilt, wenn die z-Achse durch die Pole gelegt wird, $I_{zz} \approx 0.33\,MR^2$, was etwas kleiner ist als der Wert $\frac{2}{5}MR^2$, den man für eine homogene Kugel bekäme. Die Trägheitsmomente der Erde bezüglich der anderen Achsen werden uns später begegnen (Seite 87).

Die Größe I_{zz} eines bezüglich der z-Achse axialsymmetrischen Körpers ist ein Spezialfall der so genannten *Hauptträgheitsmomente*, die wir später kennen lernen werden (siehe Seite 81 und die Definitionen (1.268)). In diesem Zusammenhang wird I_{zz} dann mit dem Symbol $\widetilde{I}_3$ bezeichnet werden.

Die – Ihnen wahrscheinlich bereits bekannten – Formeln (1.246) und (1.247) werden oft zur Illustration der Analogie zwischen der Translationsbewegung und der Rotationsbewegung herangezogen, aber beachten Sie, dass sie nur in sehr speziellen Situationen gelten. Im allgemeinen Fall eines im Raum „trudelnden" Körpers ist in der Regel nicht einmal die Lage der momentanen Drehachse offensichtlich!

Der Trägheitstensor in einem verschobenen Koordinatensystem

Die Definition (1.235) bzw. (1.236) des Trägheitstensors bezieht sich auf ein Koordinatensystem, in dessen Ursprung der Massenmittelpunkt liegt. In manchen Situationen kann es aber günstiger sein, die momentane Drehachse auf ein anderes, dazu verschobenes Koordinatensystem zu beziehen. Diese Wahl ist beispielsweise für einen auf einer schiefen Ebene abrollenden Zylinder sinnvoll. Der Trägheitstensor muss dann ebenfalls auf das verschobene Koordinatensystem bezogen werden. Der Hintergrund dieser Möglichkeit besteht darin, dass die Aufspaltung der Bewegung eines starren Körpers in eine Translations- und eine Rotationsbewegung nicht eindeutig ist[72]. Besteht die Bewegung eines starren Körpers in einem Zeitpunkt lediglich aus der momentanen Rotation um eine Achse, so sind seine kinetische Energie und sein Drehimpuls durch

$$T = \frac{1}{2} \sum_{j,k=1}^{3} I_{jk} \omega_j \omega_k \qquad \text{und} \qquad L_j = \sum_{k=1}^{3} I_{jk} \omega_k \qquad (1.248)$$

gegeben. Dabei wird I_{jk} formal wie in (1.235) bzw. (1.236) berechnet, wobei das $\vec{\xi}$-Koordinatensystem so gewählt wird, dass die momentane Drehachse durch seinen Ursprung verläuft. Ganz allgemein kann, um den Trägheitstensor bezüglich eines um den Vektor $\vec{a}$ verschobenen Koordinatensystems zu ermitteln, der *Satz von Steiner*

$$I_{jk} \rightarrow I_{jk} + M\left(\vec{a}^2 \delta_{jk} - a_j a_k\right) \qquad (1.249)$$

angewandt werden (siehe dazu Aufgabe 26).

Tensoren

So einfach die mit (1.233) und (1.241) erhaltenen Ausdrücke für die kinetische Energie und den Drehimpuls auch erscheinen – sie sind mit einer Schwierigkeit verbunden, die sich erst dem zweiten Blick offenbart: Die Komponenten I_{jk} des Trägheitstensors hängen (von besonderen symmetrischen Situationen – wie etwa den oben erwähnten Kugeln und Zylindern – abgesehen) von der Zeit ab, da sie in Bezug auf das $\vec{\xi}$-Koordinatensystem definiert sind und sich die Lage des Körpers in Bezug auf dieses Koordinatensystem ändert. Wird in (1.235) die Zeitabhängigkeit (1.223) der Ortsvektoren $\vec{\xi}_\alpha \equiv \vec{\xi}_\alpha(t)$ berücksichtigt, und werden diese in die zeitunabhängigen Vektoren $\vec{u}_\alpha$ des körperfesten Koordinatensystems übersetzt, so ergibt sich

$$I_{jk} = \sum_{l,m=1}^{3} R_{jl} R_{km} \widetilde{I}_{lm}, \qquad (1.250)$$

wobei $\widetilde{I}_{lm}$ die (zeitunabhängigen) Komponenten des Trägheitstensors sind, wie sie im körperfesten Koordinatensystem berechnet werden:

$$\widetilde{I}_{jk} = \sum_{\alpha=1}^{n} m_\alpha \left(\vec{u}_\alpha^{\,2} \delta_{jk} - u_{\alpha j} u_{\alpha k}\right) \qquad \text{bzw.} \qquad \int_V d^3u\, \rho(\vec{u}) \left(\vec{u}^{\,2} \delta_{jk} - u_j u_k\right), \qquad (1.251)$$

wobei $\rho(\vec{u})$ die Massendichte an dem durch den Ortsvektor $\vec{u}$ beschriebenen Punkt des körperfesten Koordinatensystems bezeichnet. Das durch (1.250) ausgedrückte **Transformationsverhalten** der Komponenten des Trägheitstensors unter Drehungen des Koordinatensystems

---

[72] Nur wenn die Translationsbewegung auf den Massenmittelpunkt bezogen wird (wie wir es bisher getan haben), ist diese Aufspaltung eindeutig.

ist der Grund für die Bezeichnung **Tensor**: Mittels einer Beziehung wie (1.250) können seine Komponenten in Bezug auf beliebige, durch Drehungen verbundene Koordinatensysteme ineinander umgerechnet werden. Ähnliches gilt für Vektorkomponenten: Beispielsweise kann der Vektor der momentanen Winkelgeschwindigkeit, dessen Komponenten in Bezug auf das $\vec{\xi}$-Koordinatensystem wir mit ω_j bezeichnet haben, auch auf das körperfeste Koordinatensystem bezogen werden. Bezeichnen wir seine Komponenten in Bezug auf das körperfeste Koordinatensystem mit Ω_j, so lautet die entsprechende Umrechnungsformel

$$\omega_j = \sum_{k=1}^{3} R_{jk}\Omega_k, \tag{1.252}$$

was in Matrixschreibweise auch in der Form $\vec{\omega} = R\,\vec{\Omega}$ ausgedrückt werden kann. Mit (1.220) lautet die Umkehrung $\vec{\Omega} = R^{-1}\vec{\omega} = R^T\vec{\omega}$. In analoger Weise können auch andere Vektoren wie der Drehimpuls oder das Drehmoment auf das körperfeste Koordinatensystem bezogen werden. Diese Beziehungen drücken das *Transformationsverhalten von Vektorkomponenten* aus. Daher wird ein Vektor, dessen Komponenten unter einer Drehung des Koordinatensystems in entsprechender Weise transformieren, auch als *Tensor erster Stufe* bezeichnet, während der Trägheitstensor ein *Tensor zweiter Stufe* ist. Ein Skalar, dessen Wert sich unter einer Drehung des Koordinatensystems überhaupt nicht ändert, kann auch als *Tensor nullter Stufe* angesehen werden.

Das Kronecker-Symbol (1.237) ist ein Tensor zweiter Stufe mit der zusätzlichen Besonderheit, dass sich seine Komponenten unter einer Drehung des Koordinatensystems nicht ändern (es wird daher als „numerisch invariant" bezeichnet), und Analoges gilt für das Epsilon-Symbol ε_{jkl}, das ein numerisch invarianter *Tensor dritter Stufe* ist[73].

Dynamik des starren Körpers

Das allgemeine dynamische Problem der Bewegung des starren Körpers besteht nun darin, neben der Bewegung $\vec{X} \equiv \vec{X}(t)$ des Massenmittelpunkts jene zeitabhängige Rotationsmatrix $R \equiv R(t)$ zu finden, die den eigentlichen Rotationsfreiheitsgrad beschreibt. In formaler Hinsicht sind die Bewegungsgleichungen des starren Körpers durch

$$M\ddot{\vec{X}} = \vec{F}^{\mathrm{tot}} \tag{1.253}$$

$$\dot{\vec{L}}^{\mathrm{tot}} = \vec{N}^{\mathrm{tot}} \tag{1.254}$$

gegeben, wobei $\vec{F}^{\mathrm{tot}}$ die gesamte wirkende Kraft und $\vec{N}^{\mathrm{tot}}$ das gesamte wirkende Drehmoment bezeichnen. Wirkt auf das α-te Massenelement die Kraft $\vec{F}_\alpha$, so ist

$$\vec{F}^{\mathrm{tot}} = \sum_{\alpha=1}^{n} \vec{F}_\alpha \tag{1.255}$$

---

[73] Die entsprechenden Transformationsformeln, die die numerische Invarianz dieser Tensoren ausdrücken, lauten, mit der Einsteinschen Summenkonvention angeschrieben, $\delta_{jk} = R_{jl}R_{km}\delta_{lm}$ und $\varepsilon_{jkl} = R_{jp}R_{kq}R_{lr}\varepsilon_{pqr}$. Die erste drückt unmittelbar (1.220) aus, die zweite drückt (1.221) aus. Letzteres folgt aus der Tatsache, dass für jede 3×3-Matrix A die Beziehung $A_{jp}A_{kq}A_{lr}\varepsilon_{pqr} = \varepsilon_{jkl}\det(A)$ gilt, was auch als Definition der Determinante angesehen werden kann.

und

$$\vec{N}^{\text{tot}} = \sum_{\alpha=1}^{n} \vec{x}_\alpha \times \vec{F}_\alpha \equiv \vec{X} \times \vec{F}^{\text{tot}} + \underbrace{\sum_{\alpha=1}^{n} \vec{\xi}_\alpha \times \vec{F}_\alpha}_{\vec{N}}. \tag{1.256}$$

Dabei ist zu bedenken, dass die Kraft $\vec{F}_\alpha$ vom momentanen Ort des α-ten Massenelements, von dessen Geschwindigkeit und zudem noch explizit von der Zeit abhängen kann. In der kontinuierlichen Sichtweise können diese Definitionen in der Form

$$\vec{F}^{\text{tot}} = \int_V d^3\xi \, \vec{\mathcal{F}}(\vec{\xi}) \tag{1.257}$$

und

$$\vec{N}^{\text{tot}} = \int_V d^3\xi \left(\vec{X} + \vec{\xi} \right) \times \vec{\mathcal{F}}(\vec{\xi}) = \vec{X} \times \vec{F}^{\text{tot}} + \underbrace{\int_V d^3\xi \, \vec{\xi} \times \vec{\mathcal{F}}(\vec{\xi})}_{\vec{N}} \tag{1.258}$$

formuliert werden, wobei $d^3\xi \, \vec{\mathcal{F}}(\vec{\xi})$ die an einem Volumselement $d^3\xi$ bei $\vec{x} \equiv \vec{X} + \vec{\xi}$ angreifende Kraft ist.

(1.253) und (1.254) sind letztlich als (Differential-)Gleichungen für $\vec{X} \equiv \vec{X}(t)$ und $R \equiv R(t)$ aufzufassen, wobei die momentane Winkelgeschwindigkeit $\vec{\omega}$, die in $\vec{L}^{\text{tot}}$ eingeht, wie in (1.225) – (1.231) besprochen, zunächst aus $R(t)$ gewonnen werden muss – alles in allem handelt es sich also um ein durchaus kompliziertes nichtlineares System! Wir konzentrieren unsere Aufmerksamkeit nun auf die Gleichung (1.254), die die eigentliche Rotationsbewegung beschreibt. Bei näherer Betrachtung fallen aus ihr die auf die Bewegung des Massenmittelpunkts bezogenen Anteile heraus, so dass wir sie durch

$$\dot{\vec{L}} = \vec{N} \tag{1.259}$$

ersetzen können, wobei $\vec{N}$ der als zweiter Term in (1.256) bzw. (1.258) auftretende, auf die Eigenrotation wirkende Anteil des Drehmoments ist. Um diese Gleichung zu vereinfachen, ersetzen wir die Komponenten von $\vec{\omega}$ und $\vec{N}$ durch die entsprechenden auf das körperfeste Koordinatensystem bezogenen Komponenten. Formal entspricht dies den Definitionen

$$\vec{N} = R\vec{M} \quad \text{und} \quad \vec{\omega} = R\vec{\Omega}, \tag{1.260}$$

wobei nun $\vec{M}$ und $\vec{\Omega}$ die Komponenten des Drehmoments und des Winkelgeschwindigkeitsvektors in Bezug auf das körperfeste Koordinatensystem darstellen – vgl. (1.252). In Analogie zu (1.225) und (1.228) kann die Matrix

$$\widetilde{S}_{jl} = \sum_{k=1}^{3} \varepsilon_{jkl} \Omega_k \tag{1.261}$$

definiert werden, die zur Zeitableitung der Rotationsmatrix $R \equiv R(t)$ in der Beziehung $R^T \dot{R} = \widetilde{S}$, d. h.

$$\dot{R} = R\widetilde{S} \tag{1.262}$$

steht. Die Anwendung auf $\vec{\Omega}$ ergibt

$$\dot{R}\vec{\Omega} = 0, \tag{1.263}$$

woraus

$$\dot{\vec{\omega}} = \frac{d}{dt}\left(R\vec{\Omega}\right) = \underbrace{\dot{R}\vec{\Omega}}_{0} + R\dot{\vec{\Omega}} \tag{1.264}$$

folgt[74]. Eine nützliche Beziehung, die aus (1.241), (1.250), (1.260) und den Eigenschaften von Rotationsmatrizen folgt, ist

$$\sum_{k=1}^{3} R_{kj}L_k = \sum_{k=1}^{3} \widetilde{I}_{jk}\Omega_k \qquad \text{bzw.} \qquad L_j = \sum_{k,q=1}^{3} R_{jk}\widetilde{I}_{kq}\Omega_q \tag{1.265}$$

(d. h., in Matrixschreibweise, $R^T\vec{L} = \widetilde{I}\vec{\Omega}$ bzw. $\vec{L} = R\widetilde{I}\vec{\Omega}$). Sie kann an die Stelle von (1.241) treten und ist insbesondere dann hilfreich, wenn der Drehimpuls duch körperfeste Größen ausgedrückt werden soll oder wenn der Drehimpuls erhalten ist und das raumfeste Koordinatensystem so gelegt wird, dass er in die z-Richtung zeigt. Mit Hilfe dieser Beziehungen und der Verwendung von (1.241) und (1.250) kann nun (1.259) vereinfacht werden. Wir führen die Berechnung nicht im Einzelnen vor, sondern geben nur das Resultat an[75]:

$$\sum_{k=1}^{3} \widetilde{I}_{jk}\dot{\Omega}_k + \sum_{p,q,k=1}^{3} \varepsilon_{jpq}\Omega_p\widetilde{I}_{qk}\Omega_k = M_j. \tag{1.267}$$

Der besondere Vorteil dieser Form besteht darin, dass die $\widetilde{I}_{jk}$ hier als zeitunabhängige (und bekannte) Koeffizienten auftreten. Im Fall eines nichtverschwindenden Drehmoments besteht die rechnerische Hauptschwierigkeit darin, dass dessen Komponenten M_j auf das körperfeste Koordinatensystem bezogen sind (wohingegen in Anwendungen eher seine raumfesten Komponenten N_j bekannt sind). Werden sie mit der aus (1.260) folgenden Beziehung $\vec{M} = R^T\vec{N}$ durch die raumfesten Komponenten ausgedrückt, so tritt wieder die Rotationsmatrix $R \equiv R(t)$ auf.

Eine letzte Vereinfachung von (1.267) kann noch durchgeführt werden, indem das körperfeste Koordinatensystem geschickt gewählt wird: Da der Trägheitstensor *symmetrisch* ist (d. h. $\widetilde{I}_{jk} = \widetilde{I}_{kj}$ für alle j und k gilt), existiert ein körperfestes Koordinatensystem, in Bezug auf das der Trägheitstensor *diagonal* ist, d. h. in dem $\widetilde{I}_{jk} = 0$ für $j \neq k$ gilt. Die Existenz eines solchen Koordinatensystems ist durch einen Satz aus der linearen Algebra gesichert, sein Auffinden

---

[74] Diese Beziehung sieht, bis auf die Punkte, genauso aus wie die zweite in (1.260). Sie besagt, dass die Zeitableitung des Winkelgeschwindigkeitsvektors ein Tensor erster Stufe ist.

[75] Ein eleganter Weg, dies herzuleiten, besteht darin, aus (1.250) die Zeitableitung

$$\frac{dI_{jk}}{dt} = \varepsilon_{jpq}\omega_p I_{qk} + \varepsilon_{kpq}\omega_p I_{jq} \tag{1.266}$$

zu ermitteln, den Drehimpuls (1.241) nach der Zeit zu differenzieren und die erhaltenen Gleichungen unter Ausnutzung von (1.264) in das körperfeste Koordinatensystem zu übersetzen.

heißt *Hauptachsentransformation* oder *Diagonalisierung*. Sie lässt sich für jeden reellen symmetrischen Tensor durchführen. Die drei verbleibenden Komponenten des Trägheitstensors (die Diagonalelemente) – sie werden mit

$$\tilde{I}_1 = \tilde{I}_{11}, \qquad \tilde{I}_2 = \tilde{I}_{22}, \qquad \tilde{I}_3 = \tilde{I}_{33} \tag{1.268}$$

bezeichnet – heißen die *Hauptträgheitsmomente* des starren Körpers, die Richtungen der Koordinatenachsen sind seine *Hauptträgheitsachsen*. Für einen axialsymmetrischen Körper, dessen Symmetrieachse mit der ξ_3-Achse (d. h. mit der dritten Hauptträgheitsachse) zusammenfällt, gilt $\tilde{I}_1 = \tilde{I}_2$, und $\tilde{I}_3$ ist mit der Größe, die früher (siehe Seite 76) mit I_{zz} bezeichnet wurde, identisch. Die dort angegebenen Beispiele für I_{zz} sind also gleichzeitig Beispiele für $\tilde{I}_3$.

Mit (1.268) reduziert sich (1.267) auf

$$\tilde{I}_1\,\dot{\Omega}_1 + \left(\tilde{I}_3 - \tilde{I}_2\right)\Omega_2\Omega_3 \;=\; M_1 \tag{1.269}$$

$$\tilde{I}_2\,\dot{\Omega}_2 + \left(\tilde{I}_1 - \tilde{I}_3\right)\Omega_3\Omega_1 \;=\; M_2 \tag{1.270}$$

$$\tilde{I}_3\,\dot{\Omega}_3 + \left(\tilde{I}_2 - \tilde{I}_1\right)\Omega_1\Omega_2 \;=\; M_3\,, \tag{1.271}$$

die so genannten **Eulerschen (Kreisel-)Gleichungen**.

Beispiel: der allgemeine kräftefreie Kreisel
Wirken auf einen starren Körper keine äußeren Kräfte, so bewegt sich sein Massenmittelpunkt gemäß (1.253) gleichförmig. Die Rotation um den Massenmittelpunkt wird durch die Eulerschen Gleichungen (1.269)–(1.271) mit $M_j = 0$ beschrieben. Sind alle Hauptträgheitsmomente voneinander verschieden und ungleich 0, so sind die einfachsten Bewegungen, die die Eulerschen Gleichungen lösen, gleichförmige Rotationen um die Hauptträgheitsachsen:

- Eine Lösung ist durch $\Omega_1 = \Omega_2 = 0$, $\Omega_3 = \text{const}$ gegeben. Da in diesem Fall alle Komponenten von $\vec{\Omega}$ zeitunabhängig sind, folgt mit (1.264), dass $\dot{\vec{\omega}} = 0$ gilt. Die Bewegung ist eine gleichförmige Rotation (mit beliebiger Winkelgeschwindigkeit Ω_3) um die dritte Hauptträgheitsachse, deren Ausrichtung im Raum konstant bleibt. Die Matrix $\tilde{S}$ ergibt sich mit (1.261) zu

$$\tilde{S} = \begin{pmatrix} 0 & -\Omega_3 & 0 \\ \Omega_3 & 0 & 0 \\ 0 & 0 & 0 \end{pmatrix}, \tag{1.272}$$

woraus die Rotationsmatrix $R \equiv R(t)$ mittels (1.262) zu

$$R(t) = R(0) \begin{pmatrix} \cos(\Omega_3 t) & -\sin(\Omega_3 t) & 0 \\ \sin(\Omega_3 t) & \cos(\Omega_3 t) & 0 \\ 0 & 0 & 1 \end{pmatrix} \tag{1.273}$$

bestimmt wird. Dabei ist $R(0)$ eine *beliebige* Rotationsmatrix, deren Wahl der Freiheit entspricht, die Orientierung des Körpers zum Anfangszeitpunkt festzulegen. Um den (erhaltenen) Drehimpuls in die positive z-Richtung zeigen zu lassen, muss $R(0) = \mathbf{1}$ gewählt werden.

- Die beiden Lösungen um die anderen Hauptträgheitsachsen werden durch Permutation gewonnen: $\Omega_2 = \Omega_3 = 0$, $\Omega_1 = \text{const}$ beschreibt eine Rotation um die erste, und $\Omega_1 = \Omega_3 = 0$, $\Omega_2 = \text{const}$ beschreibt eine Rotation um die zweite Hauptträgheitsachse.

Wichtig ist also, dass *jeder* starre Körper, wie unregelmäßig er auch geformt sein mag, drei aufeinander normal stehende Richtungen besitzt, um die er, wenn keine äußeren Kräfte wirken, gleichförmig rotieren kann!

Weitere Lösungen sind „Mischungen" aus diesen Bewegungsformen, auf die wir in dieser Allgemeinheit nicht weiter eingehen. Der Spezialfall des symmetrischen Kreisels wird weiter unten behandelt.

Bei der Behandlung komplexerer Bewegungen von starren Körpern ist es günstig, die Größen Ω_j und die Komponenten der Rotationsmatrix R durch drei unabhängige Variable auszudrücken. Zu diesem Zweck wird die Tatsache benutzt, dass jede Rotationsmatrix in der Form

$$R = \begin{pmatrix} \cos\varphi & -\sin\varphi & 0 \\ \sin\varphi & \cos\varphi & 0 \\ 0 & 0 & 1 \end{pmatrix} \begin{pmatrix} 1 & 0 & 0 \\ 0 & \cos\theta & -\sin\theta \\ 0 & \sin\theta & \cos\theta \end{pmatrix} \begin{pmatrix} \cos\psi & -\sin\psi & 0 \\ \sin\psi & \cos\psi & 0 \\ 0 & 0 & 1 \end{pmatrix} \tag{1.274}$$

$$= \begin{pmatrix} \cos\varphi\cos\psi - \sin\varphi\cos\theta\sin\psi & -\cos\varphi\sin\psi - \sin\varphi\cos\theta\cos\psi & \sin\varphi\sin\theta \\ \sin\varphi\cos\psi + \cos\varphi\cos\theta\sin\psi & -\sin\varphi\sin\psi + \cos\varphi\cos\theta\cos\psi & -\cos\varphi\sin\theta \\ \sin\theta\sin\psi & \sin\theta\cos\psi & \cos\theta \end{pmatrix} \tag{1.275}$$

dargestellt werden kann. Die Variablen φ, θ und ψ heißen **Eulersche Winkel**. Geometrisch stellt (1.274) eine Drehung um die z-Achse um den Winkel ψ, gefolgt von einer Drehung um die x-Achse um den Winkel θ, gefolgt von einer Drehung um die z-Achse um den Winkel φ dar. Wie wir gleich sehen werden, sind die Eulerschen Winkel der Geometrie der Kreiselbewegung bestens angepasst. Verwenden wir diese Darstellung für unsere Matrix R, die die Rotation des starren Körpers um den Massenmittelpunkt beschreibt, so ergeben sich daraus mit (1.225) und (1.262) die Beziehungen

$$\vec{\omega} = \begin{pmatrix} \dot\theta\cos\varphi + \dot\psi\sin\varphi\sin\theta \\ \dot\theta\sin\varphi - \dot\psi\cos\varphi\sin\theta \\ \dot\varphi + \dot\psi\cos\theta \end{pmatrix} \quad \text{und} \quad \vec{\Omega} = \begin{pmatrix} \dot\varphi\sin\theta\sin\psi + \dot\theta\cos\psi \\ \dot\varphi\sin\theta\cos\psi - \dot\theta\sin\psi \\ \dot\varphi\cos\theta + \dot\psi \end{pmatrix} \tag{1.276}$$

sowie

$$\vec{\omega}^2 = \vec{\Omega}^2 = \dot\varphi^2 + \dot\theta^2 + \dot\psi^2 + 2\cos\theta\,\dot\varphi\,\dot\psi. \tag{1.277}$$

Wird auch das Drehmoment durch diese Variablen ausgedrückt, so stellen die Eulerschen Gleichungen (1.269)–(1.271) ein nichtlineares System von Differentialgleichungen zweiter Ordnung für die drei Funktionen $\varphi \equiv \varphi(t)$, $\theta \equiv \theta(t)$ und $\psi \equiv \psi(t)$ dar.

Beispiel: der symmetrische kräftefreie Kreisel

Ist ein starrer Körper bezüglich seiner dritten Hauptträgheitsachse axialsymmetrisch (d. h. wird er durch eine Drehung um diese Achse in sich selbst übergeführt), so gilt $\widetilde{I}_1 = \widetilde{I}_2$. Weiters nehmen wir an, dass $\widetilde{I}_3$ von den beiden anderen Hauptträgheitsmomenten verschieden ist (die dritte Hauptträgheitsachse ist dann die so genannte *Figurenachse*), dass alle diese Größen $\neq 0$ sind, und wieder setzen wir Kräftefreiheit voraus. Weiters legen wir die z-Achse in die Richtung des (zeitlich erhaltenen) Drehimpulsvektors. Überlegen wir uns nun, wie die Eulerschen Winkel in Bezug auf die Kreiselbewegung zu deuten sind: Dazu halten wir uns vor Augen, dass die Matrix R gemäß (1.223) körperfeste $\vec{u}$-Koordinaten in $\vec{\xi}$-Koordinaten umwandelt, und dass die Achsen des $\vec{\xi}$-Koordinatensystems stets parallel zu jenen des raumfesten Koordinatensystems sind. Für den Moment wollen wir annehmen, dass der Massenmittelpunkt (dessen Bewegung ja bereits abgespaltet wurde und hier nicht interessiert) im Ursprung ruht, so dass wir das $\vec{\xi}$-Koordinatensystem mit dem raumfesten $\vec{x}$-Koordinatensystem identifizieren können. Nun stellen wir uns zunächst vor, dass die Figurenachse (d. h. die dritte Achse des körperfesten Koordinatensystems) mit der Drehimpulsachse (d. h. mit der z-Achse des raumfesten Koordinatensystems) zusammenfällt. Das ist der Ausgangspunkt (die Lage des Körpers, in seinem eigenen Koordinatensystem betrachtet). Durch welche Abfolge von Transformationen, die den drei Bestandteilen (1.274) von R entsprechen, kommt der Körper in die Lage, die er tatsächlich hat?

- Zuerst wird jeder $\vec{u}$-Vektor (der einem Massenelement des Körpers im körperfesten Koordinatensystem entspricht) einer Drehung um die Figurenachse (= Drehimpulsachse) mit Drehwinkel ψ unterworfen. Die Figurenachse bleibt dabei, wo sie ist. Die Variable ψ beschreibt daher die Rotation des Körpers um seine Figurenachse. Die zugehörige Winkelgeschwindigkeit $\dot{\psi}$ kann durchaus sehr klein sein, wenn, bildlich gesprochen, Körper und Figurenachse fast gleich schnell rotieren (sich also relativ zueinander nur langsam ändern).

- Danach wird eine Drehung um die (raumfeste) x-Achse mit Drehwinkel θ durchgeführt. Dadurch wird die Figurenachse um den Winkel θ von der Drehimpulsachse weggekippt. Die Variable θ ist daher der Winkel zwischen der Figurenachse und der Drehimpulsachse.

- Schließlich folgt noch eine Drehung um die Drehimpulsachse mit Drehwinkel φ. Dadurch wird die Figurenachse um die Drehimpulsachse gedreht. Die Variable φ beschreibt daher die Rotation (*Präzession*) der Figurenachse um die Drehimpulsachse. Die zugehörige Winkelgeschwindigkeit $\dot{\varphi}$ stellt in vielen Fällen den Hauptanteil der Rotation des Körpers dar.

Das ist schematisch in Abbildung 1.3 dargestellt. Um diese Gedankenakrobatik ein wenig einleuchtender zu machen, stellen Sie sich vor, ψ wachse langsam mit der Zeit an (langsame Rotation der Figurenachse relativ zum Körper), θ sei konstant (Verkippung der Figurenachse von der Drehimpulsachse weg) und φ wachse

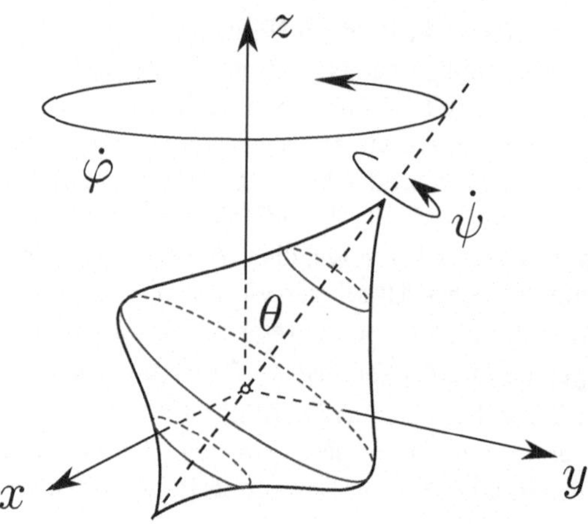

Abbildung 1.3: Die Eulerschen Winkel und ihre Beziehung zur Kreiselbewegung: ψ beschreibt die Rotation des Körpers um seine Figurenachse; die zugehörige Winkelgeschwindigkeit ist $\dot{\psi}$. θ ist der Winkel zwischen der Figurenachse und der raumfesten z-Achse (die im kräftefreien Fall mit der Drehimpulsachse zusammenfällt). φ beschreibt die Rotation der Figurenachse um die raumfeste z-Achse. Die zugehörige Winkelgeschwindigkeit ist $\dot{\varphi}$.

schnell mit der Zeit (schnelle Rotation der Figurenachse – die sich relativ zum Körper nur langsam dreht – um die Drehimpulsachse[76]). Die momentane Drehachse muss dabei weder mit der Drehimpulsachse noch mit der Figurenachse übereinstimmen. Got it? In Formeln, ausgedrückt durch das raumfeste Koordinatensystem: Die Drehimpulsachse zeigt in die z-Richtung, der Einheitsvektor in Richtung der Figurenachse ist durch die dritte Spalte der Matrix R gegeben (für ihn spielen θ und φ eine ähnliche Rolle wie die Kugelkoordinaten) und die momentane Drehachse durch die erste Beziehung in (1.276). Die momentane Drehachse, wie sie sich relativ zum Körper bewegt, ist durch die zweite Beziehung in (1.276) gegeben. Der Drehimpulsvektor aus der Sicht des körperfesten Koordinatensystems ist durch $R^T \vec{L}$ gegeben – der Einheitsvektor, der seine Richtung (in Bezug auf den Körper) angibt, ist gerade die dritte Zeile der Matrix R.

Die Eulerschen Winkel sind also perfekt an die Phänomene, die bei der Kreiselbewegung auftreten, angepasst. Mit (1.276) wird $\vec{\Omega}$ durch sie ausgedrückt, womit sie die einzigen dynamischen Variablen in den Eulerschen Gleichungen sind. Die

---

[76] Hier kommt uns leider unsere Alltagserfahrung mit Kreiseln in die Quere: Bei den Kreiseln, die wir „anwerfen" und dann auf den Tisch stellen, präzediert die Figurenachse langsam um die Senkrechte, während sich der Kreisel schnell um seine Figurenachse dreht. Dieses Verhalten entspricht jedoch *nicht* dem kräftefreien Kreisel – es verdankt sich dem von der Schwerkraft verursachten Drehmoment, das hier vernachlässigt wird. Beim kräftefreien Kreisel ist es eher umgekehrt: Die Rotation kommt in den interessantesten Fällen hauptsächlich durch die Rotation der Figurenachse um die Drehimpulsachse zustande, während die Rotation des Körpers um die Figurenachse ein kleiner Zusatzeffekt ist.

Wahl, die z-Achse in die Drehimpulsrichtung zu legen, wird in arbeitssparender Weise ausgewertet, indem auch die Beziehungen (1.265) durch die Eulerschen Winkel ausgedrückt werden. Mit $L_1 = L_2 = 0$ lauten sie

$$\sin\theta \sin\psi L_3 = \widetilde{I}_1 \Omega_1 \qquad (1.278)$$

$$\sin\theta \cos\psi L_3 = \widetilde{I}_2 \Omega_2 \qquad (1.279)$$

$$\cos\theta L_3 = \widetilde{I}_3 \Omega_3, \qquad (1.280)$$

wobei benutzt werden kann, dass L_3 zeitlich konstant ist. Mit ihrer Hilfe und unter Verwendung von (1.276) und den Eulerschen Gleichungen ist die allgemeine Lösung schnell gefunden: Aus (1.271) folgt mit $\widetilde{I}_1 = \widetilde{I}_2$, dass Ω_3 zeitlich konstant ist. (1.280) besagt dann (sofern $L_3 \neq 0$ ist, was wir annehmen wollen), dass auch θ zeitlich konstant ist und gibt die Beziehung zwischen den Konstanten L_3, Ω_3, θ und $\widetilde{I}_3$ an. Aus den restlichen Gleichungen folgt dann die allgemeine Lösung, die wir in der Form

$$\theta(t) = \operatorname{atan}\left(\frac{\widetilde{I}_1}{\widetilde{I}_3}\frac{A}{\Omega_3}\right) = \text{const} \qquad (1.281)$$

$$\varphi(t) = \frac{A\,t}{\sin\theta} + k_1 = k_1 + t\sqrt{\left(\frac{\widetilde{I}_3}{\widetilde{I}_1}\Omega_3\right)^2 + A^2} \qquad (1.282)$$

$$\psi(t) = \frac{\widetilde{I}_1 - \widetilde{I}_3}{\widetilde{I}_1}\Omega_3\,t + k_2 \qquad (1.283)$$

anschreiben, wobei Ω_3, A, k_1 und k_2 beliebige Konstanten sind (siehe Aufgabe 27) und wir die Bewegung so orientieren, dass $\Omega_3 > 0$ ist (und, um $\theta > 0$ zu erzielen, $A > 0$ setzen). In (1.274) eingesetzt, ist damit auch die zeitabhängige Matrix $R \equiv R(t)$, die die Bewegung vollständig beschreibt, gefunden[77]. Die relevanten auf das raumfeste Koordinatensystem bezogenen Größen unserer Lösung sind daher der (zeitlich erhaltene) Drehimpulsvektor

$$\vec{L} - \begin{pmatrix} 0 \\ 0 \\ L_3 \end{pmatrix}, \qquad (1.284)$$

---

[77] Ein Teilaspekt der Lösung kann auch auf einfachere Weise erhalten werden: Mit der aus (1.271) folgenden Zeitunabhängigkeit von Ω_3 ist (1.269)−(1.270) ein System zweier linearer homogener Differentialgleichungen mit konstanten Koeffizienten für $\Omega_1(t)$ und $\Omega_2(t)$, die durch eine Differentiation nach t entkoppelt und sofort gelöst werden können. Die Lösung beschreibt eine Präzession von $\vec{\Omega}$ mit Winkelgeschwindigkeit $((\widetilde{I}_1 - \widetilde{I}_3)/\widetilde{I}_1)\Omega_3$ um die Figurenachse, gibt also die Bewegung der momentanen Drehachse im körperfesten Koordinatensystem an.

die Richtung der Figurenachse, die durch den (Einheits-)Vektor

$$\vec{f}(t) = R(t) \begin{pmatrix} 0 \\ 0 \\ 1 \end{pmatrix} = \begin{pmatrix} \sin\varphi(t)\sin\theta \\ \cos\varphi(t)\sin\theta \\ \cos\theta \end{pmatrix} \tag{1.285}$$

charakterisiert ist und, mit (1.276), der Vektor der momentanen Winkelgeschwindigkeit

$$\vec{\omega}(t) = \begin{pmatrix} \frac{\widetilde{I}_1-\widetilde{I}_3}{\widetilde{I}_1}\,\Omega_3\,\sin\varphi(t)\sin\theta \\ -\frac{\widetilde{I}_1-\widetilde{I}_3}{\widetilde{I}_1}\,\Omega_3\,\cos\varphi(t)\sin\theta \\ \frac{A}{\sin\theta} + \frac{\widetilde{I}_1-\widetilde{I}_3}{\widetilde{I}_1}\,\Omega_3\,\cos\theta \end{pmatrix} \equiv \frac{A}{\sin\theta}\begin{pmatrix} 0 \\ 0 \\ 1 \end{pmatrix} + \frac{\widetilde{I}_1-\widetilde{I}_3}{\widetilde{I}_1}\,\Omega_3\,\vec{f}(t),$$

$$\tag{1.286}$$

dessen Richtung die momentane Drehachse angibt. Die Bewegung sieht daher folgendermaßen aus: Der Drehimpuls zeigt (definitionsgemäß) in die z-Richtung. (1.285) besagt, dass die Figurenachse mit der Drehimpulsachse den konstanten Winkel θ einschließt und um diese eine Präzession[78] (auf dem so genannten *Präzessionskegel*) mit Winkelgeschwindigkeit $\dot{\varphi} = A/\sin\theta$ ausführt. Aus (1.277) bzw. aus der expliziten Darstellung (1.286) von $\vec{\omega}(t)$ folgt nach einer kurzen Rechnung $\vec{\omega}(t)^2 = A^2 + \Omega_3{}^2 = \text{const.}$ Daher ist der Betrag der Winkelgeschwindigkeit des Körpers gleich $|\vec{\omega}| = |\vec{\Omega}| = \sqrt{A^2 + \Omega_3{}^2}$. Mit diesem Resultat und dem Skalarprodukt $\vec{f}(t)\cdot\vec{\omega}(t) = \Omega_3$ ergibt sich, dass die momentane Drehachse mit der Figurenachse den konstanten Winkel $\text{atan}(A/\Omega_3)$ einschließt. Der letzte Term in (1.286) bzw. die Beziehung (1.283) sagen uns, dass die momentane Drehachse aus der Sicht des körperfesten Koordinatensystems mit der Winkelgeschwindigkeit $\frac{\widetilde{I}_1-\widetilde{I}_3}{\widetilde{I}_1}\,\Omega_3$ um die Figurenachse läuft. Drehimpulsachse, Figurenachse und die momentane Drehachse liegen stets in einer Ebene. Daher ist auch der Winkel zwischen der Drehimpulsachse und der momentanen Drehachse konstant[79]. In Abbildung 1.4 ist der Zusammenhang zwischen $\vec{L}$, $\vec{f}(t)$ und $\vec{\omega}(t)$ schematisch veranschaulicht. Der Kegel, auf dem sich die momentane Drehachse um die Drehimpulsachse bewegt, wird als *Spurkegel* bezeichnet. Der so genannte *Polkegel* ist jener (zeitlich veränderliche) Kegel, dessen Achse mit der Figurenachse zusammenfällt und auf dem die momentane Drehachse (zu einer gegebenen Zeit) liegt. Insgesamt kann die gemeinsame Bewegung von Figuren- und Drehachse als „Abrollen" des Polkegels auf dem Spurkegel aufgefasst werden, was ebenfalls in Abbildung 1.4 skizziert ist.

Ein astrophysikalisches Beispiel eines solchen Kreisels ist ein durch seine Rotation abgeplatteter, als starrer Körper approximierter rotierender Himmelskörper,

---

[78] Sie wird auch *reguläre* Präzession genannt, um sie von der Präzession des Drehimpulses, die bei Vorhandensein eines Drehmoments auftritt, zu unterscheiden.

[79] Das folgt übrigens auch aus der Erhaltung der Rotationsenergie, deren Zweifaches stets durch $\sum_{j,k=1}^{3} I_{jk}\omega_j\omega_k = \sum_{j=1}^{3}\omega_j\sum_{k=1}^{3}I_{jk}\omega_k \equiv \vec{\omega}\vec{L}$ gegeben ist.

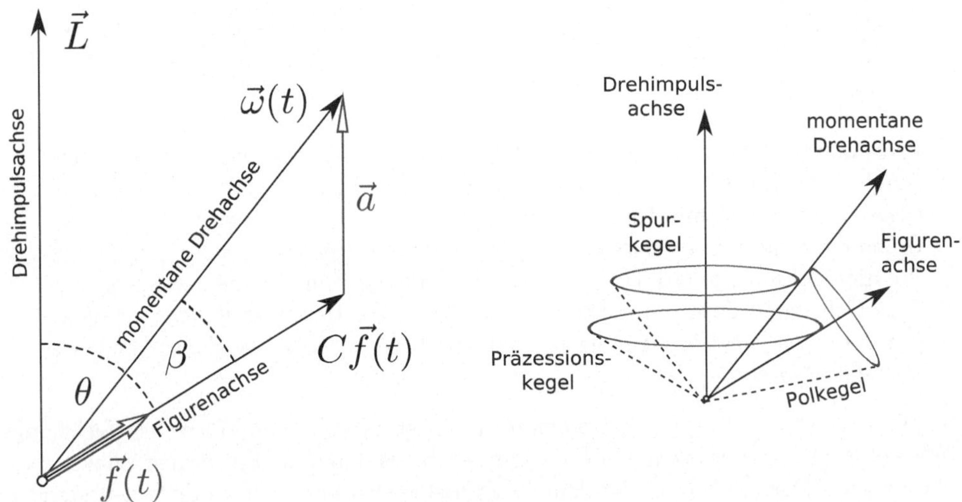

Abbildung 1.4: Schematische Darstellung des Zusammengangs zwischen Drehimpuls-, Figuren- und Drehachse beim symmetrischen kräftefreien Kreisel in raumfester Sicht: Der (zeitlich erhaltene) Drehimpulsvektor $\vec{L}$ ist in die z-Richtung gelegt. Der Einheitsvektor $\vec{f}(t)$ gibt (zu einer gegebenen Zeit t) die Richtung der Figurenachse an. Der Winkelgeschwindigkeitsvektor $\vec{\omega}(t)$, dessen Richtung die momentane Drehachse angibt, wird gemäß Formel (1.286) gewonnen, wobei die Abkürzungen $\vec{a} = (A/\sin\theta)\,(0,0,1) \equiv (A/\sin\theta)\,\vec{L}/L_3$ und $C = \frac{\widetilde{I}_1 - \widetilde{I}_3}{\widetilde{I}_1}\,\Omega_3$ verwendet wurden. Die so dargestellte Konfiguration rotiert mit der Winkelgeschwindigkeit $A/\sin\theta$ um den Drehimpulsvektor, wobei sowohl der Winkel θ zwischen der Drehimpulsachse und der Figurenachse als auch der Winkel $\beta = \mathrm{atan}(A/\Omega_3)$ zwischen der Figurenachse und der momentanen Drehachse konstant bleibt. Daneben sind die Begriffe Präzessionskegel, Spurkegel und Polkegel schematisch verdeutlicht.

sofern gravitative Wechselwirkungen mit anderen Himmelskörpern vernachlässigt werden. Für die Erde gilt[80]

$$\frac{\widetilde{I}_1 - \widetilde{I}_3}{\widetilde{I}_1} \approx -0.0033\,, \tag{1.287}$$

daher $I_1 \approx 0.9967\,I_3$. Klarerweise gilt $\Omega_3 \approx 2\pi/\mathrm{Tag}$, und die Beobachtung der Schwankung der Erdrotation liefert $\theta \approx 1.5 \cdot 10^{-6}$. Damit folgt aus unserem Modell, dass $A/\Omega_3 \approx \beta \approx \theta$ ist. Aufgrund der Ähnlichkeit von $\widetilde{I}_1$ und $\widetilde{I}_3$ unterscheiden sich die Winkeln θ und β nur um 0.3 Prozent. Daher fallen die Drehimpulsachse und die momentane Drehachse fast zusammen. Am Nordpol sind sie gerade

---

[80] Die Hauptträgheitsmomente der Erde werden durch satellitengestützte Vermessungen der Erdgestalt und des Erdschwerefeldes sowie durch genaue Beobachtung der Erdrotation ermittelt. Sie sind alle näherungsweise gleich dem auf Seite 76 für $I_{zz} \equiv \widetilde{I}_3$ angegeben Wert von $0.33\,MR^2$. Präzisionsmessungen haben ergeben, dass sich $\widetilde{I}_1$ und $\widetilde{I}_2$ um etwa 0.002 Prozent voneinander unterscheiden. Die Hauptträgheitsachse mit dem kleinsten Hauptträgheitsmoment liegt in etwa $15°$ westlicher Länge.

einmal 3 Zentimeter voneinander entfernt, während die momentane Drehachse immerhin 10 Meter von der Figurenachse entfernt liegt. Der Zahlenwert des Verhältnisses (1.287), das die Abplattung der Erde misst, geht in unser Modell am empfindlichsten in die Beziehung (1.283) ein. Mit (1.282) und den angegebenen Zahlenwerten folgt aus ihr $\psi \approx -0.0033\,\dot{\varphi}$. Die momentane Drehachse benötigt demnach etwa 0.0033^{-1} Tage ≈ 0.83 Jahre, um die Figurenachse zu umrunden[81]. Dieser Wert stimmt mit den Beobachtungen allerdings nur sehr grob überein. Der Grund dafür liegt darin, dass die Erde kein starrer Körper ist, sondern durch ihre Rotation deformiert wird. Da das plastische Erdinnere die „Taumelbewegung" der Erde nicht zur Gänze mitmacht, verlängert sich die Umlaufszeit der momentanen Drehachse um die Figurenachse auf 434 Tage ≈ 1.2 Jahre, die so genannte Chandler-Periode.

Wirkt auf einen starren Körper ein Drehmoment, so ist dieses in den Eulerschen Gleichungen (1.269)–(1.271) zu berücksichtigen (und kann ebenfalls durch die Eulerschen Winkel ausgedrückt werden). Der Drehimpuls ist dann nicht mehr erhalten, da seine Zeitableitung gleich dem Drehmoment ist.

Beispiel: die Erdrotation **

Ein interessantes astrophysikalisches System dieses Typs ist ein abgeplatteter, als starrer Körper approximierter, um seine Achse rotierender Himmelskörper auf seiner durch die Schwerkraft anderer Himmelskörper beeinflussten Bahn. Das auf die Eigenrotation wirkende Drehmoment ist dann in der kontinuierlichen Sichtweise des starren Körpers durch den zweiten Term in (1.258), also durch

$$\vec{N} = \int_V d^3\xi \; \vec{\xi} \times \vec{\mathscr{F}}(\vec{\xi}) \tag{1.288}$$

gegeben, wobei $d^3\xi \, \vec{\mathscr{F}}(\vec{\xi})$ die auf das bei $\vec{x} \equiv \vec{X} + \vec{\xi}$ befindliche Volumselement $d^3\xi$ angreifende Gravitationskraft ist. Das von einem anderen (als punktförmig angenommenen) Himmelskörper der Masse $M_\star$, der sich am Ort $\vec{x}_\star$ befindet, erzeugte Kraftfeld ist dann durch

$$\vec{\mathscr{F}}(\vec{\xi}) = -GM_\star \rho(\vec{\xi}) \frac{\vec{\xi} + \vec{X} - \vec{x}_\star}{|\vec{\xi} + \vec{X} - \vec{x}_\star|^3} \tag{1.289}$$

gegeben. Wird unterstellt, dass die Entfernung $|\vec{X} - \vec{x}_\star|$ sehr viel größer als die Abmessung unseres rotierenden Himmelskörpers ist, so kann der Bruchterm in

---

[81] Das Minuszeichen in der Beziehung $\psi \approx -0.0033\,\dot{\varphi}$ besagt, dass die Rotation der Erde um ihre Figurenachse im mathematisch negativen Umlaufsinn verläuft. Umgekehrt verläuft daher (aus der Sicht der Erde) die Bewegung der momentanen Drehachse um die Figurenachse im mathematisch positiven Sinn (am Nordpol betrachtet von Westen nach Osten, also – da $\dot{\varphi} > 0$ ist – *prograd*, d. h. im gleichen Sinn wie die tägliche Erdrotation). Vergleichen Sie diese Situation mit Abbildung 1.3, in der $\psi > 0$ und $\dot{\varphi} > 0$ gewählt wurde: In diesem Fall würde sich die momentane Drehachse (die Sie als fast mit der Drehimpulsachse übereinstimmend ansehen können) aus der Sicht des Körpers *retrograd* bewegen. Ob diese Bewegung postgrad oder retrograd verläuft, hängt also im allgemeinen Fall davon ab, ob $\tilde{I}_3$ größer oder kleiner als $\tilde{I}_1$ ist.

(1.289) für große $|\vec{X} - \vec{x}_\star|$ (oder, was auf das Gleiche hinausläuft, für kleine $|\vec{\xi}|$) entwickelt werden. Mit der Abkürzung $\vec{Y} = \vec{X} - \vec{x}_\star$ ergibt sich

$$\vec{\xi} \times \frac{\vec{\xi} + \vec{Y}}{|\vec{\xi} + \vec{Y}|^3} = \left(\frac{1}{|\vec{Y}|^3} - \frac{3\,\vec{Y} \cdot \vec{\xi}}{|\vec{Y}|^5} \right) \vec{\xi} \times \vec{Y} + \dots . \tag{1.290}$$

Wird damit die in (1.288) verlangte Integration ausgeführt, so trägt der erste Term wegen (1.215) nichts bei. Bei der Integration über den zweiten Term tritt ein Volumsintegral vom Typ (1.236) auf, was bedeutet, dass das Drehmoment durch den Trägheitstensor ausgedrückt werden kann. Die Berechnung, die wir nicht im Detail vorführen, liefert

$$N_j = \frac{3GM_\star}{|\vec{Y}|^5} \sum_{k,p,q=1}^{3} \varepsilon_{jpk} Y_p I_{kq} Y_q . \tag{1.291}$$

Mit $\vec{Z} = R^T \vec{Y}$ ergeben sich gemäß der ersten Beziehung von (1.260) die Komponenten des Drehmoments im körperfesten Koordinatensystem zu

$$M_j = \frac{3GM_\star}{|\vec{Z}|^5} \sum_{k,p,q=1}^{3} \varepsilon_{jpk} Z_p \widetilde{I}_{kq} Z_q . \tag{1.292}$$

Um diese Beziehung zu erhalten, müssen wir nichts rechnen, sondern einfach alle in (1.291) auftretenden Größen durch die entsprechenden Größen im körperfesten Koordinatensystem zu ersetzen[82]. Wird das körperfeste Koordinatensystem nun so gewählt, dass der Trägheitstensor diagonal ist, so lauten die Eulerschen Gleichungen (1.269) – (1.271)

$$\widetilde{I}_1 \, \dot{\Omega}_1 + \left(\widetilde{I}_3 - \widetilde{I}_2 \right) \left(\Omega_2 \Omega_3 - \frac{3GM_\star}{|\vec{Z}|^5} Z_2 Z_3 \right) = 0 \tag{1.293}$$

$$\widetilde{I}_2 \, \dot{\Omega}_2 + \left(\widetilde{I}_1 - \widetilde{I}_3 \right) \left(\Omega_3 \Omega_1 - \frac{3GM_\star}{|\vec{Z}|^5} Z_3 Z_1 \right) = 0 \tag{1.294}$$

$$\widetilde{I}_3 \, \dot{\Omega}_3 + \left(\widetilde{I}_2 - \widetilde{I}_1 \right) \left(\Omega_1 \Omega_2 - \frac{3GM_\star}{|\vec{Z}|^5} Z_1 Z_2 \right) = 0 . \tag{1.295}$$

Sind weitere Himmelskörper beteiligt (so erfährt beispielsweise die Erde Drehmomente von der Sonne und vom Mond), so sind die zusätzlichen Drehmomentanteile zu den bereits vorhandenen einfach zu addieren. Alle involvierten (Schwerpunkts-)Bewegungen (d.h. die Funktionen $\vec{Y}(t) = \vec{X}(t) - \vec{x}_\star(t)$) können als bekannt vorausgesetzt werden – sie sind die Lösung des entsprechenden Mehrkörperproblems für Punktteilchen. Ist unser rotierender Himmelskörper axialsymmetrisch bezüglich der dritten Hauptträgheitsachse (wie die Erde), so gilt $\widetilde{I}_1 = \widetilde{I}_2$.

---

[82] Das ist ein schönes Beispiel dafür, dass eine in einem Koordinatensystem durch Tensoren ausgedrückte Beziehung in jedem gedrehten Koordinatensystem ebenfalls gilt.

Damit ist das Problem – in einer vernünftigen Näherung – mathematisch formuliert. Es kann nun mit Hilfe von (1.274) und (1.276) durch die Eulerschen Winkel ausgedrückt werden. Der Drehimpuls kann mittels (1.265) durch die Ω_j (und daher ebenfalls durch die Eulerschen Winkel) ausgedrückt werden. Die in (1.293) – (1.295) auftretenden gravitativen Terme sind von der Größenordnung

$$\frac{GM_\star}{|\vec{X} - \vec{x}_\star|^3} \, . \tag{1.296}$$

Damit können im Fall der Erde die Einflüsse von Sonne und Mond verglichen werden: ersterer ist etwa halb so groß wie letzterer, weshalb bei der Analyse der Erdrotation beide Drehmomente berücksichtigt werden müssen! Wir wollen die Eulerschen Gleichungen nicht lösen, sondern geben lediglich die Hauptresultate an: In erster Näherung führt der Drehimpuls (der aufgrund der nichtverschwindenden Drehmomente nun nicht mehr erhalten ist) und daher auch die (fast mit der Drehimpulsachse übereinstimmende) momentane Drehachse eine Präzession mit einer Periode von etwa 25780 Jahren – dem so genannten „Platonischen Jahr" – um die Richtung senkrecht zur Ebene der Erdbahn aus. Da aber die Mondbahnebene relativ zur Erdbahnebene eine Neigung von etwa 5.1° aufweist und ihr Normalvektor (durch die Wirkung der Sonne) langsam um den Normalvektor der Erdbahnebene läuft, wird dieser Präzession eine zusätzliche Schwankung der momentanen Drehachse im Ausmaß einiger Winkelsekunden (die *Nutation*) mit einer Periode von annhähernd 18.6 Jahren überlagert. Langfristig ist wichtigste Wirkung des Mondes auf die Erde aber nicht die Nutation, sondern seine stabilisierende Wirkung: Der Mond hält den Winkel zwischen dem Drehimpuls der Erde und der Normalen auf die Erdbahnebene (die so genannte *Schiefe der Ekliptik*) in einem engen Bereich zwischen 22.1° und 24.5°. (Der heutige Wert ist 22.44°). Ohne den Mond – aber unter Berücksichtigung der anderen Planeten, vor allem des Jupiter – würde sich der Drehimpuls der Erde neueren Forschungsergebnissen zufolge im Laufe von Millionen Jahren chaotisch verhalten und in einem Neigungswinkelbereich von 0° bis 85° schwanken, mit katastrophalen Folgen für das Klima!

Probleme dieser Art können ökonomischer im Rahmen des noch zu besprechenden Lagrangeformalismus behandelt werden, aber wir werden in diesem Buch nicht weiter darauf eingehen.

1.5 Bezugssysteme und das Raumzeit-Konzept der Newtonschen Mechanik

1.5.1 Galileitransformationen und Inertialsysteme

Wir haben bereits mehrmals von vorgegebenen „äußeren Kräften" gesprochen. Der Ursprung einer „äußeren Einwirkung" muss nicht „außen" im Sinne von „weit entfernt" sein – er kann sich auch ganz nahe beim betrachteten System befinden, wie beispielsweise der im Ursprung des Koordinatensystems fixierte Zentralkörper, der auf ein Probeteilchen die Newtonsche Gravitationskraft (1.22) ausübt. Wird das Probeteilchen (beschrieben durch seine Ortskoordinaten als Funktion der Zeit) als „physikalisches System" betrachtet, so stellt das Kraftfeld (1.22) eine „von außen gegebene", an den Ursprung des Koordinatensystems gebundene Struktur dar, die von der – durch (1.55) beschriebenen – Bewegung des Teilchens nicht beeinflusst wird. Ein solches Modell ist für viele Zwecke hervorragend geeignet, aber von einem *grundsätzlichen* Standpunkt ist es realistischer, statt dessen ein Zweikörperproblem zu betrachten, in dem die Gravitationskräfte (1.29) – (1.30) wirken, und dessen Bewegungsgleichungen (1.58) – (1.59) sind. In diesem Modell liegt keinerlei Bindung eines Teilchens an einen bestimmten Ort vor, und die wirkenden Kräfte bestimmen sich lediglich aus den Werten der Variablen $\vec{x}_1$ und $\vec{x}_2$ des Systems.

Die beiden erwähnten Modelle (der am Ursprung fixierte Zentralkörper mit einem Probeteilchen und das gravitative Zweikörperproblem) unterscheiden sich physikalisch voneinander in einer bedeutsamen Weise: Stellen wir uns vor, zwei Beobachter – wir nennen sie Alice und Bob – beschreiben den gleichen Prozess, verwenden dabei aber unterschiedliche, zueinander parallelverschobene Koordinatensysteme. Während ein bestimmter Punkt des Raumes für Alice durch den Ortsvektor $\vec{x}$ beschrieben wird, ist er für Bob durch den Ortsvektor $\vec{x}'$ charakterisiert, und zwischen $\vec{x}$ und $\vec{x}'$ besteht eine Beziehung der Form

$$\vec{x}' = \vec{x} - \vec{a} \qquad \text{bzw.} \qquad \vec{x} = \vec{x}' + \vec{a}. \tag{1.297}$$

Sie drückt eine (konstante, d. h. zeitunabhängige) **Translation (Verschiebung)** der Koordinaten aus (mit Verschiebungsvektor $\vec{a}$ bzw. $-\vec{a}$, je nachdem, von welchem der beiden Koordinatensysteme auf das andere übergegangen wird) und kann uns dazu dienen, die Berechungen und Vorhersagen von Alice und Bob *ineinander zu übersetzen*. Wenn nun kein Punkt des Raumes vor einem anderen in *prinzipieller* Weise ausgezeichnet ist, müssen dabei die physikalischen Gesetze, die Alice und Bob formulieren, ineinander übergehen. Wenn das nicht so wäre, könnte man anhand der Verschiedenheit der Gesetze auf prinzipielle Unterschiede beispielsweise der Koordinatenursprünge, die Alice und Bob verwenden, schließen. Sehen wir uns die beiden Gravitationsmodelle vor diesem Hintergrund an:

- Ein in Alices Ursprung fixierter Zentralkörper: Zur Beschreibung der Bewegung eines Probeteilchens benutzt Alice die Bewegungsgleichung (1.55). Die Variable ihres Modells ist der – auf ihr Koordinatensystem bezogene – Ortsvektor $\vec{x}$ des Teilchens. Wird die

Form der Bewegungsgleichung mit Hilfe von (1.297) in jene umgerechnet, die Bob findet, und dabei benutzt, dass $\vec{a}$ ein zeitunabhängiger Vektor ist, so ergibt sich

$$m\ddot{\vec{x}}'(t) = -\frac{GMm}{|\vec{x}'(t)+\vec{a}|^3}\,(\vec{x}'(t)+\vec{a})\,. \tag{1.298}$$

Das ist also Bobs Modell. Es *unterscheidet sich* von Alices Formulierung (sofern $\vec{a} \neq 0$ ist). Mit anderen Worten: Es kann sich hierbei nicht um ein fundamentales Naturgesetz handeln! (Als solches war es natürlich nie gedacht!)

- Gravitatives Zweikörperproblem: Alice beschreibt die Bewegung zweier Teilchen unter dem Einfluss ihrer gegenseitigen Gravitationskräfte mit Hilfe von (1.58)–(1.59). Die Variablen ihres Modells sind die Ortsvektoren $\vec{x}_1$ und $\vec{x}_2$ der beiden Teilchen. Die Übersetzungsvorschrift (1.297) ist nun in der Form

$$\begin{aligned} \vec{x}_1{}' &= \vec{x}_1 - \vec{a} \\ \vec{x}_2{}' &= \vec{x}_2 - \vec{a} \end{aligned} \qquad \text{bzw.} \qquad \begin{aligned} \vec{x}_1 &= \vec{x}_1{}' + \vec{a} \\ \vec{x}_2 &= \vec{x}_2{}' + \vec{a} \end{aligned} \tag{1.299}$$

für die Koordinaten beider Teilchen zu lesen. Werden die Bewegungsgleichungen durch Bobs Variablen $\vec{x}_1{}'$ und $\vec{x}_2{}'$ ausgedrückt, so nehmen sie genau die *gleiche Form* an wie (1.58)–(1.59), mit der einzigen – aber unwesentlichen – Ausnahme, dass die beiden Ortsvektoren nun Striche tragen. Mathematisch betrachtet liegt der Grund dafür darin, dass der Vektor $\vec{a}$ sowohl beim Bilden der zweiten Zeitableitung als auch beim Bilden der Koordinatendifferenzen ($\vec{x}_1{}' - \vec{x}_2{}' = \vec{x}_1 - \vec{x}_2$) herausfällt. Verbal drücken wir diesen Sachverhalt so aus, dass das System von Bewegungsgleichungen (1.58)–(1.59) unter Translationen (1.297) **invariant** ist, bzw. dass die Translationen (1.297) eine **Symmetrie** der Bewegungsgleichungen bilden. Es kann daher – im Rahmen der klassischen Mechanik und im Hinblick auf die Gleichberechtigung aller Punkte des Raumes – als fundamentales Naturgesetz angesehen werden! Beachten Sie: Das bedeutet nicht, dass es *tatsächlich* ein Naturgesetz *ist* – aber vom Standpunkt der Gleichberechtigung aller Raumpunkte spricht nichts dagegen!

Ganz generell können wir formulieren, dass ein physikalisches Gesetz die *prinzipielle* Gleichberechtigung aller Raumpunkte respektiert, wenn es unter beliebigen Translationen der Form (1.297) invariant ist. Es enthält dann keine auf bestimmte Raumpunkte bezogene, vorgegebene Strukturen.

Eine analoge Betrachtung können wir für die *Richtungen* des Raumes machen: Es gibt keinen Grund, anzunehmen, dass eine räumliche Richtung *prinzipiell* vor einer anderen ausgezeichnet ist. Naturgesetze, die dies respektieren, müssen unter (konstanten, d. h. zeitunabhängigen) räumlichen **Drehungen (Rotationen)** invariant sein. Eine räumliche Drehung beschreiben wir mathematisch durch die Anwendung einer Rotationsmatrix

$$\vec{x}' = R\vec{x} \qquad \text{bzw.} \qquad \vec{x} = R^{-1}\vec{x}' \tag{1.300}$$

(siehe den Abschnitt B.3 auf Seite 293 im Anhang). So sind beispielsweise die beiden oben diskutierten Gravitationsmodelle unter beliebigen räumlichen Drehungen invariant (siehe Aufgabe 28), d. h. keines von beiden zeichnet eine Richtung prinzipiell aus. Die wichtige mathematische Eigenschaft, der wir das zu verdanken haben, ist $|R\vec{x}| = |\vec{x}|$ für alle Vektoren $\vec{x}$ und für jede Rotationsmatrix R. Ein Modell wie die Bewegung im homogenen Schwerefeld (1.68) hingegen ist *nicht* invariant unter beliebigen räumlichen Drehungen, da es die z-Richtung auszeichnet.

Verschiebungen und Drehungen beschreiben die Übersetzung zwischen Koordinatensystemen, die gegeneinander verschoben und gedreht sind. Ein unter diesen Transformationen invariantes physikalisches Modell zeichnet weder Raumpunkte noch räumliche Richtungen aus – es ist translations- und rotationsinvariant.

In diesem Zusammenhang tritt noch ein weiterer Typ von Transformationen auf: die räumlichen **Spiegelungen**. Verwendet Alice ein Koordinatensystem, das aus Bobs System durch eine räumliche Spiegelung (beispielsweise an der xy-Ebene) hervorgeht, so werden die Koordinaten der beiden Beobachter durch eine Beziehung wie (1.300) ineinander übersetzt, wobei aber nun R eine Matrix ist, die die entsprechende Spiegelung beschreibt. Spiegelungen und Drehungen (sowie ihre Kombinationen, die Drehspiegelungen) werden gemeinsam durch Beziehungen der Form (1.300) beschrieben, wobei R für eine beliebige orthogonale Matrix steht (siehe den Abschnitt B.3 auf Seite 293 im Anhang). Sehen wir einmal von den Erkenntnissen der modernen Teilchenphysik ab (schließlich befinden wir uns im Kapitel über die klassische Mechanik), so gibt es keinen Grund, anzunehmen, dass die mathematische Form von Naturgesetzen für Alice und Bob verschieden aussieht (d. h. ob ihre Formulierung davon abhängt, ob ein rechtshändiges oder ein linkshändiges Koordinatensystem verwendet wird).

Genau betrachtet, wurde bei diesen Überlegungen vorausgesetzt, dass nur von **kartesischen Koordinatensystemen** die Rede ist. Das sind solche, deren Koodinatenlinien geradlinig sind und paarweise aufeinander normal stehen, und in denen jede der drei Koordinaten x, y und z entlang ihrer Koordinatenlinien die physikalische Länge misst. Unter einer Translation (1.297) und unter einer (Dreh-)Spiegelung – also (1.300) mit einer beliebigen orthogonalen Matrix R – wird ein kartesisches Koordinatensystem immer in ein kartesisches Koordinatensystem übergeführt. Die Invarianz der Naturgesetze unter Translationen, Drehungen und Spiegelungen kann auch so formuliert werden, dass alle (zueinander ruhenden) kartesischen Koordinatensysteme *prinzipiell* gleichberechtigt sind – keines ist vor einem anderen ausgezeichnet.

Bis jetzt haben wir stillschweigend vorausgesetzt, dass die Koordinatensysteme, die Alice und Bob verwenden, zueinander in Ruhe sind. Nun ist es aber denkbar, dass unsere beiden Beobachter Bezugssysteme verwenden, die gegeneinander bewegt sind. Sind Beschleunigungen im Spiel, so werden wir nicht erwarten können, dass die Naturgesetze in beiden Systemen die gleiche Form haben werden. (In solchen Systemen treten *Scheinkräfte* auf – auf einen Spezialfall beschleunigter Bezugssysteme werden wir im nächsten Unterabschnitt 1.5.2 eingehen, siehe Seite 101). Anders sieht die Sache aus, wenn sich zwei Bezugssysteme *gleichförmig* zueinander bewegen. Sind die Koordinatenachsen der beiden Systeme zueinander parallel (und gleich orientiert) und fallen die beiden Koordinatenursprünge im Zeitpunkt $t = 0$ zusammen, so sind Alices und Bobs Koordinaten durch eine Beziehung der Form

$$\vec{x}' = \vec{x} - \vec{v}t \qquad \text{bzw.} \qquad \vec{x} = \vec{x}' + \vec{v}t' \tag{1.301}$$

miteinander verbunden. Der (konstante, d. h. zeitunabhängige) Vektor $\vec{v}$ stellt die Geschwindigkeit dar, mit der sich Bobs Koordinatenursprung in Alices System bewegt, und umgekehrt bewegt sich Alices Koordinatenursprung in Bobs System mit der Geschwindigkeit $-\vec{v}$. Wir haben nun keinen Grund zur Annahme, dass ein solcher Bewegungszustand vor einem anderen ausgezeichnet ist. Diese Einsicht geht auf Galilei zurück[83]. Wir dürfen also erwarten, dass die physikalischen Gesetze ihre Form nicht ändern, wenn sie mit Hilfe einer **Geschwindigkeitstransformation**[84] der Form (1.301) von einem auf ein anderes, relativ dazu bewegtes, Bezugssystem umgerechnet werden.

Jetzt müssen wir aber sofort darauf hinweisen, dass (1.301) aus heutiger Sicht nicht stimmt, d. h. dass die Transformation zwischen Alices und Bobs Beschreibungen der physikalischen Welt anders aussieht! Die Übersetzungsformeln (1.301), so intuitiv richtig sie uns auch erscheinen mögen, lassen sich nämlich nicht zwingend herleiten. Sie setzen voraus, dass es nur *eine* universelle Zeit gibt, die für Alice und Bob gleichermaßen gilt. Diese Voraussetzung wird in der modernen Physik seit der Speziellen Relativitätstheorie nicht mehr gemacht! Allgemeiner müssten wir daher die Möglichkeit offen lassen, dass ein Ereignis, das von Alice zur Zeit t registriert wird, von Bob zu einer anderen Zeit t' registriert wird. In Galileis Epoche wäre niemand auf so eine Idee gekommen, aber im Hinblick auf den Vergleich mit den später zu besprechenden relativistischen Transformationsformeln schreiben wir (1.301) in der Form

$$
\begin{aligned}
t' &= t \\
\vec{x}' &= \vec{x} - \vec{v}t
\end{aligned}
\qquad \text{bzw.} \qquad
\begin{aligned}
t &= t' \\
\vec{x} &= \vec{x}' + \vec{v}t'
\end{aligned}
\qquad\qquad (1.302)
$$

an. Sie drücken aus, was wir – ebenfalls im Hinblick auf die Relativitätstheorie – als das „Raumzeit-Konzept der Newtonschen Mechanik" bezeichnen wollen. Wichtig an ihnen ist, dass Ereignisse, die für Alice zur gleichen Zeit stattfinden, das auch für Bob tun, wohingegen zwei Ereignisse, die für Alice am gleichen Ort (aber zu verschiedenen Zeiten) stattfinden. für Bob durchaus an verschiedenen Orten stattfinden können. In diesem Sinn sind Raum und Zeit zwei Dinge, die sich beim Übergang von einem Bezugssystem zu einem relativ dazu bewegten ganz unterschiedlich verhalten.

Dabei haben wir natürlich vorausgesetzt, das Alice und Bob gleichartige Uhren benutzen, um die Zeit zu messen. Eines wollen wir ihnen aber zugestehen: Sie können ihre Uhren gegeneinander verstellen. Wenn kein Zeitpunkt vor einem anderen ausgezeichnet ist, hat eine Aussage wie „$t = 0$" keine von der verwendeten Uhr unabhängige Bedeutung. Wenn Alices und Bobs Uhren um ein fixes Zeitintervall verschoben zueinander ticken, also die Zeiten, zu denen sie ein Ereignis registrieren, mit Hilfe einer **Zeittranslation**

$$
t' = t - b \qquad \text{bzw.} \qquad t = t' + b \qquad\qquad (1.303)
$$

ineinander umgerechnet werden, so erwarten wir, dass sich die Form der physikalischen Gesetze dadurch nicht ändert, also für Alice und Bob gleich ist.

---

[83] Newton hat zwar später den *absoluten Raum* postuliert, doch findet sich dieser nicht in den Gleichungen der Newtonschen Mechanik.

[84] Die Transformationen (1.301) werden auch als *Galileische* Geschwindigkeitstransformationen bezeichnet, um sie von den in der Speziellen Relativitätstheorie an ihre Stelle tretenden Transformationsformeln zu unterscheiden.

Schließlich können wir noch einen letzten Schritt machen und den Gedanken wagen, dass die Naturgesetze in einer zeitgespiegelten Welt, d. h. in einer, die durch eine **Zeitspiegelung**

$$t' = -t \tag{1.304}$$

gewonnen wird, die gleiche Form haben wie in der ursprünglichen. Schließlich enthält die linke Seite des zweiten Newtonschen Axioms die *zweiten* Zeitableitungen der Ortskoordinaten und geht daher unter einer Zeitspiegelung in sich selbst über!

Mit (1.297), (1.300), (1.302) und (1.303) haben wir alle Transformationsgesetze gefunden, unter denen vom Standpunkt der Newtonschen Mechanik ein physikalisches Modell, das keinen äußeren Einflüssen unterliegt, invariant sein muss. Ob dies auch für räumliche Spiegelungen und Zeitspiegelungen gelten soll, ist in gewisser Weise Geschmackssache, aber nehmen wir sie der Vollständigkeit halber für den Augenblick hinzu. Alle diese Transformationen können beliebig miteinander kombiniert werden, und gemeinsam mit den Umrechnungsformeln, die sich aus diesen Kombinationen ergeben, werden sie als **Galileitransformationen** bezeichnet. Ein physikalisches Modell, das sie respektiert (d. h. das sie als Symmetrien besitzt), heißt **galilei-invariant**. So kann beispielsweise nachgerechnet werden, dass das durch die Bewegungsgleichungen (1.58) – (1.59) definierte gravitative Zweikörperproblem galilei-invariant ist. Insgesamt ist die Menge aller Galileitransformationen[85] (die so genannte *volle Galileigruppe*) durch 10 kontinuierliche Parameter (3 für $\vec{a}$, 3 für R, 3 für $\vec{v}$ und einen für b) und durch zwei diskrete Parameter (einen für die räumlichen Spiegelungen und einen für die Zeitspiegelungen) charakterisiert. Je nachdem, ob räumliche Spiegelungen und/oder Zeitspiegelungen zugelassen sind oder nicht, können entsprechende *Untergruppen* der vollen Galileigruppe betrachtet werden, und daher gibt es mehrere Spielarten des Begriffs der Galilei-Invarianz[86].

Lassen wir die Zeitspiegelungen beiseite, so ist jedes der Bezugssysteme, zwischen denen die Galileitransformationen umrechnen, charakterisiert durch ein räumliches kartesisches Koordinatensystem und die Verwendung von (Standard-)Uhren. Wir nennen Bezugssysteme dieser Art **Inertialsysteme**. In ihnen gilt, dass sich jedes kräftefreie Teilchen mit konstanter Geschwindigkeit bewegt, wobei sich die Aussage „mit konstanter Geschwindigkeit" – in Formeln: $\vec{x}(t) = \dot{\vec{x}}(0)\,t + \vec{x}(0)$ – auf die Messung von räumlichen Koordinaten und Zeitpunkten *im Rahmen des Inertialsystems* bezieht[87]. Damit kann im Prinzip *experimentell entschieden wer-*

---

[85] Manchmal werden nur die Geschwindigkeitstransformationen (1.302) als Galileitransformationen bezeichnet. Findet die relative Bewegung der beiden Bezugssysteme nur in x-Richtung statt, so reduzieren sie sich auf

$$
\begin{aligned}
t' &= t & & & t &= t' \\
x' &= x - vt & &\text{bzw.} & x &= x' + vt' \\
y' &= y & & & y &= y' \\
z' &= z & & & z &= z'
\end{aligned}
\tag{1.305}
$$

was bisweilen auch ohne die Formeln für y und z angeschrieben wird.

[86] Nämlich vier: (i) ohne Raumzeitspiegelungen, (ii) nur mit Raumspiegelungen, (iii) nur mit Zeitspiegelungen, (iv) inklusive aller Raumzeitspiegelungen.

[87] Das wird manchmal so ausgedrückt: Ein Inertialsystem ist ein Bezugssystem, in dem der *Trägheitssatz* (das erste Newtonsche Axiom) gilt. Dabei muss man nur aufpassen, nicht in eine Zirkeldefinition zu kommen:

den, ob ein gegebenes Bezugssystem tatsächlich ein Inertialsystem ist[88]. Die Aussage, dass (aus der Sicht der nichtrelativistischen Physik) jede Galileitransformation den Wechsel des „Beobachterstandpunkts" von einem zu einem anderen Inertialsystem darstellt, besitzt eine Umkehrung: Jeder derartige Standpunktwechsel wird (wiederum aus der Sicht der nichtrelativistischen Physik) durch eine Galileitransformation beschrieben. Die Idee der Galilei-Invarianz eines physikalischen Modells kann in diesem Sinn also auch durch die Formulierung ausgedrückt werden, dass alle Inertialsysteme *prinzipiell* gleichberechtigt sind (oder dass „die Naturgesetze in jedem Inertialsystem die gleiche Form annehmen") – ein Postulat, das (wenn es im Rahmen der nichtrelativistischen Physik fomuliert wird) als das **Galileische Relativitätsprinzip** bekannt ist. Die „Form der Naturgesetze", mit der wir es bisher zu tun hatten, ist das zweite Newtonsche Axiom, zusammen mit konkreten Ausdrücken für die wirkenden Kräfte. Wir können nun einen wichtigen **Nachtrag zum zweiten Newtonschen Axiom** formulieren: Die Koordinaten $\vec{x}$ und die Zeit t, die wir verwenden, indem wir es in der Form (1.20) oder (1.50) hinschreiben, sollen sich auf ein Inertialsystem beziehen! Wie wir im nächsten Unterabschnitt 1.5.2 über rotierende Bezugssysteme (Seite 99) sehen werden, ist seine Gültigkeit in Bezugssystemen, die gegenüber Intertialsystemen beschleunigt sind, nicht gegeben!

Mit der Formulierung des Konzepts der Galilei-Invarianz sind die in diesem Kapitel betrachteten Modelle, die *nicht* galilei-invariant sind (wie der harmonische Oszillator – in dem ja der Nullpunkt der Koordinate ausgezeichnet ist – oder die Bewegung eines Teilchens im Gravitationsfeld einer fixierten Zentralmasse), aber nicht hinfällig. Insbesondere sind Themen wie die von einem äußeren elektromagnetischen Feld auf ein geladenes Teilchen ausgeübte Lorentzkraft (1.40) von besonderer Wichtigkeit. Wir müssen bloß bedenken, dass diese nicht galilei-invarianten Modelle auf Wechselwirkungspartner und Kräfte verweisen, die nicht als Teile des jeweiligen Systems behandelt werden (und daher als „äußere", d. h. vorgegebene Strukturen in Erscheinung treten). Bedenken wir an dieser Stelle auch, dass es nicht zur Aufgabe der Mechanik gehört, physikalische *Felder* als dynamische Größen zu behandeln! Diese *können* also im Rahmen mechanischer Modelle nur entweder als „Kräfte zwischen den betrachteten Teilchen" oder in der Form „äußerer Felder" auftreten. Wie das elektromagnetische Feld dynamisch beschrieben wird und sich in ein modernes Raumzeit-Konzept einfügt, gehört in das Gebiet der Elektrodynamik.

Exkurs*
Galilei-invariante Zweikörperprobleme in der Newtonschen Mechanik:
Um ein Gefühl für die Forderung der Galilei-Invarianz zu bekommen, wollen wir uns kurz überlegen, welche Zweikörperprobleme sie erfüllen. Dabei nehmen wir

---

Die Entscheidung, ob sich ein Teilchen „mit konstanter Geschwindigkeit" bewegt, setzt ein Bezugssystem voraus, in dem klar ist, was Ort und Geschwindigkeit bedeuten und wie sie gemessen werden. In diesem Sinn aufgefasst, gilt der Trägheitssatz *nicht* in jedem Bezugssystem. Ausnahmen sind etwa rotierende Bezugssysteme (Unterabschnitt 1.5.2, Seite 99).

[88] Heute wissen wir, dass das Raumzeit-Konzept der Newtonschen Mechanik überholt ist, dass die Raumzeit (gemäß der Allgemeinen Relativitätstheorie) besser als ein *gekrümmtes* Kontinuum beschrieben wird, und dass es genau genommen weder räumliche kartesische Koordinatensysteme noch Inertialsysteme (sondern nur näherungsweise „lokale" Inertialsysteme) gibt.

zunächst ganz allgemein an, dass die Kräfte auf die Teilchen 1 und 2 durch Ausdrücke der Form $\vec{F}_1(\vec{x}_1,\vec{x}_2,\dot{\vec{x}}_1,\dot{\vec{x}}_2,t)$ und $\vec{F}_2(\vec{x}_1,\vec{x}_2,\dot{\vec{x}}_1,\dot{\vec{x}}_2,t)$ gegeben sind. Welche Kraftterme dieser Form führen auf galilei-invariante Modelle? Wir begründen die Antwort nicht im Detail, sondern geben nur eine Idee der Agrumentationslinie:

Die Invarianz unter Zeittranslationen (1.303) erzwingt, dass die Kräfte $\vec{F}_1$ und $\vec{F}_2$ nicht explizit von der Zeit abhängen. Aus der Invarianz unter räumlichen Translationen (1.297) und Geschwindigkeitstransformationen (1.302) folgt, dass $\vec{F}_1$ und $\vec{F}_2$ nur von den Differenzen $\vec{d} \equiv \vec{x}_1 - \vec{x}_2$ und $\vec{v} \equiv \dot{\vec{x}}_1 - \dot{\vec{x}}_2$ abhängen. Die Invarianz unter Drehungen (1.300) schließlich impliziert, dass die Kräfte aus ihren Bestandteilen $\vec{x}_1 - \vec{x}_2$ und $\dot{\vec{x}}_1 - \dot{\vec{x}}_2$ in einer Weise zusammengesetzt sind, die nur Linearkombinationen, Skalarprodukte und Vektorprodukte enthält[89]. Sind alle diese Invarianzen gegeben, so müssen die Kräfte die Form ($\alpha = 1,2$)

$$\vec{F}_\alpha = f_\alpha\,\vec{d} + g_\alpha\,\vec{v} + h_\alpha\,\vec{d} \times \vec{v} \tag{1.306}$$

haben, wobei f_α, g_α und h_α beliebige Funktionen von $|\vec{d}|$, $|\vec{v}|$ und $\vec{d} \cdot \vec{v}$ sein können.

Wird zusätzlich noch die Invarianz unter räumlichen Spiegelungen verlangt, so darf kein Vektorprodukt auftreten (da eine Beziehung der Form $\vec{F} = \vec{d} \times \vec{v}$ unter einer Spiegelung nicht in sich selbst übergeht), d. h. in diesem Fall müssen die Kräfte von der Form (1.306) mit $h_\alpha = 0$ sein.

Wird zusätzlich zu den Symmetrien, die auf (1.306) führen, auch die Invarianz unter Zeitspiegelungen verlangt, so müssen die Kräfte so sein, dass sie in sich selbst übergehen, wenn $\vec{v}$ durch $-\vec{v}$ ersetzt wird. Dadurch wird (1.306) dahingehend eingeschränkt, dass ein Vorzeichenwechsel von $\vec{d} \cdot \vec{v}$ auch einen Vorzeichenwechsel von g_α und h_α zur Folge haben muss. (Beispielsweise wären $\vec{F}_1 = (\vec{d} \cdot \vec{v})\,\vec{v}$ und $\vec{F}_1 = (\vec{d} \cdot \vec{v})\,\vec{d} \times \vec{v}$ erlaubt, $\vec{F}_1 = (\vec{d} \cdot \vec{v})^2\,\vec{v}$ aber nicht).

Damit bleibt – je nachdem, welche Spielart der Galilei-Invarianz gefordert wird –, noch eine Reihe erlaubter Modelle übrig. Im Einzelfall ist es nicht schwierig, von einem konkreten Modell zu entscheiden, ob (bzw. in welchen Sinn) es galilei-invariant ist.

Beschränken wir uns nun auf den Fall, dass die Kräfte nicht von den Geschwindigkeiten abhängen. Dann muss (egal, ob auch die Invarianz unter Raum- und Zeitspiegelungen gefordert wird) $g_\alpha = h_\alpha = 0$ sein, und f_α darf nur von $|\vec{d}|$ abhängen. Die Kräfte sind dann durch

$$\vec{F}_\alpha(\vec{x}_1,\vec{x}_2) = f_\alpha\left(|\vec{x}_1 - \vec{x}_2|\right)(\vec{x}_1 - \vec{x}_2) \tag{1.307}$$

gegeben. Jedes derartige Vektorfeld ist konservativ, d. h. es lässt sich eine Funk-

---

[89] Um das einzusehen, denken Sie mal kurz darüber nach, wie eine Regel aussehen muss, die beschreibt, wie aus zwei Vektoren $\vec{d}$ und $\vec{v}$ ein dritter Vektor $\vec{F}$ gewonnen wird, und zwar so, dass sie in beliebigen zueinander verdrehten Koordinatensystemen angewandt werden kann und jedesmal zum gleichen Ergebnisvektor führt!

tion $V_\alpha \equiv V_\alpha(\vec{x}_1 - \vec{x}_2)$ finden, so dass

$$F_{\alpha j} = -\frac{\partial}{\partial x_{\alpha j}} V_\alpha(\vec{x}_1 - \vec{x}_2) \tag{1.308}$$

gilt[90]. Wird zusätzlich noch gefordert, dass die beiden Funktionen V_1 und V_2 gleich sind – es handelt sich dann um die potentielle Energie, die wir einfach als V schreiben –, so ergibt sich aus

$$F_{2j} = -\frac{\partial}{\partial x_{2j}} V(\vec{x}_1 - \vec{x}_2) = \frac{\partial}{\partial x_{1j}} V(\vec{x}_1 - \vec{x}_2) = -F_{1j}, \tag{1.309}$$

dass das dritte Newtonsche Axiom erfüllt ist. Bei der Diskussion der Dynamik von Mehrteilchensystemen sind wird einer solchen Situation bereits begegnet, vgl. (1.200). Dieser Sachverhalt besitzt auch eine Umkehrung: Hängen die Kräfte in einem Zweiteilchensystem nicht von den Geschwindigkeiten ab und sind sie aus einer *gemeinsamen* potentiellen Energie ableitbar, so erzwingt die Forderung nach Galilei-Invarianz die Gültigkeit des dritten Newtonschen Axioms. Als Folge sind dann die Gesamtenergie und der Gesamtimpuls erhalten, und der Massenmittelpunkt bewegt sich gleichförmig.

Interessanterweise folgt aus der Galilei-Invarianz *alleine* aber weder die Erhaltung der Gesamtenergie noch die des Gesamtimpulses[91]. Selbst wenn das dritte Newtonsche Axiom eigens gefordert wird, ist nur die Erhaltung des Gesamtimpulses garantiert, nicht jedoch die der Gesamtenergie[92]. Um also Modelle mit jenen Eigenschaften zu erhalten, die wir uns intuitiv erwarten, muss eine Reihe zusätzlicher Bedingungen gestellt werden. Angesichts dieses unbefriedigenden Zustands könnte das Gefühl aufkommen, die Newtonsche Mechanik wäre auf fundamentale Weise unvollständig. Aus heutiger Sicht ist das auch tatsächlich der Fall: Wir werden im Abschnitt 1.6 über den Lagrangeformalismus (Seite 103) ein einfaches Prinzip kennen lernen, das der Wirklichkeit näher kommt, und das es uns erspart, eine Liste von Zusatzbedingungen und Erhaltungssätzen eigens zu postulieren.

Als abschließende Bemerkung fügen wir an, dass das weiter oben auf Seite 63 diskutierte System zweier geladener Teilchen, zwischen denen die von ihren Feldern verursachten elektrischen und magnetischen Kräfte (d. h. die Summen von $(1.31) - (1.32)$ und $(1.206) - (1.207)$) wirken, *nicht* galilei-invariant ist[93]. Wir können das als ersten Hinweis darauf verstehen, dass die elektromagnetischen Phä-

---

[90] Tatsächlich kann sogar $V_\alpha \equiv V_\alpha(|\vec{x}_1 - \vec{x}_2|)$ gewählt werden. Die beiden Funktionen V_α erfüllen dann $V_1'(r) = -r f_1(r)$ und $V_2'(r) = r f_2(r)$, können daher aus den f_α durch Integrationen gewonnen werden.

[91] Beispiel: $\vec{F}_1 = \vec{F}_2 = \vec{x}_1 - \vec{x}_2$. Der Gesamtimpuls ist nicht erhalten, und für das System lässt sich keine erhaltene Gesamtenergie definieren.

[92] Beispiel: $\vec{F}_1 = -\vec{F}_2 = ((\vec{x}_1 - \vec{x}_2) \cdot (\dot{\vec{x}}_1 - \dot{\vec{x}}_2))(\vec{x}_1 - \vec{x}_2)$. Der Gesamtimpuls ist erhalten, aber es lässt sich keine erhaltene Gesamtenergie definieren.

[93] Auch wenn die auf Seite 64 erwähnte, vom Induktionsgesetz verursachte zusätzliche Kraft hinzugenommen wird, ändert sich daran nichts.

nomene zur Idee einer fundamentalen Galilei-Invarianz der Naturgesetze in Widerspruch stehen. Die Antwort auf diese – übrigens bereits vor Einstein bekannte – Situation ist die Spezielle Relativitätstheorie (Kapitel 2, Seite 173).

1.5.2 Rotierende Bezugssysteme

Im vorigen Unterabschnitt sind wir zur Einsicht gelangt, dass die Koordinaten $\vec{x}$ und die Zeit t, die wir verwenden, indem wir das zweite Newtonsche Axiom in der Form (1.20) oder (1.50) hinschreiben, sich auf ein Inertialsystem beziehen sollen. Nun wollen wir überlegen, wie sich eine Bewegung in einem Bezugssystem darstellt, das gegenüber Inertialsystemen beschleunigt ist. Wir werden uns dabei auf den einfachen Fall beschränken, dass ein Bezugssystem gegenüber einem Inertialsystem gleichmäßig rotiert. Dazu nehmen wir an, eine Beobachterin – wir nennen sie Alice – beschreibt physikalische Prozesse in Bezug auf ein Inertialsystem. Um den Ort eines Punktes anzugeben, verwendet sie dessen – in ihrem System bestimmten – Ortsvektor

$$\vec{x} = \begin{pmatrix} x \\ y \\ z \end{pmatrix}. \tag{1.310}$$

Ein anderer Beobachter hingegen – wir nennen ihn Bob – beschreibt die *gleichen* physikalischen Prozesse wie Alice, benutzt aber dazu ein Koordinatensystem, das relativ zu Alices System rotiert. (Wie in der nichtrelativistischen Physik üblich, verwenden beide die gleiche Zeitkoordinate t). Bob nennt seine Ortsvektoren

$$\vec{\tilde{x}} = \begin{pmatrix} \tilde{x} \\ \tilde{y} \\ \tilde{z} \end{pmatrix}. \tag{1.311}$$

Um die Sache nicht übermäßig zu verkomplizieren, nehmen wir an, dass Bobs $\tilde{z}$-Achse mit Alices z-Achse übereinstimmt, und dass die beiden Koordinatenursprünge zusammenfallen. Die beiden anderen Achsen von Bobs Bezugssystem wollen wir mit konstanter Winkelgeschwindigkeit rotieren lassen. Um die physikalische Natur rotierender Bezugssysteme aufzuklären, müssen wir nun die folgende Frage stellen: Wie sieht die Bewegung eines Teilchens, die in Alices Beschreibung dem zweiten Newtonschen Axiom genügt, für Bob aus?

Als kleine Fingerübung nehmen wir zunächst an, dass Bobs Koordinatensystem gegenüber jenem von Alice nur um einen konstanten Winkel α *verdreht* ist, also nicht rotiert. Alice und Bob übersetzen die Koordinaten von Punkten gemäß der Formel

$$\tilde{x} = x\cos\alpha + y\sin\alpha \tag{1.312}$$

$$\tilde{y} = -x\sin\alpha + y\cos\alpha \tag{1.313}$$

$$\tilde{z} = z. \tag{1.314}$$

Alice beschreibt eine konkrete Teilchenbewegung durch die drei Funktionen $\vec{x} \equiv \vec{x}(t)$, Bob beschreibt die gleiche Teilchenbewegung durch die drei Funktionen $\vec{\tilde{x}} \equiv \vec{\tilde{x}}(t)$. Die Umrechnung dieser Funktionen ist gemäß (1.312)–(1.314) durch

$$\tilde{x}(t) = x(t)\cos\alpha + y(t)\sin\alpha \qquad (1.315)$$

$$\tilde{y}(t) = -x(t)\sin\alpha + y(t)\cos\alpha \qquad (1.316)$$

$$\tilde{z}(t) = z(t) \qquad (1.317)$$

gegeben. Berechnen wir die zweiten Zeitableitungen, so finden wir – in Vektorform angeschrieben – die Übersetzungsformeln

$$\begin{pmatrix} \ddot{\tilde{x}}(t) \\ \ddot{\tilde{y}}(t) \\ \ddot{\tilde{z}}(t) \end{pmatrix} = \begin{pmatrix} \ddot{x}(t)\cos\alpha + \ddot{y}(t)\sin\alpha \\ -\ddot{x}(t)\sin\alpha + \ddot{y}(t)\cos\alpha \\ \ddot{z}(t) \end{pmatrix} \qquad (1.318)$$

für die Beschleunigungen. Diese Beziehung stellt nichts anderes dar als die Änderung (die Transformation) von der Komponenten des Beschleunigungsvektors beim Übergang von einem *gegebenen* Koordinatensystem auf ein relativ dazu *verdrehtes* Koordinatensystem, ist also keine aufregende Sache. Schließlich handelt es sich um zwei (prinzipiell gleichberechtigte) Inertialsysteme. Bewegt sich das Teilchen kräftefrei, so sind die Beschleunigungen sowohl in Alices als auch in Bobs System gleich 0. Wirkt eine Kraft, deren Komponenten Alice mit $\vec{F} \equiv \vec{F}(\vec{x})$ angibt, so gibt die mit der Teilchenmasse m multiplizierte rechte Seite der Beziehung (1.318) unmittelbar an, wie diese Kraft in Bobs System aussieht.

Nun lassen wir Bobs System mit einer konstanten Winkelgeschwindigkeit ω rotieren. Falls beide Systeme zur Zeit 0 übereinstimmen, so ergeben sich die Übersetzungsformeln für Punktkoordinaten, indem in (1.312)–(1.314) α durch ωt ersetzt wird, zu

$$\tilde{x} = x\cos(\omega t) + y\sin(\omega t) \qquad (1.319)$$

$$\tilde{y} = -x\sin(\omega t) + y\cos(\omega t) \qquad (1.320)$$

$$\tilde{z} = z. \qquad (1.321)$$

Die Umrechnung einer konkreten Teilchenbewegung – von Alice durch $\vec{x} \equiv \vec{x}(t)$ beschrieben, von Bob durch $\vec{\tilde{x}} \equiv \vec{\tilde{x}}(t)$ – ist dann durch

$$\tilde{x}(t) = x(t)\cos(\omega t) + y(t)\sin(\omega t) \qquad (1.322)$$

$$\tilde{y}(t) = -x(t)\sin(\omega t) + y(t)\cos(\omega t) \qquad (1.323)$$

$$\tilde{z}(t) = z(t) \qquad (1.324)$$

gegeben. Die Zeitabhängigkeit der Ausdrücke auf der rechten Seite hat nun zwei Ursprünge: die Bewegung des Teilchens und die Rotation von Bobs Koordinatensystem. Wieder berechnen wir die zweiten Zeitableitungen, also die von Bob registrierten Komponenten des Beschleunigungsvektors. Es ist eine kleine Übung in Differenzieren, sie zu berechnen. Werden danach wieder die Beziehungen (1.322)–(1.324) benutzt, um den erhaltenen Ausdruck zu vereinfachen, so ergibt sich anstelle von (1.318)

$$\begin{pmatrix} \ddot{\tilde{x}}(t) \\ \ddot{\tilde{y}}(t) \\ \ddot{\tilde{z}}(t) \end{pmatrix} = \begin{pmatrix} \ddot{x}(t)\cos(\omega t) + \ddot{y}(t)\sin(\omega t) \\ -\ddot{x}(t)\sin(\omega t) + \ddot{y}(t)\cos(\omega t) \\ \ddot{z}(t) \end{pmatrix} + \begin{pmatrix} 2\omega\dot{\tilde{y}}(t) \\ -2\omega\dot{\tilde{x}}(t) \\ 0 \end{pmatrix} + \begin{pmatrix} \omega^2\tilde{x}(t) \\ \omega^2\tilde{y}(t) \\ 0 \end{pmatrix} \qquad (1.325)$$

(siehe Aufgabe 29). Der erste Term hat die gleiche Struktur wie (1.318), mit ωt anstelle von α. Er stellt lediglich die Änderung der Komponenten des Beschleunigungsvektors dar, wie sie sich aufgrund die Tatsache ergibt, dass Bobs Koordinatensystem zur Zeit t um den Winkel ωt verdreht ist. Den zweiten Term nennen wir **Coriolisbeschleunigung**, den dritten **Zentrifugalbeschleunigung**. Beide rühren daher, dass Bobs System *rotiert*, haben also mit dem Wirken von Kräften eigentlich nichts zu tun. Ist das Teilchen kräftefrei, so bewegt es sich in Alices System gleichförmig, d. h. mit verschwindender Beschleunigung. (Erinnern wir uns: Alice als Inhaberin eines Inertialsystems ist berechtigt, das zweite Newtonsche Axiom anzuwenden). Die Rotation von Bobs Bezugssystem aber bewirkt, dass die zweiten Zeitableitungen in seinem System *nicht* verschwinden. Die einfache Folgerung daraus ist, dass Bobs Bezugssystem kein Inertialsystem ist, und dass das zweite Newtonsche Axiom – durch Bobs Koordinaten in der Form „Kraft ist gleich Masse mal Beschleunigung" ausgedrückt – nicht gilt[94]! Was aber würde Bob sagen, *wenn er das nicht wüsste?* Wenn er *glaubt*, dass die Koordinaten (1.311), auf die er sich bezieht, benutzt werden dürfen, um das zweite Newtonsche Axiom zu formulieren, würde er schließen, dass *alle drei Terme* in der mit m multiplizierten rechten Seite der Beziehung (1.325) Kräften entsprechen. Die erste wäre jene Kraft, die auch Alice registriert (mit entsprechend umgerechneten Komponenten), die zweite würde Bob **Corioliskraft** und die dritte **Zentrifugalkraft** (oder **Fliehkraft**) nennen. Er würde etwa schließen, dass die Corioliskraft der Bewegung eines Teilchens, das sich in der $\widetilde{xy}$-Ebene bewegt und von „oben" betrachtet wird, (für $\omega > 0$) einen ständigen Rechtsdrall versetzt, und dass die Zentrifugalkraft alle Gegenstände von der $\widetilde{z}$-Achse weg zieht, und zwar umso stärker, je weiter sie bereits von ihr entfernt sind. Da wir aber so schlau sind, Bobs Irrtum zu erkennen, sprechen wir lieber von *Scheinkräften*[95].

Auf einer grundsätzlichen Ebene, die Inertialsystemen eine bevorzugte Stellung einräumt, sind Scheinkräfte also keine Kräfte! Jemand, der das Pech hat, sich in einem zylinderförmigen rotierenden Käfig (einer Zentrifuge) zu befinden (oder dies in einem Vergnügungspark freiwillig tut) könnte meinen, eine Kraft drücke ihn nach *außen*. Tatsächlich aber erfährt er eine (durch die Innenwand des Käfigs auf ihn ausgeübte) Kraft, die ihn nach *innen* drückt und auf diese Weise auf einer Kreisbahn hält. Oder, um ein anderes Beispiel zu nennen: Wenn ein Teilchen unter dem Einfluss der Newtonschen Gravitationsanziehung um einen Zentralkörper kreist, so gibt es keinen Grund, einen nach außen weisenden „Zentrifugalkraftvektor" zu zeichnen[96] (sehr wohl aber einen Grund, einen nach innen weisenden Schwerkraftvektor zu zeichnen).

---

[94] Galte das zweite Newtonsche Axiom in beschleunigten Bezugssystemen, so wäre die Aussage, dass ein Teilchen „kräftefrei" ist, vom Bezugssystem abhängig!

[95] Sie werden auch manchmal *Trägheitskräfte* genannt. Um sie von „echten Kräften" unterscheiden zu können, muss also ein fundamentaler Unterschied zwischen Inertialsystemen und beschleunigten Bezugssystemen gemacht werden. In der Allgemeinen Relativitätstheorie ist nicht einmal mehr das möglich, da diese Theorie bei Vorhandensein von Massen überhaupt keine Inertialsysteme zulässt!

[96] Die Zentrifugalkraft tritt im Fall einer Kreisbahn um den Zentralkörper nur in einem Bezugssystem auf, das exakt *mitrotiert*, so dass das Teilchen in ihm *ruht*. Ist Bob – der Inhaber dieses rotierenden Systems – der Meinung, er könne das zweite Newtonsche Axiom in seinem Koordinatensystem anwenden, so ist er gezwungen, die Wirkung einer zusätzlichen Kraft anzunehmen, die die Gravitationsanziehung kompensiert. Einer ähnlichen Situation werden wir bei der Diskussion des Keplerproblems auf Seite 131 tatsächlich begegnen.

Ungeachtet dieser grundsätzlichen Überlegungen ist es in der Praxis manchmal sinnvoll, sich auf ein rotierendes Bezugssystem zu beziehen und auch die Ausdrücke Corioliskraft und Zentrifugalkraft (Fliehkraft) zu benutzen. So kann die Tendenz von Flüssen auf der nördlichen Hemisphäre der Erde, sich nach rechts zu wenden, als ein durch die Corioliskraft verursachter Effekt erklärt werden, und auch ein frei fallender Körper bewegt sich nicht genau auf einer lotrechten Bahn (siehe Aufgabe 30). Der springende Punkt dabei ist, dass sich diese Effekte auf ein erdfestes (also rotierendes) Bezugssystem beziehen. Ein im Weltraum nahe der Erde befindlicher Beobachter, der ein nichtrotierendes Bezugssystem benutzt, könnte diese Effekte auch erklären, ohne Scheinkräfte zu bemühen.

Wir geben der Vollständigkeit halber noch die Formeln für die beiden Zusatzbeschleunigungen in Bobs System für den Fall an, dass die Rotation seines Systems (von Alices System aus betrachtet) um eine beliebige Achse erfolgt. Ist die Winkelgeschwindigkeit der Rotation durch den Vektor $\vec{\omega}$ gegeben (seine Richtung bezeichnet die Rotationsachse, sein Betrag den Betrag der Winkelgeschwindigkeit; in (1.325) ist $\omega_x = \omega_y = 0$ und $\omega_z = \omega$), so ist die Coriolisbeschleunigung durch

$$-2\,\vec{\omega} \times \dot{\vec{x}} \tag{1.326}$$

und die Zentrifugalbeschleunigung durch

$$-\vec{\omega} \times \left(\vec{\omega} \times \vec{x} \right) \equiv \vec{\omega}^{\,2}\vec{x} - (\vec{\omega} \cdot \vec{x})\,\vec{\omega} \tag{1.327}$$

gegeben.

1.6 Lagrangeformalismus

1.6.1 Ein neuer Zugang – das Wirkungsprinzip

Die Newtonsche Mechanik, wie wir sie in den vorangegangenen Abschnitten kennen gelernt haben, beruht in erster Linie auf dem zweiten Newtonschen Axiom und – sofern es um Systeme geht, die fundamentale Naturgesetze ausdrücken sollen – auf der Idee der Galilei-Invarianz. Sie leistet noch heute unschätzbare Dienste und lässt sich auf eine Fülle interessanter und wichtiger Systeme anwenden. Aber von einem grundsätzlichen Standpunkt aus betrachtet liegt in dieser Fülle auch eine entscheidende Schwäche: Die Newtonsche Mechanik lässt Modelle zu, die wir ganz eindeutig als unphysikalisch klassifizieren würden. Selbst wenn das – in mancher Hinsicht problematische – dritte Newtonsche Axiom als zusätzliches Postulat aufgestellt wird, lassen sich Modelle angeben, in denen kein Ausdruck für eine potentielle Energie existiert, und in denen daher nicht von der Erhaltung der Gesamtenergie gesprochen werden kann (vgl. etwa Fußnote 92 auf Seite 98). Soll gefordert werden, dass fundamentale Kräfte nicht von den Geschwindigkeiten abhängen dürfen? Das würde zwar die Überlegungen zum Energiebegriff vereinfachen, aber wie kommen wir dann mit der Tatsache zurecht, dass ein geladenes Teilchen in einem Magnetfeld eine von der Geschwindigkeit abhängige Kraft erfährt? Es sieht so aus, als ob der Newtonschen Mechanik ein Baustein fehlt.

Dieser fehlende Baustein ist das **Wirkungsprinzip**. Es geht vor allem auf Arbeiten von Pierre Maupertuis, Jean-Baptiste le Rond d'Alembert, Joseph-Louis Lagrange und Leonhard Euler zurück, die im achzehnten Jahrhundert die Vorstellung entwickelten, die Natur laufe in gewisser Weise „optimal" ab. Heute sehen wir in ihm ein *Gestaltungsprinzip* für physikalische Modelle, das nicht nur in der Mechanik Anwendung findet, sondern in abgewandelter Form auch zur Beschreibung der Dynamik von Feldern benutzt wird und bis in die Quantentheorie hinein reicht. Aus heutiger Sicht kann ein physikalisches Modell nur dann als fundamental betrachtet werden, „wenn es sich aus einem Wirkungsprinzip ableiten lässt". Die Modelle aller heute bekannten fundamentalen Wechselwirkungen werden auf dieser Basis formuliert!

Wir hoffen, Sie durch diese einleitenden Bemerkungen auf die Wichtigkeit dessen, was nun folgt, eingestimmt zu haben. Im Rahmen der Newtonsche Mechanik bedeutet die neue Sichtweise vor allem eine *Beschränkung* auf Modelle, die eine bestimmte mathematische Struktur besitzen, und ein vertieftes Verständnis von Dynamik, Symmetrien und Erhaltungssätzen. Weder das zweite Newtonsche Axiom (die Newtonschen Bewegungsgleichungen) noch die bisher besprochenen Lösungstechniken werden dadurch hinfällig. Und als besonderen Bonus werden wir Methoden kennen lernen, die das Problem der Erschließung von Bewegungsformen wesentlich vereinfachen.

1.6.2 Beispiel: der harmonische Oszillator

Was also ist ein Wirkungsprinzip? Betrachten wir zur Einstimmung das System des (eindimensionalen) harmonischen Oszillators. In der traditionellen Formulierung der Newtonschen Mechanik ist es durch die Bewegungsgleichung (1.77) definiert. Wir wollen aber nun nicht von der Kraft ausgehen, sondern von der potentiellen Energie (1.112). Die *Differenz* (nicht die Summe!) aus kinetischer und potentieller Energie ist durch

$$L = \frac{m}{2}\dot{x}^2 - \frac{m\omega^2}{2}x^2 \qquad (1.328)$$

gegeben. Nun stellen wir uns vor, dass das Teilchen (wir benutzen wieder dieses Wort, obwohl es sich bei der Variable x auch um eine andere Größe als eine Teilchenkoordinate handeln kann) eine *beliebige* Bewegung ausführt! Es muss sich zunächst also nicht an seine Bewegungsgleichung halten, wir wollen nur zwei Zeitpunkte $t_0 < t_1$ und zwei Orte x_0 und x_1 fixieren und verlangen, dass unser Teilchen zur Zeit t_0 am Ort x_0 und zur Zeit t_1 am Ort x_1 ist. Ansonsten geben wir ihm völlige Freiheit! Zu irgendeiner Zwischenzeit t wird es an einem Ort $x(t)$ sein, und wir verlangen lediglich, dass

$$x(t_0) = x_0 \qquad \text{und} \qquad x(t_1) = x_1 \qquad (1.329)$$

gilt, und dass sich die Bewegung nicht sprunghaft ändert, so dass wir zu jeder Zeit t die Geschwindigkeit $\dot{x}(t)$ bilden können. Damit besitzt auch die Größe (1.328) zu jeder Zeit einen bestimmten Wert $L(t)$. Die solcherart definierte Funktion integrieren wir über die Zeit, und zwar zwischen den beiden fest gewählten Zeitpunkten t_0 und t_1, d. h. wir bilden

$$S = \int_{t_0}^{t_1} dt\, L(t)\,, \qquad (1.330)$$

eine Größe, die **Wirkung** (oder **Wirkungsintegral**) genannt wird. Für jede Bewegung, die unser Teilchen ausführen kann, besitzt sie einen bestimmten Wert. Daher können die Werte von S für verschiedene Bewegungen miteinander verglichen werden. Dabei ergibt sich etwas ganz Erstaunliches: Jede Bewegung, für die sich S im Vergleich zu infinitesimal „benachbarten", also nur geringfügig abweichenden Bewegungen nicht ändert, erfüllt die Bewegungsgleichung (1.77)! Die Bedingung, dass sich „S im Vergleich zu infinitesimal benachbarten Bewegungen nicht ändert" drücken wir kürzer durch die Sprechweise aus, dass die Wirkung *stationär* ist und schreiben dafür

$$\delta S = 0. \qquad (1.331)$$

Wir können uns vorstellen, dass die „richtige", die Bewegungsgleichung erfüllende Bewegung (man nennt sie auch die „physikalische Bewegung") innerhalb der Menge *aller* Bewegungen ein lokales Minimum, ein lokales Maximum oder eine Art Sattelstelle darstellt – ganz so, wie eine Funktion f, deren Ableitung an einem Punkt 0 ist (deren Wert sich dort also im Vergleich zu infinitesimal benachbarten Punkten nicht ändert, $\delta f = 0$), dort ein lokales Maximum, ein lokales Minimum oder eine Sattelstelle besitzt. Und es kommt noch schöner: Für jede physikalische Bewegung ist die Wirkung stationär. Die Bedingung (1.331) ist *äquivalent* zur Bewegungsgleichung! Wir können daher *anstelle* der Newtonschen Formulierung, die von der Bewegungsgleichung ausgeht, die Bedingung (1.331) als Ausgangspunkt nehmen – sie ist das **Wirkungsprinzip** (in diesem Einleitungsbeispiel das Wirkungsprinzip für den harmonischen Oszillator)! Da man früher glaubte, die Wirkung S werde durch die physikalische Bewegung *minimiert*, heißt es auch (bis heute) das **Prinzip der kleinsten Wirkung**.

Beweis[*]

Interessanterweise ist es gar nicht so schwierig, diesen Sachverhalt zu beweisen: Nehmen wir an, $x \equiv x(t)$ sei eine Bewegung, die (1.329) erfüllt, und für die die Wirkung stationär ist. Dann betrachten wir eine Familie von Vergleichsbewegungen der Form

$$x_\varepsilon(t) = x(t) + \varepsilon \xi(t), \qquad (1.332)$$

wobei ε eine beliebige Zahl und ξ eine beliebige (differenzierbare) Funktion ist, die

$$\xi(t_0) = \xi(t_1) = 0 \qquad (1.333)$$

erfüllt. Die letzte Bedingung garantiert, dass für jede dieser Vergleichsbewegungen (1.329) erfüllt ist. Halten wir ξ fest und variieren ε, so können wir für jede durch x_ε definierte Bewegung den Wert der Wirkung berechnen und erhalten auf diese Weise eine Funktion

$$S(\varepsilon) = \int_{t_0}^{t_1} dt \left(\frac{m}{2} \dot{x}_\varepsilon(t)^2 - \frac{m\omega^2}{2} x_\varepsilon(t)^2 \right). \qquad (1.334)$$

Da wir angenommen haben, dass die Wirkung für jene Bewegung, die dem Wert $\varepsilon = 0$ entspricht, stationär ist, muss

$$S'(0) = 0 \qquad (1.335)$$

gelten, was gewissermaßen die für die Familie (1.332) von Vergleichsbewegungen formulierte Bedingung (1.331) darstellt. Dass S für die Bewegung $x \equiv x(t)$ stationär ist, ist also gleichbedeutend mit der Aussage, dass (1.335) für *alle* (differenzierbaren) Funktionen ξ gilt, die (1.333) erfüllen. Um sie auszuwerten, setzen wir (1.332) in (1.334) ein und erhalten

$$S(\varepsilon) = \varepsilon m \int_{t_0}^{t_1} dt \left(\dot{x}(t)\dot{\xi}(t) - \omega^2 x(t)\xi(t) + \ldots \right) + \ldots, \qquad (1.336)$$

wobei die Punkte für Terme stehen, die quadratisch in ε sind (unter dem Integral) bzw. ε gar nicht enthalten (hinter dem Integral), d. h. für Terme, die wir zur Berechnung von $S'(0)$ nicht benötigen (Aufgabe 31). Die Bedingung (1.335) lautet daher

$$\int_{t_0}^{t_1} dt \left(\dot{x}(t)\dot{\xi}(t) - \omega^2 x(t)\xi(t) \right) = 0. \qquad (1.337)$$

Wir formen das Integral über den ersten Term mit Hilfe einer partiellen Integration[97] um,

$$\int_{t_0}^{t_1} dt\, \dot{x}(t)\dot{\xi}(t) = \dot{x}(t_1)\underbrace{\xi(t_1)}_{0} - \dot{x}(t_0)\underbrace{\xi(t_0)}_{0} - \int_{t_0}^{t_1} dt\, \ddot{x}(t)\xi(t), \qquad (1.338)$$

---

[97] Ihr liegt die Beziehung $\ddot{x}\xi = \frac{d}{dt}(\dot{x}\xi) - \dot{x}\dot{\xi}$ zugrunde, die einfach eine umgeschriebene Version der Produktregel $\frac{d}{dt}(\dot{x}\xi) = \ddot{x}\xi + \dot{x}\dot{\xi}$ ist.

wobei die ersten beiden Terme wegen (1.333) wegfallen. Damit nimmt die Bedingung (1.337) die Form

$$\int_{t_0}^{t_1} dt \left(\ddot{x}(t) + \omega^2 x(t) \right) \xi(t) = 0 \tag{1.339}$$

an. Der Clou ist nun die Formulierung „für alle": Damit diese Bedingung *für alle* erlaubten Funktionen $\xi \equiv \xi(t)$ erfüllt ist, ist nötig, dass der Term in der Klammer gleich 0 ist (andernfalls könnte man sich immer eine Funktion ξ ausdenken, für die das Integral $\neq 0$ ist). Auf diese Weise erhalten wir das Ergebnis, dass die Wirkung für eine Bewegung $x \equiv x(t)$ genau dann stationär ist, wenn

$$\ddot{x}(t) + \omega^2 x(t) = 0 \tag{1.340}$$

gilt. Das ist aber genau die Bewegungsgleichung (1.77) des harmonischen Oszillators!

Was man vielleicht für einen verrückten mathematischen Zufall halten könnte, der nicht über den harmonischen Oszillator hinausgeht, ist zu einem der grundlegendsten Prinzipien der Physik geworden.

1.6.3 Lagrangefunktion

Um die allgemeine Struktur des Wirkungsprinzips in der klassischen Mechanik formulieren zu können, schreiben wir die Größe (1.328) in der Form

$$L(x,\dot{x}) = \frac{m}{2} \dot{x}^2 - \frac{m\omega^2}{2} x^2 \tag{1.341}$$

an. Die Schreibweise drückt aus, dass L als eine Funktion des Ortes und der Geschwindigkeit aufgefasst wird[98]. Sie heißt **Lagrangefunktion**. Die Wirkung (1.330) für eine beliebige Bewegung $x \equiv x(t)$ kann dann in der Form

$$S = \int_{t_0}^{t_1} dt\, L(x(t), \dot{x}(t)) \tag{1.342}$$

geschrieben werden. Ganz analog lässt sich jedes eindimensionale System, das eine potentielle Energie $V \equiv V(x)$ besitzt, aus einem Wirkungsprinzip ableiten, deren Lagrangefunktion durch

$$L(x,\dot{x}) = \frac{m}{2} \dot{x}^2 - V(x) \tag{1.343}$$

definiert ist. Grundsätzlich darf die Funktion, die von der kinetischen Energie subtrahiert wird, auch explizit von der Zeit abhängen (es ist Geschmackssache, ob man sie in diesem Fall als

---

[98] Das ist wichtig: Ort und Geschwindigkeit werden bei der Festlegung dieser Funktion als *unabhängige* Variable betrachtet. Erst wenn eine *konkrete* Bewegung $x \equiv x(t)$ eingesetzt wird, ist für die Geschwindigkeit die Zeitableitung des Ortes einzusetzen. Unterscheiden Sie bitte die beiden Funktionen $(x,\dot{x}) \mapsto L(x,\dot{x})$ und $t \mapsto L(x(t), \dot{x}(t))$!

„potentielle Energie" bezeichnen will – wir werden es der Einfachheit halber tun), wodurch (1.343) zu

$$L(x,\dot{x},t) = \frac{m}{2}\dot{x}^2 - V(x,t) \tag{1.344}$$

verallgemeinert wird. Theoretisch kann sogar eine (weitgehend) *beliebige* Funktion des Ortes, der Geschwindigkeit und der Zeit als Lagrangefunktion definiert und das dem Wirkungsintegral

$$S = \int_{t_0}^{t_1} dt\, L(x(t),\dot{x}(t),t) \tag{1.345}$$

entsprechende Wirkungsprinzip $\delta S = 0$ betrachtet werden.

Auch dreidimensionale Systeme können auf analoge Weise durch ein Wirkungsprinzip beschrieben werden. Im Fall einer von Ort und Zeit abhängigen potentiellen Energie sind die Lagrangefunktion und die Wirkung durch

$$L(\vec{x},\dot{\vec{x}},t) = \frac{m}{2}\dot{\vec{x}}^2 - V(\vec{x},t) \tag{1.346}$$

und

$$S = \int_{t_0}^{t_1} dt\, L(\vec{x}(t),\dot{\vec{x}}(t),t) \tag{1.347}$$

definiert. Wir werden in diesem Kapitel vor allem Lagrangefunktionen vom Typ „kinetische minus potentielle Energie" betrachten, aber auch einige Beispiele angeben, für die das nicht der Fall ist.

Und schließlich können auch Mehrteilchensysteme nach dem gleichen Schema behandelt werden, wobei die Lagrangefunktion von allen Orten und Geschwindigkeiten (und möglicherweise auch von der Zeit) abhängt.

1.6.4 Verallgemeinerte Koordinaten und verallgemeinerte Geschwindigkeiten

Bevor wir uns den Zusammenhang zwischen dem Wirkungsprinzip und den Bewegungsgleichungen im allgemeinen Fall näher ansehen, müssen wir noch eine kleine Vorarbeit leisten, die sich bezahlt machen wird. Sie hängt damit zusammen, dass das Wirkungsprinzip – neben seiner grundsätzlichen Bedeutung – helfen kann, die Lösung von Bewegungsproblemen zu vereinfachen.

Manchmal ist es nicht sehr sinnvoll, kartesische Koordinaten zur Ortsangabe zu verwenden. In radialsymmetrischen Problemen (etwa wenn die potentielle Energie eines Teilchens nur vom Abstand r vom Ursprung abhängt) wird es klug sein, Kugelkoordinaten heranzuziehen, für zylindersymmetrische Probleme sind in der Regel Zylinderkoordinaten besser geeignet als kartesische. (Beide sind im Anhang kurz charakterisiert). Die Position eines ebenen Pendels wird am einfachsten durch den Auslenkungswinkel charakterisiert, jene eines sphärischen Pendels durch zwei Winkelgrößen.

Ein praktischer Vorteil des Lagrangeformalismus besteht darin, dass *beliebige* Koordinaten verwendet werden können. Dazu muss die Lagrangefunktion nur durch diese und ihre Zeitableitungen ausgedrückt werden. Wird beispielsweise die x-Koordinate eines Teilchens im Raum durch drei andere Variable q_1, q_2 und q_3 ausgedrückt (also $x \equiv x(q_1, q_2, q_3)$), so ist die x-Komponente der Geschwindigkeit für eine beliebige Teilchenbewegung nach der Leibnizschen Kettenregel[99] durch

$$\dot{x} = \frac{\partial x}{\partial q_1}\dot{q}_1 + \frac{\partial x}{\partial q_2}\dot{q}_2 + \frac{\partial x}{\partial q_3}\dot{q}_3 \tag{1.348}$$

gegeben, und analoges gilt für die beiden anderen Komponenten $\dot{y}$ und $\dot{z}$ (siehe Aufgabe 32). Auf diese Weise kann die Lagrangefunktion durch q_1, q_2, q_3 und die Zeitableitungen $\dot{q}_1$, $\dot{q}_2$ und $\dot{q}_3$ ausgedrückt werden.

Im allgemeinen Fall eines Systems mit n Freiheitsgraden wird die Lagrangefunktion von Größen $q_1, q_2, \ldots q_n$ (den **verallgemeinerten Koordinaten**) und deren Zeitableitungen $\dot{q}_1, \dot{q}_2, \ldots \dot{q}_n$ (den **verallgemeinerten Geschwindigkeiten**) abhängen. Im Sinne einer bequemen Kurzschreibweise fallen wir sie zu

$$q \equiv (q_1, q_2, \ldots q_n) \tag{1.349}$$

$$\dot{q} \equiv (\dot{q}_1, \dot{q}_2, \ldots \dot{q}_n) \tag{1.350}$$

zusammen und schreiben die Lagrangefunktion in der Form[100]

$$L \equiv L(q, \dot{q}, t), \tag{1.351}$$

womit wir $L \equiv L(q_1, q_2, \ldots q_n, \dot{q}_1, \dot{q}_2, \ldots \dot{q}_n, t)$ meinen. Das Wirkungsintegral für Bewegungen zwischen den Zeitpunkten t_0 und t_1 ist dann durch

$$S = \int_{t_0}^{t_1} dt\, L(q(t), \dot{q}(t), t) \tag{1.352}$$

gegeben. Die Menge aller $q \equiv (q_1, q_2, \ldots q_n)$, die ein System annehmen kann, wird als **Konfigurationsraum** bezeichnet. Für ein Teilchen, das sich in *jedem* Punkt des dreidimensionalen Raumes aufhalten kann, ist er – durch kartesische Koordinaten ausgedrückt – gleich dem ganzen $\mathbb{R}^3$. Die Aufgabe von nicht-kartesischen verallgemeinerten Koordinaten besteht – ebenso wie jene der kartesischen Koordinaten – darin, die Lage von Punkten im Konfigurationsraum anzugeben.

Besonders wichtig sind die **Kugelkoordinaten** (siehe den Unterabschnitt B.4.2 auf Seite 298 im Anhang). In ihnen nimmt das Quadrat der Geschwindigkeit die Form

$$\dot{\vec{x}}^2 \equiv \dot{x}^2 + \dot{y}^2 + \dot{z}^2 = \dot{r}^2 + r^2\left(\dot{\theta}^2 + \sin^2\theta\,\dot{\varphi}^2\right) \tag{1.353}$$

---

[99] Siehe (B.86) und (B.88) im Anhang.

[100] Wie bei der Verwendung kartesischer Koordinaten werden die verallgemeinerten Koordinaten und die verallgemeinerten Geschwindigkeiten bei der Festlegung einer Lagrangefunktion als *unabhängige* Variable betrachtet. Erst wenn eine *konkrete* Bewegung $q \equiv q(t)$ eingesetzt wird, sind für die verallgemeinerten Geschwindigkeiten die Zeitableitungen der Koordinaten einzusetzen. Unterscheiden Sie bitte die beiden Funktionen $(q, \dot{q}, t) \mapsto L(q, \dot{q}, t)$ und $t \mapsto L(q(t), \dot{q}(t), t)$!

an (Aufgabe 33). Damit ist die kinetische Energie eines Teilchens ($m/2$ mal diesem Ausdruck) vollständig durch Kugelkoordinaten ausgedrückt. Betrachten wir als Beispiel das Keplerproblem, d. h. das System eines Satelliten im Newtonschen Gravitationsfeld eines (im Urspung fixierten) Zentralkörpers. Die auf den Satelliten wirkende Kraft ist durch (1.22), die Newtonsche Bewegungsgleichung durch (1.55) gegeben. Im Lagrangeformalismus interessieren uns diese beiden Beziehungen zunächst nicht – sie sind eine Konsequenz, keine Voraussetzung! Was wir aber sehr wohl benötigen, um die Lagrangefunktion anschreiben zu können, ist die potentielle Energie dieses Systems. Sie ist in der Tabelle 1.2 wiedergegeben. Durch Kugelkoordinaten ausgedrückt lautet sie (mit $|\vec{x}| = r$) einfach

$$V(\vec{x}) = -\frac{GMm}{r}. \tag{1.354}$$

Damit und mit (1.353) können wir die Lagrangefunktion („kinetische minus potentielle Energie") für das Keplerproblem anschreiben:

$$L(r,\theta,\varphi,\dot{r},\dot{\theta},\dot{\varphi},t) = \frac{m}{2}\left(\dot{r}^2 + r^2\left(\dot{\theta}^2 + \sin^2\theta\,\dot{\varphi}^2\right)\right) + \frac{GMm}{r}. \tag{1.355}$$

Im Unterabschnitt 1.6.7 (Seite 127) werden wir vorführen, wie mit ihrer Hilfe das Keplerproblem gelöst werden kann.

Ein anderes Beispiel für verallgemeinerne Koordinaten – auf das wir aber nicht näher eingehen – sind die Eulerschen Winkel (1.274), die Sie bei der Beschreibung des starren Körpers kennen gelernt haben, sofern sie den entsprechenden Unterabschnitt (Seite 68) gelesen haben. Sie können dazu benutzt werden, die Dynamik eines starren Körpers durch eine Lagrangefunktion auszudrücken.

1.6.5 Verallgemeinerte Impulse und die Euler-Lagrange-Gleichungen

Wir sind nun in der Lage, den Lagrangeformalismus – soweit er mechanische Systeme betrifft – ganz allgemein zu formulieren. Ausgangspunkt ist eine Lagrangefunktion (1.351), ausgedrückt durch n verallgemeinerte Koordinaten $q_1, q_2, \dots q_n$ (wobei als Spezialfall natürlich auch kartesische Koordinaten erlaubt sind) und deren verallgemeinerte Geschwindigkeiten $\dot{q}_1, \dot{q}_2, \dots \dot{q}_n$. Zudem darf L noch explizit von der Zeit abhängen. Das **Wirkungsprinzip** für ein solches System ist genauso formuliert, wie wir es am Beispiel des harmonischen Oszillators bereits kennen gelernt haben: Gesucht sind Bewegungen (zwischen den beiden Zeitpunkten t_0 und t_1), die

$$q_j(t_0) = q_{j0} \quad \text{und} \quad q_j(t_1) = q_{j1} \quad \text{für} \quad j = 1,2\dots n \tag{1.356}$$

erfüllen (wobei die q_{0j} und q_{j1} vorgegeben sind), und für die sich S im Vergleich zu infinitesimal „benachbarten", d. h. nur geringfügig abweichenden Bewegungen nicht ändert, für die also die Wirkung stationär ist. Abgekürzt wird dafür, wie in (1.331),

$$\delta S = 0 \tag{1.357}$$

geschrieben.

Wie im Fall des harmonischen Oszillators sind diese Bewegungen durch eine Differentialgleichung (oder ein System von Differentialgleichungen) charakterisiert. Sie lauten

$$\frac{d}{dt}\frac{\partial L}{\partial \dot{q}_j} = \frac{\partial L}{\partial q_j} \qquad \text{für} \quad j = 1,2,\ldots n \tag{1.358}$$

und heißen **Euler-Lagrange-Gleichungen** (oder **Euler-Lagrangesche Bewegungsgleichungen**). Bevor wir sie beweisen, wollen wir uns ihre Struktur vergegenwärtigen: Die partiellen Ableitungen $\partial L/\partial \dot{q}_j$ und $\partial L/\partial q_j$ hängen von den verallgemeinerten Koordinaten und Geschwindigkeiten – die ihrerseits wieder von der Zeit abhängen – *und* explizit von der Zeit ab. Kennzeichnen wir diese Abhängigkeiten in den Gleichungen (1.358), so lauten diese

$$\frac{d}{dt}\left(\frac{\partial L}{\partial \dot{q}_j}(q(t),\dot{q}(t),t)\right) = \frac{\partial L}{\partial q_j}(q(t),\dot{q}(t),t) \tag{1.359}$$

oder, noch ausführlicher angeschrieben,

$$\frac{d}{dt}\left(\frac{\partial L}{\partial \dot{q}_j}(q_1(t),q_2(t),\ldots q_n(t),\dot{q}_1(t),\dot{q}_2(t),\ldots \dot{q}_n(t),t)\right) =$$
$$= \frac{\partial L}{\partial q_j}(q_1(t),q_2(t),\ldots q_n(t),\dot{q}_1(t),\dot{q}_2(t),\ldots \dot{q}_n(t),t). \tag{1.360}$$

Die „totale" Zeitableitung d/dt auf der linken Seite wirkt auf die *gesamte* Zeitabhängigkeit des rechts von ihr stehenden Klammerausdrucks[101]. Wird auch sie ausgeführt, so treten *zweite* Zeitableitungen der verallgemeinerten Koordinaten auf – die so genannten *verallgemeinerten Beschleunigungen*. Die Euler-Lagrange-Gleichungen übernehmen nun die Rolle, die das zweite Newtonsche Axiom (die Newtonsche Bewegungsgleichung) in der bisher besprochenen Theorie als Grundgleichung der Mechanik spielte.

Beweis*

Der Beweis von (1.358) wird ganz ähnlich geführt wie die Berechnung, die wir im Fall des harmonischen Oszillators geführt haben, und deren Ergebnis (1.340) war: Nehmen wir an, $q \equiv q(t)$ sei eine Bewegung, die (1.356) erfüllt, und für die

---

[101] Bitte prägen Sie sich ein: Eine *totale* Zeitableitung, anhand eines einfacheren Beispiels in der Form

$$\frac{d}{dt}F(q(t),t) \quad \text{oder} \quad \frac{dF(q(t),t)}{dt} \quad \text{oder} \quad \frac{dF}{dt}(q(t),t) \quad \text{oder kurz} \quad \dot{F} \tag{1.361}$$

angeschrieben, ist die Ableitung der Funktion $t \mapsto F(q(t),t)$, wobei $q \equiv q(t)$ einen konkreten Bewegungsverlauf angibt. Sie ist von der *partiellen* Ableitung nach der Zeit, die wir in der Form

$$\frac{\partial}{\partial t}F(q,t) \quad \text{oder} \quad \frac{\partial F(q,t)}{\partial t} \quad \text{oder} \quad \frac{\partial F}{\partial t}(q,t) \quad \text{oder kurz} \quad \frac{\partial F}{\partial t} \tag{1.362}$$

anschreiben, zu unterscheiden. Letztere ist die partielle Ableitung der Funktion $(q,t) \mapsto F(q,t)$ nach ihrem zweiten Argument, also nach t, bei festgehaltenem q. Beispiel: Mit $F(q,t) = qt^2$ und $q(t) = t$ ist $dF/dt = 3t^2$ und $\partial F/\partial t = 2qt$.

die Wirkung stationär ist. Wir betrachten dann eine Familie von Vergleichsbewegungen der Form

$$q_{\varepsilon,j}(t) = q_j(t) + \varepsilon \xi_j(t), \qquad (1.363)$$

wobei ε eine beliebige Zahl und die ξ_j beliebige (differenzierbare) Funktionen sind, die

$$\xi_j(t_0) = \xi_j(t_1) = 0 \qquad (1.364)$$

erfüllen. Die letzte Bedingung garantiert, dass für jede dieser Vergleichsbewegungen (1.356) erfüllt ist. Nun wird (1.363) für festgehaltene ξ_j in die Lagrangefunktion eingesetzt und das Wirkungsintegral

$$S(\varepsilon) = \int_{t_0}^{t_1} dt\, L\left(q(t) + \varepsilon \xi(t), \dot{q}(t) + \varepsilon \dot{\xi}(t), t\right) \qquad (1.365)$$

gebildet. Die Bedingung (1.357) der Stationarität der Wirkung ist nun äquivalent zur Gültigkeit von

$$S'(0) = 0 \qquad (1.366)$$

für alle erlaubten Funktionen $\xi_j \equiv \xi_j(t)$. Die Ableitung nach ε wird mit der Leibnizschen Kettenregel berechnet. An der Stelle $\varepsilon = 0$ finden wir für sie

$$S'(0) = \int_{t_0}^{t_1} dt \sum_{j=1}^{n} \left(\frac{\partial L}{\partial q_j} \xi_j + \frac{\partial L}{\partial \dot{q}_j} \dot{\xi}_j \right) \qquad (1.367)$$

(Aufgabe 34), wobei die Abhängigkeiten von der Zeit nicht eigens angeschrieben wurden und die partiellen Ableitungen von L für die Argumente $(q, \dot{q}, t)$ zu nehmen sind. (ε tritt hier nicht mehr auf, da es 0 gesetzt wurde). Nun formen wir das Integral über den zweiten Term mit Hilfe einer partiellen Integration[102] um,

$$\int_{t_0}^{t_1} dt \sum_{j=1}^{n} \frac{\partial L}{\partial \dot{q}_j} \dot{\xi}_j = \underbrace{\sum_{j=1}^{n} \left. \frac{\partial L}{\partial \dot{q}_j} \xi_j \right|_{t=t_0}^{t=t_1}}_{0} - \int_{t_0}^{t_1} dt \sum_{j=1}^{n} \xi_j \frac{d}{dt} \frac{\partial L}{\partial \dot{q}_j}, \qquad (1.368)$$

wobei der erste Term wegen (1.364) wegfällt. Damit nimmt die Bedingung (1.366) die Form

$$\int_{t_0}^{t_1} dt \sum_{j=1}^{n} \xi_j \left(\frac{d}{dt} \frac{\partial L}{\partial \dot{q}_j} - \frac{\partial L}{\partial q_j} \right) = 0 \qquad (1.369)$$

an. Damit sie *für alle* erlaubten Funktionen $\xi_j \equiv \xi_j(t)$ erfüllt ist, müssen die in der Klammer stehenden Terme (für alle j) gleich 0 sein (andernfalls könnte man sich immer Funktionen ξ_j ausdenken, für die das Integral $\neq 0$ ist). Auf diese Weise

---

[102] Ihr liegt die Beziehung $\frac{\partial L}{\partial \dot{q}_j} \dot{\xi}_j = \frac{d}{dt}\left(\frac{\partial L}{\partial \dot{q}_j} \xi_j \right) - \xi_j \frac{d}{dt} \frac{\partial L}{\partial \dot{q}_j}$ zugrunde, die einfach eine umgeschriebene Version der Produktregel $\frac{d}{dt}\left(\frac{\partial L}{\partial \dot{q}_j} \xi_j \right) = \xi_j \frac{d}{dt} \frac{\partial L}{\partial \dot{q}_j} + \frac{\partial L}{\partial \dot{q}_j} \dot{\xi}_j$ ist.

erhalten wir als Ergebnis, dass die Bewegungen, für die die Wirkung stationär ist, genau die Lösungen der Differentialgleichung (bzw. des Differentialgleichungssystems)

$$\frac{d}{dt}\frac{\partial L}{\partial \dot{q}_j} = \frac{\partial L}{\partial q_j} \qquad \text{für} \quad j = 1, 2, \ldots n \tag{1.370}$$

sind. Ergänzend fügen wir hinzu, dass die obigen Umformungsschritte, die zu (1.370) geführt haben, auch in einer kompakteren Form angeschrieben werden können, wenn die in (1.363) angesetzten Größen $\varepsilon \xi_j(t)$ als (infinitesimale) *Variationen* $\delta q_j(t)$ behandelt werden, die die Differenz zwischen $q_j(t)$ und einer (infinitesimal benachbarten) Vergleichsbewegung $q_j(t) + \delta q_j(t)$ darstellen. Die sich daraus ergebende (infinitesimale) Variation der Lagrangefunktion $L \equiv L(q, \dot{q}, t)$ wird mit Hilfe der Leibnizschen Kettenregel zu

$$\delta L = \frac{\partial L}{\partial q_j}\delta q_j + \frac{\partial L}{\partial \dot{q}_j}\delta \dot{q}_j \tag{1.371}$$

berechnet, wobei $\delta \dot{q}_j = \frac{d}{dt}\delta q_j$ ist. Alle höheren Potenzen der δq_j verschwinden automatisch. In diesem Formalismus sieht das Argument, das zu den Euler-Lagrange-Gleichungen führt, so aus:

$$\begin{aligned}
\delta S &= \delta \int_{t_0}^{t_1} dt\, L = \int_{t_0}^{t_1} dt\, \delta L = \int_{t_0}^{t_1} dt \sum_{j=1}^{n} \left(\frac{\partial L}{\partial q_j}\delta q_j + \frac{\partial L}{\partial \dot{q}_j}\delta \dot{q}_j \right) \\
&= \int_{t_0}^{t_1} dt \sum_{j=1}^{n} \left(\frac{\partial L}{\partial q_j}\delta q_j + \frac{d}{dt}\left(\frac{\partial L}{\partial \dot{q}_j}\delta q_j \right) - \delta q_j \frac{d}{dt}\frac{\partial L}{\partial \dot{q}_j} \right) \\
&= \int_{t_0}^{t_1} dt \sum_{j=1}^{n} \delta q_j \left(\frac{\partial L}{\partial q_j} - \frac{d}{dt}\frac{\partial L}{\partial \dot{q}_j} \right) + \int_{t_0}^{t_1} dt \frac{d}{dt}\left(\sum_{j=1}^{n} \frac{\partial L}{\partial \dot{q}_j}\delta q_j \right) \\
&= \int_{t_0}^{t_1} dt \sum_{j=1}^{n} \delta q_j \left(\frac{\partial L}{\partial q_j} - \frac{d}{dt}\frac{\partial L}{\partial \dot{q}_j} \right) + \underbrace{\sum_{j=1}^{n} \frac{\partial L}{\partial \dot{q}_j}\delta q_j \Bigg|_{t=t_0}^{t=t_1}}_{0} ,
\end{aligned} \tag{1.372}$$

wobei die entscheidende Umformung farblich hervorgehogen und zuletzt als infinitesimale Entsprechung der Bedingung (1.364) $\delta q_j(t_0) = \delta q_j(t_1) = 0$ gesetzt wurde. Da $\delta S = 0$ für *beliebige* (infinitesimale) Variationen δq_j gelten soll, die diese Bedingung erfüllen, müssen die Klammerausdrücke im verbleibenden Integral (für alle j) verschwinden – woraus die Euler-Lagrange-Gleichungen folgen. Der mathematische Kalkül dieser Art von Umformungen und Argumenten heißt *Variationsrechnung*.

Die Euler-Lagrange-Gleichungen charakterisieren also jene Bewegungen, die das Wirkungprinzip erfüllen. In der Praxis bilden sie den Ausgangspunkt zum Studium eines Bewegungsproblems im Lagrangeformalismus. Sehen wir uns ihre Struktur genauer an: Die Größen

$$p_j = \frac{\partial L}{\partial \dot{q}_j} \tag{1.373}$$

hängen im allgemeinen Fall von den verallgemeinerten Koordinaten q_j, den verallgemeinerten Geschwindigkeiten $\dot{q}_j$ und explizit von der Zeit ab. Sie heißen **verallgemeinerte Impulse** (oder auch *kanonische Impulse*). Mit ihrer Hilfe können die Euler-Lagrange-Gleichungen auch in der Form

$$\dot{p}_j = \frac{\partial L}{\partial q_j} \qquad \text{für} \quad j = 1, 2, \ldots n \tag{1.374}$$

geschrieben werden. Diese Bezeichnung „Impulse" für die p_j wird klar, wenn wir sie uns im Fall der Lagrangefunktionen vom Typ (1.344) und (1.346) ansehen: Im ersten Fall erhalten wir

$$p = \frac{\partial}{\partial \dot{x}} \left(\frac{m}{2} \dot{x}^2 - V(x,t) \right) = m\dot{x}, \tag{1.375}$$

also den Impuls, und im zweiten Fall

$$p_j = \frac{\partial}{\partial \dot{x}_j} \left(\frac{m}{2} \dot{\vec{x}}^2 - V(\vec{x},t) \right) = m\dot{x}_j \tag{1.376}$$

für $j = 1,2,3$, also die Komponenten des Impulses $\vec{p} = m\dot{\vec{x}}$. In kartesischen Koordinaten und für ein System vom Typ „Lagrangefunktion = kinetische minus potentielle Energie" sind die „verallgemeinerten Impulse" genau die Impulse! Die rechte Seite der Euler-Lagrange-Gleichungen (1.358) bzw. (1.374) reduziert sich für die Systeme (1.344) und (1.346) auf $-\partial V/\partial x$ bzw. $-\partial V/\partial x_j$, also genau auf die Kraft bzw. die Kraftkomponenten.

Im allgemeinen Fall werden die Größen $\partial L/\partial q_j$ **verallgemeinerte Kräfte** genannt. In krummlinigen Koordinaten nehmen sowohl die verallgemeinerten Impulse als auch die verallgemeinerten Kräfte eine andere als die uns aus der Newtonschen Mechanik vertraute Form an, wie wir noch sehen werden.

Um ein bisschen Übung beim Umgang mit Lagrangefunktionen zu erhalten, arbeiten Sie die Aufgaben 35 – 40 durch!

Bemerkung
Welche Funktionen kommen als Lagrangefunktionen in Frage?
Welche Funktionen $L \equiv L(q,\dot{q},t)$ sind als Lagrangefunktionen zur Beschreibung eines physikalischen Systems zugelassen? Grundsätzlich gibt es hier keine Beschränkungen (außer allgemeinen Differenzierbarkeitsforderungen). Zur Beschreibung mechanischer Systeme ist es aber oft nützlich, eine zusätzliche Forderung aufzustellen, nämlich dass es möglich sein soll, die Definitionsgleichung der verallgemeinerten Impulse (1.373) nach den verallgemeinerten Geschwindigkeiten aufzulösen! Ist das der Fall, so bestimmen die Euler-Lagrange-Gleichungen die verallgemeinerten Beschleunigungen $\ddot{q}_j$ und definieren eine Zeitentwicklung aus frei wählbaren Anfangsdaten der üblichen Struktur (Anfangsorte und Anfangsgeschwindigkeiten). Bisweilen treten in der Physik aber auch Lagrangefunktionen auf, die diese Forderung *nicht* erfüllen – Modelle dieser Art werden auch als *constrained systems* bezeichnet[103].

---

[103] Ein Beispiel dafür ist die später in diesem Buch erwähnte Lagrangefunktion (1.545). Der Name *constrained*

Für das System (1.344) lautet die Euler-Lagrange-Gleichung (in diesem Fall ist es nur eine)

$$m\ddot{x} = -\frac{\partial V(x,t)}{\partial x}, \tag{1.377}$$

für das System (1.346) lauten die Euler-Lagrange-Gleichungen, in vektorieller Form angeschrieben,

$$m\ddot{\vec{x}} = -\vec{\nabla} V(\vec{x},t). \tag{1.378}$$

Das sind genau die Newtonschen Bewegungsgleichungen (wobei die potentiellen Energien, d. h. die Funktionen V, die die Kräfte definieren, auch von der Zeit abhängen dürfen)! Damit ist bewiesen, dass die **Euler-Lagrange-Gleichungen** dieser Systeme **zu den** entsprechenden **Newtonschen Bewegungsgleichungen äquivalent** sind!

Wir können also physikalische Systeme, die in der Newtonschen Mechanik betrachtet werden, und die aus einem Wirkungsprinzip vom Typ „Lagrangefunktion = kinetische minus potentielle Energie" ableitbar sind, auch im Rahmen des Lagrangeformalismus behandeln. Wozu aber dann der neue Zugang, wenn er doch auf die altbekannten Newtonschen Bewegungsgleichungen führt? Eine Besonderheit daran ist, dass die Euler-Lagrange-Gleichungen zum Wirkungsprinzip (1.357) äquivalent sind, und dieses ist *unabhängig von der Beschreibung durch Koordinaten* formuliert! Werden andere als kartesische Koordinaten verwendet, so sind die resultierenden Euler-Lagrange-Gleichungen ebenfalls zu den Newtonschen Bewegungsgleichungen äquivalent! Damit wissen wir beispielsweise ohne weitere Rechnung, dass die Euler-Lagrange-Gleichungen der in Kugelkoordinaten ausgedrückten Lagrangefunktion (1.355) für das Keplerproblem die gleiche Information enthalten wie (1.55).

Wir merken noch an, dass die zu einem mechanischen System gehörende Lagrangefunktion *nicht eindeutig* ist. Insbesondere führen zwei Lagrangefunktionen, deren Differenz die totale Zeitableitung einer Funktion der verallgemeinerten Koordinaten und der Zeit ist, auf die gleichen Euler-Lagrange-Gleichungen (Aufgabe 41). Ihre Wirkungsintegrale unterscheiden sich dann für festgehaltene Anfangs- und Endzeit t_0 und t_1 nur um eine Konstante, die sich auf die Variationen der Bewegungsverläufe im Inneren dieses Zeitintervalls nicht auswirkt und daher die Logik des Wirkungsprinzips nicht berührt. So könnte man beispielsweise den harmonischen Oszillator anstelle von (1.341) mit Hilfe der Lagrangefunktion

$$\widetilde{L}(x,\dot{x}) = \frac{m}{2}\dot{x}^2 - \frac{m\omega^2}{2}x^2 + 2ax\dot{x} \tag{1.379}$$

beschreiben, wobei a eine beliebige Konstante ist (Aufgabe 42). Beachten Sie, dass der Zusatzterm $2ax\dot{x}$ eine totale Zeitableitung ist, denn es gilt $\frac{d}{dt}(ax^2) = 2ax\dot{x}$. Die Wirkungsintegrale von (1.341) und (1.379) unterscheiden sich um die Konstante

$$a\left(x(t_1)^2 - x(t_0)^2\right), \tag{1.380}$$

---

systems rührt daher, dass in derartigen Systemen die Anfangsdaten nicht frei wählbar, also eingeschränkt (*constrained*) sind.

die – da sie nur von den Werten von $ax(t)^2$ an den Randpunkten des Zeitintervalls $[t_0, t_1]$ abhängt – auch als „Randterm" bezeichnet wird. Wirkungsintegrale, die sich nur durch derartige Randterme unterscheiden, beschreiben das gleiche physikalische System.

1.6.6 Symmetrien und Erhaltungssätze

Bevor wir zu einigen konkreten Beispielen übergehen, wollen wir uns noch einem Thema zuwenden, das im Rahmen der Newtonschen Mechanik nur unbefriedigend gelöst ist.

- So ist die Existenz einer erhaltenen Gesamtenergie nicht automatisch durch die Postulate der Newtonschen Mechanik gewährleistet, selbst wenn zusätzlich die Galilei-Invarianz der Bewegungsgleichungen verlangt wird und keine (an den Krafttermen erkennbaren) äußeren Einwirkungen vorliegen (siehe die Überlegungen im Exkurs zu galilei-invarianten Zweikörperproblemen auf Seite 97).

- Eine geeignete Definition, was „die Gesamtenergie" eines Systems überhaupt ist (ob sie nun erhalten ist oder nicht), war im Rahmen der Newtonschen Mechanik eigentlich nur für den Fall, dass die Kräfte nicht von den Geschwindigkeiten abhängen und durch Gradientenbildung aus einer gemeinsamen potentiellen Energie (Seite 61) gewonnen werden können, zu haben.

- Weiters ist, wie auf Seite 16 erwähnt und auf Seite 62 ausführlicher besprochen, das dritte Newtonsche Axiom eine problematische Angelegenheit.

Im Lagrangeformalismus werden alle diese Probleme mit einem Schlag und *ohne weitere Zusatzforderungen* gelöst. Der Preis, den wir dafür zahlen, ist, dass in seinem Rahmen gewisse Modelle – die in der Newtonschen Mechanik prinzipiell zugelassen sind – nicht formuliert werden können. Aber wir zahlen ihn gerne, denn mit dem Wirkungsprinzip gewinnen wir im Vergleich zur Newtonschen Mechanik einen strengeren Maßstab, an dem physikalische Theorien gemessen werden können. Sehen wir uns also die Antworten an, die es uns gibt!

Die erste Folgerung aus den Euler-Lagrange-Gleichungen ergibt sich unmittelbar aus deren Form (1.374). Falls die Lagrangefunktion L von *einer* verallgemeinerten Koordinate q_k nicht abhängt[104], d. h. falls

$$\frac{\partial L}{\partial q_k} = 0 \tag{1.381}$$

für dieses *eine* k gilt, so folgt

$$\dot{p}_k = 0. \tag{1.382}$$

In diesem Fall ist also der zugehörige verallgemeinerte Impuls p_k eine *Erhaltungsgröße*. Eine Aussage der Form (1.381) kann auch als *Symmetrie* angesehen werden: Sie ist gleichbedeutend damit, dass sich die Form der Lagrangefunktion nicht ändert, wenn in ihr die Ersetzung $q_k \rightarrow$

---

[104] Man spricht dann auch von einer *zyklischen* Koordinate.

$q_k + a$ für eine beliebige Konstante a durchgeführt wird und alle anderen verallgemeinerten Koordinaten und Geschwindigkeiten davon unberührt bleiben:

$$L(q_1,\ldots q_k + a,\ldots q_n,\dot{q}_1,\ldots \dot{q}_n,t) = L(q_1,\ldots q_k,\ldots q_n,\dot{q}_1,\ldots \dot{q}_n,t). \tag{1.383}$$

Wir sagen auch, dass die Lagrangefunktion *invariant* unter einer Translation der Koordinate q_k ist.

Für den Fall eines in kartesischen Koordinaten beschriebenen Systems vom Typ (1.344) oder (1.346) bedeutet das: Hängt die potentielle Energie V von einer Koordinate nicht ab, so ist der zugehörige (lineare) Impuls eine Erhaltungsgröße[105]. Werden die gleichen Systeme durch krummlinige Koordinaten beschrieben, so können sich auch andere Typen von Erhaltungssätzen ergeben.

Beispiel

Um zu illustrieren, dass damit nichttriviale Erkenntnisse erzielt werden können, betrachten wir die in Kugelkoordinaten ausgedrückte Lagrangefunktion (1.355) für das Keplerproblem. Da L nicht von der Koordinate φ abhängt[106], ist der verallgemeinerte Impuls

$$p_\varphi = \frac{\partial L}{\partial \dot{\varphi}} = m r^2 \sin^2 \theta \, \dot{\varphi} \tag{1.384}$$

für *jede* physikalische Bewegung dieses Systems eine Erhaltungsgröße! Diese Erhaltungsgröße kann natürlich auch aus der Newtonschen Form (1.55) der Bewegungsgleichungen gewonnen werden. Sie ist uns sogar bereits bekannt: Es handelt sich um nichts anderes als um L_z, die z-Komponente des Drehimpulses (1.102). In kartesischen Koordinaten ist diese durch $m(x\dot{y} - y\dot{x})$ gegeben. Wird sie durch Kugelkoordinaten ausgedrückt, so nimmt sie die Form (1.384) an (Aufgabe 43). Beachten Sie, dass $r \sin \theta$ den Normalabstand zur z-Achse angibt. Wir werden später aus der Erhaltung von p_φ das zweite Keplersche Gesetz ableiten (Seite 133).

Da die potentielle Energie des Keplerproblems radialsymmetrisch ist, lässt sich das Koordinatensystem übrigens immer so wählen, dass die z-Achse in eine beliebige vorgegebene Richtung zeigt. Auf diese Weise können auch die anderen Komponenten des Drehimpulses ganz analog erhalten werden, und es folgt unmittelbar, dass der gesamte Drehimpulsvektor eine Erhaltungsgröße ist[107].

---

[105] Diesen Sachverhalt haben wir bereits im Rahmen der Newtonschen Mechanik gefunden, vgl. Seite 56.

[106] Das steht nicht im Widerspruch dazu, dass L von der verallgemeinerten Geschwindigkeit $\dot{\varphi}$ abhängt! Erinnern wir uns: Die funktionale Form der Lagrangefunktion kommt zustande, indem die Koordinaten und ihre Zeitableitungen als unabhängige Variablen betrachtet werden!

[107] Diesem Sachverhalt, der für beliebige Einteilchensysteme gilt, sofern die potentielle Energie radialsymmetrisch ist, also $V \equiv V(r,t)$, sind wir bereits im Rahmen der Newtonschen Mechanik — für den Fall $V \equiv V(r)$ — begegnet (Seite 58).

Weiters zeigt das Beispiel, dass im Rahmen des Lagrangeformalismus Symmetrien verschiedener Art (Translationen und Drehungen, aber auch andere, sofern nur (1.381) gilt), in einheitlicher Weise behandelt werden können.

Dieser Zusammenhang zwischen Symmetrien und Erhaltungssätzen kann noch ein wenig verallgemeinert werden: Ist, für irgendwelche Konstanten $a_1, \ldots a_n$, die „Richtungsableitung"

$$\sum_{k=1}^{n} a_k \frac{\partial L}{\partial q_k} \tag{1.385}$$

der Lagrangefunktion gleich 0, so ist

$$\sum_{k=1}^{n} a_k p_k \tag{1.386}$$

eine Erhaltungsgröße.

Wenden wir uns nun der Frage der **Energie** zu. In unserer Darstellung der Newtonschen Mechanik hat sich unsere Motivation, eine potentielle Energie zu konstruieren, aus der Suche nach einer erhaltenen Gesamtenerie ergeben (Seite 48). Den Begriff der potentiellen Energie haben wir auch im Rahmen des Lagrangeformalismus benutzt und die Funktionen V in Lagrangefunktionen vom Typ (1.344) oder (1.346) mit diesem Wort bezeichnet (auch wenn sie explizit von der Zeit abhängen dürfen). Da aber nicht jede Lagrangefunktion unbedingt von diesem Typ sein muss, stellen wir die Frage nach der Energie allgemeiner: Können wir, ohne uns auf die genaue Struktur der Lagrangefunktion zu beziehen, eine „Energie" definieren, die diesen Namen verdient (und die in gewissen Fällen erhalten ist)? Die Antwort lautet ja, und die gesuchte Größe ist durch

$$H = \sum_{j=1}^{n} \dot{q}_j p_j - L \tag{1.387}$$

gegeben. Im nächsten Abschnitt 1.7 (Seite 148) wird sie eine prominente Rolle als *Hamiltonfunktion* spielen – daher bezeichnen wir sie auch hier mit dem Buchstaben H. Für eine Lagrangefunktion vom Typ (1.344) reduziert sie sich auf

$$H = \frac{m}{2} \dot{x}^2 + V(x,t), \tag{1.388}$$

für ein System vom Typ (1.346) wird sie zu

$$H = \frac{m}{2} \dot{\vec{x}}^2 + V(\vec{x}, t) \tag{1.389}$$

(Aufgabe 44). In beiden Fällen handelt es sich um jene Größe, die wir als Gesamtenergie erwartet hätten.

Wie können wir die Definition (1.387) auch im allgemeinen Fall (d. h. wenn L durch krummlinigen Koordinaten ausgedrückt ist oder wenn sie überhaupt nicht die Form „kinetische minus potentielle Energie" besitzt) rechtfertigen? Zum Teil wird die überragende Bedeutung der Größe H im Hamiltonformalismus klar werden. An dieser Stelle wollen wir als Hauptargument folgenden Sachverhalt anführen: Hängt die Lagrangefunktion nicht explizit von der Zeit ab, d. h. ist[108]

$$\frac{\partial L}{\partial t} = 0, \tag{1.390}$$

so ist H eine Erhaltungsgröße.

Beweis

Wir nehmen an, eine Lösung $q \equiv q(t)$ der Euler-Lagrange-Gleichungen wird in (1.387) eingesetzt. Für die totale Zeitableitung von H finden wir[109]

$$\frac{dH}{dt} = \sum_{j=1}^{n} (\ddot{q}_j p_j + \dot{q}_j \dot{p}_j) - \frac{dL}{dt}. \tag{1.391}$$

Für die totale Zeitableitung der Lagrangefunktion finden wir unter Verwendung von (1.358) und (1.373)

$$\frac{dL}{dt} = \sum_{j=1}^{n} \left(\underbrace{\frac{\partial L}{\partial q_j}}_{\dot{p}_j} \dot{q}_j + \underbrace{\frac{\partial L}{\partial \dot{q}_j}}_{p_j} \ddot{q}_j \right) + \frac{\partial L}{\partial t}, \tag{1.392}$$

und dies in (1.391) eingesetzt ergibt

$$\frac{dH}{dt} = -\frac{\partial L}{\partial t}, \tag{1.393}$$

woraus die behauptete Aussage unmittelbar folgt: Hängt die Lagrangefunktion nicht explizit von der Zeit ab, so ist H eine Erhaltungsgröße.

Fassten wir die beiden gefundenen Typen von Erhaltungssätzen zusammen:

- Hängt die Lagrangefunktion von einer verallgemeinerten Koordinate q_k nicht ab, so ist der zugehörige verallgemeinerte Impuls p_k eine Erhaltungsgröße. (Verallgemeinerung: Ist (1.385) gleich 0, so ist (1.386) eine Erhaltungsgröße).

- Hängt die Lagrangefunktion nicht explizit von der Zeit ab, so ist die Energie (Hamiltonfunktion) H eine Erhaltungsgröße.

---

[108] Beachten Sie, dass diese partielle Ableitung berechnet wird, indem die verallgemeinerten Koordinaten und Geschwindigkeiten *festgehalten* und nur nach der *expliziten* Zeitabhängigkeit differenziert wird. Es handelt sich also um die partielle Ableitung der Funktion $(q,\dot{q},t) \mapsto L(q,\dot{q},t)$ nach der letzten der angegebenen Variablen und ist von der totalen Ableitung dL/dt, die die Ableitung der Funktion $t \mapsto L(q(t),\dot{q}(t),t)$ für eine gegebene Bewegung $q \equiv q(t)$ wäre, zu unterscheiden! Vgl. Fußnote 101 auf Seite 110.

[109] Dass es sich hier um eine *totale* Zeitableitung handelt, bedeutet, dass H beim Differenzieren als Funktion $t \mapsto H(q(t),\dot{q}(t),t) \equiv \sum_{j=1}^{n} \dot{q}_j(t) p_j(t) - L(q(t),\dot{q}(t),t)$ zu verstehen ist.

Sie sind Spezialfälle eines allgemeineren Sachverhalts, der 1918 von Amalie „Emmy" Noether formuliert wurde und als **Noether-Theorem** bezeichnet wird. Da es (und seine Übertragung auf die Dynamik von Feldern) ein grundlegendes Konzept der gesamten modernen Physik darstellt, räumen wir ihm in einem ausführlichen Exkurs, der den Rest dieses Unterabschnitts füllen wird, den ihm gebührenden Raum ein.

Exkurs [*]

Das Noether-Theorem

Es besagt: Zu jeder *kontinuierlichen Symmetrie* des Wirkungsintegrals gehört eine Erhaltungsgröße. Wir erklären zuerst, was damit gemeint ist. Im Folgenden wird unter dem Begriff *Transformation* ganz allgemein die Ersetzung der verallgemeinerten Koordinaten q und der Zeitvariable t durch neue Koordinaten Q und eine neue Zeitvariable T verstanden, die beide vom konkreten Bewegungsverlauf $q \equiv q(t)$ abhängen. Eine solche Ersetzung kann im Wirkungsintegral vorgenommen werden, indem anstelle der alten Größen einfach die neuen Größen eingesetzt werden. Für jeden Bewegungsverlauf $q \equiv q(t)$ (gleichgültig, ob er die Euler-Lagrange-Gleichung erfüllt oder nicht) entspricht das dem Übergang vom ursprünglichen Wirkungsintegral

$$S = \int_{t_0}^{t_1} dt \, L\left(q(t), \frac{dq(t)}{dt}, t\right) \tag{1.394}$$

zur transformierten Wirkung

$$S^{\text{transf}} = \int_{T_0}^{T_1} dT \, L\left(Q(T), \frac{dQ(T)}{dT}, T\right), \tag{1.395}$$

wobei die neuen Grenzen T_0 und T_1 vom konkreten Bewegungsverlauf $Q \equiv Q(t)$ abhängen können[110]. Sind nun t_0 und t_1 sowie ein beliebiger Bewegungsverlauf $q \equiv q(t)$ gegeben, so kann einerseits S mit (1.394) berechnet werden. Andererseits können mit Hilfe der gegebenen Transformation die transformierten Grenzen T_0 und T_1 und der transformierte Bewegungsverlauf $Q(T)$ ermittelt werden, woraus sich S^{transf} mit (1.395) ergibt. Gilt stets $S^{\text{neu}} = S$, so sagen wir, dass die Wirkung unter der entsprechenden Transformation *invariant* ist.

Für das Noether-Theorem reicht es nicht aus, *einzelne* Transformationen dieser Art zu betrachten, sondern es ist eine ganze *Familie* von Transformationen nötig, die durch einen Parameter charakterisiert ist, der sich kontinuierlich ändern kann. Wir sprechen dann von einer *kontinuierlichen Symmetrie*. Für unsere Zwecke genügt es, *infinitesimale* Transformationen zu betrachten, d. h. solche, die von einem kontinuerlichen Parameter ε abhängen, der als infinitesimal behandelt

---

[110] Um zu verdeutlichen, wie das gemeint ist, geben wir ein Beispiel: Mit $S = \int_0^1 dt \, ((dq(t)/dt)^2 + q(t)^2)$, $T = t + q(t)$ und $Q(T) = q(t) + q(t)^2$ wird $S^{\text{transf}} = \int_{q(0)}^{1+q(1)} dT \, ((dQ(T)/dT)^2 + Q(T)^2)$. Beachten Sie, dass die Form der Transformation $q \to Q$ zunächst nicht in den Ausdruck für S^{transf} eingeht!

werden kann, und dessen Wert $\varepsilon = 0$ der identischen Transformation entspricht. (In diesem Exkurs werden wir Größen, die quadratisch in ε sind, einfach ignorieren und auch das Symbol $O(\varepsilon^2)$ nicht immer dazuschreiben). Dabei wird *jedem* Bewegungsverlauf $q \equiv q(t)$ ein transformierter Bewegungsverlauf $Q \equiv Q(T)$ zugeordnet, indem eine Ersetzung der Form

$$t \quad \rightarrow \quad T = t + \varepsilon\,\eta(t) \tag{1.396}$$

$$q_j(t) \quad \rightarrow \quad Q_j(T) = q_j(t) + \varepsilon\,\xi_j(t) \tag{1.397}$$

durchgeführt wird. Im allgemeinsten Fall dürfen die Funktionen, die hier kurz als $\eta(t)$ und $\xi_j(t)$ bezeichnet sind, vom konkreten Bewegungsverlauf $q \equiv q(t)$ abhängen, auf den die Transformation angewandt wird (also von den $q_j(t)$ selbst, von den verallgemeinerten Geschwindigkeiten $\dot{q}_j(t)$ und im Extremfall von der gesamten Vorgeschichte der Bewegung). Einen Spezialfall, der oft benötigt wird, bilden die sogenannten lokalen Transformationen.

Lokale Transformationen

Da die Funktionen $\eta(t)$ und $\xi_j(t)$ vom konkreten Bewegungsverlauf $q_j(t)$ abhängen dürfen, bestehen viele Möglichkeiten, derartige Familien von Transformationen zu erzeugen. In der Praxis kommt man oft mit so genannten *lokalen Transformationen* aus, die auf folgende Weise zustande kommen: Es seien Funktionen $\mathscr{T} \equiv \mathscr{T}(q,t)$ und $\mathscr{Q}_j \equiv \mathscr{Q}_j(q,t)$ gegeben. Mit ihrer Hilfe werden für jeden konkreten Bewegungsverlauf $q_j(t)$ die Funktionen

$$\eta(t) \;=\; \mathscr{T}(q(t),t) \tag{1.398}$$

$$\xi_j(t) \;=\; \mathscr{Q}_j(q(t),t) \tag{1.399}$$

definiert[111]. Obwohl diese Konstruktion sehr abstrakt erscheinen mag, haben die Funktionen $\mathscr{T}(q,t)$ und $\mathscr{Q}_j(q,t)$ meist eine einleuchtende Bedeutung. So wird beispielsweise durch

$$\mathscr{T}(q,t) = 0, \qquad \mathscr{Q}_j(q,t) = a_j \tag{1.400}$$

(mit Konstanten a_j) eine Familie infinitesimaler *Translationen* der verallgemeinerten Koordinaten beschrieben, durch

$$\mathscr{T}(q,t) = 1, \qquad \mathscr{Q}_j(q,t) = 0 \tag{1.401}$$

eine Familie infinitesimaler *Zeittranslationen* und, falls q_j die kartesischen Koordinaten eines Teilchens sind, durch

$$\mathscr{T}(q,t) = 0, \qquad \mathscr{Q}_j(q,t) = -v_j t \tag{1.402}$$

---

[111] Um zu illustrieren, dass das nur *eine* von vielen Möglichkeiten ist, erwähnen wir, dass eine allgemeinere Form durch $\eta(t) = \mathscr{T}(q(t),\dot{q}(t),t)$ und $\xi_j(t) = \mathscr{Q}_j(q(t),\dot{q}(t),t)$ gegeben wäre.

(mit Konstanten v_j) eine Familie infinitesimaler *Geschwindigkeitstransformationen* vom Typ (1.302) beschrieben.

Um eine Ersetzung der Form (1.396) – (1.397) im Wirkungsintegral durchzuführen, sind anstelle der $q_j(t)$ die $Q_j(T)$ in die Lagrangefunktion einzusetzen, und es ist T anstelle von t als Zeitvariable zu benutzen. Für die nun folgende Berechnung der transformierten Wirkung (1.395) ist bequem, alle Zeitabhängigkeiten wieder durch die *alte* Zeitvariable t auszudrücken. Damit werden die Integrationsgrenzen wieder zu t_0 und t_1, aber der Integrand ändert sich. Als Folge von (1.396) ist dT durch

$$dT = dt\,(1 + \varepsilon \dot{\eta}(t)) \tag{1.403}$$

zu ersetzen. Die (bis zur ersten Ordnung in ε geltende) Umkehrung dieser Beziehung lautet

$$dt = dT\,(1 - \varepsilon \dot{\eta}(t))\,. \tag{1.404}$$

Anstelle der alten verallgemeinerten Geschwindigkeiten ist

$$\frac{dQ_j}{dT} = \frac{dQ_j}{dt}\frac{dt}{dT} = \dot{q}_j(t) + \varepsilon \dot{\xi}_j(t) - \varepsilon \dot{\eta}(t)\dot{q}_j(t) \tag{1.405}$$

zu setzen, wobei (1.397) und (1.404) benutzt wurden. Damit ist das transformierte Wirkungsintegral (1.395), das vom Parameter ε abhängt – daher bezeichnen wir es mit $S(\varepsilon)$ –, durch die *alten* Variablen ausgedrückt. Wir erhalten also

$$S(\varepsilon) = \int_{t_0}^{t_1} dt\, L_\varepsilon\,, \tag{1.406}$$

wobei die Abkürzung

$$L_\varepsilon = (1 + \varepsilon \dot{\eta})L\left(q + \varepsilon \xi, \dot{q} + \varepsilon \dot{\xi} - \varepsilon \dot{\eta}\dot{q}, t + \varepsilon \eta\right) \tag{1.407}$$

verwendet und die Abhängigkeit der Größen q, $\dot{q}$, ξ und η von t der besseren Lesbarkeit halber unterdrückt wurde. Die ursprüngliche Wirkung (1.394) ist $S(0)$, denn der Parameterwert $\varepsilon = 0$ entspricht der identischen Transformation.

Stimmt nun die transformierte Wirkung $S(\varepsilon)$ in erster Ordnung des Parameters ε stets mit der ursprünglichen Wirkung $S(0)$ überein, so nennen wir die **Wirkung invariant** unter den infinitesimalen Transformationen (1.396) – (1.397). Mathematisch können wir diese Bedingung in der Form

$$S(\varepsilon) = S(0) + O(\varepsilon^2) \tag{1.408}$$

oder, was damit gleichbedeutend ist, als

$$S'(0) = 0 \tag{1.409}$$

formulieren. Wichtig dabei ist, dass (1.409) für *alle* Bewegungsabläufe $q \equiv q(t)$ gelten muss, auch für solche, die die Euler-Lagrange-Gleichungen nicht erfüllen.

Die Invarianz der Wirkung unter einer gegebenen Familie infinitesimaler Transformationen kann dann *ohne* Zuhilfenahme der Euler-Lagrange-Gleichungen überprüft werden. Da sie für beliebige Zeiten t_0 und t_1 gelten soll, ist sie gleichbedeutend mit $L_\varepsilon = L + O(\varepsilon^2)$, d. h. – wegen (1.403) und (1.407) – mit der Invarianz des Produkts $dt\,L$ unter der Ersetzung (1.396)–(1.397). Sie kann auch in der Form

$$\left.\frac{\partial L_\varepsilon}{\partial \varepsilon}\right|_{\varepsilon=0} = 0 \tag{1.410}$$

ausgedrückt werden. Ist $\eta(t) = 0$ (und daher dt invariant), so ist das gleichbedeutend mit der **Invarianz der Lagrangefunktion** L, anderenfalls ist zwar nicht L invariant, aber immerhin die Wirkung.

Beispiel für die Invarianz eines Wirkungsintegrals

Betrachten wir die Lagrangefunktion $L = \frac{m}{2}\dot{\vec{x}}^2 - V(r)$ für ein Teilchen in einem Zentralpotential. Dann ist das zugehörige Wirkungsintegral invariant unter der durch

$$\begin{aligned}
\mathscr{T}(\vec{x},t) &= 0 & (1.411)\\
\mathscr{Q}_x(\vec{x},t) &= -y & (1.412)\\
\mathscr{Q}_y(\vec{x},t) &= x & (1.413)\\
\mathscr{Q}_z(\vec{x},t) &= 0 & (1.414)
\end{aligned}$$

definierten Familie infinitesimaler (lokaler) Transformationen. Für jeden konkreten Bewegungsverlauf $\vec{x}(t) \equiv (x(t), y(t), z(t))$ wird der transformierte Bewegungsverlauf (1.396)–(1.397) durch die gemäß (1.398)–(1.399) gewonnenen Größen

$$\begin{aligned}
\eta(t) &= 0 & (1.415)\\
\xi_x(t) &= -y(t) & (1.416)\\
\xi_y(t) &= x(t) & (1.417)\\
\xi_z(t) &= 0 & (1.418)
\end{aligned}$$

ausgedrückt. Die Transformation auf den neuen Bewegungsverlauf wird daher durch die Ersetzungsvorschrift

$$\begin{aligned}
t &\to t & (1.419)\\
x(t) &\to x(t) - \varepsilon y(t) & (1.420)\\
y(t) &\to y(t) + \varepsilon x(t) & (1.421)\\
z(t) &\to z(t) & (1.422)
\end{aligned}$$

bewerkstelligt. Zum Beweis der Invarianz rechnen wir nach:

$$L_\varepsilon = \frac{m}{2}\left((\dot{x} - \varepsilon\dot{y})^2 + (\dot{y} + \varepsilon\dot{x})^2 + \dot{z}^2\right) - V(r'), \tag{1.423}$$

wobei

$$r' = \sqrt{(x-\varepsilon y)^2 + (y+\varepsilon x)^2 + z^2} \qquad (1.424)$$

gesetzt wurde. Mit $(\dot{x}-\varepsilon\dot{y})^2 + (\dot{y}+\varepsilon\dot{x})^2 = \dot{x}^2 + \dot{y}^2 + O(\varepsilon^2)$ und $(x-\varepsilon y)^2 + (y+\varepsilon)^2 = x^2 + y^2 + O(\varepsilon^2)$, daher $r' = r + O(\varepsilon^2)$, ergibt sich

$$L_\varepsilon = \frac{m}{2}\left(\dot{x}^2 + \dot{y}^2 + \dot{z}^2\right) - V(r) + O(\varepsilon^2) \equiv L + O(\varepsilon^2) \qquad (1.425)$$

und daher klarerweise $S(\varepsilon) = S(0) + O(\varepsilon^2)$. Alternativ zu dieser Rechnung kann durch Differenzieren auch (1.410) direkt überprüft werden. In diesem Fall ist (da $\eta(t) = 0$) nicht nur die Wirkung invariant, sondern auch die Lagrangefunktion. Beachten Sie, dass bei der Sicherstellung der Invarianz die Euler-Lagrange-Gleichungen nicht benutzt wurden! Die geometrische Bedeutung der durch (1.411) – (1.414) definierten Transformationen ist nicht schwer aufzuklären: Es handelt sich um eine Familie infinitesimaler Drehungen um die z-Achse. Der Parameter ε spielt die Rolle des (infinitesimalen) Drehwinkels.

Das **Noether-Theorem** besagt nun: Ist die Wirkung invariant unter (1.396) – (1.397), d. h. gilt (1.409), so ist

$$\sum_{j=1}^{n} \xi_j p_j - \eta H \qquad (1.426)$$

eine Erhaltungsgröße. Das bedeutet: Für jeden Bewegungsverlauf $q \equiv q(t)$, der die Euler-Lagrange-Gleichungen erfüllt, hängt (1.426) nicht von der Zeit ab.

Beispiel für eine Anwendung des Noether-Theorems
Die Wirkung eines Teilchens in einem Zentralpotential ist unter der Ersetzung (1.419) – (1.422) invariant. Die zugehörige, gemäß (1.426) berechnete Erhaltungsgröße ist

$$\xi_x p_x + \xi_y p_y + \xi_z p_z \equiv x p_y - y p_x, \qquad (1.427)$$

also gerade die z-Komponente des Drehimpulses. Das sollte nicht überraschen, sind wir doch bereits früher (Seite 58) auf einen Zusammenhang zwischen Rotationsinvarianz und Drehimpulserhaltung gestoßen.

Um das Noether-Theorem zu beweisen, setzen wir voraus, dass $q \equiv q(t)$ die Euler-Lagrange-Gleichungen erfüllt (d. h. eine Lösung der Bewegungsgleichungen ist) und berechnen die Ableitung der transformierten Lagrangefunktion (1.407) nach ε an der Stelle $\varepsilon = 0$:

$$\left.\frac{\partial L_\varepsilon}{\partial \varepsilon}\right|_{\varepsilon=0} = \dot{\eta} L + \sum_{j=1}^{n} \left(\underbrace{\frac{\partial L}{\partial q_j}}_{\dot{p}_j} \xi_j + \underbrace{\frac{\partial L}{\partial \dot{q}_j}}_{p_j} \dot{\xi}_j - \underbrace{\frac{\partial L}{\partial \dot{q}_j}}_{p_j} \dot{\eta} \dot{q}_j + \underbrace{\frac{\partial L}{\partial t}}_{-\dot{H}} \eta \right), \qquad (1.428)$$

wobei die Euler-Lagrange-Gleichungen in der Form (1.374) und die Beziehung (1.393) benutzt wurden. Unter Verwendung der Produktregel für das Differenzieren und der Definition (1.387) von H ergibt sich daraus unmittelbar

$$\left.\frac{\partial L_\varepsilon}{\partial \varepsilon}\right|_{\varepsilon=0} = \frac{d}{dt}\left(\sum_{j=1}^{n} \xi_j p_j - \eta H\right). \tag{1.429}$$

Die linke Seite verschwindet aufgrund der Invarianz der Wirkung (vgl. (1.410)), womit gezeigt ist, dass die Größe in der Klammer auf der rechten Seite, also (1.426), zeitlich konstant ist. Damit ist Noether-Theorem bewiesen. Um uns noch kurz den Zusammenhang mit dem Wirkungsintegral zu vergegenwärtigen, berechnen wir

$$S'(0) = \int_{t_0}^{t_1} dt \left.\frac{\partial L_\varepsilon}{\partial \varepsilon}\right|_{\varepsilon=0} = \left.\sum_{j=1}^{n} \xi_j p_j - \eta H\right|_{t_0}^{t_1}. \tag{1.430}$$

Unter der Voraussetzung (1.409), die ebenfalls die Invarianz der Wirkung ausdrückt, folgt, dass die Werte von (1.426) für jede Lösung der Euler-Lagrange-Gleichung zu den Zeitpunkten t_0 und t_1, die beliebig vorgegeben werden können, gleich sind. Auch dieses Argument zeigt, dass (1.426) eine Erhaltungsgröße ist.

Die beiden in diesem Abschnitt zuvor betrachteten Beziehungen zwischen Symmetrien und Erhaltungsgrößen sind Spezialfälle des Noether-Theorems und entsprechen

- $\eta(t) = 0$ und $\xi_j(t) = a_j$ (erzeugt als Familie lokaler Transformationen gemäß (1.400)), d. h. einer Translation der verallgemeinerten Koordinaten – siehe (1.385) und (1.386) – und

- $\eta(t) = 1$ und $\xi_j(t) = 0$ (erzeugt als Familie lokaler Transformationen gemäß (1.401)), d. h. einer Zeittranslation, siehe (1.390).

Eine **Verallgemeinerung des Noether-Theorems** ergibt sich, wenn die Wirkung zwar nicht invariant unter (1.396)–(1.397) ist, aber wenn L_ε zu erster Ordnung in ε bis auf die totale Zeitableitung einer Funktion der Koordinaten und der Zeit mit L übereinstimmt, d. h. wenn[112]

$$L_\varepsilon = L + \varepsilon \frac{d}{dt} f(q(t), t) \tag{1.431}$$

und daher

$$\left.\frac{\partial L_\varepsilon}{\partial \varepsilon}\right|_{\varepsilon=0} = \frac{d}{dt} f(q(t), t) \tag{1.432}$$

---

[112] Wir merken nur am Rande an, dass eine weitere Verallgemeinerung darin besteht, f in beliebiger Weise vom Bewegungsverlauf $q \equiv q(t)$ abhängen zu lassen, also etwa auch von den verallgemeinerten Geschwindigkeiten.

für eine Funktion f gilt. Mit (1.429) folgt dann, dass

$$\sum_{j=1}^{n} \xi_j p_j - \eta H - f \tag{1.433}$$

eine Erhaltungsgröße ist. Obwohl die Wirkung in diesem Fall nicht invariant ist, bleibt die Form der Euler-Lagrange-Gleichungen erhalten, denn die Lagrangefunktionen L und L_ε unterscheiden sich wegen (1.431) nur um die totale Zeitableitung einer Funktion der Koordinaten und der Zeit[113]. Wir können daher zumindest von einer *Symmetrie der Bewegungsgleichungen* sprechen. Im allgemeinen Sprachgebrauch wird auch für diese Situation manchmal die Bezeichnung *Invarianz der Wirkung* verwendet, obwohl die genauere Bezeichnung „Invarianz der Wirkung bis auf Randterme" ist. Sie ergibt sich daraus, dass bis zur ersten Ordnung in ε zwar nicht $S(\varepsilon) = S(0)$ gilt, aber immerhin

$$S(\varepsilon) = S(0) + \varepsilon \int_{t_0}^{t_1} dt \, \frac{d}{dt} f(q(t),t) = S(0) + \varepsilon \left(f(q(t_1),t_1) - f(q(t_0),t_0) \right).$$
$$\tag{1.434}$$

Der letzte Term hängt nur von den Werten von $f(q(t),t)$ an den *Randpunkten* des Zeitintervalls $[t_0,t_1]$ ab und wird daher (vgl. die Bemerkungen nach (1.379) auf Seite 115) als Randterm bezeichnet. Da er nicht von den Variationen des Bewegungsverlaufs zwischen t_0 und t_1 abhängt (und sich daher auf die Logik des Wirkungsprinzips und die Bewegungsgleichungen nicht auswirkt), wollen wir lieber von der **Invarianz des Wirkungsprinzips** sprechen, einem Oberbegriff, der auch auf den zuvor diskutierten Fall der Invarianz der Wirkung anwendbar ist.

Eine Feinheit**

Man könnte hier auf die Idee kommen, den Randterm in (1.434) gewissermaßen in die Lagrangefunktion zu absorbieren, indem eine totale Zeitableitung zu dieser addiert wird. Mit einer neuen Lagrangefunktion der Form

$$L^{\text{neu}} = L + \frac{dG}{dt} \equiv L + \frac{\partial G(q,t)}{\partial q_j} \dot{q}_j + \frac{\partial G(q,t)}{\partial t}, \tag{1.435}$$

so die Idee, sollte es dann möglich sein, die der gegebenen Familie infinitesimaler Transformationen entsprechende Erhaltungsgröße mit Hilfe der Noether-Theorems zu ermitteln, ohne auf dessen Verallgemeinerung angewiesen zu sein. Falls es sich um *lokale* infinitesimale Transformationen handelt, die gemäß (1.398)–(1.399) definiert sind, ist das tatsächlich möglich: Dazu muss die Funktion $G \equiv G(q,t)$ nur

---

[113] Es wurde bereits auf Seite 114 erwähnt, dass zwei Lagrangefunktionen, deren Differenz die totale Zeitableitung einer Funktion von q und t ist, auf die gleichen Euler-Lagrange-Gleichungen führen, vgl. dazu Aufgabe 41.

die (stets lösbare) partielle Differentialgleichung

$$\frac{\partial G(q,t)}{\partial q_j}\,\mathscr{Q}_j(q,t) + \frac{\partial G(q,t)}{\partial t}\,\mathscr{T}(q,t) = -f(q,t) \qquad (1.436)$$

für alle q und t erfüllen. Für jeden konkreten Bewegungsverlauf $q \equiv q(t)$ gilt dann $(\partial G/\partial q_j)\xi_j + (\partial G/\partial t)\eta = -f$. Die neue Lagrangefunktion (1.435) führt zu denselben Euler-Lagrange-Gleichungen wie die alte, beschreibt also das gleiche mechanische System, und sie ist, wie leicht nachgerechnet werden kann, unter der gegebenen Familie von Transformationen invariant. Die zugehörige Erhaltungsgröße ergibt sich dann aus dem Noether-Theorem zu

$$\sum_{j=1}^{n} \xi_j p_j^{\mathrm{neu}} - \eta H^{\mathrm{neu}}, \qquad (1.437)$$

womit wir tatsächlich auf dessen Verallgemeinerung nicht angewiesen sind! Der Anteil $-f$ der Erhaltungsgröße, der in (1.433) aufscheint, geht dadurch nicht verloren, sondern ist automatisch in (1.437) enthalten. Dieser Trick kann aber versagen, wenn die Invarianz eines Wirkungsprinzips unter *mehreren* Familien von Transformationen verlangt wird (wie es beispielsweise bei der Galilei-Invarianz der Fall ist, die 10 Parameter enthält und nicht nur einen einzigen – dieses Thema werden wir im Unterabschnitt 1.6.10, Seite 143, diskutieren). Der Grund dafür besteht darin, dass an die Stelle von (1.436) dann *mehrere* Differentialgleichungen (nämlich eine für jede Familie von Transformationen) für *eine* Funktion G treten, die unter Umständen nicht gleichzeitig erfüllt werden können. Man könnte in einem solchen Fall zwar für jede der betrachteten kontinuierlichen Symmetrien eine andere Lagrangefunktion verwenden, aber es gibt keine einzelne Lagrangefunktion, die unter *allen* Symmetrien invariant wäre. Diese Komplikation ist der eigentliche Grund für die Wichtigkeit der Verallgemeinerung des Noether-Theorems: Sie erlaubt es, *mehrere* Symmetrien anhand *einer* Lagrangefunktion zu analysieren[114].

Das Noether-Theorem und seine Verallgemeinerung besitzen auch eine Formulierung für *endliche* (also nicht-infinitesimale) kontinuierliche Transformationen – wobei vorausgesetzt wird, dass diese eine *Gruppe* bilden –, und sie lassen sich auf Anwendungen des Lagrangeformalismus in der Feldtheorie (in denen an die Stelle der q_j Feldvariable treten) übertragen.

Wir werden den Zusammenhang zwischen Symmetrien und Erhaltungssätzen exemplarisch im nun folgenden Unterabschnitt bei der Lösung des Keplerproblems benutzen und auf ihn

---

[114] Wir werden später noch einmal auf diese Feinheit zurückkommen, siehe Fußnote 131 auf Seite 145.

bei der neuerlichen Diskussion der Galilei-Invarianz (Seite 143) und später im Rahmen der Speziellen Relativitätstheorie (Seite 210) zurückkommen.

1.6.7 Beispiel: Das gravitative Zweikörperproblem und die Keplerbewegung

Wir werden nun eines der wichtigsten und berühmtesten Bewegungsprobleme der klassischen Mechanik lösen: das (Newtonsche) gravitative Zweikörperproblem. Es kann auf den Fall der Bewegung im Gravitationsfeld einer Zentralmasse – das Keplerproblem – zurückgeführt werden.

Das gravitative Zweikörperproblem

Wir haben das System zweier – als Punktmassen behandelten – Körper unter der Wirkung ihrer (im Rahmen der Newtonschen Theorie angenäherten) Gravitationskräfte bereits mehrere Male erwähnt: Die Kräfte sind durch (1.29)–(1.30) gegeben, die Newtonschen Bewegungsgleichungen durch (1.58)–(1.59) und das Wechselwirkungspotential, aus dem sich die Kräfte durch Gradientenbildung ableiten lassen, durch (1.204). Wir wollen es hier gänzlich im Rahmen des Lagrangeformalismus behandeln und damit gleichzeitig die Anwendung dieses Kalküls illustrieren. Beginnen wir also mit der Lagrangefunktion des Systems. Sie ist – in kartesischen Koordinaten – vom Typ „kinetische minus potentielle Energie" und somit durch

$$L^{\text{grav}}\left(\vec{x}_1,\vec{x}_2,\dot{\vec{x}}_1,\dot{\vec{x}}_2\right) = \frac{m_1}{2}\,\dot{\vec{x}}_1^{\ 2} + \frac{m_2}{2}\,\dot{\vec{x}}_1^{\ 2} + \frac{Gm_1m_2}{|\vec{x}_2 - \vec{x}_1|} \tag{1.438}$$

gegeben. Die Euler-Lagrange-Gleichungen sind mit (1.58)–(1.59) identisch.

Eine erhebliche Vereinfachung ergibt sich, wenn die Bewegung des Massenmittelpunkts und die Relativbewegung voneinander getrennt werden. Das bewerkstelligen wir durch die Einführung neuer Koordinaten. Der Ort des Massenmittelpunkts ist durch

$$\vec{X} = \frac{1}{M}\left(m_1\vec{x}_1 + m_2\vec{x}_2\right) \tag{1.439}$$

gegeben, wobei $M = m_1 + m_2$ die Gesamtmasse ist. Die Relativbewegung beschreiben wir durch den Verbindungsvektor vom zweiten zum ersten Teilchen,

$$\vec{x} = \vec{x}_1 - \vec{x}_2. \tag{1.440}$$

Die 6 in den Vektoren $\vec{X}$ und $\vec{x}$ steckenden Koordinaten können als „verallgemeinerte Koordinaten" im Sinne des Lagrangeformalismus angesehen werden, und unser erster Schritt besteht darin, die Lagrangefunktion durch sie auszudrücken. Dazu benötigen wir die Umkehrung von (1.439)–(1.440). Sie lautet

$$\vec{x}_1 = \vec{X} + \frac{m_2}{M}\,\vec{x} \tag{1.441}$$

$$\vec{x}_2 = \vec{X} - \frac{m_1}{M}\,\vec{x}. \tag{1.442}$$

Nun können die Zeitableitungen von $\vec{x}_1$ und $\vec{x}_2$ durch jene von $\vec{X}$ und $\vec{x}$ ausgedrückt und in (1.438) eingesetzt werden. Das Resultat – wir bezeichnen es mit einem anderen Symbol, da es sich um eine andere Funktion als (1.438) handelt – lautet

$$L^{\text{sep}}\left(\vec{X},\vec{x},\dot{\vec{X}},\dot{\vec{x}}\right) = \frac{M}{2}\dot{\vec{X}}^2 + \frac{m}{2}\dot{\vec{x}}^2 + \frac{GMm}{|\vec{x}|}\,, \tag{1.443}$$

wobei

$$m = \frac{m_1 m_2}{M} \tag{1.444}$$

die so genannte *reduzierte Masse* ist[115] (siehe Aufgabe 45). Betrachten wir nun die Form der neuen Lagrangefunktion (1.443). Sie ist die *Summe* zweier Lagrangefunktionen: Der erste Term hängt nur von der Geschwindigkeit des Massenmittelpunkts ab, die Summe des zweiten und dritten nur vom Verbindungsvektor und seiner Zeitableitung. Die aus L^{sep} folgenden Euler-Lagrange-Gleichungen lauten

$$M\ddot{\vec{X}} = 0 \tag{1.446}$$

$$m\ddot{\vec{x}} = \vec{\nabla}\left(\frac{GMm}{|\vec{x}|}\right) \equiv -\frac{GMm}{|\vec{x}|^3}\vec{x}. \tag{1.447}$$

Auch in ihnen sind die Schwerpunktskoordinaten von den Relativkoordinaten *entkoppelt* (oder *separiert*, woher auch die Bezeichnung L^{sep} rührt). Wir können die beiden Bewegungen daher getrennt behandeln. Zur Bewegung des Massenmittelpunkts gibt es nicht viel zu sagen: Sie ist gleichförmig, ihre allgemeine Lösung lautet

$$\vec{X}(t) = \vec{X}(0) + \dot{\vec{X}}(0)\,t. \tag{1.448}$$

Die Keplerbewegung

Die Bewegungsgleichung (1.447) der Relativbewegung wird durch die Lagrangefunktion

$$L^{\text{Kepler}}\left(\vec{x},\dot{\vec{x}}\right) = \frac{m}{2}\dot{\vec{x}}^2 + \frac{GMm}{|\vec{x}|} \tag{1.449}$$

beschrieben. Sie entspricht gerade (1.443) nach Weglassung des ersten Terms, d. h. des Anteils für den Massenmittelpunkt. *Effektiv* handelt es sich dabei um die *Keplerbewegung*. Wird $\vec{x}$ als Ortsvektor eines Teilchens mit Masse m aufgefasst, so ist seine Zeitentwicklung gerade so, *als ob* es sich im Newtonschen Gravitationsfeld eines im Ursprung fixierten Zentralkörpers mit

---

[115] Sie kann auch durch die einprägsame Formel

$$\frac{1}{m} = \frac{1}{m_1} + \frac{1}{m_2} \tag{1.445}$$

definiert werden.

Masse M befindet. Die dafür zuständige Kraft haben wir bereits in (1.22), die Newtonsche Bewegungsgleichung in (1.55) hingeschrieben. Die Lösung des Keplerproblems bringt also auch gleichzeitig jene des gravitativen Zweikörperproblems mit sich: Ist erstere gefunden, so ergibt sich letztere, indem die Lösung $\vec{x}(t)$ – gemeinsam mit (1.448) – in (1.441)–(1.442) eingesetzt wird.

Das Keplerproblem wird am einfachsten in Kugelkoordinaten gelöst. Die zur Umrechnung von (1.449) in Kugelkoordinaten nötigen Schritte haben wir bereits in (1.355) in durchgeführt – unser Ausgangspunkt ist also die Lagrangefunktion

$$L(r,\theta,\varphi,\dot{r},\dot{\theta},\dot{\varphi},t) = \frac{m}{2}\left(\dot{r}^2 + r^2\left(\dot{\theta}^2 + \sin^2\theta\,\dot{\varphi}^2\right)\right) + \frac{GMm}{r}\,. \tag{1.450}$$

Die verallgemeinerten Impulse zu den Koordinaten r und θ sind durch

$$p_r = \frac{\partial L}{\partial \dot{r}} = m\dot{r} \tag{1.451}$$

und

$$p_\theta = \frac{\partial L}{\partial \dot{\theta}} = mr^2\dot{\theta} \tag{1.452}$$

gegeben. Der zur Koordinate φ gehörende verallgemeinerte Impuls wurde bereits in (1.384) als die z-Komponente des Drehimpulses erkannt:

$$p_\varphi = \frac{\partial L}{\partial \dot{\varphi}} = mr^2\sin^2\theta\,\dot{\varphi} \equiv L_z\,. \tag{1.453}$$

Die verallgemeinerten Kräfte, d. h. die partiellen Ableitungen von L nach den Koordinaten, sind

$$\frac{\partial L}{\partial r} = mr\left(\dot{\theta}^2 + \sin^2\theta\,\dot{\varphi}^2\right) - \frac{GMm}{r^2} \tag{1.454}$$

$$\frac{\partial L}{\partial \theta} = mr^2\sin\theta\cos\theta\,\dot{\varphi}^2 \tag{1.455}$$

$$\frac{\partial L}{\partial \varphi} = 0\,, \tag{1.456}$$

womit die Euler-Lagrange-Gleichungen

$$\dot{p}_r = mr\left(\dot{\theta}^2 + \sin^2\theta\,\dot{\varphi}^2\right) - \frac{GMm}{r^2} \tag{1.457}$$

$$\dot{p}_\theta = mr^2\sin\theta\cos\theta\,\dot{\varphi}^2 \tag{1.458}$$

$$\dot{p}_\varphi = 0 \tag{1.459}$$

lauten. Sie gilt es zu lösen. Im Folgenden benötigen wir auch die Energie (Hamiltonfunktion)

$$H = \frac{m}{2}\left(\dot{r}^2 + r^2\left(\dot{\theta}^2 + \sin^2\theta\,\dot{\varphi}^2\right)\right) - \frac{GMm}{r} \equiv E\,. \tag{1.460}$$

Da die Lagrangefunktion nicht explizit von der Zeit abhängt, ist E eine Erhaltungsgröße[116].

Die Erhaltung der z-Komponente der Drehimpulses wird unmittelbar durch (1.459) ausgedrückt. Weiters wissen wir aufgrund der Tatsache, dass die potentielle Energie radialsymmetrisch ist (d. h. nur von r abhängt), dass *alle* Komponenten des Drehimpulses erhalten sind. Aus der Definition (1.102) des Drehimpulses $\vec{L}$ schließlich folgt, dass die Bewegung immer in einer Ebene stattfindet, auf die $\vec{L}$ normal steht (siehe Aufgabe 46). Daher können wir unser Koordinatensystem so legen, dass die Bewegung innerhalb der xy-Ebene verläuft. Das bedeutet, dass wir für den gesamten Verlauf der Bewegung

$$\theta(t) = \frac{\pi}{2} \tag{1.461}$$

setzen können. Der Drehimpulsvektor zeigt dann in die z-Richtung und ist durch die Angabe von $L_z \equiv p_\varphi$ eindeutig bestimmt. Gemäß dieser Konvention setzen wir in allen Bewegungsgleichungen $\dot{\theta} = 0$ und $\sin\theta = 1$.

Damit ist uns eine Reihe von Vereinfachungen gelungen, so dass wir uns nun an die Lösung der Bewegungsgleichung machen können. Da L_z und E erhalten sind, benutzen wir den Trick, der uns bei der Diskussion der Dynamik eindimensionaler Systeme bereits geholfen hat: Wir geben E und L_z vor und betrachten nur Bewegungen, für die die Energie und die z-Komponente des Drehimpulses diese Werte besitzen. Die verbleibenden relevanten Beziehungen sind die Erhaltung von L_z, die wir in der Form

$$r^2\,\dot{\varphi} = \frac{L_z}{m} \equiv \ell \tag{1.462}$$

schreiben, sowie die (durch m dividierte) Bewegungsgleichung (1.457) und die Erhaltung der Energie, die unter Ausnutzung von (1.462) die Form

$$\ddot{r} = \frac{\ell^2}{r^3} - \frac{GM}{r^2} \tag{1.463}$$

und

$$\frac{\dot{r}^2}{2} + \frac{\ell^2}{2r^2} - \frac{GM}{r} = \frac{E}{m} \equiv \mathscr{E} \tag{1.464}$$

annehmen. Zwischen (1.463) und (1.464) besteht nun ein interessanter Zusammenhang: Mit der Abkürzung

$$V_{\text{eff}}(r) = \frac{\ell^2}{2r^2} - \frac{GM}{r} \tag{1.465}$$

lassen sie sich in der Form

$$\ddot{r} = -V_{\text{eff}}'(r) \tag{1.466}$$

---

[116] Das folgt zwar auch aus den Bewegungsgleichungen (1.457)–(1.459), wie leicht nachgerechnet werden kann, aber auf die früher gewonnenen allgemeinen Erkenntnisse des Lagrangeformalismus zu verzichten, wäre unökonomisch.

und

$$\frac{\dot{r}^2}{2} + V_{\text{eff}}(r) = \mathscr{E} \tag{1.467}$$

schreiben. In formaler Hinsicht handelt es bei (1.466) um die Bewegungsgleichung eines Teilchens mit Masse 1 im Potential V_{eff}, das daher *effektives Potential* genannt wird, und dessen Gesamtenergie $\mathscr{E}$ durch (1.467) gegeben ist! Physikalisch entspricht diese Situation der Wahrnehmung eines Beobachters, der nur die Radialkoordinate r der Bewegung mitverfolgt und alles andere ignoriert. Wir können ihn uns auch als „mitrotierenden" Beobachter vorstellen, dessen Welt auf die Halbgerade reduziert ist, die vom Ursprung zum jeweiligen Ort des Teilchens und dann weiter ins Unendliche verläuft. Ein solcher Beobachter benutzt lediglich die Koordinate r zur Beschreibung der Bewegung, und daher hat er den Eindruck, eine zusätzliche Kraft (nämlich ℓ^2/r^3) drücke das Teilchen „nach außen", d. h. vom Zentralkörper weg. (Diese Situation ist vielleicht die schönste Erklärung dafür, dass die *Zentrifugalkraft* eine *Scheinkraft* ist, die von der Bewegung des Beobachters herrührt – vgl. Seite 101). Der ℓ^2-Term im effektiven Potential (1.465) wird als *Drehimpulsbarriere* bezeichnet.

Die durch das effektive Potential (1.465) definierte eindimensionale Bewegung ist ein Beispiel für ein dynamisches System, das „als solches" nicht einer interessanten Teilchenbewegung entsprechen mag, aber bei der Analyse eines sehr wohl relevanten Problems auftritt, weil es einen seiner Teilaspekte beschreibt. Bei seiner Analyse benutzen wir die im Unterabschnitt 1.4.7 (Seite 36) über die Dynamik eindimensionaler Bewegungen besprochende rechnerische und grafische Methode (für letztere siehe die Grafiken auf den Seiten 39 und 42): Um die Bewegung für vorgegebene Werte von $\mathscr{E}$ und ℓ zu betrachten, stellen wir in einem Diagramm den Graphen des effektiven Potentials $V_{\text{eff}}(r)$ und jenen der konstanten Funktion $\mathscr{E}$ dar. Die Bewegung kann nur in jenem Bereich von r verlaufen, in dem die $\mathscr{E}$-Gerade oberhalb der V_{eff}-Kurve liegt oder ihn schneidet. Die Schnittpunkte entsprechen den Umkehrpunkten der (effektiven, auf die Koordinate r reduzierten) Bewegung. Dabei wollen wir uns auf den Fall $\ell \neq 0$ beschränken[117]. Für ihn sieht der Graph des effektiven Potentials aus wie in Abbildung 1.5 gezeigt. $V_{\text{eff}}(r)$ verhält sich für kleine r wie r^{-2} und für große r wie $-r^{-1}$. Es besitzt ein Minimum bei $r_* = \ell^2/(GM)$, sein Wert ist dort $V_{\text{eff}}(r_*) = -G^2M^2/(2\ell^2)$. Daher sind nur Lösungen möglich, wenn $\mathscr{E} \geq -G^2M^2/(2\ell^2)$ ist. Im Folgenden verwenden wir die Abkürzung $K = \sqrt{2\mathscr{E}\ell^2 + G^2M^2}$. Nun sind drei Fälle zu unterscheiden:

- Für $\mathscr{E} = -G^2M^2/(2\ell^2)$ ist die Bewegung *gebunden*. Allerdings ist nur ein einziger Wert von r möglich. nämlich $r = r_*$. Vom Standpunkt der effektiven Bewegung ruht der Körper in seiner Gleichgewichtslage. Physikalisch entspricht dieser Fall einer Kreisbewegung um den Zentralkörper.

- Auch für $-G^2M^2/(2\ell^2) < \mathscr{E} < 0$ ist die Bewegung *gebunden*, aber es treten nun zwei Umkehrpunkte auf. Vom Standpunkt der effektiven Bewegung bewegt sich der Körper zwischen $r_{\min} = (-GM+K)/(2\mathscr{E})$ und $r_{\max} = (-GM-K)/(2\mathscr{E})$ hin und her.

---

[117] Der Wert $\ell = 0$ entspricht dem radialen Fall auf den Zentralkörper zu (bzw. die radiale Bewegung von ihm weg). Die Koordinate φ bleibt dabei konstant.

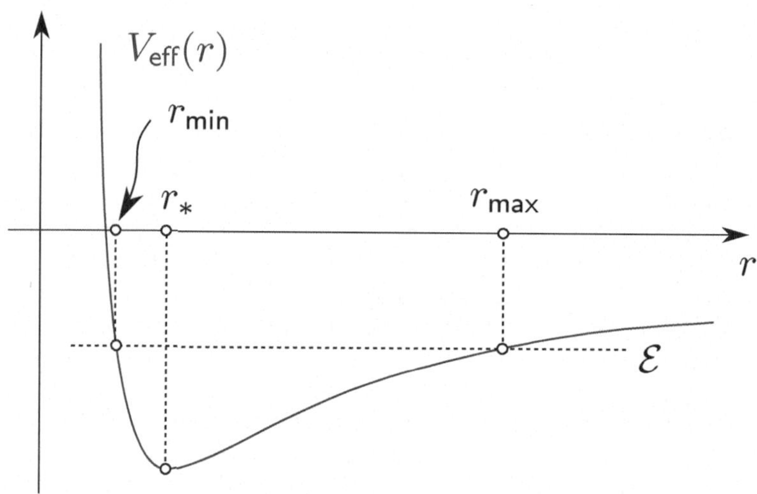

Abbildung 1.5: Grafische Darstellung des effektiven Potentials (1.465) im Keplerproblem für $\ell \neq 0$. Für einen gegebenen Wert von $\mathscr{E} \equiv E/m$ ist aufgrund von (1.467) die Differenz $\mathscr{E} - V_{\text{eff}}(r)$, d. h. der Vertikalabstand zwischen dem Graphen von $V_{\text{eff}}(r)$ und der horizontalen Geraden, die dem Wert $\mathscr{E}$ entspricht, gleich $\dot{r}^2/2$, also immer nichtnegativ. Ist $-G^2M^2/(2\ell^2) < \mathscr{E} < 0$ (ein Beispiel dafür ist die eingezeichnete horizontale gestrichelte Linie), so kann die Radialkoordinate r nur Werte innerhalb eines Intervalls $[r_{\text{min}}, r_{\text{min}}]$ annehmen – die Bewegung ist gebunden. Im Grenzfall $\mathscr{E} = -G^2M^2/(2\ell^2)$ kann r nur den Wert $r_* = \ell^2/(GM)$ annehmen, an dem das effektive Potential sein Minimum besitzt. (Das entspricht der Bewegung auf einer Kreisbahn). Ist $\mathscr{E} \geq 0$, so ist die Bewegung ungebunden.

- Für $\mathscr{E} \geq 0$ ist die Bewegung *ungebunden*. Es tritt nur ein Umkehrpunkt auf, und zwar für $\mathscr{E} = 0$ bei $r_{\text{min}} = \ell^2/(2GM)$ und für $\mathscr{E} > 0$ bei $r_{\text{min}} = (-GM + K)/(2\mathscr{E})$. Vom Standpunkt der effektiven Bewegung kommt der Körper „aus dem Unendlichen", stattet dem Zentralkörper einen kurzen Besuch ab (wobei er sich bis auf die Entfernung r_{min} an ihn annähert) und verabschiedet sich wieder.

Diese Ergebnisse geben uns eine erste Orientierung über den Bewegungsverlauf.

Exkurs[*]
Rechnerische Bestimmung von $r(t)$ und $\varphi(t)$:
Die Erhaltung der Energie reduziert das Problem, den effektiven Bewegungsverlauf $r(t)$ zu bestimmen, auf eine einzige Integration. Aus (1.467) ergibt sich

$$\frac{dr}{\sqrt{2\left(\mathscr{E} - V_{\text{eff}}(r)\right)}} = \pm dt \qquad (1.468)$$

Erinnern Sie sich an (1.116) – dort haben wir bereits eine derartige Berechnung durchgeführt! Die beiden Vorzeichen beziehen sich auf die Bewegungsformen $\dot{r} > 0$ und $\dot{r} < 0$, die hier getrennt erscheinen. Die Integration über r auf der linken Seite führt auf einen unansehnlichen Ausdruck, der überdies nicht in geschlossener

Form nach r aufgelöst werden kann. Daher verzichten wir darauf, ihn anzugeben. (Sie können ihn mit jedem Computeralgebra-System selbst berechnen). Aber *im Prinzip* ist das Problem der Radialbewegung damit gelöst.

In ähnlicher Weise kann die Zeitentwicklung der Koordinate φ *im Prinzip* erschlossen werden: Da (1.462) in der Form

$$\dot{\varphi}(t) = \frac{\ell}{r(t)^2} \tag{1.469}$$

geschrieben werden kann, folgt $\varphi(t)$ aus einer einfachen (im Sinne von 1-fachen) Integration. Da aber nicht einmal r in geschlossener Form als Funktion von t dargestellt werden kann, besteht auch hier keine Chance auf einen einfachen Lösungsausdruck.

Falls Sie den obigen Exkurs übersprungen haben, fassen wir sein Ergebnis zusammen: Die Zeitabhängigkeit der Bewegung in Form der Funktionen $r(t)$ und $\varphi(t)$ kann zwar durch Integrationen erschlossen werden, diese führen aber nicht zu einfachen Lösungsausdrücken. Das mag enttäuschend sein, aber wir können das Bewegungsproblem auf eine andere (sehr elegante) Weise vollständig lösen, nämlich durch die Angabe der Bahnkurve und eine Regel, wie schnell sie durchlaufen wird.

Eine unmittelbare Konsequenz der Dreihmpulserhaltung (1.462) ist das **zweite Keplersche Gesetz** (der **Flächensatz**): Während sich die Winkelkoordinate um den infinitesimalen Wert $d\varphi$ ändert, überstreicht der Ortsvektor den infinitesimalen Flächeninhalt

$$dA = \frac{1}{2} r^2 \, d\varphi = \frac{1}{2} r^2 \, \dot{\varphi} \, dt = \frac{\ell}{2} \, dt \,. \tag{1.470}$$

Da ℓ konstant ist, ist die Änderungsrate dA/dt des überstrichenen Flächeninhalts konstant. Anders ausgedrückt: Der Inhalt ΔA der während eines beliebigen (endlichen) Zeitintervalls Δt überstrichenen Fläche ist proportional zu Δt:

$$\Delta A = \frac{\ell}{2} \Delta t \equiv \frac{L_z}{2m} \Delta t \,. \tag{1.471}$$

Jetzt fehlt uns noch die *Bahnkurve*. In den von uns verwendeten Koordinaten wird sie durch eine Beziehung zwischen r und φ dargestellt. Unter Verwendung von (1.462) und (1.467) berechnen wir

$$\frac{d\varphi}{dr} = \frac{\dot{\varphi}}{\dot{r}} = \frac{\ell}{r^2 \sqrt{2\left(\mathscr{E} - V_{\text{eff}}(r)\right)}} \,, \tag{1.472}$$

was nach einer Integration[118] auf

$$\varphi - \varphi_0 = \mathrm{acos} \left(\frac{\frac{\ell^2}{GMr} - 1}{\sqrt{1 + \frac{2\mathscr{E}\ell^2}{G^2 M^2}}} \right) \tag{1.473}$$

---

[118] Wenn Sie sie „händisch" durchführen wollen, führen Sie am besten zuerst eine Transformation auf die neue Integrationsvariable $r' = 1/r$ durch.

mit einer Integrationskonstante φ_0 führt. Mit den Abkürzungen

$$p = \frac{\ell^2}{GM} \equiv \frac{L_z^2}{GMm^2} \tag{1.474}$$

und

$$\varepsilon = \sqrt{1 + \frac{2\mathscr{E}\ell^2}{G^2M^2}} \equiv \sqrt{1 + \frac{2EL_z^2}{G^2M^2m^3}} \tag{1.475}$$

kann (1.473) in die Form

$$\frac{p}{r} = 1 + \varepsilon \cos(\varphi - \varphi_0) \tag{1.476}$$

gebracht werden. Hier haben wir also die Gleichung der Bahnkurve – ausgedrückt in den Polarkoordinaten der xy-Ebene – vor uns. φ_0 bezeichnet jenen Wert der Winkelkoordinate φ, bei dem r minimal ist, d. h. bei dem die Bahnkurve dem Zentralkörper am nächsten kommt. Wir können ohne Beschränkung der Allgemeinheit $\varphi_0 = 0$ setzen[119]. Damit nimmt (1.476), durch kartesische Koordinaten $x = r\cos\varphi$ und $y = r\sin\varphi$ ausgedrückt, die Form

$$\sqrt{x^2 + y^2} + \varepsilon x = p \tag{1.477}$$

an. Für $\ell \neq 0$ und $\mathscr{E} \geq -G^2M^2/(2\ell^2)$ (also $\varepsilon \geq 0$) ist sie die Gleichung eines **Kegelschnitts** mit Parameter p und *Exzentrizität*[120] ε, dessen Brennpunkt mit dem Ursprung zusammenfällt (siehe Aufgabe 47). Insbesondere erhalten wir

- für $E < 0$ (d. h. $\varepsilon < 1$) eine Ellipse,

- für $E = 0$ (d. h. $\varepsilon = 1$) eine Parabel und

- für $E > 0$ (d. h. $\varepsilon > 1$) eine Hyperbel.

Der erste Fall $E < 0$ ist das **erste Keplersche Gesetz**: Ist die Energie negativ, so ist die Bahn eine **Ellipse**, in dessen Brennpunkt der Zentralkörper steht. Das *Perihel* (der „sonnennächste" Punkt) liegt bei $\varphi = 0$, d. h. auf der positiven x-Achse (und zwar in der Entfernung $r_{\min} = p/(1+\varepsilon)$), das *Aphel* (der „sonnenfernste" Punkt) beim Winkel $\varphi = \pi$, also auf der negativen x-Achse (in der Entfernung $r_{\max} = p/(1-\varepsilon)$). (Beachten Sie, dass $r_{\min}$ und $r_{\max}$ bereits weiter oben mit der Methode des effektiven Potentials berechnet wurden). Die Gleichung (1.477) lässt sich zu

$$\frac{(1-\varepsilon^2)^2}{p^2}\left(x + \frac{\varepsilon p}{1-\varepsilon^2}\right)^2 + \frac{1-\varepsilon^2}{p^2}y^2 = 1 \tag{1.478}$$

---

[119] Das bedeutet: Ist $\varphi_0 \neq 0$, so drehen wir das Koordinatensystem um die z-Achse, so dass der Punkt, an dem die Bahnkurve dem Zentralkörper am nächsten kommt, auf der positiven x-Achse zu liegen kommt. In diesem neuen Koordinatensystem ist dann $\varphi_0 = 0$.

[120] Diese (auch *numerische Exzentrizität* genannte) Größe ist im Fall einer Ellipse ein Maß dafür, wie weit ihr Brennpunkt aus dem Zentrum gerückt ist. Ist a die große und b die kleine Halbachse, so ist sie durch $\sqrt{a^2 - b^2}/a$ (=Brennweite/große Halbachse) definiert. Für den Kreis ist sie gleich 0. Für die Erdbahn beträgt sie 0.0167, für die Bahn des Merkur 0.2056.

umformen, woraus sich die große und die kleine Halbachse zu

$$a = \frac{p}{1-\varepsilon^2} \equiv -\frac{GM}{2\mathscr{E}} \equiv -\frac{GMm}{2E} \tag{1.479}$$

und

$$b = \frac{p}{\sqrt{1-\varepsilon^2}} \equiv \frac{\ell}{\sqrt{-2\mathscr{E}}} \equiv \frac{L_z}{\sqrt{-2mE}} \tag{1.480}$$

ergeben[121] und $p = b^2/a$ folgt. Aus dem zweiten Keplerschen Gesetz (1.470) folgt unmittelbar die *Umlaufszeit* zu

$$T = \frac{2}{\ell} A = \frac{2\pi ab}{\ell} \equiv \frac{2\pi a^{3/2}}{\sqrt{GM}}, \tag{1.481}$$

wobei $A = ab\pi$ die (während eines Umlaufs genau einmal überstrichene) gesamte Ellipsenfläche ist. Damit ergibt sich das **dritte Keplersche Gesetz**

$$\frac{T^2}{a^3} = \frac{4\pi^2}{GM} \tag{1.482}$$

(siehe auch Aufgabe 48). Der Quotient T^2/a^3 („das Verhältnis des Quadrats der Umlaufszeit zur dritten Potenz der großen Halbachse", wie es so schön heißt) hängt *nur* von der Masse M des Zentralkörpers ab. Daher lässt sich aus den Bahndaten T und a die Masse des Zentralkörpers bestimmen. Dieses Gesetz zählt zu den wichtigsten astrophysikalischen Methoden, um die Masse eines Himmelskörpers zu bestimmen.

Für $E \geq 0$ ist die Bewegung, wie bereits diskutiert, ungebunden. Für $E = 0$ beschreibt (1.477) die nach links offene Parabel mit der Gleichung $y^2 + 2px = p^2$, für $E > 0$ den linken Ast einer Hyperbel, deren Halbachsen durch $a = p/(\varepsilon^2 - 1)$ und $b = p/\sqrt{\varepsilon^2 - 1}$ gegeben sind. In beiden Fällen findet die nächste Annäherung an den Zentralkörper auf der positiven x-Achse in der Entfernung $r_{\min} = p/(\varepsilon + 1)$ statt, einer Größe, die bereits weiter oben mit der Methode des effektiven Potentials berechnet wurde, und die auch *Stoßparameter* genannt wird.

Damit ist das Keplerproblem, soweit dies durch geschlossene Ausdrücke möglich ist, gelöst[122]. Sind E und L_z bekannt, so kann die Form der Bahnkurve und ihre Lage relativ zum Zentralkörper bestimmt werden, und das zweite Keplersche Gesetz gibt an, wie schnell sie durchlaufen wird. Sind Anfangsdaten $\vec{x}(0)$ und $\dot{\vec{x}}(0)$ (beide mit einer verschwindenden z-Komponente) gegeben, so können E und L_z (zum Zeitpunkt 0 und daher für alle Zeiten, da sie Erhaltungsgrößen sind) unmittelbar berechnet werden. Die obigen Formeln führen dann auf die Charakteristika der Bewegung. Sind umgekehrt die Bahndaten bekannt, so kann auf die Masse des Zentralkörpers geschlossen werden.

---

[121] Als Check, dass der Brennpunkt in den Ursprung fällt, bemerken wir, dass $\sqrt{a^2 - b^2}$ gleich $\varepsilon p/(1 - \varepsilon^2)$, d. h. gleich der Brennweite, also dem Abstand zwischen dem Mittelpunkt der Ellipse und dem Ursprung ist.

[122] Ergänzend sei noch erwähnt, dass es für die Keplerbewegung drei weitere Erhaltungsgrößen gibt, nämlich die Komponenten des *Lenz-Runge-Vektors* $\vec{a} = \vec{p} \times \vec{L} - GMm^2\,\vec{x}/r$. Seine Richtung verläuft vom Zentralkörper zum Perihel, sein Betrag ist das GMm^2-fache der Exzentrizität. Mit seiner Hilfe ist eine elegantere Herleitung der Bahnkurve möglich. Dazu muss lediglich das Skalarprodukt mit dem Ortsvektor gebildet werden. Es erweist sich als $L_z^2 - GMm^2 r$ und ist andererseits gleich $|\vec{A}| r \cos\varphi = GMm^2 \varepsilon r \cos\varphi$, was unmittelbar auf (1.476) mit $\varphi_0 = 0$ führt.

Lösung des Zweikörperproblems

Mit dem Keplerproblem ist auch das ursprünglich betrachtete gravitative Zweikörperproblem gelöst. In einem Bezugssystem, in dem der Massenmittelpunkt $\vec{X}$ ruht (und der Einfachheit halber in den Ursprung gelegt wird) sind die Positionen der beiden Körper gemäß (1.441)–(1.442) durch $\vec{x}_1 = (m_2/M)\vec{x}$ und $\vec{x}_2 = (m_1/M)\vec{x}$ gegeben. Das bedeutet: Jeder der beiden Körper bewegt sich auf einer um den Faktor m_2/M bzw. m_1/M „verkleinerten" Keplerbahn, deren Brennpunkt mit dem Massenmittelpunkt zusammenfällt (siehe Aufgabe 49).

Abschließend erwähnen wir, dass die (nichtrelativistische) Bewegung zweier geladener Teilchen unter der Wirkung ihrer Coulombkräfte, deren Wechselwirkungspotential durch (1.205) gegeben ist, im Fall ungleichnamiger Ladungen ($q_1 q_2 < 0$) genau die gleiche mathematische Struktur besitzt wie das gravitative Zweikörperproblem. Die Lösung des Bewegungsproblems kann aus den oben erzielten Formeln durch die Ersetzung

$$G \to -\frac{q_1 q_2}{4\pi\,\varepsilon_0\,m_1 m_2} \tag{1.483}$$

gewonnen werden. Insbesondere kann damit die *Streuung* eines Elektrons an einem positiven Ladungsträger (z. B. einem Atomkern) beschrieben werden[123]. Der Fall gleichnamiger Ladungen ($q_1 q_2 > 0$) kann ganz analog behandelt werden. Mit Hilfe der Ersetzung (1.483) werden die Formeln (1.449)–(1.472) sowie (1.474)–(1.476) auf ihn übertragen. Das effektive Potential ist dann positiv und monoton fallend, und daher existieren nur Lösungen mit positiver Energie. In der Gleichung (1.476) der Bahnkurve ist $p < 0$ und $\varepsilon > 1$, woraus sich als Lösungen Hyperbeln ergeben.

1.6.8 Systeme mit Zwangsbedingungen: Pendelbewegungen

Der Lagrangeformalismus eignet sich hervorragend dazu, Systeme zu beschreiben, in denen die Bewegung von Körpern oder Teilchen durch Zwangsbedingungen eingeschränkt ist.

Das sphärische Pendel

Ein einfaches System mit Zwangsbedingungen ist das Pendel: Ein Massenpunkt ist am Ende eines (als masselos gedachten) Stabes der Länge R befestigt. Das andere Ende des Stabes ist fixiert, sodass der Massenpunkt (der den Pendelkörper darstellt) dem homogenen Schwerefeld (mit Erdbeschleunigung g) ausgesetzt ist, sich aber nur so bewegen kann, dass sein Abstand vom Aufhängepunkt stets R ist[124].

---

[123] Die klassische Behandlung der Streuung eines Elektrons an einem Atomkern stellt sich als gute Näherung zur (richtigeren) quantenmechanischen Beschreibung heraus. Anders verhält es sich mit gebundenen Systemen aus zwei Ladungen auf atomarem Maßstab: Die klassische Beschreibung des Wasserstoffatoms – also des Systems aus einem Proton und einem Elektron – ist nicht in der Lage, dessen beobachtete Eigenschaften zu erklären.

[124] Ein solchermaßen idealisiertes System wird auch *mathematisches Pendel* genannt – im Unterschied zum *physikalischen Pendel*, bei dem der Pendelkörper eine endliche Ausdehnung und eine beliebige Form haben darf.

Zu jedem Zeitpunkt befindet sich der Pendelkörper an einem Ort $\vec{x}$. Seine drei Koordinaten können aber nicht unabhängig voneinander variieren, sondern sind von vornherein – d. h. *vor* jeder Betrachtung der Kraft, die auf ihn wirkt – eingeschränkt. Legen wir das Koordinatensystem so, dass sich der Aufhängepunkt im Ursprung befindet, so muss zu jeder Zeit $x^2 + y^2 + z^2 = R^2$ gelten. Diese Beziehungen sind die *Zwangsbedingungen*, denen das System des Pendels unterliegt. Sie legen fest, dass sich der Pendelkörper nur auf einer Fläche (einer Sphäre mit Radius R) bewegen kann. Beim *sphärischen Pendel* sind ansonsten keine weiteren Einschränkungen vorgesehen.

Die Dynamik des Pendels kann so betrachtet werden, dass zusätzlich zur vertikal wirkenden Schwerkraft auch eine Gegenkraft wirkt, die der Stab auf den Pendelkörper ausübt, und zwar normal zur erlaubten Fläche. Dadurch wird gewissermaßen die Normalkomponente der Schwerkraft weggezwickt, und ihre Tangentialkomponente bildet die effektiv entlang der Bahnkurve wirkende Kraft. Dieser Zugang über die Tangentialprojektion der wirkenden Kraft ist allerdings unnötig kompliziert. Man kann sich vorstellen, dass derartige Berechnungen bei weniger symmetrischen Zwangsbedingungen recht schwierig werden. Wir wollen nun nicht tief in die Theorie der Systeme mit Zwangsbedingungen eindringen, sondern anhand des sphärischen Pendels vorführen, wie der Lagrangeformalismus hilft, die Dynamik in einer mathematisch eleganten Weise zu formulieren.

Die Position des Pendelkörpers wird natürlich mit Hilfe von Kugelkoordinaten beschrieben. Durch sie ausgedrückt, lautet die Zwangsbedingung einfach $r = R$. Die beiden Winkelkoordinaten θ und φ können im Prinzip alle ihre erlaubten Werte ($0 \leq \theta \leq \pi$ und $0 \leq \varphi < 2\pi$) annehmen. Der Auslenkungswinkel, d. h. der Winkel zwischen dem Ortsvektor des Pendelkörpers und der negativen z-Achse, ist durch $\alpha = \pi - \theta$ gegeben. Um die Lagrangefunktion dieses System herzuleiten, müssen wir die kinetische und die potentielle Energie durch Kugelkoordinaten ausdrücken und ihre Differenz bilden. Mit (1.353) ist die kinetische Energie eines frei im Raum beweglichen Punktteilchens durch

$$T = \frac{m}{2} \left(\dot{r}^2 + r^2 \left(\dot{\theta}^2 + \sin^2 \theta \, \dot{\varphi}^2 \right) \right) \tag{1.484}$$

gegeben. Die Zwangsbedingung $r = R$ erzwingt, dass $\dot{r} = 0$ ist, womit

$$T = \frac{m}{2} R^2 \left(\dot{\theta}^2 + \sin^2 \theta \, \dot{\varphi}^2 \right) \tag{1.485}$$

wird. Die (in negative z-Richtung wirkende) Schwerkraft haben wir bereits in (1.25) angeschrieben. Die zugehörige potentielle Energie[125] ist $V(\vec{x}) = mgz$. In Kugelkoordinaten ist sie durch $V(r, \theta) = mgr \cos \theta$ gegeben, und mit der Zwangsbedingung $r = R$ wird sie zu $V(\theta) = mgR \cos \theta$. Damit lautet die Lagrangefunktion für das sphärische Pendel

$$L(\theta, \varphi, \dot{\theta}, \dot{\varphi}, t) = \frac{m}{2} R^2 \left(\dot{\theta}^2 + \sin^2 \theta \, \dot{\varphi}^2 \right) - mgR \cos \theta \,. \tag{1.486}$$

Die Radialkoordinate r tritt als dynamische Variable nicht mehr auf. Die verallgemeinerten Koordinaten sind lediglich θ und φ. Mit (1.486) ist das Problem der Bewegung des sphärischen

---

[125] Bis auf den Faktor m wurde auch sie schon angeschrieben – vgl. (1.167)!

Pendels mathematisch formuliert. Es enthält keine Zwangsbedingung mehr. Beachten Sie, dass es im Grunde nicht schwierig war, (1.486) zu finden, da die verwendeten Koordinaten der ursprünglichen Zwangsbedingung bestens angepasst sind.

Da L nicht von φ abhängt, ist der verallgemeinerte Impuls $p_\varphi \equiv \partial L/\partial \dot{\varphi} = mR^2 \sin^2 \theta\, \dot{\varphi}$, also die z-Komponente des Drehimpulses – vgl. (1.384) –, eine Erhaltungsgröße. Daraus folgt, dass $\sin^2 \theta\, \dot{\varphi}$ zeitlich konstant ist. Diese Aussage ist gleichbedeutend mit der Euler-Lagrange-Gleichung für φ. Mit $p_\theta = \partial L/\partial \dot{\theta} = mR^2\, \dot{\theta}$ und $\partial L/\partial \theta = mR^2 \sin \theta \cos \theta\, \dot{\varphi}^2 + mgR \sin \theta$ lautet die Euler-Lagrange-Gleichung für θ (nach Division durch mR^2)

$$\ddot{\theta} = \sin \theta \cos \theta\, \dot{\varphi}^2 + \frac{g}{R} \sin \theta\,. \tag{1.487}$$

Da L nicht explizit von der Zeit abhängt, ist die Energie (die Hamiltonfunktion), die aus (1.486) durch einen Vorzeichenwechsel des letzten Terms erhalten wird, ebenfalls eine Erhaltungsgröße.

Wir wollen nun nicht den Versuch unternehmen, dieses Bewegungsproblem allgemein zu lösen. Eine spezielle Lösung ergibt sich, indem für einen konstanten Winkel $\theta_0 \neq 0$

$$\theta(t) = \theta_0 \tag{1.488}$$

gesetzt wird. Mit der Erhaltung von p_φ folgt daraus, dass $\dot{\varphi}$ konstant ist. Wird als Anfangsbedingung $\varphi(0) = 0$ gewählt, so folgt

$$\varphi(t) = \omega t \tag{1.489}$$

für eine Konstante ω. Mit (1.487) ergibt sich, dass θ_0 und ω die Beziehung

$$\omega^2 \cos \theta_0 = -\frac{g}{R} \tag{1.490}$$

erfüllen müssen. Damit sind beide Euler-Lagrange-Gleichungen erfüllt. Was wir hier gefunden haben, ist die bei einem konstanten Auslenkungswinkel $\alpha_0 = \pi - \theta_0$ „kreisende Bewegung" des sphärischen Pendels. (1.490) sagt uns, dass sie nur dann möglich ist, wenn $\cos \theta_0 < 0$ ist. Das ist genau für alle $\theta_0 > \pi/2$ (d. h. $\alpha_0 < \pi/2$) erfüllt, was nicht überraschen sollte: Eine kreisende Pendelbewegung ist nur für Auslenkungswinkel möglich, die kleiner als $\pi/2$ (also $90°$) sind. Im Grenzfall sehr kleiner Auslenkungen ($\theta \to \pi$, daher $\cos \theta_0 \to -1$) kreist ein Pendel mit der Winkelgeschwindigkeit $\omega = \sqrt{g/R}$.

Wir merken ergänzend an, dass sich die Kugelkoordinaten nicht dazu eignen, die ebene Pendelbewegung zu beschreiben, für die $p_\varphi = 0$ gilt. Das Problem ist, dass θ nicht größer als π werden kann, und dass das „Schwingen durch die Gleichgewichtslage" mit einem abrupten Sprung in der Koordinate φ verbunden ist. Diesen Fall behandeln wir nun separat.

Das ebene Pendel

Beim *ebenen Pendel* ist die Bewegung zusätzlich auf eine vertikale Ebene eingeschränkt. Legen wir das Koordinatensystem so, dass sich der Aufhängepunkt im Ursprung befindet und die Pendelebene die xz-Ebene ist, so muss zu jeder Zeit $x^2 + z^2 = R^2$ und $y = 0$ gelten. Wir beschreiben die Position des Pendels durch seinen Auslenkungswinkel α, dem wir aber nun erlauben, auch negative Werte anzunehmen. Für einen gegebenen Wert von α ist der Ort des Pendelkörpers durch $x = R \sin \alpha$, $y = 0$ und $z = -R \cos \alpha$ gegeben. Wie sich unschwer berechnen lässt (siehe Aufgabe 50), lautet seine Lagrangefunktion

$$L(\alpha, \dot{\alpha}, t) = \frac{m}{2} R^2 \dot{\alpha}^2 + mgR \cos \alpha, \tag{1.491}$$

und die (einzige) Euler-Lagrange-Gleichung ist

$$\ddot{\alpha} = \frac{g}{R} \sin \alpha. \tag{1.492}$$

Ihre Lösungen lassen sich nicht geschlossen darstellen. Für kleine Auslenkungen ($\sin \alpha \approx \alpha$) nimmt sie die Form

$$\ddot{\alpha} = -\frac{g}{R} \alpha \tag{1.493}$$

der Bewegungsgleichung des harmonischen Oszillators an (vgl. (1.77)). Ihre Lösungen sind

$$\alpha(t) = A \sin(\omega t + \varphi) \tag{1.494}$$

mit $\omega = \sqrt{g/R}$, einer beliebigen Amplitude A und einer beliebigen Anfangsphase φ (vgl. (1.88)). Beachten Sie, dass die Periodendauer für kleine Auslenkungen, $\tau = 2\pi/\omega = 2\pi\sqrt{R/g}$, für alle Amplituden die gleiche ist. Weiters stimmt im Fall kleiner Auslenkungen die Kreisfrequenz ω mit der Winkelgeschwindigkeit der „kreisenden Bewegung" (1.489) überein.

Ist die Auslenkung hingegen groß, so ist die Näherung (1.492) nicht mehr gültig. Für diesen Fall muss die ursprüngliche Bewegungsgleichung (1.493) herangezogen werden. Der erste Effekt, der sich zeigt, wenn das Pendel einigermaßen stark angestoßen wird, besteht darin, dass die Periodendauer von der maximalen Auslenkung abhängt – sie vergrößert sich mit dieser. Im Extremfall nähert sich $\alpha(t)$ dem Wert π (oder $-\pi$, was physikalisch identisch ist), ohne ihn je zu erreichen – in diesem Fall schwingt der Pendelkörper nie zurück. Wird das Pendel besonders stark angestoßen, so schwingt es über und vollführt vollständige Drehungen in Folge, was sich in einem unbeschränkten Anwachsen von $\alpha(t)$ äußert. Um sich zu vergewissern, dass die Gleichung (1.493) dieses Verhalten tatsächlich beschreibt, können Sie mit Hilfe eines Computeralgebra-Systems (oder mit dem ab Seite 32 besprochenen Näherungsverfahren) numerische Lösungen generieren und visualisieren (siehe den Zusatz zur Aufgabe 8).

1.6.9 Einige weitere Lagrangefunktionen[*]

Hier wollen wir zur Illustration – ohne Herleitungen – noch einige weitere Lagrangefunktionen anschreiben.

Teilchenbewegung im elektromagnetischen Feld

Die Kraft, die ein äußeres, durch $\vec{E} \equiv \vec{E}(\vec{x}, t)$ und $\vec{B} \equiv \vec{B}(\vec{x}, t)$ gegebenes elektromagnetisches Feld auf ein geladenes Teilchen mit Masse m und Ladung q ausübt (die Lorentzkraft), ist durch (1.40) gegeben. Die zugehörige (nichtrelativistische) Bewegungsgleichung lautet

$$m\ddot{\vec{x}} = q\left(\vec{E}(\vec{x},t) + \dot{\vec{x}} \times \vec{B}(\vec{x},t)\right).\tag{1.495}$$

Sie kann aus dem Wirkungsprinzip mit der Lagrangefunktion

$$L\left(\vec{x},\dot{\vec{x}},t\right) = \frac{m}{2}\dot{\vec{x}}^2 - q\,\phi(\vec{x},t) + q\,\dot{\vec{x}}\cdot\vec{A}(\vec{x},t)\tag{1.496}$$

abgeleitet werden, wobei ϕ und $\vec{A}$ (das **skalare Potential** und das **Vektorpotential**) Felder sind, durch die $\vec{E}$ und $\vec{B}$ gemäß

$$\vec{E} = -\vec{\nabla}\phi - \frac{\partial}{\partial t}\vec{A} \quad \text{und} \quad \vec{B} = \mathrm{rot}\vec{A}\tag{1.497}$$

ausgedrückt sind. Im Band über die Elektrodynamik wird genauer darauf eingegangen, was es mit diesen Potentialen auf sich hat. Hier bitten wir Sie nur, zu akzeptieren, dass jedes elektromagnetische Feld $(\vec{E},\vec{B})$ in der Form (1.497) aus einem skalaren Feld ϕ und einem Vektorfeld $\vec{A}$ gewonnen werden kann. Sind zwei derartige Felder gegeben (wo auch immer sie herkommen!), so ist das Problem der Teilchenbewegung *in* diesen Feldern ein Thema der klassischen Mechanik.

Elektromagnetisches Zweiteilchenproblem

Die Coulombkräfte zwischen zwei geladenen Teilchen wurden in (1.31) − (1.32), die zusätzlichen magnetischen Kräfte in (1.206) − (1.207) angeschrieben, wobei die instantane Näherung (d. h. die Vernachlässigung der Zeitverzögerung der Kraftwirkung) vorausgesetzt wurde. Eine zusätzliche, aus dem Induktionsgesetz folgende Kraft wurde nur erwähnt (Seite 64). Diese Art der Wechselwirkung weist bereits in die Spezielle Relativitätstheorie. Wird dennoch das zweite Newtonsche Axiom als Grundlage der Bewegung angenommen, so kann diese durch die Lagrangefunktion

$$L\left(\vec{x}_1,\vec{x}_2,\dot{\vec{x}}_1,\dot{\vec{x}}_2,t\right) = \frac{m_1}{2}\dot{\vec{x}}_1^{\,2} + \frac{m_2}{2}\dot{\vec{x}}_1^{\,2} - \frac{q_1 q_2}{4\pi\varepsilon_0\,|\vec{x}_1 - \vec{x}_2|}\left(1 - \frac{\dot{\vec{x}}_1\cdot\dot{\vec{x}}_2}{c^2}\right)\tag{1.498}$$

beschrieben werden.

Gekoppelte harmonische Oszillatoren

Zwischen zwei harmonischen Oszillatoren, jeder mit einer eigenen Ortsvariablen (der Einfachheit halber aber mit gleicher Masse m und Federkonstante k), kann mittels einer Lagrangefunktion der Form

$$L(x_1,\dot{x}_1,x_2,\dot{x}_2,t) = \frac{m}{2}\dot{x}_1^{\,2} + \frac{m}{2}\dot{x}_2^{\,2} - \frac{k}{2}x^2 - \frac{k}{2}x_2^{\,2} - \frac{\kappa}{2}(x_1 - x_2)^2\tag{1.499}$$

(mit $\kappa > 0$) eine einfache Wechselwirkung eingeführt werden, die einer harmonischen Kraft zwischen den beiden Partnern entspricht. Die Euler-Lagrange-Gleichungen sind

$$m\ddot{x}_1 = -kx_1 + \kappa(x_2 - x_1)\tag{1.500}$$

$$m\ddot{x}_2 = -kx_2 + \kappa(x_1 - x_2).\tag{1.501}$$

Dabei handelt es sich um ein linear-homogenes Differentialgleichungs-System (d. h. jede Linearkombination von Lösungen ist wieder eine Lösung). Die allgemeine Lösung besitzt vier frei wählbare Konstanten (die den möglichen Anfangsdaten entsprechen). Sie kann dargestellt werden als Linearkombination von vier *Eigenschwingungen*, von denen zwei durch $x_1 = x_2$ und zwei durch $x_1 = -x_2$ charakterisiert sind (siehe Aufgabe 51). Für kleine Auslenkungen modelliert (1.499) ein System gekoppelter Pendel.

Ebenes Pendel mit bewegtem Aufhängepunkt

Der Aufhängepunkt eines ebenen Pendels sei nicht fixiert, sondern werde „von Hand" so bewegt, dass seine Koordinaten zum Zeitpunkt t durch $(\xi(t), \eta(t))$ gegeben sind. Die Verbindung zwischen dem Aufhängepunkt und dem (als Punkt mit Masse m gedachten) Pendelkörper ist nicht ein Faden, sondern ein (als masselos gedachter) Stab der Länge R. Die dynamische Variable dieses Systems ist der Auslenkungswinkel α. Die Lagrangefunktion ist

$$L(\alpha, \dot{\alpha}, t) = \frac{m}{2} R^2 \dot{\alpha}^2 + mR\dot{\alpha} \left(\dot{\eta}(t) \sin\alpha - \dot{\xi}(t) \cos\alpha \right) + mgR \cos\alpha. \tag{1.502}$$

Beachten Sie, dass $\xi \equiv \xi(t)$ und $\eta \equiv \eta(t)$ vorgegeben sind, also nicht die Rolle dynamischer Variablen spielen! Sind ξ und η zeitlich konstant, so geht diese Lagrangefunktion in (1.491) über.

Anharmonische Schwingungen

Besitzt die potentielle Energie $V \equiv V(x)$ der Ortsvariable eines eindimensionalen Systems an der Stelle x_0 ein lokales Minimum, so lässt sie sich (entsprechende Analytizitätseigenschaften[126] vorausgesetzt) um diese Stelle in eine Taylorreihe

$$V(x) = a_0 + a_2(x - x_0)^2 + a_3(x - x_0)^3 + \dots \tag{1.503}$$

entwickeln. Wegen $V'(x_0) = 0$ fehlt der lineare Term. Wir nehmen an, dass $a_2 \neq 0$ ist. Da es sich um ein *Minimum* handelt, folgt $a_2 > 0$. Der konstante Term a_0 spielt für die Dynamik keine Rolle und kann daher weggelassen werden. Um Bewegungen zu beschreiben, bei denen sich x nicht weit vom Punkt x_0 entfernt, kann in der Lagrangefunktion

$$L(x, \dot{x}, t) = \frac{m}{2} \dot{x}^2 - a_2(x - x_0)^2 - a_3(x - x_0)^3 + \dots \tag{1.504}$$

die Reihe abgebrochen werden. In der gröbsten Näherung handelt es sich um einen harmonischen Oszillator (mit Gleichgewichtslage x_0)! Soll die Genauigkeit erhöht werden, so kann der nächste nichtverschwindende Term dazugenommen werden. In der Regel ist das der Term

---

[126] Eine Funktion heißt *analytisch*, wenn sie sich in eine Potenzreihe entwickeln lässt, d. h. wenn sie mit ihrer Taylorreihe übereinstimmt. Von (1.503) muss in Wahrheit nur verlangt werden, dass eine solche Entwicklung bis zu jener Ordnung existiert, ab der sich eine Abweichung von der potentiellen Energie des harmonischen Oszillators zeigt.

dritter oder vierter Ordnung in $x - x_0$. Er stellt eine *kleine* Korrektur (eine *Störung*) des harmonischen Oszillators dar. Ein solches System wird *anharmonischer Oszillator* genannt. Der erste Effekt, der sich bei der Berücksichtigung der anharmonischen Korrekturen bemerkbar macht, besteht darin, dass die Schwingungsdauer von der maximalen Auslenkung (die überdies – wenn die Funktion V nicht symmetrisch um den Punkt x_0 ist – nach links und nach rechts unterschiedlich sein kann) abhängt. Ein Beispiel für einen anharmonischen Oszillator ist das ebene Pendel (1.491).

Relativistische Lagrangefunktionen

In der Speziellen Relativitätstheorie wird ein freies Teilchen mit Masse m durch die Lagrangefunktion

$$L\left(\vec{x},\dot{\vec{x}},t\right) = -mc^2\sqrt{1 - \frac{\dot{\vec{x}}^2}{c^2}} \tag{1.505}$$

beschrieben, wobei c die Lichtgeschwindigkeit ist. Um die oben angegebene Lagrangefunktion (1.496) für ein Teilchen im äußeren elektromagnetischen Feld „relativistisch zu gestalten", muss die kinetische Energie $\frac{m}{2}\dot{\vec{x}}^2$ durch diesen Ausdruck ersetzt werden. Auch die Lagrangefunktion (1.498) für zwei elektromagnetisch wechselwirkende Teilchen kann mit dem gleichen Rezept realistischer gestaltet werden, wobei allerdings die instantane Näherung erhalten bleibt. Wir werden der Lagrangefunktion (1.505) im Kapitel über die Spezielle Relativitätstheorie wieder begegnen (Seite 204).

Lagrangeformalismus mit Reibung

Als kleines Kuriosum, das man vielleicht nicht erwartet hätte, präsentieren wir hier eine Möglichkeit, eine zur Geschwindigkeit proportionale Reibungskraft im Rahmen des Lagrangeformalismus zu behandeln: Die Euler-Lagrange-Gleichung der (explizit zeitabhängigen) Lagrangefunktion in einer Dimension

$$L(x,\dot{x},t) = e^{\alpha t/m}\left(\frac{m}{2}\dot{x}^2 - V(x)\right) \tag{1.506}$$

(mit einer positiven Konstante α) lautet

$$m\ddot{x} = -V'(x) - \alpha\dot{x}. \tag{1.507}$$

Interessanterweise ist die Exponentialfunktion verschwunden, und zur Kraft $-V'(x)$ hat sich die Reibungskraft $-\alpha\dot{x}$ gesellt! Die Energie (Hamiltonfunktion) ist durch

$$H = e^{\alpha t/m}\left(\frac{m}{2}\dot{x}^2 + V(x)\right) \tag{1.508}$$

gegeben. Sie ist natürlich nicht erhalten, da L explizit von der Zeit abhängt, und hat auch nicht die erwartete Standardform „kinetische plus potentielle Energie".

1.6.10 Mehrteilchensysteme und Galilei-Invarianz im Lagrangeformalismus

Ganz allgemein ist ein – in kartesischen Koordinaten beschriebenes – Mehrteilchensystem im Lagrangeformalismus durch eine Lagrangefunktion vom Typ

$$L \equiv L\left(\vec{x}_1, \vec{x}_2, \ldots \vec{x}_n, \dot{\vec{x}}_1, \dot{\vec{x}}_2, \ldots \dot{\vec{x}}_n, t\right) \tag{1.509}$$

definiert. Im Rahmen der Newtonschen Mechanik wird die Form „kinetische Energie minus potentielle Energie" zu

$$L = \sum_{\alpha=1}^{n} \frac{m_\alpha}{2} \dot{\vec{x}}_\alpha{}^2 - V\left(\vec{x}_1, \vec{x}_2, \ldots \vec{x}_n, t\right) \tag{1.510}$$

(also zur Differenz aus der gesamten kinetischen Energie und der potentiellen Energie) verallgemeinert (obwohl, wie das Beispiel (1.506) zeigt, auch bisweilen Lagrangefunktionen nützlich sind, die nicht diese Form haben). Ganz allgemein werden mit

$$p_{\alpha j} = \frac{\partial L}{\partial \dot{x}_{\alpha j}} \tag{1.511}$$

die Komponenten des verallgemeinerten Impulses $\vec{p}_\alpha$ bezeichnet. Im Fall einer Lagrangefunktion vom Typ (1.510) stimmen sie mit den Komponenten des Vektors $m_\alpha \dot{\vec{x}}_\alpha$ überein. Ist die Lagrangefunktion nicht von diesem Typ, so können die Impulse auf andere Weise mit den Geschwindigkeiten zusammenhängen. Die Komponenten der verallgemeinerten Kräfte sind durch

$$F_{\alpha j} = \frac{\partial L}{\partial x_{\alpha j}} \tag{1.512}$$

gegeben (woraus sich für eine Lagrangefunktion vom Typ (1.510) der übliche Ausdruck (1.193) für die Kräfte als negative Gradienten der potentiellen Energie ergibt), und die Euler-Lagrange-Gleichungen lauten

$$\dot{\vec{p}}_\alpha = \vec{F}_\alpha. \tag{1.513}$$

Damit ausgerüstet kommen wir auf die Forderung nach der prinzipiellen Gleichberechtigung aller Inertialsysteme, wie sie durch die Idee der Galilei-Invarianz gegeben ist, zurück. Welche allgemeinen physikalischen Eigenschaften besitzen galilei-invariante Systeme im Rahmen des Lagrangeformalismus? Vergegenwärtigen Sie sich bitte an dieser Stelle, dass mit dem Übergang von der Newtonschen Mechanik zum Lagrangeformalismus eine wichtige Einschränkung verbunden ist: Letzterer betrachtet nur Systeme, die sich aus einem Wirkungsprinzip herleiten lassen. Während im Rahmen der Newtonschen Mechanik die Galilei-Invarianz der *Newtonschen Bewegungsgleichungen* gefordert werden kann (wie im Unterabschnitt 1.5.1, Seite 91, besprochen), wollen wir nun **verlangen, dass das Wirkungsprinzip galilei-invariant ist**. Daraus ergeben sich einige wichtige Konsequenzen, die zeigen, dass die Kombination „Wirkungsprinzip + Galilei-Invarianz" genau die Lücke schließt, die im Rahmen der Newtonschen Mechanik offen geblieben ist. Sie werden mit Hilfe des früher besprochenen Noether-Theorems und seiner Verallgemeinerung (Seite 119) erzielt. Insbesondere sind in galilei-invarianten Systemen die Erhaltung des (verallgemeinerten) Gesamtimpulses, des (verallgemeinerten) Gesamtdrehimpulses und der Gesamtenergie (d. h. der Hamiltonfunktion) ohne weitere Zusatzforderungen gesichert, und in Zweiteilchensystemen folgt die Gültigkeit eines (verallgemeinerten) dritten Newtonschen Axioms.

Exkurs*

Galilei-invariante Mehrteilchensysteme im Lagrangeformalismus:

Für ein tieferes Verständnis dieses Exkurses ist es sinnvoll, wenn Sie auch den früheren Exkurs über das Noether-Theorem und seine Verallgemeinerung (Seite 119) gelesen haben. Sind Sie nur an einem groben Verständnis interessiert, so ist das nicht notwendig, und für diesen Fall fassen wir das Noether-Theorem und seine Verallgemeinerung kurz zusammen: Eine (kontinuierliche) Symmetrie des Wirkungsprinzips liegt vor, wenn das Wirkungsintegral (bis auf Randterme) unter einer Familie infinitesimaler Transformationen invariant ist. Das ist gleichbedeutend damit, dass die Lagrangefunktion (bis auf die totale Zeitableitung einer Funktion der Koordinaten und der Zeit) unter der betreffenden Familie von Transformationen invariant ist. Das Noether-Theorem besagt, dass für jede derartige Symmetrie eine Erhaltungsgröße existiert .

Wir wollen nun annehmen, dass das Wikungsprinzip eines mechanisches Systems unter Galileitransformationen invariant ist. Das bedeutet, dass die Invarianz unter den folgenden Typen infinitesimaler Transformationen gegeben ist:

- Räumliche Translationen: Sie entsprechen der Ersetzung $\vec{x}_\alpha \rightarrow \vec{x}_\alpha + \varepsilon \vec{a}$ für einen (festgehaltenen) konstanten Vektor $\vec{a}$ und einen (variablen) infinitesimalen Parameter ε. In der Notation vom Exkurs zum Noether-Theorem sind sie durch $\mathscr{T} = 0$ und $\mathscr{Q}_{\alpha j} = a_j$ definiert (vgl. (1.297) und (1.400)).

- Räumliche Drehungen: *Endliche* Drehungen entsprechen der Ersetzung $\vec{x}_\alpha \rightarrow R\vec{x}_\alpha$ für eine Rotationsmatrix R (vgl. (1.300)). Da das Noether-Theorem in der von uns formulierten Form *infinitesimale* Transformationen benötigt, müssen wir die Ersetzungsvorschrift auf infinitesimale (d h. auf „kleine") Drehungen einschränken. Dazu verwenden wir die Tatsache, dass eine infinitesimale Drehung von der Form $\vec{x} \rightarrow \vec{x} + A\vec{x}$ ist, wobei A eine infinitesimale antisymmetrische 3×3-Matrix ist[127]. In der Notation vom Exkurs zum Noether-Theorem sind infinitesimale Drehungen daher durch $\mathscr{T} = 0$ und $\mathscr{Q}_{\alpha j} = A_{jk}x_k$ definiert, wobei $A_{jk} = -A_{kj}$ ist. Eine antisymmetrische 3×3-Matrix besitzt drei freie Parameter[128]. Unter Zuhilfenahme des Epsilon-Symbols (1.104)

---

[127] Um das einzusehen, schreiben wir Drehungen in der Form $\vec{x} \rightarrow R\vec{x}$ an, wobei R eine orthogonale Matrix ist, d. h. $R^T R = 1$ erfüllt (siehe den Abschnitt B.3 auf Seite 293 im Anhang). Setzen wir eine infinitesimale Drehung in der Form $R = 1 + A$ an (also $\vec{x} \rightarrow \vec{x} +$ „eine kleine Änderung von $\vec{x}$'"), so ergibt sich daraus $(1 + A^T)(1 + A) = 1$ oder, ausmultipliziert, $1 + A^T + A + A^T A = 1$. Der Term $A^T A$ ist von zweiter Ordnung, also *noch viel kleiner* als A und kann weggelassen werden. Daraus ergibt sich mit $A^T + A = 0$ oder $A^T = -A$ die Bedingung, dass A antisymmetrisch ist.

[128] Nämlich A_{12}, A_{13} und A_{23} – sind sie bekannt, so folgt $A_{21} = -A_{12}$, $A_{31} = -A_{13}$ und $A_{32} = -A_{23}$, was

können ihre Komponenten auch in der Form $A_{jk} = -\varepsilon_{jkl}\,\omega_l$ geschrieben werden, wobei $\vec{\omega}$ der (infinitesimale) Drehvektor ist, dessen Richtung die Drehachse und dessen Betrag den Drehwinkel angibt[129]. Das im Exkurs über das Noether-Theorem besprochene Beispiel (1.419)–(1.422) ist genau von dieser Form mit $\omega_x = 0$, $\omega_y = 0$ und $\omega_z = 1$.

- Zeittranslationen: Sie entsprechen der Ersetzung $t \to t + \varepsilon$. In der Notation vom Exkurs zum Noether-Theorem sind sie durch $\mathcal{T} = 1$ und $\mathcal{Q}_{\alpha j} = 0$ definiert (vgl. (1.303) und (1.401)).

- Geschwindigkeitstransformationen: Sie entsprechen der Ersetzung $\vec{x}_\alpha \to \vec{x}_\alpha - \varepsilon\vec{v}t$. In der Notation vom Exkurs zum Noether-Theorem sind sie durch $\mathcal{T} = 0$ und $\mathcal{Q}_{\alpha j} = -v_j t$ definiert (vgl. (1.301) und (1.402)).

Ist das Wirkungsprinzip eines Mehrteilchensystems unter allen Transformationen dieser Form (mit ihren insgesamt 10 freien Parametern) invariant, so lässt sich zeigen, dass die Lagrangefunktion so gewählt werden kann[130], dass sie unter räumlichen Translationen, räumlichen Drehungen und Zeittranslationen invariant ist. Die Invarianz unter Geschwindigkeitstransformationen ist dann nur bis auf Randterme gegeben[131]. Bei genauerer mathematischer Analyse (die wir hier nicht im Einzelnen vorführen) ergeben sich folgende Konsequenzen:

- Räumliche Translationen (3 freie Parameter): Da die Lagrangefunktion unter diesen Transformationen invariant ist, hängt sie nur von den Differenzen der Ortsvektoren $\vec{x}_\alpha - \vec{x}_\beta$ ab. Die zugehörigen Erhaltungsgrößen sind dann die Komponenten des verallgemeinerten Gesamtimpulses $\vec{p}^{\,\text{tot}} = \sum_{\alpha=1}^{n} \vec{p}_\alpha$. In einem Zweiteilchensystem folgt daraus, dass $\vec{F}_1 = -\vec{F}_2$ gilt. Das kann als die moderne Version des dritten Newtonschen Axioms aufgefasst werden. Für *größere* Teilchenzahlen tritt allerdings – im Unterschied zu unserer früheren Formulierung des dritten Newtonschen Axioms (Seite 16) – keine Bedingung der Art auf, dass nur paarweise einander aufhebende Teilkräfte auftreten dürfen!

- Räumliche Drehungen (3 freie Parameter): Da die Lagrangefunktion unter diesen Transformationen invariant ist, geht sie in sich selbst über, wenn alle Ortsvektoren $\vec{x}_\alpha$ der gleichen räumlichen Drehung unterworfen werden. Die zugehörigen Erhaltungsgrößen sind dann die Komponenten des verallgemeinerten Gesamtdrehimpulses $\vec{L}^{\,\text{tot}} = \sum_{\alpha=1}^{n} \vec{x}_\alpha \times \vec{p}_\alpha$.

- Zeittranslationen (1 freier Parameter): Da die Lagrangefunktion unter diesen Transformationen invariant ist, hängt sie nicht explizit von der Zeit ab

---

neben den ganz allgemein aus der Antisymmetrie folgenden Bedingungen $A_{11} = A_{22} = A_{33} = 0$ die Matrix A vollständig bestimmt.

[129] Vgl. (B.44) auf Seite 295 im Anhang.

[130] Und zwar, falls nötig, durch Hinzufügung der totalen Zeitableitung einer Funktion der Koordinaten und der Zeit, da eine solche an den Euler-Lagrange-Gleichungen nichts ändert, vgl. Aufgabe 41.

[131] Hier wird die auf Seite 125 besprochene Feinheit wirksam.

$(\partial L/\partial t = 0)$. Die zugehörige Erhaltungsgröße ist dann die Gesamtenergie H (vgl. (1.390)).

- Geschwindigkeitstransformationen (3 freie Parameter): Die Lagrangefunktion ist unter diesen Transformationen nur bis auf eine totale Zeitableitung invariant, die Wirkung nur bis auf Randterme. Nach der Verallgemeinerung des Noether-Theorems (Seite 124) ergeben sich drei Erhaltungsgrößen, deren genaue Form – aufgrund des Randterms, der der in (1.433) mit f bezeichneten Größe entspricht – von jener der Lagrangefunktion abhängt. Ist die Lagrangefunktion vom Typ (1.510), so sind die zugehörigen Erhaltungsgrößen die Komponenten des Vektors

$$t\,\vec{p}^{\,\text{tot}} - \sum_{\alpha=1}^{n} m_\alpha \vec{x}_\alpha \,. \tag{1.514}$$

Ihre Zeitunabhängigkeit ist gleichbedeutend mit der Erhaltung der Schwerpunktsbewegung (Seite 60), die aber ohnedies aus der Erhaltung des Gesamtimpulses folgt.

Die Invarianz des Wirkungsprinzips unter den verbleibenden Galileitransformationen (räumliche Spiegelungen und Zeitspiegelungen) kann ebenfalls verlangt werden, aber ihr entsprechen keine Erhaltungsgrößen (da sie keine *kontinuierlichen* Transformationen darstellen).

Die Galilei-Invarianz eines mechanischen Systems, das durch ein Wirkungsprinzip beschrieben wird, impliziert also – ohne jede zusätzliche Bedingung – alle von uns erwarteten Erhaltungssätze! Erheben wir sie zum **Gestaltungsprinzip** für Modelle fundamentaler Wechselwirkungen, so wird damit eine Fülle von Ansätzen ausgeschieden, die in der Newtonschen Mechanik (selbst unter Hinzunahme des dritten Newtonschen Axioms) Bestand hätten, wie beispielweise das in Fußnote 92 auf Seite 98 erwähnte Zweiteilchensystem mit den Kräften $\vec{F}_1 = -\vec{F}_2 = \left((\vec{x}_1 - \vec{x}_2)\cdot(\dot{\vec{x}}_1 - \dot{\vec{x}}_2)\right)(\vec{x}_1 - \vec{x}_2)$, dessen Bewegungsgleichungen galilei-invariant sind, für das sich aber keine erhaltene Energie definieren lässt. Es scheidet – zumindest zur Beschreibung einer fundamentalen Wechselwirkung – einfach deshalb aus, weil es sich nicht aus einem Wirkungsprinzip herleiten lässt[132]. Die leidige Frage, ob die Kräfte von den Geschwindigkeiten abhängen dürfen, die sich durch etliche unserer Betrachtungen im Abschnitt 1.4 über die Newtonsche Mechanik gezogen hat, stellt sich hier nicht einmal. *Jede* Abhängigkeit der Lagrangefunktion von den Geschwindigkeiten ist *grundsätzlich* erlaubt, solange die Galilei-Invarianz gegeben ist. (Welche dieser Modelle in der Natur „realisiert" sind oder als Näherungen in gewissen Fragestellungen auftreten können, ist natürlich eine andere Frage!)

---

[132] Wir merken hier noch am Rand an, dass es sogar für galilei-invariante Lagrangesche Systeme – die also sowohl im Rahmen der Newtonschen Mechanik als auch mit dem Lagrangeformalismus beschrieben werden können und alle unsere Erwartungen erfüllen – Unterschiede hinsichtlich des Begriffs der Symmetrie gibt. So ist beispielsweise die Newtonsche Bewegungsgleichung des freien Teilchens, $\ddot{x} = 0$, unter Streckungen der Form $\vec{x} \to a\vec{x}$ invariant, *nicht* aber das durch die Lagrangefunktion $L = \frac{m}{2}\dot{\vec{x}}^2$ definierte zugehörige Wirkungsprinzip. Daher entspricht den Streckungen keine Erhaltungsgröße.

Und schließlich können wir ein galilei-invariantes System als **abgeschlossen** betrachten – ein Begriff, der im Rahmen der Newtonschen Mechanik nicht so leicht zu haben ist!

Unter den zuvor besprochenen Beispielen für Lagrangefunktionen von Mehrteilchensystemen ist jene des gravitativen Zweikörperproblems (1.438) galilei-invariant (siehe dazu die Aufgaben 52 und 53) und ebenso die Lagrangefunktion für die Coulombkräfte zwischen zwei geladenen Teilchen, die aus (1.438) durch die Ersetzung $G \rightarrow -q_1 q_2/(4\pi\varepsilon_0 m_1 m_2)$ hervorgeht. Die Lagrangefunktion (1.498) des elektromagnetischen Zweiteilchenproblems, die auch vom Magnetfeld verursachte Kräfte berücksichtigt, ist hingegen nicht galilei-invariant (Aufgabe 54). Das deutet darauf hin, dass die Galilei-Invarianz für elektromagnetische Phänomene nicht gegeben ist. Und schließlich ist die Lagrangefunktion (1.505), die wir im Hinlick auf ihre spätere Verwendung „relativistisch" genannt haben, nicht galilei-invariant.

Wir werden im Kapitel über die Spezielle Relativitätstheorie sehen, dass die Galilei-Invarianz fundamentaler Wechselwirkungen in der Natur *nicht* erfüllt ist, sondern durch eine andere (die so genannte Poincaré-Invarianz) ersetzt werden muss. Aber immerhin gilt sie im Rahmen nichtrelativistischer Näherungen, und sie hat uns davon entbunden, zusätzlich zum zweiten Newtonschen Axiom eine Reihe von Zusatzforderungen (wie die nach der Erhaltung von Gesamtenergie, Gesamtimpuls und Gesamtdrehimpuls und der Gültigkeit des dritten Newtonschen Axioms) aufzustellen. Mit der Kombination „Wirkungsprinzip + Invarianz unter Übergang auf ein anderes Inertialsystem" hat die klassische Mechanik eine schöne Abrundung erfahren, deren grundsätzliche Struktur auch in den Weiterentwicklungen der Physik des neunzehnten und zwangigsten Jahrhunderts (in der Elektrodynamik, der Speziellen und Allgemeinen Relativitätstheorie, der Quantentheorie und schließlich in der modernen Teilchenphysik) Bestand hat.

1.7 Hamiltonformalismus

Der Hamiltonformalismus ist eine zum Lagrangeformalismus alternative (mathematisch äquivalente) Sichtweise der Anatomie der physikalischen Gesetze und insbesondere für den Übergang von der klassischen Physik zur Quantentheorie von entscheidender Bedeutung.

1.7.1 Hamiltonfunktion

Die Grundidee des von William Hamilton im neunzehnten Jahrhundert entwickelten und nach ihm benannten Formalismus besteht darin, die (verallgemeinerten) Impulse ebenso wie die (verallgemeinerten) Koordinaten zunächst als *unabhängige Variable* aufzufassen. Wie im vorigen Abschnitt fassen wir bei der Kennzeichnung funktionaler Abhängigkeiten von Funktionen die Koordinaten in der Form $q \equiv (q_1, q_2, \ldots q_n)$ zusammen und bezeichnen in analoger Weise mit p und $\dot{q}$ die Gesamtheit der Impulse und der verallgemeinerten Geschwindigkeiten. Auch wollen wir den Zusatz „verallgemeinert" bei Koordinaten, Geschwindigkeiten und Impulsen nicht immer eigens dazusagen.

Des weiteren spielt die **Hamiltonfunktion** eine prominente Rolle. Wir haben sie bereits in (1.387) als allgemeinen Ausdruck für die Energie eines durch ein Wirkungsprinzip beschriebenen Systems hingeschrieben und wiederholen hier ihre Definition:

$$H = \sum_{j=1}^{n} \dot{q}_j p_j - L. \tag{1.515}$$

Allerdings wollen wir sie nun als Funktion

$$H \equiv H(q,p,t) \tag{1.516}$$

auffassen[133] und nicht, wie es dem Lagrangeformalismus entspräche, als Funktion von q, $\dot{q}$ und t. Wann immer wir im Folgenden von „der Hamiltonfunktion" sprechen, meinen wir H als Funktion der Variablen q und p (die zusammen auch als *kanonische Variable* bezeichnet werden) und der Zeit t ausgedrückt. Um sie für ein konkretes physikalisches System anzuschreiben, müssen also zuerst die Geschwindigkeiten durch die Impulse ausgedrückt werden. Wir wollen uns hier auf solche Lagrangefunktionen beschränken, für die die Definitionsgleichungen (1.373) der Impulse

$$p_j = \frac{\partial L(q,\dot{q},t)}{\partial \dot{q}_j} \tag{1.517}$$

nach den Geschwindigkeiten aufgelöst werden können. Ist diese Bedingung erfüllt, so können

$$(\dot{q}_1, \dot{q}_2, \ldots \dot{q}_n) \longleftrightarrow (p_1, p_2, \ldots p_n) \tag{1.518}$$

---

[133] Der durch (1.515) definierte Übergang von $L \equiv L(q,\dot{q},t)$ zu $H \equiv H(q,p,t)$ wird *Legendre-Transformation* genannt.

nach Belieben ineinander umgerechnet werden. Daher kann auch die durch (1.515) definierte Funktion H in der Form (1.516) ausgedrückt werden. Insbesondere ist für eine Lagrangefunktion vom Typ (1.344)

$$L(x,\dot{x},t) = \frac{m}{2}\dot{x}^2 - V(x,t) \tag{1.519}$$

die Hamiltonfunktion durch

$$H(x,p,t) = \frac{p^2}{2m} + V(x,t) \tag{1.520}$$

gegeben und für eine Lagrangefunktion vom Typ (1.346)

$$L(\vec{x},\dot{\vec{x}},t) = \frac{m}{2}\dot{\vec{x}}^2 - V(\vec{x},t) \tag{1.521}$$

durch

$$H(\vec{x},\vec{p},t) = \frac{\vec{p}^2}{2m} + V(\vec{x},t) \tag{1.522}$$

(siehe Aufgabe 55). Um ein Beispiel für eine Hamiltonfunktion in krummlinigen Koordinaten zu nennen: Die Lagrangefunktion des Keplerproblems ist in Kugelkoordinaten durch (1.355) gegeben. Ihre Energie wurde (durch die Koordinaten und die verallgemeinerten Geschwindigkeiten ausgedrückt) in (1.460) angeschrieben. Durch die verallgemeinerten Impulse (1.451) – (1.453) ausgedrückt, lautet sie

$$H(r,\theta,\varphi,p_r,p_\theta,p_\varphi,t) = \frac{1}{2m}\left(p_r^2 + \frac{1}{r^2}\left(p_\theta^2 + \frac{p_\varphi^2}{\sin^2\theta}\right)\right) - \frac{GMm}{r} \tag{1.523}$$

(siehe Aufgabe 56). Durch die Ersetzung

$$GMm \to -\frac{Qq}{4\pi\varepsilon_0} \tag{1.524}$$

wird sie auf den Fall eines elektrisch geladenen Teilchens im Coulombfeld übertragen (vgl. (1.483)) und beispielsweise bei der quantenmechanischen Behandlung des Wasserstoffatoms und der Streuung von Teilchen benötigt. Bei Bedarf kann der letzte Term natürlich durch eine andere potentielle Energie ersetzt werden, etwa durch eine zeitunabhängige radialsymmetrische Funktion $V \equiv V(r)$, womit die entsprechende Hamiltonfunktion die Form

$$H(r,\theta,\varphi,p_r,p_\theta,p_\varphi,t) = \frac{1}{2m}\left(p_r^2 + \frac{1}{r^2}\left(p_\theta^2 + \frac{p_\varphi^2}{\sin^2\theta}\right)\right) + V(r) \tag{1.525}$$

annimmt

1.7.2 Die Hamiltonschen Gleichungen

Jetzt wissen wir, *wie* aus einer Lagrangefunktion die zugehörige Hamiltonfunktion ermittelt wird. Aber *wozu* brauchen wir sie überhaupt, und warum haben wir so großen Wert darauf gelegt, sie durch die Impulse statt durch die Geschwindigkeiten auszudrücken? Die Antwort lautet: Die Dynamik des Systems kann mit Hilfe der Hamiltonfunktion auf eine andere Weise formuliert und geometrisch interpretiert werden, als dies im Lagrangeformalismus möglich ist:

- Für ein System mit n Koordinaten (und daher auch n Impulsen) tritt eine konkrete Zeitentwicklung (eine physikalische Bewegung) zunächst in Form der n Funktionen

$$t \mapsto q(t) \equiv (q_1(t), q_2(t), \ldots q_n(t)) \tag{1.526}$$

auf. Im Rahmen des Lagrangeformalismus kann daraus die Zeitabhängigkeit der Impulse bestimmt werden. Im Hamiltonformalismus werden die Impulse den Koordinaten gleichberechtigt zur Seite gestellt, so dass eine konkrete Zeitentwicklung durch $2n$ Funktionen

$$t \mapsto (q(t), p(t)) \equiv (q_1(t), q_2(t), \ldots q_n(t), p_1(t), p_2(t), \ldots p_n(t)) \tag{1.527}$$

ausgedrückt wird.

- Diese $2n$ Funktionen erfüllen die so genannten **Hamiltonschen Gleichungen**

$$\dot{q}_j = \frac{\partial H}{\partial p_j} \tag{1.528}$$

$$\dot{p}_j = -\frac{\partial H}{\partial q_j}. \tag{1.529}$$

Sie sind äquivalent zu den Euler-Lagrange-Gleichungen, bilden aber ein System von Differentialgleichungen *erster Ordnung*. Die Anfangsdaten werden nun durch $(q(0), p(0))$ gebildet – werden sie vorgegeben, so ist dadurch eine Lösung $(q(t), p(t))$ der Hamiltonschen Gleichungen (1.528)–(1.529) bestimmt.

- Für die Hamiltonfunktion selbst gilt

$$\dot{H} = \frac{\partial H}{\partial t}, \tag{1.530}$$

d. h. falls sie nicht explizit von der Zeit abhängt, ist sie für jede physikalische Bewegung eine Erhaltungsgröße.

Nun wollen wir diese wichtigen Beziehungen auch beweisen:

Beweis
Um den Beweis von (1.528)–(1.530) zu führen, denken wir uns die Beziehung (1.517), die die Impulse definiert, nach den Geschwindigkeiten aufgelöst und schreiben dies in der Form $\dot{q}_j \equiv \dot{q}_j(q, p, t)$. Die Hamiltonfunktion (1.515), durch die kanonischen Variablen ausgedrückt, ist dann durch

$$H(q, p, t) = \sum_{j=1}^{n} \dot{q}_j(q, p, t) p_j - L(q, \dot{q}(q, p, t), t) \tag{1.531}$$

gegeben. Diese Beziehung gilt ganz allgemein, d. h. für alle q, p, t, ohne Bezugnahme auf eine Bewegung! Daher können wir unter wiederholter Anwendung der Leibnizschen Kettenregel die partiellen Ableitungen nach p_k, q_k und t bilden:

- Partielle Ableitung von (1.531) nach p_k: Wir berechnen

$$\frac{\partial H}{\partial p_k} = \sum_{j=1}^{n} \frac{\partial \dot{q}_j}{\partial p_k} p_j + \dot{q}_k - \sum_{j=1}^{n} \frac{\partial L}{\partial \dot{q}_j} \frac{\partial \dot{q}_j}{\partial p_k} = \dot{q}_k, \qquad (1.532)$$

wobei $\partial L / \partial \dot{q}_j = p_j$ benutzt wurde.

- Partielle Ableitung von (1.531) nach q_k: Wir berechnen

$$\frac{\partial H}{\partial q_k} = \sum_{j=1}^{n} \frac{\partial \dot{q}_j}{\partial q_k} p_j - \frac{\partial L}{\partial q_k} - \sum_{j=1}^{n} \frac{\partial L}{\partial \dot{q}_j} \frac{\partial \dot{q}_j}{\partial q_k} = -\frac{\partial L}{\partial q_k}, \qquad (1.533)$$

wobei ebenfalls $\partial L / \partial \dot{q}_j = p_j$ benutzt wurde.

- Partielle Ableitung von (1.531) nach t: Wir berechnen

$$\frac{\partial H}{\partial t} = \sum_{j=1}^{n} \frac{\partial \dot{q}_j}{\partial t} p_j - \sum_{j=1}^{n} \frac{\partial L}{\partial \dot{q}_j} \frac{\partial \dot{q}_j}{\partial t} - \frac{\partial L}{\partial t} = -\frac{\partial L}{\partial t}, \qquad (1.534)$$

wobei ein drittes Mal $\partial L / \partial \dot{q}_j = p_j$ benutzt wurde.

Beachten Sie, dass diese drei Beziehungen für alle q, p, t gelten, und dass $\dot{q}_k$ in (1.532) für die Funktion $\dot{q}_j \equiv \dot{q}_j(q, p, t)$ steht! Nun spezialisieren wir uns auf eine *physikalische Bewegung*, d. h. wir denken uns eine Lösung der Euler-Lagrange-Gleichungen eingesetzt. Dann stellt (1.532) unmittelbar (1.528) dar. Die rechte Seite von (1.533) wird aufgrund der Euler-Lagrange-Gleichungen zu $-\dot{p}_k$, womit (1.529) bewiesen ist, und (1.534) wird mit (1.393) zu (1.530).

Für die eindimensionale Hamiltonfunktion (1.520) lauten die Hamiltonschen Gleichungen

$$\dot{x} = \frac{p}{m} \qquad \dot{p} = -\frac{\partial V}{\partial x}. \qquad (1.535)$$

Die erste ist nichts anderes als die Definition des Impulses, die zweite ist die Newtonsche Bewegungsgleichung. Um ein konkretes Beispiel anzuführen: Die Hamiltonfunktion des harmonischen Oszillators (1.328) ist durch

$$H(x, p, t) = \frac{p^2}{2m} + \frac{m\omega^2}{2} x^2 \qquad (1.536)$$

gegeben. Die Hamiltonschen Gleichungen sind

$$\dot{x} = \frac{p}{m} \qquad \dot{p} = -m\omega^2 x. \qquad (1.537)$$

Analog lauten die Hamiltonschen Gleichungen für die in kartesischen Koordinaten ausgedrückte Hamiltonfunktion (1.522)

$$\dot{x}_j = \frac{p_j}{m} \qquad \dot{p}_j = -\frac{\partial V}{\partial x_j} \qquad (1.538)$$

(siehe Aufgabe 57).

▨ **Exkurs**[*]
Teilchen im äußeren elektromagnetischen Feld:
Um zu illustrieren, dass die erste Hamiltonsche Gleichung auch eine andere Form
als die erste Beziehung in (1.538) annehmen kann, betrachten wir die Lagrangefunktion (1.496) für ein (nichtrelativistisches) Teilchen im äußeren elektromagnetischen Feld. Für sie ist

$$p_j = \frac{\partial L}{\partial \dot{x}_j} = m\dot{x}_j + qA_j(\vec{x}, t) \tag{1.539}$$

(oder, in Vektorform, $\vec{p} = m\dot{\vec{x}} + q\vec{A}(\vec{x}, t)$). Beachten Sie, dass der Impuls nun nicht
mehr einfach „Masse mal Geschwindigkeit" ist! Er wird als *kanonischer Impuls*
bezeichnet, um ihn von $m\dot{\vec{x}}$ zu unterscheiden. Die Hamiltonfunktion ist durch

$$H(\vec{x}, \vec{p}, t) = \frac{\left(\vec{p} - q\vec{A}(\vec{x}, t)\right)^2}{2m} + q\,\phi(\vec{x}, t) \tag{1.540}$$

gegeben. Die erste Hamiltonsche Gleichung reproduziert (1.539), die zweite lautet

$$\dot{p}_j = \frac{q}{m}\sum_{k=1}^{3}(p_k - qA_k)\frac{\partial A_k}{\partial x_j} - q\,\frac{\partial \phi}{\partial x_j}. \tag{1.541}$$

Gemeinsam sind sie äquivalent zur Bewegungsgleichung (1.495) unter der Wirkung der Lorentzkraft (siehe Aufgabe 58).

1.7.3 Phasenraum, Wirkungsprinzip und Poissonklammern

Der Hamiltonformalismus erlaubt es uns, die Dynamik eines physikalischen Systems unter
einer neuen Perspektive zu sehen. Wir fassen seine wichtigsten Aspekte zusammen:

- Die erste Hamiltonsche Gleichung (1.528) kann ganz allgemein als Definition der Impulse betrachtet werden. Sie kann genutzt werden, um die Impulse und die Geschwindigkeiten ineinander umzurechnen. Werden die Impulse in der zweiten Hamiltonschen
  Gleichung (1.529) durch die Geschwindigkeiten ausgedrückt, so kann diese als Bewegungsgleichung (zweiter Ordnung) für $q(t)$ aufgefasst werden.

- Die Menge aller $(q, p) \equiv (q_1, q_2, \ldots q_n, p_1, p_2, \ldots p_n)$, die ein System annehmen kann,
  wird als **Phasenraum** bezeichnet. Er ist $2n$-dimensional, wobei die Details seiner Cha-
  rakterisierung von den verwendeten (verallgemeinerten) Koordinaten und den für sie
  zulässigen Wertebereichen abhängen. Für ein Teilchen, das sich in *jedem* Punkt des
  dreidimensionalen Raumes aufhalten kann, ist er (in kartesischen Koordinaten) gleich
  dem ganzen $\mathbb{R}^6$.

- Eine Lösung $t \mapsto (q(t), p(t))$ der Hamiltonschen Gleichungen kann als Kurve (*Trajektorie*) im Phasenraum betrachtet werden. Man spricht auch von einem *Fluss* im Phasenraum. Hängt H nicht explizit von der Zeit ab (d. h. gilt $\partial H/\partial t = 0$), so vereinfacht

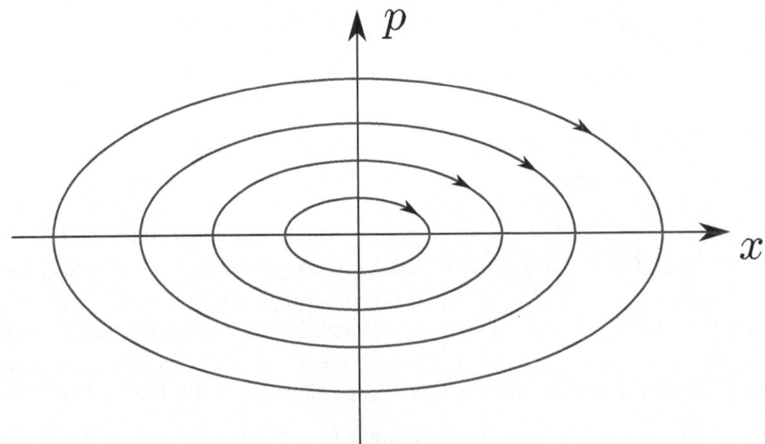

Abbildung 1.6: Phasenportrait des harmonischen Oszillators mit Hamiltonfunktion $H(x,p) = p^2/\,(2m) + (m\omega^2/\,2)\,x^2$. Die Zeitentwicklung stellt sich als Fluss im Phasenraum dar: Die gezeigten Trajektorien entsprechen ausgewählten Lösungen $t \mapsto (x(t), p(t))$ der Hamiltonschen Gleichungen. Die zur Energie E gehörende Trajektorie ist die durch die Gleichung $p^2/\,(2m) + (m\omega^2(2)\,x^2 = E$ definierte Ellipse.

sich dieses Bild: Da dann $\dot{q}$ und $\dot{p}$ durch (q,p) eindeutig festgelegt sind, bestimmt jeder Punkt (q,p) genau eine Trajektorie, auf der er liegt. Daraus folgt, dass zwei Trajektorien einander nicht kreuzen können. Ein Diagramm, das ausgewählte Trajektorien zeigt, heißt *Phasenportrait* oder *Phasendiagramm*. Abbildung 1.6 zeigt ein Phasenportrait des harmonischen Oszillators (1.536), dessen Trajektorien wir aufgrund der Erhaltung der Energie als die durch Gleichungen der Form $H = \text{const}$ definierten Ellipsen identifizieren können.

- Die **Menge aller** (reinen) **Zustände** zu einem gegebenen Zeitpunkt kann mit dem Phasenraum selbst identifiziert werden. Ein *gemischter* Zustand ist eine Wahrscheinlichkeitsverteilung (Wahrscheinlichkeitsdichte) auf dem Phasenraum.

- Eine (zu einem gegebenen Zeitpunkt gemessene) **Observable** ist eine Funktion vom Phasenraum in die reellen Zahlen, d. h. eine Funktion $f \equiv f(q,p)$. Für manche Zwecke ist es günstig, auch eine explizite Zeitabhängigkeit zuzulassen, also Funktionen $f \equiv f(q,p,t)$ zu betrachten (wobei t der Zeitpunkt der Messung ist). Die totale Zeitableitung einer solchen Funktion (d. h. die Zeitableitung der Funktion $t \mapsto f(q(t), p(t), t)$ für eine Lösung $(q(t), p(t))$ der Hamiltonschen Gleichungen) ist durch

$$\dot{f} = \sum_{j=1}^{n} \left(\frac{\partial f}{\partial q_j} \dot{q}_j + \frac{\partial f}{\partial p_j} \dot{p}_j \right) + \frac{\partial f}{\partial t} \tag{1.542}$$

gegeben, was mit Hilfe der Hamiltonschen Gleichungen zu

$$\dot{f} = \sum_{j=1}^{n} \left(\frac{\partial f}{\partial q_j} \frac{\partial H}{\partial p_j} - \frac{\partial f}{\partial p_j} \frac{\partial H}{\partial q_j} \right) + \frac{\partial f}{\partial t} \tag{1.543}$$

umgeformt werden kann.

- Die Dynamik eines Systems kann vollständig im Rahmen des Hamiltonformalismus analysiert werden. Ist H bekannt, so wird die Lagrangefunktion nicht weiter benötigt. Der Hamiltonformalismus ist eine gänzlich eigenständige Theorie zur Analyse dynamischer Systeme. Genau genommen muss H nicht einmal aus einer Lagrangefunktion gewonnen werden: Ist eine Hamiltonfunktion $H \equiv H(q,p,t)$ vorgegeben, so kann mit ihrer Hilfe auf zweierlei Weise ein Wirkungsprinzip formuliert werden:

  - Wird die erste Hamiltonsche Gleichung (1.528) dazu benutzt, die Geschwindigkeiten durch die Impulse auszudrücken (wir setzen wieder voraus, dass dies möglich ist), so stellt

    $$L = \sum_{j=1}^{n} \dot{q}_j p_j - H, \tag{1.544}$$

    durch die Variablen $(q, \dot{q}, t)$ ausgedrückt, eine Lagrangefunktion für das System dar und definiert ein Wirkungsprinzip. Wurde H aus einer Lagrangefunktion gewonnen, so ist L genau diese Lagrangefunktion. Sie kann also jederzeit aus dem Hamiltonformalismus rekonstruiert werden (siehe Aufgabe 59).

  - Für manche Anwendungen wird ein anderes Wirkungsprinzip vorgezogen, das *alle* kanonischen Variablen (q, p) als „Ortskoordinaten" behandelt. Die Lagrangefunktion

    $$L^{\mathrm{Ham}}(q, p, \dot{q}, \dot{p}, t) = \sum_{j=1}^{n} \dot{q}_j p_j - H(q, p, t) \tag{1.545}$$

    definiert das so genannte *Hamiltonsche Wirkungsprinzip*

    $$\delta \int_{t_0}^{t_1} dt\, L^{\mathrm{Ham}} = 0, \tag{1.546}$$

    wobei $q_j(t_0)$ und $q_j(t_1)$ festgehalten werden. Die verallgemeinerten Geschwindigkeiten sind nun die Größen $\dot{q}_j$ und $\dot{p}_j$. Da L^{Ham} nicht von $\dot{p}_j$ abhängt, tritt hier der Fall ein, dass die verallgemeinerten Impulse nicht durch die verallgemeinerten Geschwindigkeiten ausgedrückt werden können. Dennoch ist das durch (1.546) definierte Wirkungsprinzip wohldefiniert und zu den Hamiltonschen Gleichungen äquivalent (siehe Aufgabe 60).

Als weiterer wichtiger Aspekt des Hamiltonformalismus ist zu nennen, dass die Hamiltonschen Gleichungen in einer Weise formuliert werden können, die zunächst eher an „Algebra" als an „Analysis" erinnert und schließlich zu einer neuen, „geometrischen" Sichtweise der Dynamik Anlass gibt. Die Struktur, die dieser Formulierung zugrunde liegt, ist die **Poissonklammer:**

Sind $f \equiv f(q,p)$ und $g \equiv g(q,p)$ zwei Funktionen vom Phasenraum in die reellen Zahlen[134],
so ist die Poissonklammer von f mit g durch

$$\{f,g\} = \sum_{j=1}^{n} \left(\frac{\partial f}{\partial q_j} \frac{\partial g}{\partial p_j} - \frac{\partial f}{\partial p_j} \frac{\partial g}{\partial q_j} \right) \tag{1.547}$$

definiert. Sie ist ebenfalls eine Funktion vom Phasenraum in die reellen Zahlen. Zwei prominente Spezialfälle sind

$$\{q_j,H\} = \frac{\partial H}{\partial p_j} \tag{1.548}$$

und

$$\{p_j,H\} = -\frac{\partial H}{\partial q_j}. \tag{1.549}$$

Mit Hilfe der Poissonklammern ergibt sich eine interessante Art, totale Zeitableitungen anzuschreiben: Mit (1.548) und (1.549) lauten die Hamiltonschen Gleichungen

$$\dot{q}_j = \{q_j,H\} \tag{1.550}$$
$$\dot{p}_j = \{p_j,H\} \tag{1.551}$$

(siehe Aufgabe 61). Ganz allgemein lässt sich die totale Zeitableitung einer Funktion $f \equiv f(q,p,t)$, d. h. die Ableitung der Funktion $t \mapsto f(q(t),p(t),t)$ für eine Lösung $(q(t),p(t))$ der
Hamiltonschen Gleichungen, mit Hilfe von (1.543) in der Form

$$\dot{f} = \{f,H\} + \frac{\partial f}{\partial t} \tag{1.552}$$

schreiben (siehe Aufgabe 62). Von einer eventuell vorhandenen expliziten Zeitabhängigkeit abgesehen, ist die totale Zeitableitung immer durch die Poissonklammer mit der Hamiltonfunktion gegeben! In diesem Sinn wird die Zeitentwicklung von der Hamiltonfunktion „erzeugt".
Diese Eigenschaft erlaubt es, Erhaltungsgrößen auf relativ einfache Weise zu identifizieren
(siehe die Aufgaben 63 und 64). Drei wichtige Beziehungen mit Poissonklammern sind durch

$$\{q_j,q_k\} = \{p_j,p_k\} = 0 \quad \text{und} \quad \{q_j,p_k\} = \delta_{jk} \tag{1.553}$$

gegeben (siehe Aufgabe 65), wobei

$$\delta_{jk} = \left\{ \begin{array}{ll} 1, & \text{wenn } j = k \\ 0, & \text{wenn } j \neq k \end{array} \right. \tag{1.554}$$

das *Kronecker-Delta* ist, dem wir bereits auf Seite 74 begegnet sind.

---

[134] Ausreichende Differenzierbarkeit – auch für alles, was wir im Folgenden mit den Poissonklammern machen
werden – ist wie immer vorausgesetzt.

Exkurs[*]

Rechenregeln für Poissonklammern:
Das Rechnen mit Poissonklammern wird durch einige einfache Regeln erleichtert:
Zunächst ist die Poissonklammer *biliear*, d. h. sie ist *linear* in beiden Argumenten:

$$\{f_1 + \lambda f_2, g\} = \{f_1, g\} + \lambda \{f_2, g\} \tag{1.555}$$

$$\{f, g_1 + \lambda g_2\} = \{f, g_1\} + \lambda \{f, g_2\} \,, \tag{1.556}$$

wobei λ eine beliebige reelle Zahl ist. Weiters erfüllt sie

$$\{f, g\} = -\{g, f\} \,, \tag{1.557}$$

d. h. sie ist *antisymmetrisch* (daher gilt immer $\{f, f\} = 0$), und mit

$$\{f, \{g, h\}\} + \{g, \{h, f\}\} + \{h, \{f, g\}\} = 0 \tag{1.558}$$

erfüllt sie die so genannte *Jacobi-Identität* (siehe Aufgabe 66). Interessanterweise
gelten genau die gleichen Regeln für den Kommutator

$$[A, B] = AB - BA \tag{1.559}$$

zweier quadratischer Matrizen, der mit dem Bilden partieller Ableitungen nichts zu
tun hat. Insbesondere gilt $[A, B] = -[B, A]$ und $[A, [B, C]] + [B, [C, A]] + [C, [A, B]] =
0$. Dieser „algebraisch" anmutende Zug der Poissonklammer macht den Hamil-
tonformalismus bestens dazu geeignet, den Übergang von der klassischen zur
quantenmechanischen Beschreibung der Dynamik eines Systems zu bewerkstelligen, wie im zweiten Band besprochen wird.

Eine Eigenschaft, die die Poissonklammer *nicht* mit dem Kommutator von Matrizen teilt, ist die *Produktregel*

$$\{fg, h\} = \{f, h\} g + f \{g, h\} \,. \tag{1.560}$$

Ihre Gültigkeit ist insofern nicht verwunderlich, als für eine festgehaltene Funktion
h die Abbildung $f \mapsto \{f, h\}$ eine Art „Richtungsableitung" im Phasenraum ist. Wir
können sie auch als „Ableitungsoperator" in der Form

$$\sum_{j=1}^{n} \left(\frac{\partial h}{\partial p_j} \frac{\partial}{\partial q_j} - \frac{\partial h}{\partial q_j} \frac{\partial}{\partial p_j} \right) \tag{1.561}$$

schreiben. Die Koeffizienten der Operatoren $\partial/\partial q_j$ und $\partial/\partial p_j$ stellen ein Vektorfeld im Phasenraum dar, das so genannte *Hamiltonsche Vektorfeld* von h. Für
eine nicht explizit von der Zeit abhängige Hamiltonfunktion H zeigt das Hamiltonsche Vektorfeld von H immer in die Richtung der durch die Hamiltonschen
Gleichungen definierten Trajektorien $t \mapsto (q(t), p(t))$. In diesem Sinn können die

Trajektorien als die Flusslinien (Feldlinien) des Hamiltonschen Vektorfelds von H aufgefasst werden[135].

Mit Hilfe dieser Struktur lässt sich die Dynamik eines Hamiltonschen Systems durch die Begriffe einer Art von *Geometrie* ausdrücken, die den Beinamen *symplektisch* trägt. Wir gehen auf sie nicht weiter ein, sondern erwähnen bloss noch, dass sie für das Verständnis der *globalen* Eigenschaften der Dynamik (wie etwa der Frage, welche Bewegungen beliebig nahe an ihren Ausgangspunkt zurückkehren) wichtig ist.

1.7.4 Kanonische Transformationen *

Im Lagrangeformalismus können, wie im Unterabschnitt 1.6.4 (Seite 107) besprochen, beliebige (verallgemeinerte) Koordinaten $q \equiv (q_1, q_2, \ldots q_n)$ benutzt werden. Eine geschickte Wahl der Koordinaten kann die Lösung eines Bewegungsproblems erheblich vereinfachen. Um im Rahmen des Lagrangeformalismus zu neuen Koordinaten $Q \equiv (Q_1, Q_2, \ldots Q_n)$ überzugehen, müssen entsprechende Umrechnungsregeln

$$Q \equiv Q(q) \qquad \text{bzw. umgekehrt} \qquad q \equiv q(Q) \tag{1.562}$$

angenommen werden ($Q \equiv Q(q)$ steht hier als Kurzschreibweise für $Q_j \equiv Q_j(q_1, q_2, \ldots q_n)$ für alle j). Die Zeitableitungen $\dot{q}$ werden mittels der Leibnizschen Kettenregel durch die Zeitableitungen $\dot{Q}$ ausgedrückt, wodurch die Lagrangefunktion automatisch eine Funktion der Q, $\dot{Q}$ (und gegebenenfalls der Zeit t) wird.

Die im Hamilfonformalismus verwendeten kanonischen Variablen $q \equiv (q_1, q_2, \ldots q_n)$ und $p \equiv (p_1, p_2, \ldots p_n)$ können ebenfalls durch neue Variable ersetzt werden, wobei aber hier eine viel größere Freiheit besteht als im Lagrangeformalismus: Mittels

$$\begin{aligned} Q &\equiv Q(q,p,t) \\ P &\equiv P(q,p,t) \end{aligned} \qquad \text{bzw. umgekehrt} \qquad \begin{aligned} q &\equiv q(Q,P,t) \\ p &\equiv p(Q,P,t) \end{aligned} \tag{1.563}$$

kann ein Übergang zu neuen Koordinaten Q und neuen Impulsen P durchgeführt werden, wobei wir hier auch eine explizite Zeitabhängigkeit erlauben. Wir wollen allerdings nicht gänzlich beliebige Transformationen dieses Typs erlauben, sondern nur solche, welche die zentrale Struktur des Hamiltonformalismus respektieren: die symplektische Geometrie, d. h. die Poissonklammern. Wir nennen eine Transformation vom Typ (1.563) eine **kanonische Transformation**, wenn für die mit Hilfe der *alten* Variablen (q,p) gemäß (1.547) berechneten Poissonklammern

$$\{Q_j, Q_k\} = \{P_j, P_k\} = 0 \quad \text{und} \, \{Q_j, P_k\} = \delta_{jk} \tag{1.564}$$

---

[135] Hängt H explizit von der Zeit ab, so haben wir es für jeden Zeitpunkt t mit einer Funktion $H_t(q,p) \equiv H(q,p,t)$ am Phasenraum zu tun, und dann zeigt zur Zeit t das Hamiltonsche Vektorfeld von H_t in Richtung der Trajektorien $t \mapsto (q(t), p(t))$. Im Fall eines zweidimensionalen Phasenraums und einer zeitunabhängigen Hamiltonfunktion stellt ein Phasenportrait, das (wie auf Seite 153 besprochen, vgl. Abbildung 1.6) die Trajektoren visualisiert, gleichzeitig den Fluss des Hamiltonschen Vektorfelds von H dar.

gilt. Ist das der Fall, so können beliebige Poissonklammern wahlweise mit den alten oder mit den neuen kanonischen Variablen berechnet werden – die Ergebnisse sind jedesmal die gleichen.

Beispiel für eine kanonische Transformation

Eine einfache kanonische Transformation in einem zweidimensionalen Phasenraum (also mit $n = 1$) ist durch

$$Q = e^{at}\, p \qquad\qquad\qquad\qquad q = -e^{at}\, P$$
$$P = -e^{-at}\, q \qquad \text{bzw. umgekehrt} \qquad p = e^{-at}\, Q \qquad\qquad (1.565)$$

gegeben, wobei a eine beliebige Konstante ist (siehe Aufgabe 67). Für $a \neq 0$ illustriert sie, dass eine kanonische Transformation zeitabhängig sein kann, für $a = 0$ zeigt sie, dass die Vertauschung von Koordinaten und Impulsen – mit einem zusätzlichen Minuszeichen – eine kanonische Transformation ist. Von der Idee, dass „der Impuls gleich der Masse mal der Zeitableitung der Koordinate ist" müssen wir uns gänzlich verabschieden, wenn kanonische Transformationen ins Spiel kommen! Für ein anderes Beispiel einer kanonischen Transformation siehe Aufgabe 68. Besonders interessant ist, dass die Zeitentwicklung selbst als kanonische Transformation aufgefasst werden kann (Aufgabe 69).

Ist (1.563) eine kanonische Transformation, so folgt automatisch die Existenz einer Funktion $K \equiv K(Q,P,t)$ mit der Eigenschaft, dass die Dynamik des Systems durch die Gleichungen

$$\dot{Q}_j \;=\; \frac{\partial K}{\partial P_j} \qquad\qquad\qquad (1.566)$$

$$\dot{P}_j \;=\; -\frac{\partial K}{\partial Q_j} \qquad\qquad\qquad (1.567)$$

beschrieben wird, d. h. dass diese „neuen Hamiltonschen Gleichungen" an die Stelle der alten Hamiltonschen Gleichungen $(1.528)-(1.529)$ treten, wobei K die Rolle einer „neuen Hamiltonfunktion" spielt. Als Beweisidee begnügen wir uns mit dem Hinweis, dass die partiellen Ableitungen der neuen Hamiltonfunktion nach den neuen kanonischen Variablen gemäß

$$\frac{\partial K(Q,P,t)}{\partial Q_j} \;=\; -\dot{P}_j = -\{P_j,H\} - \frac{\partial P_j(q,p,t)}{\partial t} \qquad\qquad (1.568)$$

$$\frac{\partial K(Q,P,t)}{\partial P_j} \;=\; \dot{Q}_j = \{Q_j,H\} + \frac{\partial Q_j(q,p,t)}{\partial t} \qquad\qquad (1.569)$$

ermittelt werden können (wir stellen uns vor, dass die rechten Seiten nach ihrer Berechnung durch die neuen Variablen ausgedrückt werden), und dass stets eine Funktion K gefunden werden kann, die sie erfüllt[136]. Hängt die kanonische Transformation nicht von der Zeit ab,

---

[136] Fassen wir alle Q_j und P_j als w_α zusammen ($\alpha = 1,2,\dots 2n$), so haben diese Gleichungen zu jedem festgehaltenen Zeitpunkt die Struktur $\partial K(w)/\partial w_\alpha = F_\alpha(w)$, d. h. der „Gradient" von K ist gegeben. Um die Existenz von K zu beweisen, muss gezeigt werden, dass F_α die Komponenten eines konservativen Vektorfeldes sind, was gleichbedeutend mit der Gültigkeit der Beziehungen $\partial F_\alpha/\partial w_\beta = \partial F_\beta/\partial w_\alpha$ ist.

so ist $K = H$, wobei K durch die neuen Variablen ausgedrückt werden muss. In diesem Fall verschwinden die partiellen Zeitableitungen von P_j und Q_j in (1.568) und (1.569).

Eine weitere Eigenschaft kanonischer Transformationen betrifft einen Zusammenhang zwischen dem durch (1.545) und (1.546) definierten Hamiltonschen Wirkungsprinzip in den alten Variablen und dem analog formulierten Hamiltonschen Wirkungsprinzip in den neuen Variablen: Diese beiden Prinzipien müssen klarerweise zueinander äquivalent sein, da das erste auf die alten Hamiltonschen Gleichungen (1.528)–(1.529) und das zweite auf die (dazu äquivalenten) neuen Hamiltonschen Gleichungen (1.566)–(1.567) führt. Zudem ist die Differenz der zugehörigen Lagrangefunktionen eine totale Zeitableitung, d. h. es gilt

$$\sum_{j=1}^{n} \dot{q}_j p_j - H(q,p,t) = \sum_{j=1}^{n} \dot{Q}_j P_j - K(Q,P,t) + \frac{d}{dt} F(q,p,Q,P,t) \tag{1.570}$$

für eine Funktion F, die die *Erzeugende der kanonischen Transformation* genannt wird. (Dass die beiden Lagrangefunktionen $\sum_{j=1}^{n} \dot{q}_j p_j - H$ und $\sum_{j=1}^{n} \dot{Q}_j P_j - K$ die gleiche Dynamik ergeben, *falls* sie sich nur um die totale Zeitableitung einer Funktion der verallgemeinerten Koordinaten – zu denen im Hamiltonschen Wirkungsprinzip auch die Impulse gehören – und der Zeit unterscheiden, ist leicht zu zeigen, vgl. Aufgabe 41. Schwieriger ist der Beweis, *dass* ihre Differenz tatsächlich eine totale Zeitableitung ist, und wir bitten Sie einfach, uns diesen Sachverhalt zu glauben). Mit (1.563) können zwei vier Argumente q, p, Q, P in F durch die verbleibenden ausgedrückt werden.

Eine interessante Klasse kanonischer Transformationen kann durch Erzeugende der Form $F \equiv F(q,Q,t)$ erzielt werden. Aus (1.570) lässt sich zeigen, dass in diesem Fall

$$p_j = \frac{\partial F(q,Q,t)}{\partial q_j} \tag{1.571}$$

$$P_j = -\frac{\partial F(q,Q,t)}{\partial Q_j} \tag{1.572}$$

gilt. Die Erzeugende F ist dabei weitgehend beliebig. Die einzige Bedingung an sie besteht darin, dass die Gleichungen (1.571)–(1.572) durch Auflösen in die Form (1.563) gebracht werden können. Die neue Hamiltonfunktion kann dann aus der alten durch

$$K(Q,P,t) = H(q,p,t) + \frac{\partial F(q,Q,t)}{\partial t} \tag{1.573}$$

gewonnen werden.

Beispiel: der harmonische Oszillator

Für den harmonischen Oszillator (1.536) – die Koordinate x bezeichnen wir nun mit q – ergibt sich mit der (zeitunabhängigen) Erzeugenden

$$F(q,Q) = \frac{m\omega}{2} q^2 \cot Q \tag{1.574}$$

die neue Hamiltonfunktion

$$K(Q,P) = \omega P. \tag{1.575}$$

Aufgrund der Zeitunabhängigkeit von F ist sie gleich der alten Hamiltonfunktion H, aber durch die neuen Variablen ausgedrückt. Beachten Sie, dass sie von der Koordinate Q nicht abhängt! Die Hamiltonschen Gleichungen lauten nun einfach $\dot{P} = 0$ und $\dot{Q} = \omega$. Sie können in dieser Form ganz leicht gelöst werden. Durch Umrechnung der Lösung in die alten Variablen q und p ergibt sich die uns bereits bekannte allgemeine Lösung (siehe Aufgabe 70).

Die Schwierigkeit, die Bewegungsgleichungen in ihrer ursprünglichen (Newtonschen, Lagrangeschen oder der „alten" Hamiltonschen) Form zu lösen, kann also auf das – in der Praxis leider meist genauso schwierige – Problem abgewälzt werden, eine kanonische Transformation zu finden, die die Hamiltonfunktion wesentlich vereinfacht.

1.7.5 Hamilton-Jacobi-Theorie*

In der Bemühung, Bewegungsprobleme zu vereinfachen, kann noch ein Schritt weiter gegangen werden: Kann eine kanonische Transformation so gewählt werden, dass die neue Hamiltonfunktion *verschwindet*? Dann würden die neuen Hamiltonschen Gleichungen einfach $\dot{Q} = \dot{P} = 0$ lauten, ihre Lösung wäre daher trivial! Innerhalb der Klasse der durch (1.571) – (1.572) gegebenen kanonischen Transformationen bedeutet die Realisierung dieser Idee angesichts der Beziehung (1.573), dass

$$H(q,p,t) + \frac{\partial F(q,Q,t)}{\partial t} = 0 \tag{1.576}$$

gelten müsste. Mit (1.571) können wir in H anstelle der alten Impulse p_j die partiellen Ableitungen von F nach den alten Koordinaten q_j einsetzen und erhalten

$$H\left(q, \frac{\partial F(q,Q,t)}{\partial q}, t\right) + \frac{\partial F(q,Q,t)}{\partial t} = 0, \tag{1.577}$$

wobei $\partial F(q,Q,t)/\partial q$ für die Gesamtheit aller $\partial F(q,Q,t)/\partial q_j$ steht. Die neuen Koordinaten Q sind jetzt bloße Parameter, da sie nur in F auftreten und nach ihnen nicht differenziert wird. Lassen wir sie einfach weg und schreiben $S(q,t)$ anstelle von $F(q,Q,t)$, so erhalten wir mit

$$H\left(q, \frac{\partial S(q,t)}{\partial q}, t\right) + \frac{\partial S(q,t)}{\partial t} = 0 \tag{1.578}$$

die so genannte **Hamilton-Jacobi-Gleichung**, wobei wiederum $\partial S(q,t)/\partial q$ für alle partiellen Ableitungen $\partial S(q,t)/\partial q_j$ steht. Da H eine bekannte Funktion ist, handelt es sich dabei um eine partielle Differentialgleichung für die Funktion $S \equiv S(q,t)$.

Um ein Gefühl für die typische Form dieser Gleichung in konkreten Fällen zu bekommen, schreiben wir sie für drei Klassen von Hamiltonfunktionen an:

- Für ein System mit $n = 1$ und $H = \frac{p^2}{2m} + V(q)$ nimmt die Hamilton-Jacobi-Gleichung die Form

$$\frac{1}{2m}\left(\frac{\partial S(q,t)}{\partial q}\right)^2 + V(q) + \frac{\partial S(q,t)}{\partial t} = 0 \tag{1.579}$$

an.

- Für ein System mit $n=2$ und $H = \frac{1}{2m}(p_1{}^2 + p_2{}^2) + V(q_1, q_2)$ lautet sie

$$\frac{1}{2m}\left(\left(\frac{\partial S(q_1, q_2, t)}{\partial q_1}\right)^2 + \left(\frac{\partial S(q_1, q_2, t)}{\partial q_2}\right)^2\right) + V(q_1, q_2) + \frac{\partial S(q_1, q_2, t)}{\partial t} = 0. \quad (1.580)$$

- Für ein System mit $n=3$ und $H = \frac{\vec{p}^2}{2m} + V(\vec{x})$ (wir verwenden nun für die – kartesischen – Koordinaten die traditionelle Bezeichnung $\vec{x}$) können wir sie in der Form

$$\frac{1}{2m}\left(\vec{\nabla}S(\vec{x}, t)\right)^2 + V(\vec{x}) + \frac{\partial S(\vec{x}, t)}{\partial t} = 0 \quad (1.581)$$

anschreiben.

Die Hamilton-Jacobi-Gleichung kann auf zweierlei Weise genutzt werden. Ihre volle Stärke kann sie nur entwickeln, wenn es gelingt, eine Lösung zu finden, die n frei wählbare und voneinander unabhängige Konstanten $Q_1, Q_2, \ldots Q_n$ enthält (wobei die Konstante, die immer zu S addiert werden kann, nicht mitgerechnet ist). Im Prinzip existiert eine solche Lösung (sie wird *vollständiges Integral* genannt) immer[137], das Problem besteht lediglich darin, sie auch zu finden. Gelingt dies, so können die n Konstanten $Q_1, Q_2, \ldots Q_n$ als neue Koordinaten interpretiert werden. Mit $F \equiv S$ ist damit eine Lösung von (1.577) gefunden. Aus (1.571)–(1.572) zusammen mit der Tatsache, dass die neuen Variablen Q_j und P_j zeitlich konstant sind, kann dann durch bloßes Auflösen die allgemeine Lösung des ursprünglichen Hamiltonschen Bewegungsproblems in der Form $q_j \equiv q_j(Q, P, t)$ und $p_j \equiv p_j(Q, P, t)$ gewonnen werden. Obwohl die konkrete Umsetzung dieser Idee in der Regel sehr schwierig ist, kann mit ihrer Hilfe eine neue Sichtweise konstruiert werden, in der (1.578) die *Grundgleichung der Mechanik* ist. Wir werden hierauf aber nicht näher eingehen.

Manchmal gelingt es aber nur, *eine* Lösung $S \equiv S(q, t)$ der Hamilton-Jacobi-Gleichung zu finden. Auch aus einer solchen können nützliche Erkenntnisse gewonnen werden: S stellt dann die Werte einer Erzeugenden $F \equiv F(q, Q, t)$ für *einen* konkreten Satz von Q's dar. Mit (1.571) gilt daher

$$p_j = \frac{\partial S(q, t)}{\partial q_j}. \quad (1.582)$$

Da die Beziehung zwischen den (alten) Impulsen p_j und den (alten) verallgemeinerten Geschwindigkeiten $\dot{q}_j$ unmittelbar aus der (alten) ersten Hamiltonschen Gleichung (1.528) folgt, kann (1.582) zusammen mit dieser Beziehung in die Form

$$\dot{q}_j = f_j(q, t) \quad (1.583)$$

einer Differentialgleichung *erster* Ordnung für $q \equiv q(t)$ gebracht werden. Damit ergibt sich eine ganze *Schar von Lösungen*, und zwar für jedes Set von Anfangswerten $q(0)$ eine! (Die

---

137 Die allgemeine Lösung einer partiellen Differentialgleichung besitzt nicht nur frei wählbare Konstanten, sondern sogar frei wählbare Funktionen. Im Prinzip gibt es daher Lösungen, die eine beliebige Zahl freier Konstanten enthalten.

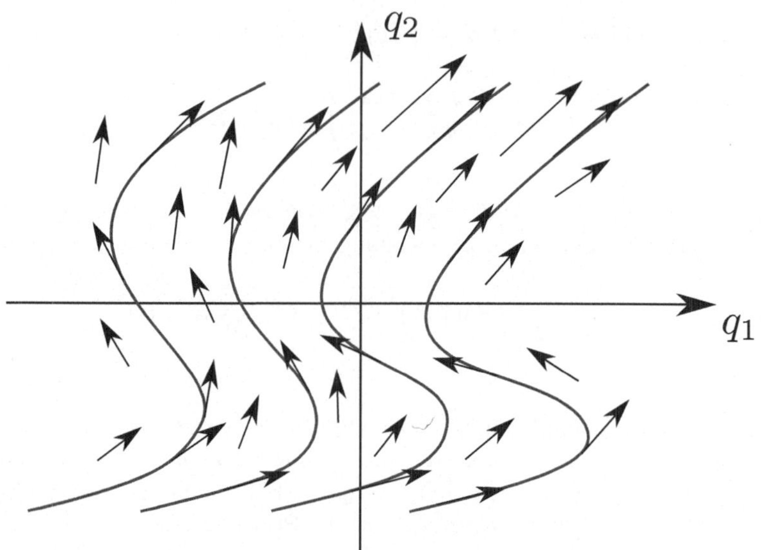

Abbildung 1.7: Eine Lösung der Hamilton-Jacobi-Gleichung erzeugt eine Schar von Lösungen der Bewegungsgleichung, wie hier anhand eines zweidimensionalen Konfigurationsraums illustriert ist. Die Pfeile entsprechen dem durch (1.583 definierten Vektorfeld mit Komponenten f_j (das hier als zeitunabhängig angenommen wird). Die Bahnkurven sind die Flusslinien dieses Vektorfelds.

Anfangswerte der Impulse können nicht frei vorgegeben werden, da sie aus (1.582) folgen). Teilchenbewegungen treten hier nicht isoliert (d. h. jede für sich) auf, sondern gebündelt, nach Art einer strömenden Flüssigkeit. Hängen die f_j nicht explizit von der Zeit ab (d. h. gilt $\partial f_j/\partial t = 0$), so können wir sie uns als Komponenten eines zeitunabhängigen Vektorfelds vorstellen und die Bahnen der erhaltenen Lösungen $q \equiv q(t)$ als Flusslinien dieses Vektorfelds (Abbildung 1.7).

Allgemein ergibt sich die totale Zeitableitung einer Lösung S der Hamilton-Jacobi-Gleichung *entlang* einer Lösung $q \equiv q(t)$ von (1.583) mit (1.582) und (1.578) zu

$$\frac{d}{dt} S(q,t) = \sum_{j=1}^{n} \frac{\partial S(q,t)}{\partial q_j} \dot{q}_j + \frac{\partial S(q,t)}{\partial t} = \sum_{j=1}^{n} p_j \dot{q}_j - H(q,p,t), \qquad (1.584)$$

was gemäß (1.544) gleich der Lagrangefunktion L des Systems ist. Integrieren wir diese Beziehung über die Zeit, so folgt, dass S entlang einer Lösung der Bewegungsgleichungen bis auf eine Konstante gleich dem Wirkungsintegral (1.352) ist. In diesem Sinn kann S mit der Wirkung identifiziert werden, was auch der Grund für die Verwendung des Buchstabens S ist! Wird für die untere Grenze t_0 des Wirkungsintegrals jener Zeitpunkt gewählt, an dem für die betreffende Lösung $S = 0$ gilt, so stimmt S sogar genau mit der Wirkung überein, und zwar für jede beliebige Wahl der oberen Integrationsgrenze $t_1 \equiv t$). Diese Erkenntnisse besitzen insbesondere in der Quantentheorie wichtige Anwendungen.

Beispiel: das freie Teilchen

Für ein freies Teilchen in drei Dimensionen, dessen Hamiltonfunktion durch $H = \frac{\vec{p}^2}{2m}$ gegeben ist, lautet die Hamilton-Jacobi-Gleichung (wir bezeichnen die – kartesischen – Ortsvariablen nun mit $\vec{x}$)

$$\frac{1}{2m}\left(\vec{\nabla}S(\vec{x},t)\right)^2 + \frac{\partial S(\vec{x},t)}{\partial t} = 0\,. \tag{1.585}$$

Eine Lösung ist

$$S(\vec{x},t) = \vec{\mathscr{P}}\vec{x} - \mathscr{E}\,t\,, \tag{1.586}$$

wobei die vier Konstanten $\vec{\mathscr{P}}$ und $\mathscr{E}$ die Beziehung $\mathscr{E} = \frac{\vec{\mathscr{P}}^2}{2m}$ erfüllen (siehe Aufgabe 71). Daher ist der Impuls durch

$$\vec{p} = \vec{\nabla}S(\vec{x},t) = \vec{\mathscr{P}} \tag{1.587}$$

gegeben. Aus der ersten Hamiltonschen Gleichung folgt

$$\dot{\vec{x}} = \frac{\vec{p}}{m}\,, \tag{1.588}$$

womit sich das Differentialgleichungssystem erster Ordnung

$$\dot{\vec{x}} = \frac{\vec{\mathscr{P}}}{m} \tag{1.589}$$

und daraus die Lösungsschar

$$\vec{x}(t) = \frac{\vec{\mathscr{P}}}{m}\,t + \vec{x}(0) \tag{1.590}$$

des Bewegungsproblems ergibt. Alle diese Lösungen besitzen den (erhaltenen) Impuls $\vec{\mathscr{P}}$ und die (erhaltene) Energie $\mathscr{E}$. Tatsächlich ist (1.586) nicht nur *eine* Lösung, sondern enthält die drei frei wählbaren voneinander unabhängigen Konstanten $\vec{\mathscr{P}}$ (von denen auch $\mathscr{E}$ abhängt). Sie können als neue Koordinaten (Q_1, Q_2, Q_3) interpretiert werden, woraus sich (was wir natürlich bereits wissen) ergibt, dass (1.590) die *allgemeine* Lösung des Bewegungsproblems ist, mit sechs frei wählbaren Konstanten $\vec{\mathscr{P}}$ und $\vec{x}(0)$. Wird $\vec{\mathscr{P}}$ festgehalten, so ergibt sich das Bild einer Schar von Teilchen mit gleichem Impuls (daher auch gleicher Geschwindigkeit), die einer gleichförmig in $\vec{\mathscr{P}}$-Richtung strömenden Flüssigkeit entspricht. Dieses Ergebnis ist auch für die Quantentheorie bedeutsam und wird dort in das Bild einer ebenen Welle, die ein Teilchen mit gegebenem Impuls beschreibt, übersetzt.

Wir erwähnen zum Abschluss noch, dass die Funktion S im Fall einer zeitunabhängigen Hamiltonfunktion $H \equiv H(q,p)$ immer in der Form

$$S(q,t) = W(q) - E\,t \tag{1.591}$$

angesetzt werden kann, wobei E eine Konstante ist. (Auch (1.586) ist von dieser Form). Für die Funktion W ergibt sich dann aus (1.578) die **zeitunabhängige Hamilton-Jacobi-Gleichung**

$$H\left(q, \frac{\partial W(q)}{\partial q}\right) = E, \tag{1.592}$$

wobei $\partial W(q)/\partial q$ für alle partiellen Ableitungen $\partial W(q)/\partial q_j$ steht. Aus jeder Funktion W, die sie erfüllt, kann eine Schar von Lösungen des Bewegungsproblems gewonnen werden, für die die Hamiltonfunktion den (zeitlich konstanten) Wert E besitzt (siehe Aufgabe 72).

1.8 Aufgaben

1. Betrachten Sie die durch (1.8) beschriebene Bewegung! Beweisen Sie, dass die Bahnkurve tatsächlich ein Kreis ist! Zeigen Sie, dass die Konstante ω, wie im Text behauptet, die Winkelgeschwindigkeit darstellt, und dass die Umlaufszeit gleich $2\pi/\omega$ ist!

2. Betrachten Sie die durch (1.13) beschriebene harmonische Schwingung! Zeigen Sie, dass, wie im Text behauptet, die Periodendauer gleich $2\pi/\omega$ und die Frequenz gleich deren Kehrwert ist!
   Zusatzfragen: In welchem zeitlichen Abstand folgen die Nulldurchgänge (d. h. die Ereignisse, in denen $x(t) = 0$ ist) aufeinander? Wieso stimmt dieses Zeitintervall nicht mit der Periodendauer überein? In welchem zeitlichen Abstand folgen die Ereignisse, in denen $x(t)$ maximal ist, aufeinander? Wieso stimmt dieses Zeitintervall mit der Periodendauer überein? Legen Sie eine Skizze des hier angesprochenen Sachverhalts an!

3. Leiten Sie – unter der Annahme, die Erde wäre eine homogene Kugel – (1.25) als Näherung von (1.22) her und drücken Sie die Erdbeschleunigung durch die Masse und den Radius der Erde aus!

4. Drücken Sie die Beziehungen (1.29) und (1.30) *in Worten* aus!

5. Lösen Sie (1.68) durch zwei Integrationen!

6. Die Beziehung (1.75) beschreibt den lotrechten Wurf. Berechnen Sie die maximale Höhe z_{max}, die der Körper erreicht! Zu welcher Zeit t_{max} wird sie angenommen? Drücken Sie $z(0)$ und $\dot{z}(0)$ in (1.75) durch z_{max} und t_{max} aus!

7. Leiten Sie (1.92) aus (1.90)–(1.91) her!

8. Setzen Sie den numerischen Näherungsalgorithmus (1.97)–(1.98) mit einem Tabellenkalkulationsprogramm für den harmonischen Oszillator (mit selbstgewählten Werten der Parameter m und k) um! Wählen Sie einige interessante Anfangsdaten und stellen Sie die Ergebnisse als Punktgraph dar! (Tipp: Didaktisch besonders nützlich ist eine derartige Anwendung, wenn die Parameter m und k sowie die Anfangsdaten dynamisch mit einem Schieberegler geändert werden können – *Microsoft Excel* bietet diese Möglichkeit).
   Zusatzaufgabe: Ändern Sie Ihren Algorithmus so ab, dass er die Pendelbewegung beschreibt (siehe (1.492) auf Seite 139), so dass diese mit der harmonischen Schwingung verglichen werden kann.

9. Ergänzungsaufgabe*
   Zeigen Sie, dass das Epsilon-Symbol ε_{jkl} total antisymmetrisch ist!

10. Gegeben sei die potentielle Energie $V(x) = a(x^2 - b^2)^2$ für ein Teilchen in einer Dimension, wobei $a > 0$ und $b > 0$ Konstanten sind. Diskutieren Sie die möglichen Formen der Teilchenbewegung, die sich daraus ergeben, qualitativ!

11. Ergänzungsaufgabe*
    Lösen Sie das allgemeine Anfangswertproblem der Bewegungsgleichung (1.133) für den
    Fall $\alpha < 2m\omega$, d. h. drücken Sie die allgemeine Lösung (1.141) durch die Anfangsdaten
    $x(0)$ und $\dot{x}(0)$ aus!

12. Ergänzungsaufgabe*
    Benutzen Sie die in der Tabelle 1.1 angegebenen speziellen Lösungen der Bewegungs-
    gleichung (1.142), um das Phänomen der Resonanz und der Resonanzkatastrophe (zu-
    erst für den Fall ohne Dämpfung, dann für den Fall mit Dämpfung) zu diskutieren! Dabei
    wird es hilfreich sein, die Amplitude der für den Fall $\alpha > 0$ und $\Omega \neq \omega$ angegebenen
    speziellen Lösung zu berechnen. Hier noch ein Tipp: Ist $\alpha > 0$, so streben, wie im Text
    erwähnt, alle Lösungen der *homogenen* Differentialgleichung (1.133) für große Zeiten
    asymptotisch gegen 0. Die in der Tabelle für $\alpha > 0$ angegebenen speziellen Lösungen
    der *inhomogenen* Differentialgleichung (1.142) stellen also den Bewegungsverlauf für
    $t \to \infty$ dar. Interessanterweise ist er unabhängig von den Anfangsdaten!

13. Ergänzungsaufgabe*
    Wie sinkt ein Körper in einer zähen Flüssigkeit (d. h. unter dem Einfluss einer zur
    Geschwindigkeit proportionalen Reibungskraft)? Stellen Sie die Bewegungsgleichung
    auf, ermitteln Sie die allgemeine Lösung in geschlossener Form und diskutieren Sie sie!
    Welche Bewegung stellt sich für große Zeiten ein?

14. Ergänzungsaufgabe*
    Die Differentialgleichung (1.49) beschreibt die Bewegung eines Körpers, der unter dem
    Einfluss des Luftwiderstands zu Boden fällt. Ermitteln Sie die Grenzgeschwindigkeit,
    der er für $t \to \infty$ zustrebt!
    (Mit Hilfe der auf der Seite http://de.wikipedia.org/wiki/Luftwiderstand angegebenen
    Informationen können Sie realistische Werte der Konstante β und der Grenzgeschwin-
    digkeit abschätzen).

15. Überprüfen Sie die in der Tabelle 1.2 angegebenen Ausdrücke für die potentiellen Ener-
    gien!

16. Ergänzungsaufgabe**
    Berechnen Sie mit Hilfe der Newtonschen Feldgleichung (1.170) das von einer ho-
    mogenen massiven Kugel der Masse M im Innenraum und im Außenraum erzeugte
    Gravitationspotential! Tipp: Verwenden Sie den Laplace-Operator in Kugelkoordinaten
    (siehe dazu den Unterabschnitt B.6.5 auf Seite 309 im Anhang) und nutzen Sie die
    Tatsache aus, dass das Potential aufgrund der Rotationssymmetrie nur von r abhängen
    kann!
    Stellen Sie danach die Bewegungsgleichung eines radial in die Kugel fallenden Teilchens
    auf (wobei keine andere Kraft außer der Schwerkraft wirke) und lösen Sie sie! Könnte
    ein Körper durch einen Tunnel quer durch die Erde fallen – wie lange wäre er unterwegs,
    bis er auf der anderen Seite wieder die Erdoberfläche erreicht?

17. Zeigen Sie, dass die Bewegungsgleichung (1.174) mit der Zeitkoordinate (1.175) die
    Form (1.176) annimmt!

18. Drücken Sie in geometrischen Begriffen aus, wann ein Kraftfeld $\vec{F}(\vec{x})$ an jedem Punkt $\vec{x}$ auf den Vektor (1.181) normal steht!

19. Zeigen Sie, dass die Gesamtenergie (1.195) eine Erhaltungsgröße ist!

20. Zeigen Sie, dass das Wechselwirkungspotential des gravitativen Zweikörperproblems durch (1.204) gegeben ist!

21. Ergänzungsaufgabe[*]
    Finden Sie eine Wahl von $\vec{x}_1$, $\vec{x}_2$, $\dot{\vec{x}}_1$ und $\dot{\vec{x}}_2$, um zu zeigen, dass die magnetischen Kräfte (1.206)–(1.207) das dritte Newtonsche Axiom nicht erfüllen!

22. Zwei Teilchen, die sich nur in einer Dimension bewegen können, wechselwirken so, dass die Bedingungen für die Gültigkeit der (nichtrelativistischen) Stoßgesetze erfüllt sind. Das erste hat die Masse $M = 2m$ und ruht vor dem Stoß, das zweite hat die Masse m und nähert sich dem ersten mit Geschwindigkeit v. Was lässt sich über die Geschwindigkeiten der beiden Teilchen nach dem Stoß aussagen?

23. Ergänzungsaufgabe[*]
    Während eines kleinen Zeitintervalls dt ändern sich die Koordinaten der Massenelemente eines starren Körpers (in Bezug auf ein Koordinatensystem, in dem der Massenmittelpunkt im Ursprung liegt) gemäß Formel (1.227). Zeigen Sie, dass die Richtung des Vektors $\vec{\omega}$ die momentane Drehachse und sein Betrag die momentane Winkelgeschwindigkeit angibt! Tipp: Vereinfachen Sie das Problem, indem Sie eine Achse des Koordinatensystems (üblicherweise wählt man dafür die dritte) so wählen, dass sie zu einem gegebenen Zeitpunkt mit der Richtung von $\vec{\omega}$ zusammenfällt!

24. Ergänzungsaufgabe[*]
    Verifizieren Sie die Berechnung der kinetische Energie eines starren Körpers! Rechnen Sie dazu zuerst (1.232) nach und formen Sie den erhaltenen Ausdruck so um, dass das Ergebnis (1.233) lautet!

25. Ergänzungsaufgabe[*]
    Verifizieren Sie die Berechnung des Drehimpulses eines starren Körpers! Rechnen Sie dazu (1.238) nach und formen Sie den erhaltenen Ausdruck um, um auf das Ergebnis (1.239)–(1.241) zu kommen!

26. Ergänzungsaufgabe[*]
    Eine Vollkugel, eine (unendlich dünne) Hohlkugel, ein Vollzylinder und ein (unendlich dünner) Hohlzylinder rollen eine schiefe Ebene hinunter. Welche Beschleunigungen erfahren sie?

27. Ergänzungsaufgabe[*]
    Verifizieren Sie, dass die im Text angegebene Lösung (1.281)–(1.283) für die Bewegung des symmetrischen kräftefreien Kreisels tatsächlich die Eulerschen Gleichungen erfüllt! Tipp: Berechnen Sie dazu zuerst den zur angegebenen Lösung gehörenden Vektor $\vec{\Omega}$ und setzen Sie ihn in die Eulerschen Gleichungen ein!

28. Zeigen Sie, dass die Bewegungsgleichungen (1.55) sowie (1.58)–(1.59) rotationsinvariant sind, d. h. unter einer Drehung des Koordinatensystems – siehe (1.300) – in sich selbst übergehen.

29. Verifizieren Sie (1.325)!

30. Wie fällt ein Körper, wenn die Wirkung der Corioliskraft berücksichtigt wird?

31. Ergänzungsaufgabe*
Rechnen Sie (1.336) nach!

32. Ergänzungsaufgabe*
Berechnen Sie gemäß (1.348) $\dot{x}$, $\dot{y}$ und $\dot{z}$ in Kugelkoordinaten (siehe den Unterabschnitt B.4.2 auf Seite 298 im Anhang)!

33. Ergänzungsaufgabe*
Verifizieren Sie (1.353)! Tipp: Benutzen Sie dazu das Ergebnis von Aufgabe 32!
Bemerkung: Die Differentialgeometrie stellt elegantere Methoden bereit, um dieses Resultat zu erhalten, aber wir müssen in diesem Buch auf sie verzichten.

34. Ergänzungsaufgabe*
Verifizieren Sie (1.367)!

35. Gegeben sei die Lagrangefunktion $L(z,\dot{z}) = \frac{m}{2}\dot{z}^2 - mgz$. Stellen Sie die zugehörige Euler-Lagrange-Gleichung auf! Um welches physikalische System handelt es sich hier?

36. Gegeben sei die Lagrangefunktion $L(\vec{x},\dot{\vec{x}}) = \frac{m}{2}\dot{\vec{x}}^2 - \frac{m\omega^2}{2}\vec{x}^2$. Stellen Sie die zugehörigen Euler-Lagrange-Gleichungen auf! Wie würden Sie dieses physikalische System in Worten beschreiben?

37. Lösen Sie die Euler-Lagrange-Gleichungen des in Aufgabe 36 betrachteten Systems!

38. Schreiben Sie die Lagrangefunktion von Aufgabe 36 in Kugelkoordinaten an!

39. Gegeben sei die Lagrangefunktion $L(q,\dot{q}) = \frac{1}{q}\dot{q}^2$. Stellen Sie die zugehörige Euler-Lagrange-Gleichung auf!

40. Ergänzungsaufgabe*
Versuchen Sie, die allgemeine Lösung (oder zumindest einige der Lösungen) der Euler-Lagrange-Gleichung des in Aufgabe 39 angegebenen Systems zu finden! (Sie können dazu auch ein Computeralgebra-System verwenden!)

41. Ergänzungsaufgabe*
Sei $L \equiv L(q,\dot{q},t)$ die Lagrangefunktion eines mechanischen Systems ($q \equiv (q_1,\dots q_n)$), und sei mit

$$\tilde{L} = L + \frac{d}{dt}G(q,t) \equiv L + \sum_{j=1}^{n} \frac{\partial G(q,t)}{\partial q_j}\dot{q}_j + \frac{\partial G(q,t)}{\partial t} \qquad (1.593)$$

eine zweite Lagrangefunktion definiert. Zeigen Sie, dass L und $\tilde{L}$ auf die gleichen Euler-Lagrange-Gleichungen führen, d. h. dass sie das gleiche System beschreiben!

42. Verifizieren Sie, dass (1.379) auf die gleiche Euler-Lagrange-Gleichung führt wie (1.341)!

43. Zeigen Sie, dass L_z, die z-Komponente des Drehimpulses, in Kugelkoordinaten durch (1.384) gegeben ist!

44. Zeigen Sie, dass die Energie (Hamiltonfunktion) zur Lagrangefunktion (1.344) durch (1.388) und die Energie (Hamiltonfunktion) für die Lagrangefunktion (1.346) durch (1.389) gegeben ist!

45. Leiten Sie (1.443) her!

46. Beweisen Sie: Aus der Erhaltung des Drehimpulses $\vec{L}$ eines Teilchens folgt, dass die Bewegung in einer Ebene stattfindet, auf die $\vec{L}$ normal steht!

47. Zeigen Sie, dass (1.476) für $p > 0$ und $\varepsilon \geq 0$ einen Kegelschnitt beschreibt, und zwar für $\varepsilon < 1$ eine Ellipse, für $\varepsilon = 1$ eine Parabel und für $\varepsilon > 1$ eine Hyperbel!

48. Benutzen Sie den Ausdruck (1.11) für die Zentripetalbeschleunigung, um das dritte Keplersche Gesetz im Spezialfall einer Kreisbahn durch direkte Lösung der entsprechenden Newtonschen Bewegungsgleichung (ohne Lagrangeformalismus) herzuleiten!

49. Erde und Mond bewegen sich (näherungsweise) auf Ellipsenbahnen um ihren Massenmittelpunkt. Schätzen Sie – unter der vereinfachenden Annahme, dass es sich um Kreisbahnen handelt – den Radius der Bahn, die der Erdmittelpunkt dabei beschreibt, ab! Verwenden Sie dafür nur die folgenden Daten: Die Erde ist ungefähr 81.3 mal so schwer wie der Mond. Die durchschnittliche Entfernung des Mondes von der Erde beträgt 384400 km.

50. Leiten Sie die Lagrangefunktion (1.491) des ebenen Pendels her!

51. Ergänzungsaufgabe*
Lösen Sie die Euler-Lagrange-Gleichungen (1.500) – (1.501) des Systems (1.499) gekoppelter harmonischer Oszillatoren! Hinweis: Die allgemeine Lösung lässt sich als Linearkombination von vier „Eigenschwingungen" darstellen, von denen zwei durch $x_1 = x_2$ und die beiden anderen durch $x_1 = -x_2$ charakterisiert sind. Finden Sie die Eigenschwingungen (um auf genau *vier* Basislösungen zu kommen, wählen Sie als Anfangsdaten für den ersten Typ $(x_1(0) = 1, x_2(0) = 1, \dot{x}_1(0) = 0, \dot{x}_2(0) = 0)$ und $(x_1(0) = 0, x_2(0) = 0, \dot{x}_1(0) = 1, \dot{x}_2(0) = 1)$, für den zweiten Typ $(x_1(0) = -1, x_2(0) = 1, \dot{x}_1(0) = 0, \dot{x}_2(0) = 0)$ und $(x_1(0) = 0, x_2(0) = 0, \dot{x}_1(0) = -1, \dot{x}_2(0) = 1))$, bestimmen Sie ihre Kreisfrequenzen und diskutieren Sie sie physikalisch (wobei Sie sich ein System zweier gekoppelter Pendel, die mit kleinen Auslenkungen schwingen, vorstellen können)! Danach wählen Sie $m = k = 1$, und $\kappa = 1/10$, plotten Sie die Graphen einiger der Lösungsfunktionen $x_1 \equiv x_1(t)$ und $x_2 \equiv x_2(t)$, die durch Überlagerungen von Eigenschwingungen der beiden Typen entstehen, und interpretieren Sie sie physikalisch!

52. Zeigen Sie, dass die Lagrangefunktion (1.438) des gravitativen Zweikörperproblems unter räumlichen Translationen, räumlichen Drehungen und Zeittranslationen invariant ist, d. h. dass sie

- unter der Ersetzung $\vec{x}_1 \to \vec{x}_1 + \vec{a}$ und $\vec{x}_2 \to \vec{x}_2 + \vec{a}$ für einen beliebigen konstanten Vektor $\vec{a}$ in sich selbst übergeht,

- in sich selbst übergeht, wenn $\vec{x}_1$ und $\vec{x}_2$ (und die zugehörigen Geschwindigkeiten) der gleichen räumlichen Drehung unterworfen werden und

- unter der Ersetzung $t \to t + b$ für eine beliebige Konstante b in sich selbst übergeht.

Hinweis: Um diese Aufgabe zu lösen, müssen Sie *fast* nichts rechnen!
Bemerkung: In diesem Beispiel ist es einfacher, *endliche* Transformationen zu betrachten. Die Invarianz unter *infinitesimalen* Transformationen, wie sie in unserer Formulierung des Noether-Theorems vorausgesetzt ist, folgt dann automatisch.

53. Zeigen Sie, dass das durch die Lagrangefunktion (1.438) definierte Wirkungsprinzip unter Galileischen Geschwindigkeitstransformationen invariant ist! Zeigen Sie dazu, dass die Ersetzung $\vec{x}_1 \to \vec{x}_1 - \vec{v}t$ und $\vec{x}_2 \to \vec{x}_2 - \vec{v}t$ für einen beliebigen Vektor $\vec{v}$ (und daher $\dot{\vec{x}}_1 \to \dot{\vec{x}}_1 - \vec{v}$ und $\dot{\vec{x}}_2 \to \dot{\vec{x}}_2 - \vec{v}$ für die Geschwindigkeiten) zu einer neuen Lagrangefunktion führt, die sich von der ursprünglichen nur um eine totale Zeitableitung unterscheidet! Zusammen mit Aufgabe 52 haben Sie damit gezeigt, dass das zum gravitativen Zweikörperproblem (1.438) gehörende Wirkungsprinzip galilei-invariant ist, d. h. dass das Newtonsche Gravitationsgesetz vom Standpunkt der nichtrelativistischen Physik die nötige Vorbedingung zur Beschreibung einer fundamentalen Wechselwirkung erfüllt.
Bemerkung: In diesem Beispiel – ebenso wie im vorigen – ist es einfacher, *endliche* Transformationen zu betrachten. Die Invarianz unter *infinitesimalen* Transformationen, wie sie in unserer Formulierung des Noether-Theorems vorausgesetzt ist, folgt dann automatisch.

54. Ergänzungsaufgabe**
Zeigen Sie, dass das durch die Lagrangefunktion (1.498) des elektromagnetischen Zweiteilchenproblems definierte Wirkungsprinzip nicht galilei-invariant ist!

55. Verifizieren Sie (1.520) und und (1.522)!

56. Verifizieren Sie (1.523)!

57. Verifizieren Sie (1.535) und (1.538)!

58. Ergänzungsaufgabe*
Verifizieren Sie (1.541)!

59. Gegeben sei die Hamiltonfunktion $H(q,p) = \frac{1}{2} q p^2$.

- Stellen Sie die Hamiltonschen Gleichungen auf!

- Ermitteln mit Hilfe von (1.544) die Lagrangefunktion für dieses System!

- Stellen Sie die Euler-Lagrange-Gleichung auf!

- Verifizieren Sie explizit (indem Sie die verallgemeinerte Geschwindigkeit und den verallgemeinerten Impuls ineinander umrechnen), dass die Hamiltonschen Gleichungen äquivalent zur Euler-Lagrange-Gleichung sind!

- Ermitteln Sie (ggf. mit Hilfe eines Computeralgebra-Systems) die allgemeine Lösung $q \equiv q(t)$ der Bewegungsgleichungen (d. h. der Hamiltonschen Gleichungen oder der Euler-Lagrange-Gleichung, was auf das Gleiche hinausläuft)!

60. Ergänzungsaufgabe**
Zeigen Sie, dass das Hamiltonsche Wirkungsprinzip (1.546) zu den Hamiltonschen Gleichungen (1.528) − (1.529) äquivalent ist!

61. Verifizieren Sie (1.550) und (1.551)!

62. Verifizieren Sie (1.552)!

63. Sei H die Hamiltonfunktion eines Teilchens in einem Zentralpotential $V(r)$. Berechnen Sie die Poissonklammer von H mit L_z, der z-Komponente des Drehimpulses! Was sagt Ihnen das Resultat? Tipp: Sie können die Rechnung sowohl in kartesischen Koordinaten als auch in Kugelkoordinaten durchführen.

64. Ergänzungsaufgabe**
Sei H die Hamiltonfunktion des Keplerproblems. Berechnen Sie die Poissonklammer mit den Komponenten des Lenz-Runge-Vektors (siehe die Fußnote 122 auf Seite 135). Was sagt Ihnen das Resultat?

65. Verifizieren Sie (1.553)!

66. Ergänzungsaufgabe*
Verifizieren Sie (1.557) und (1.558)!

67. Ergänzungsaufgabe*
Zeigen Sie, dass (1.565) eine kanonische Transformation ist!

68. Ergänzungsaufgabe*
Zeigen Sie, dass $Q = \frac{1}{p}$, $P = q\,p^2$ eine kanonische Transformation ist!

69. Ergänzungsaufgabe*
Als Vorbereitung zeigen Sie, dass die Zeitentwicklung des harmonischen Oszillators (mit $m = \omega = 1$) im Phasenraum durch $x(t) = x(0)\cos t + p(0)\sin t$, $p(t) = p(0)\cos t - x(0)\sin t$ gegeben ist. Mit diesem Ergebnis ausgerüstet, beweisen Sie, dass die Abbildung, die $(x(0), p(0))$ in $(x(t), p(t))$ überführt (die Zeitentwicklung), also $X = x\cos t + P\sin t$, $P = p\cos t - x\sin t$, für jedes t eine kanonische Transformation ist!
Zusatzaufgabe**: Diese Eigenschaft gilt ganz allgemein für Hamiltonsche Systeme: Die Zeitentwicklung ist eine kanonische Transformation. Suchen Sie ein Argument, das diese Aussage zumindest für die Zeitentwicklung während *infinitesimaler* Zeitintervalle beweist! Tipp: Für ein infinitesimales Zeitintervall ε ist die Zeitentwicklung (mit (q, p) als Anfangsdaten) durch $Q_j = q_j + \dot{q}_j\varepsilon = q_j + (\partial H/\partial p_j)\varepsilon$ und $P_j = p_j + \dot{p}_j\varepsilon = p_j - (\partial H/\partial q_j)\varepsilon$ gegeben. Daher muss nur gezeigt werden, dass (P, Q) die Beziehungen (1.564) bis zur ersten Ordnung in ε erfüllen!

70. Ergänzungsaufgabe*
    Ermitteln Sie die durch (1.574) erzeugte Variablentransformation, verifizieren Sie (1.575),
    lösen Sie die neuen Hamiltonschen Gleichungen und übersetzen Sie die allgemeine Lö-
    sung in die alten Variablen!

71. Ergänzungsaufgabe*
    Verifizieren Sie, dass (1.586) eine Lösung der Hamilton-Jacobi-Gleichung (1.585) ist!

72. Ergänzungsaufgabe**
    Nutzen Sie (1.592), um eine Lösung der Hamilton-Jacobi-Gleichung des harmonischen
    Oszillators zu finden. Welche Lösungsschar beschreibt sie?

2 Spezielle Relativitätstheorie

2.1 Warum eine neue Theorie?

Eigentlich haben wir bisher in diesem Buch ein – vom Standpunkt der Mechanik – recht konsistentes „Weltbild" der Physik gezeichnet: Im Zentrum steht das zweite Newtonsche Axiom, ergänzt vom Lagrangeformalismus und dem Wirkungsprinzip und, was die Beschreibung abgeschlossener Systeme und fundamentaler Wechselwirkungen betrifft, von der Forderung der Galilei-Invarianz des Wirkungsprinzips und damit der physikalischen Naturgesetze. An einigen Stellen haben wir aber bereits durchklingen lassen, dass etwas daran „falsch" ist. Das liegt nicht an einer inneren Widersprüchlichkeit, sondern schlicht und einfach daran, dass die Natur nicht so „funktioniert": Die moderne Physik ist „quantentheoretisch" und „relativistisch". Die Quantentheorie schieben wir bis zum zweiten Band auf und wenden uns nun der Speziellen Relativitätstheorie zu. Warum ist sie notwendig, was besagt sie?

Zu Beginn des zwanzigsten Jahrhunderts erkannten weitblickende Köpfe (und Albert Einstein war so ein weitblickender Kopf), dass die Physik vor einem Grundlagenproblem stand: Die von James Clerk Maxwell aufgestellte Theorie der elektromagnetischen Erscheinungen (bei der es sich nicht um eine mechanische Theorie, sondern um eine *Feldtheorie* handelt, und die im dritten Band besprochen wird) stand im Widerspruch zur Idee der Galilei-Invarianz[1]. Um dieses Problem zu lösen, musste also entweder die Theorie des Elektromagnetismus oder die Forderung der Galilei-Invarianz abgeändert, wenn nicht gar verworfen werden. Einstein konnte sich nicht vorstellen, Maxwells Theorie, eine der großen Errungenschaften der Physik des neunzehnten Jahrhunderts, drastisch zu verändern. Noch weniger aber war er geneigt, die Idee der grundsätzlichen physikalischen Gleichwertigkeit aller Inertialsysteme, auf der ja die Galilei-Invarianz beruht, aufzugeben. Als Ausweg blieb nur übrig, die *konkrete Art und Weise*, wie die Gleichwertigkeit aller Inertialsysteme formuliert war, und damit das bis vor hundert Jahren geltende Konzept von Raum und Zeit in Frage zu stellen. Das erkannten auch andere Theoretiker (vor allem Hendrik Antoon Lorentz und Henri Poincaré), doch Einsteins Lösungsvorschlag stellte sich als der radikalste und *einfachste* heraus.

Eine weitere Schwierigkeit erwuchs der Physik aus der so genannten *Äthertheorie*. Die Wellennatur des Lichts war bereits im siebzehnten Jahrhundert von Christiaan Huygens erkannt (und zu Beginn des achzehnten Jahrhunderts durch das Youngsche Doppelspaltexperiment auch allgemein anerkannt) worden. Damit verbunden war die – aus heutiger Sicht mechanistische – Vorstellung eines *Lichtäthers* als eines Mediums, dessen sich ausbreitende Schwingungen nach der Art anderer Wellen (wie Schallwellen, Wasserwellen oder elastische Wellen) das Licht

---

[1] Einem Anzeichen dieses Problems sind wir bereits begegnet: Die Lagrangefunktion (1.498) des elektromagnetischen Zweiteilchenproblems ist nicht galilei-invariant, siehe auch Aufgabe 54 des ersten Kapitels.

ausmachen. Er musste ein sehr feines Medium sein, da er bewegten Körpern offenbar keinen (messbaren) Widerstand entgegesetze (wie das etwa die Luft tut). Albert Abraham Michelson und Edward Morley führten ab dem Jahr 1881 eine Reihe von Experimenten durch, die die relative Bewegung der Erde zum Äther messen sollten (und daher Ätherdrift-Experimente genannt werden). Nach der Äthertheorie sollte die Geschwindigkeit des Lichts, gemessen in einem irdischen Labor, von seiner Ausbreitungsrichtung abhängen – ebenso wie die Geschwindigkeit einer Wasserwelle, von einem fahrenden Boot aus betrachtet, in unterschiedliche Richtungen verschieden groß ist. Dabei stellte sich heraus, dass sich das Licht offenbar (im Rahmen der Messgenauigkeit) *in alle Richtungen gleich schnell ausbreitet.* Mit anderen Worten: Der Äther konnte nicht nachgewiesen werden. Die in der Folgezeit unternommenen Versuche, die Idee des Lichtäthers zu retten (etwa durch eine Unterscheidung zwischen „wahren" und „scheinbaren" Koordinaten, wobei sich die letzteren so justieren, dass der Äther nicht entdeckt werden kann), stellten sich als wenig zufriedenstellend heraus.

2.2 Raum und Zeit in relativistischer Sicht

2.2.1 Lorentztransformationen

Sehen wir uns also an, wo das Problem liegt! Wir wollen – wie Einstein – das Prinzip nicht anzweifeln, dass alle Inertialsysteme physikalisch grundsätzlich gleichwertig sind, d. h. dass sich eine Formulierung der physikalischen Gesetze nicht auf ein besonderes (ausgezeichnetes) Inertialsystem stützen darf. Wir nennen diese Forderung das **Relativitätsprinzip**. In ihm ist von Inertialsystemen die Rede. Erinnern wir uns: Ein Inertialsystem ist zunächst charakterisiert durch ein räumliches kartesisches Koordinatensystem und die Verwendung von (Standard-)Uhren zur Zeitmessung (siehe Seite 95). Ist ein solches System einmal etabliert, so können jedem **Ereignis** (von dem wir annehmen, dass es an einem wohldefinierten Ort stattfindet und nur „unendlich kurz" andauert) vier Zahlen $(t,x,y,z) \equiv (t,\vec{x})$ zugeordnet werden, um auszudrücken *wann* und *wo* (in Bezug auf das verwendete Inertialsystem) es stattfindet. Und – das ist entscheidend – damit können Bewegungsvorgänge quantitativ ausgedrückt werden: Für Punktteilchen geschieht das etwa durch die Angabe von drei Funktionen $\vec{x} \equiv \vec{x}(t)$, die uns sagen an welchem Ort das Teilchen zu einer gegebenen Zeit ist. Ein derartiges Bezugssystem nennen wir ein **Inertialsystem**, wenn es zusätzlich die Eigenschaft besitzt, dass sich jedes kräftefreie Teilchen mit konstanter Geschwindigkeit bewegt, wobei sich die Aussage „mit konstanter Geschwindigkeit" – in Formeln: $\vec{x}(t) = \dot{\vec{x}}(0)\,t + \vec{x}(0)$ – auf die Messung von räumlichen Koordinaten und Zeitpunkten *im Rahmen des Inertialsystems* bezieht.

Betrachten wir also ein Ereignis und die vier ihm zugeordneten Zahlen (t,x,y,z). Wir nennen sie **Ereigniskoordinaten** oder **Raumzeit-Koordinaten**. Das *gleiche* Ereignis wird in Bezug auf ein *anderes* Inertialsystem durch vier *andere* Zahlen (t',x',y',z') beschrieben. Wie bereits im ersten Kapitel (Unterabschnitt 1.5.1, Seite 91) wollen wir die beiden Inertialsysteme – sprachlich – mit zwei „Beobachtern" verbinden: Alice bezieht sich auf das erste, Bob bezieht sich auf das zweite Inertialsystem. Bitte beachten Sie, dass Alice und Bob hier nicht als Personen auftreten, die sich an bestimmten Orten befinden. Wichtig ist lediglich, dass sich ihre Messergebnisse auf zwei verschiedene Inertialsysteme beziehen[2]. Das entscheidende Instrument zur Konkretisierung des Relativitätsprinzips ist nun die Art und Weise, wie die Zahlen (t,x,y,z) mit den Zahlen (t',x',y',z') zusammenhängen, d. h. wie die *Transformation von Ereigniskoordinaten* zwischen zwei Inertialsystemen beschaffen ist. Das Relativitätsprinzip als Forderung an physikalische Theorien besagt: Wenn die physikalischen Gesetze, die Alice (in Bezug auf ihr Inertialsystem) entdeckt und formuliert, durch Bobs Ereigniskoordinaten ausgedrückt werden, so dürfen sie unter einer solchen Transformation ihre *Form* nicht ändern.

Der springende Punkt ist also die Frage: Wie hängen die von Alice vergebenen Ereigniskoordinaten mit den von Bob vergebenen Ereigniskoordinaten zusammen? Im vorigen Kapitel haben wir die Typen von Transformationen genannt, die aus der Sicht der Newtonschen Mechanik

---

[2] So gesehen ist es günstiger, sich Alice und Bob als Bürokraten vorstellen, die hinter ihren Schreibtischen sitzen, Messergebnisse hereinbekommen und diese auswerten.

dafür zuständig sind. Wir schreiben sie nun noch einmal hin (und geben dabei auch immer die Transformation der Zeitkoordinaten an):

- Räumliche Translationen (räumliche Verschiebungen):

$$
\begin{aligned}
t' &= t \\
\vec{x}' &= \vec{x} - \vec{a}
\end{aligned}
\qquad \text{bzw.} \qquad
\begin{aligned}
t &= t' \\
\vec{x} &= \vec{x}' + \vec{a}.
\end{aligned}
\qquad (2.1)
$$

Die beiden Inertalsystem ruhen relativ zueinander, ihre Koordinatenachsen sind zueinander parallel, und es wird in beiden die gleiche Zeit verwendet. Der einzige Unterschied besteht darin, dass ihre Koordinatenursprünge verschieden sind.

- Rotationen (Drehungen):

$$
\begin{aligned}
t' &= t \\
\vec{x}' &= R\vec{x}
\end{aligned}
\qquad \text{bzw.} \qquad
\begin{aligned}
t &= t' \\
\vec{x} &= R^{-1}\vec{x}'.
\end{aligned}
\qquad (2.2)
$$

Dabei ist R eine Rotationsmatrix (siehe den Abschnitt B.3 auf Seite 293 im Anhang). Die beiden Inertalsysteme ruhen relativ zueinander, besitzen den gleichen Koordinatenursprung, und es wird in beiden die gleiche Zeit verwendet. Der einzige Unterschied besteht darin, dass ihre Koordinatenachsen gegeneinander verdreht sind. Manchmal werden auch Spiegelungen zugelassen. In diesem Fall darf R eine beliebige orthogonale Matrix sein, also eine Drehung oder Drehspiegelung beschreiben.

- Zeittranslationen:

$$
\begin{aligned}
t' &= t - b \\
\vec{x}' &= \vec{x}
\end{aligned}
\qquad \text{bzw.} \qquad
\begin{aligned}
t &= t' + b \\
\vec{x} &= \vec{x}'.
\end{aligned}
\qquad (2.3)
$$

Die beiden Inertalsysteme ruhen relativ zueinander und besitzen das gleiche räumliche Koordinatensystem. Der einzige Unterschied besteht darin, dass ihre Uhren zueinander versetzt laufen. Manchmal werden auch Zeitspiegelungen zugelassen, die einfach $t' = -t$ bzw. $t = -t'$ bewirken.

- Geschwindigkeitstransformationen: Die beiden Inertialsysteme bewegen sich relativ zueinander mit einer konstanten Geschwindigkeit. Wir wollen der Einfachheit annehmen, dass die Koordinatenachsen von Alice und Bob zueinander parallel (und gleich orientiert) sind, Alices x-Achse mit Bobs x'-Achse zusammenfällt und die Relativbewegung in Richtung dieser gemeinsamen Achse stattfindet. Bobs System bewege sich in Alices System mit Geschwindigkeit v (und daher Alices System in Bobs System mit Geschwindigkeit $-v$). Außerdem stellen Alice und Bob die Uhren ihrer Inertialsysteme so, dass das Ereignis des Zusammenfallens ihrer Koordinatenursprünge für Alice zur Zeit $t = 0$ und für Bob zur Zeit $t' = 0$ stattfindet. Die aus der Sicht der Newtonschen Mechanik zu dieser Situation gehörende Übersetzung von Ereigniskoordinaten lautet

$$
\begin{aligned}
t' &= t \\
x' &= x - vt \\
y' &= y \\
z' &= z
\end{aligned}
\qquad \text{bzw.} \qquad
\begin{aligned}
t &= t' \\
x &= x' + vt' \\
y &= y' \\
z &= z'
\end{aligned}
\qquad . \qquad (2.4)
$$

Analog können Geschwindigkeitstransformationen in andere Richtungen betrachtet werden.

Transformationen dieser Art können auch beliebig kombiniert (d. h. hintereinander ausgeführt) werden, womit sich die Gesamtheit aller **Galileitransformationen** ergibt. Die Forderung nach der Invarianz der physikalischen Gesetze (bzw. des Wirkungsprinzips) unter diesen Transformationen drückt das nichtrelativistische Konzept von Raum und Zeit aus.

War gerade von „nichtrelativistisch" die Rede? Haben wir etwas falsch gemacht? Ja und nein! Einerseits sind die obigen Transformationsformeln in sich konsistent. Andererseits: Haben wir sie *bewiesen*? Vielleicht sieht es auf den ersten Blick so aus, als verstünden sie sich von selbst, als wäre ihre Gültigkeit so evident, dass hier kein weiterer Begründungsbedarf besteht. Aber der Eindruck täuscht! Um es kurz zu machen: Die Natur hält sich nicht an (2.4)! So irritierend es auch sein mag: Die Formeln (2.4) der Galileischen Geschwindigkeitstransformation gelten schlicht und einfach nicht in der Natur! Sie können experimentell widerlegt werden – und das werden sie mittlerweile zigtausendfach in unserem Alltag. So wären beispielsweise unsere GPS-Navigationsgeräte viel ungenauer als sie es tatsächlich sind, wenn (2.4) richtig wäre. Rein logisch gesehen ist das kein Problem, denn um (2.4) zu begründen, ist eine *Annahme* nötig, die offenbar nicht erfüllt ist: Es gibt eine[3] *einheitliche Zeit*, die universell für alle Inertialsysteme gilt (Aufgabe 1). Diese Annahme erscheint unserem Alltagsverstand zwar plausibel, aber sie ist *nicht logisch zwingend*!

Damit eröffnet sich eine Möglichkeit, das in der Newtonschen Physik geltende Konzept von Raum und Zeit in Frage zu stellen: Können an die Stelle von (2.4) andere Transformationsformeln treten? Die Antwort ist: Ja! Man kann (unter sehr allgemeinen Annahmen) zeigen – wir verzichten an dieser Stelle auf eine Herleitung[4] –, dass es eine ganze Familie von Transformationen gibt, die (2.4) ersetzen kann. Diese Transformationen haben die Form

$$t' = \frac{t - \frac{v}{c^2}x}{\sqrt{1 - \frac{v^2}{c^2}}} \qquad\qquad t = \frac{t' + \frac{v}{c^2}x'}{\sqrt{1 - \frac{v^2}{c^2}}} \tag{2.5}$$

$$x' = \frac{x - vt}{\sqrt{1 - \frac{v^2}{c^2}}} \quad\text{bzw.}\quad x = \frac{x' + vt'}{\sqrt{1 - \frac{v^2}{c^2}}} \tag{2.6}$$

$$y' = y \qquad\qquad\qquad y = y' \tag{2.7}$$

$$z' = z \qquad\qquad\qquad z = z', \tag{2.8}$$

wobei c eine Konstante von der Dimension einer Geschwindigkeit ist und zunächst frei gewählt werden kann (also den Parameter dieser Familie von Transformationen darstellt). Es ist leicht zu verifizieren, dass sich die rechte Spalte dieser Beziehungen (also die inverse Transformation) ergibt, indem die linke Spalte nach t, x, y und z aufgelöst wird (Aufgabe 2). Weiters haben beide Spalten bis auf das Vorzeichen der Relativgeschwindigkeit die gleiche Form: Sie gehen

---

[3] Bis auf Zeittranslationen und möglicherweise Zeitspiegelungen, die wir hier beide außer Betracht lassen.

[4] Im Exkurs auf Seite 187 wird eine Begründung aus den Postulaten, die wir sogleich formulieren, skizziert.

ineinander über, indem v durch $-v$ ersetzt wird. Im Grenzübergang $c \to \infty$ geht (2.5)–(2.8) in (2.4) über. In diesem Sinn sind die Galileischen Geschwindigkeitstransformationen in der Familie (2.5)–(2.8) enthalten.

Die nächste Frage die sich stellt, ist: Ist (2.5)–(2.8) für einen Wert von c in der Natur realisiert? Und wenn ja, für welchen? Um uns über die Natur der Konstante c zu orientieren, nehmen wir einmal an, ein Teilchen bewege sich in Bezug auf Alices System in x-Richtung mit der Geschwindigkeit c. Unter Weglassung der anderen Koordinaten beschreibt Alice seine Bewegung durch die Gleichung $x = ct$. Durch welche Gleichung beschreibt Bob die gleiche Bewegung? Als erste Übung im Übersetzen einer physikalischen Situation gemäß den neuen Transformationsformeln drücken wir einfach x und t durch x' und t' aus, d. h. wir nutzen die jeweils zweiten Beziehungen in (2.5) und (2.6) und erhalten

$$\frac{x' + vt'}{\sqrt{1 - \frac{v^2}{c^2}}} = c\,\frac{t' + \frac{v}{c^2}x'}{\sqrt{1 - \frac{v^2}{c^2}}} \tag{2.9}$$

oder, indem wir die Nenner weglassen,

$$x' + vt' = c\left(t' + \frac{v}{c^2}x'\right), \tag{2.10}$$

was sofort nach x' aufgelöst werden kann. Es ergibt sich mit

$$x' = ct' \tag{2.11}$$

das erstaunliche Ergebnis, dass sich das Teilchen auch in Bobs System mit der Geschwindigkeit c bewegt! Die gleiche Übung kann auch für Teilchen wiederholt werden, die sich für Alice in eine andere Richtung mit Geschwindigkeit c bewegen. Das Ergebnis ist immer das gleiche: Auch für Bob bewegt sich so ein Teilchen mit Geschwindigkeit c. Sind also die Formeln (2.5)–(2.8) tatsächlich gültig, so hat c die Bedeutung einer *universellen* Geschwindigkeit, die *in allen Inertialsystemen den gleichen Wert* hat. Das allein zeigt, in welch grobem Konflikt die neuen Transformationsformeln mit der traditionellen Auffassung der Physik von Raum und Zeit stehen: Wenn jemand mit der Geschwindigkeit w einem Bus nachläuft, der mit Geschwindigkeit v fährt, so erwarten wir, dass die Relativgeschwindigkeit des Läufers zum Bus gleich $v - w$ ist. Dass die Relativgeschwindigkeit nicht davon abhängt, wie schnell man dem Bus nachläuft, würde unser Alltagsempfinden für unmöglich halten!

Um möglichst schnell in die Theorie einzusteigen, ziehen wir ein paar historische Fakten heran: Die Transformationsformeln (2.5)–(2.8) stammen von Hendrik Lorentz. Transformationen dieses Typs (zusammen mit räumlichen Drehungen und Spiegelungen sowie Zeitspiegelungen und allen Kombinationen, die sich durch Hintereinanderausführen daraus gewinnen lassen) werden ihm zu Ehren **Lorentztransformationen** genannt[5], reine Geschwindigkeitstransformationen vom Typ (2.5)–(2.8) werden auch als **Lorentz-Boosts** bezeichnet. Lorentz fand sie – *bevor* Einstein die Spezielle Relativitätstheorie aufstellte – als jene Transformationen,

---

[5] Die Lorentztransformationen bilden eine Gruppe, die so genannte *Lorentzgruppe*.

mit denen die Maxwellsche Theorie des Elektromagnetismus verträglich ist. In ihnen spielt c die Rolle der (**Vakuum-**)**Lichtgeschwindigkeit**[6], deren Wert heute exakt als

$$c = 2.99792458 \cdot 10^8 \, \text{m/s} \tag{2.12}$$

festgelegt ist[7]. Mit der universellen Konstanz der Lichtgeschwindigkeit ist auch der Ausgang der Michelson-Morley-Experimente erklärt[8].

Nun wollen wir uns formell zu (2.5)–(2.8) bekennen. Die Grundlage der **Speziellen Relativitätstheorie** sind die folgenden, von Einstein im Jahr 1905 aufgestellten **Postulate**:

- Das Relativitätsprinzip: Die physikalischen Gesetze haben in allen Inertialsystemen die gleiche Form. Kein Inertialsystem ist vor einem anderen ausgezeichnet. Die Begriffe „Ruhe" und „Bewegung" sind immer *relativ* (zueinander bzw. zu Inertialsystemen) zu verstehen. Dies begründete auch den Namen der neuen Theorie[9].

- Die Konstanz der Lichtgeschwindigkeit: Die Lichtgeschwindigkeit im Vakuum hat in jedem Inertialsystem den gleichen universellen Wert (2.12).

Aus ihnen folgt, dass die Menge aller möglichen Transformationen zwischen zwei Inertialsystemen aus den Lorentztransformationen und, zusätzlich, den räumlichen und zeitlichen Translationen (2.1) und (2.3) besteht. Alle zusammen (und ihre Kombinationen) werden als **Poincarétransformationen** bezeichnet[10]. Sie bilden das Kernstück der Speziellen Relativitätstheorie[11].

Die Ablehnung jeglicher Idee einer „absoluten" Bewegung machte es Einstein auch leicht, auf das Konzept eines Lichtäthers zu verzichten. Darüber, dass es keinen universellen Zeitfluss gibt (und unterschiedliche Beobacher daher unterschiedliche „Zeitflüsse" wahrnehmen), dass

---

[6] Wir werden den Zusatz „Vakuum-" nicht immer eigens dazusagen, sondern c einfach Lichtgeschwindigkeit nennen.

[7] Ja, Sie haben richtig gelesen: Der Wert von c wurde *festgelegt*, und zwar von der 17. Generalkonferenz für Maß und Gewicht im Jahr 1983. Seither werden Längen als Lichtlaufzeiten angegeben, d. h. das Meter ist heute eine abgeleitete Einheit: Ein Meter ist diejenige Strecke, die Licht im Vakuum binnen des 299792458-sten Teils einer Sekunde zurücklegt.

[8] Lorentz selbst benutzte seine Transformationsformeln, um das Ergebnis der Michelson-Morley-Experimente zu erklären, aber er konnte sich nicht durchringen, die in ihnen vorkommenden Größen $t,...,z$, $t',...,z'$ als die (wahren und einzigen) Ereigniskoordinaten bezüglich der beiden Inertialsysteme anzusehen. Diese Konsequenz zog erst Einstein. Man könnte auch sagen, Einsteins zentraler Ansatz war es, die Lorentzschen Transformationsformeln neu zu interpretieren.

[9] *Speziell* heißt sie, weil Einstein zehn Jahr später sein eigentliches Hauptwerk, die *Allgemeine* Relativitätstheorie, veröffentlichte, die tatsächlich eine Verallgemeinerung der früheren Theorie (unter Einschluss der Gravitation) ist.

[10] Die Poincarétransformationen bilden eine Gruppe, die so genannte *Poincarégruppe*, die nun an die Stelle der Galileigruppe tritt.

[11] Vielleicht ist Ihnen aufgefallen, dass wir die Transformationen (2.1), (2.2) und (2.3) nicht angezweifelt haben. Auch sie sind nicht über den Verdacht erhaben, in der Natur *nicht* realisiert zu sein! Eine derart kritische Sichtweise ist zur Begründung der Allgemeinen Relativitätstheorie nötig – in der das Konzept des Inertialsystems insgesamt in Frage gestellt wird. Wann immer die auftretenden Gravitationskräfte vernachlässigbar klein sind, braucht die Allgemeinen Relativitätstheorie nicht berücksichtigt zu werden.

Licht eine Welle ist, aber zu ihrer Ausbreitung keinen Äther benötigt, mögen wir uns zwar wundern, aber wir wollen der Natur keine Vorschriften machen, sondern uns auf die Theorie einlassen. Heute gilt sie (in Situationen, in denen keine nennenswerten Gravitationskräfte auftreten) als empirisch bestens abgesichert und spielt die Rolle eines *Gestaltungsprinzips* für physikalische Theorien, etwa der Teilchenphysik: Jede Theorie fundamentaler Wechselwirkungen muss (sofern sie die Gravitation nicht enthält) **poincaré-invariant** sein[12]. Zudem werden wir belohnt mit einer neuen, vereinheitlichenden und faszinierenden Sichtweise auf Raum und Zeit.

2.2.2 Relativistische Effekte von Raum und Zeit

Wir wollen zunächst die wichtigsten Konsequenzen der Lorentzschen Transformationsformeln (2.5)–(2.8) studieren und – sobald wir etwas Übung im Umgang mit ihnen erlangt haben – die Begründung, die zu ihnen führt, nachliefern.

Ein Blick auf (2.5)–(2.8) zeigt: Diese Formeln machen nur Sinn, wenn $v^2 < c^2$, also $|v| < c$ ist. Für $v^2 = c^2$ werden die Ausdrücke, die $\sqrt{1 - v^2/c^2}$ im Nenner enthalten, undefiniert, und für $v^2 > c^2$ wären Quadratwurzeln aus negativen Zahlen zu ziehen. Demnach können sich Inertialsysteme relativ zueinander nur mit Geschwindigkeiten bewegen, die kleiner als c sind. Das können wir sogleich auf beliebige (materielle) Körper übertragen: Jeder Körper, der sich in Alices Inertialsystem (und daher in *jedem* Inertialsystem) gleichförmig bewegt, kann benutzt werden, um ein weiteres Inertialsystem zu definieren, und zwar eines, in welchem er in Ruhe ist. (Dazu muss sich ja – bildlich gesprochen – nur ein Beobachter „draufsetzen"). Da die Geschwindigkeit dieses neuen Systems aus Alices Sicht kleiner als c sein muss, kann sich auch der Körper nicht mit Lichtgeschwindigkeit oder schneller bewegen: Die Lichtgeschwindigkeit ist daher die **Grenzgeschwindigkeit** für die Bewegung von Körpern: Kein (materieller) Körper kann sich so schnell wie das Licht oder schneller bewegen! Der kleine Zusatz in Klammer weist auf eine Einschränkung: Lichtsignale – sofern sie als Teilchen aufgefasst werden – bewegen sich mit Lichtgeschwindigkeit. Sie bilden eine spezielle Sorte von Teilchen, die wir im Abschnitt 2.3 über die relativistische Mechanik (Seite 202) als *masselose Teilchen* bezeichnen werden.

Wir wenden uns nun einigen Phänomenen zu, die sich direkt aus den Transformationsformeln ergeben. Dabei werden wir des Öfteren die Ereigniskoordinaten y, z, y' und z' ignorieren, d. h. nur Bewegungsvorgänge betrachten, die sich für Alice in x-Richtung (und für Bob in x'-Richtung) abspielen.

Der einfachste Effekt ist die **Zeitdilatation**. Betrachten wir eine Uhr, die in Bobs Inertialsystem ruht. Konsequenterweise nennen wir Bobs System das **Ruhsystem** der Uhr. Wir wollen sie der Einfachheit halber in Bobs Koordinatenursprung setzen, so dass Bob ihre Bewegung mit der Gleichung $x' = 0$ beschreibt. Ihre Periodendauer in Bobs System sei $\Delta t'$. Eine Zeitspanne, die von einer Uhr in ihrem eigenen Ruhsystem gemessen wird, nennen wir deren **Eigenzeit**. Lassen wir die Uhr ticken: Das Ereignis $(t' = 0, x' = 0)$ nennen wir *Tick*, das Ereignis $(t' = \Delta t', x' = 0)$ nennen wir *Tack*. Wie beschreibt Alice diesen Prozess in Bezug

---

[12] Manchmal wird dafür etwas verkürzt *lorentz-invariant* gesagt.

auf ihr Inertialsystem? Mit Hilfe der ersten Beziehung von (2.6) drücken wir die Gleichung $x' = 0$ durch Alices Koordinaten aus und erhalten $x - vt = 0$, also

$$x = vt. \tag{2.13}$$

Das ist nicht überraschend: Die Uhr bewegt sich in Alices System mit der Geschwindigkeit v. Das Ereignis *Tick* – für Bob durch die Ereigniskoordinaten $(t' = 0, x' = 0)$ beschrieben – rechnet sich für Alice in $(t = 0, x = 0)$ um. Interessant wird es, wenn wir Bobs Koordinaten $(t' = \Delta t', x' = 0)$ des Ereignisses *Tack* in Alices System umrechnen. Mit Hilfe der jeweils zweiten Beziehungen von (2.5) und (2.6) erhalten wir

$$\left(t = \frac{\Delta t'}{\sqrt{1 - \frac{v^2}{c^2}}} \, , \; x = \frac{v \Delta t'}{\sqrt{1 - \frac{v^2}{c^2}}} \right) \tag{2.14}$$

(Aufgabe 3). Das bedeutet: Zwischen den Ereignissen *Tick* und *Tack* vergeht in Alices Inertialsystem das Zeitintervall

$$\Delta t = \frac{\Delta t'}{\sqrt{1 - \frac{v^2}{c^2}}}. \tag{2.15}$$

Klarerweise ist $\Delta t > \Delta t'$. Die Uhr geht in Alices System (in dem sie sich bewegt) langsamer als in Bobs System (in dem sie ruht). Das ist der Effekt der *Zeitdilatation* (*Zeitdehnung*). Von einem System aus betrachtet, in dem eine Uhr sich bewegt, geht sie langsamer als in ihrem Ruhsystem[13], und zwar um den durch (2.15) gegebenen Faktor.

Ein damit verwandter, wenn auch komplexerer Effekt ist die **Längenkontraktion** (oder **Lorentzkontraktion**). Dazu betrachten wir einen Stab entlang der gemeinsamen Achse, der in Bobs System ruht und dort die Länge L' hat. Wir nennen sie die **Eigenlänge** des Stabes. Der Einfachheit halber nehmen wir an, das linke Ende des Stabes befinde sich bei $x' = 0$, das rechte Ende bei $x' = L'$. Dies gilt für alle Zeiten t', da der Stab ja in Bobs System ruht. Aus Alices Sicht – wieder verwenden wir die erste Beziehung von (2.6), um diese Beschreibung in ihre Koordinaten zu übersetzen – bewegt sich das linke Ende des Stabes mit

$$x = vt. \tag{2.16}$$

Diese Beziehung ergibt sich, indem in der zweiten Transformationsformel $x' = 0$ gesetzt wird. Interessant ist nun die Bewegung des rechten Endes. Dazu setzen wir $x' = L'$ in die erste Beziehung von (2.6) ein und erhalten

$$L' = \frac{x - vt}{\sqrt{1 - \frac{v^2}{c^2}}}. \tag{2.17}$$

Nach x aufgelöst, ergibt sich

$$x = vt + L' \sqrt{1 - \frac{v^2}{c^2}}. \tag{2.18}$$

---

[13] Diese Formulierung wird oft zur Kurzformel „bewegte Uhren gehen langsamer" verkürzt.

Nun vergleichen wir (2.16) und (2.18): Beide Enden des Stabes bewegen sich in Alices System (nicht überraschend) mit Geschwindigkeit v. Seine Länge (die ja nichts anderes ist als die Differenz der Koordinaten von rechtem und linkem Ende, zu einer beliebigen Zeit t betrachtet) ist

$$L = L' \sqrt{1 - \frac{v^2}{c^2}}. \qquad (2.19)$$

Klarerweise ist $L < L'$. Das bedeutet: Der Stab ist in Alices System (in dem er sich bewegt) kürzer als in Bobs System (in dem er ruht). Das ist der Effekt der *Längenkontraktion*. Man könnte das Gleiche mit einem Stab versuchen, der quer zur Bewegungsrichtung liegt. In diesem Fall ergibt sich aufgrund der Gleichheit $y' = y$ und $z' = z$ kein derartiger Effekt. Die Längenkontraktion findet daher nur in Bewegungsrichtung statt: Von einem System aus betrachtet, in dem ein Objekt sich bewegt, ist es in Bewegungsrichtung kürzer als in seinem Ruhsystem[14], und zwar um den durch (2.19) gegebenen Faktor.

Versuchen Sie, die Herleitung dieser Effekte im Detail nachzuvollziehen und das Prinzip der Übersetzung zwischen den beiden Inertialsystemen zu verstehen! Sie können damit auch viele andere Situationen selbständig durchrechnen und festigen auf diese Weise ihr Verständnis der Theorie (siehe dazu die Aufgaben 4 und 5).

Für Einstein waren die Themen der **Gleichzeitigkeit** und der **Uhrensynchronisierung** wichtige Ausgangspunkte seiner Überlegungen. Dass es in der Speziellen Relativitätstheorie keinen absoluten Begriff von Gleichzeitigkeit gibt, geht aus den Transformationsformeln (2.5) hervor: Für Ereignisse, die in Bobs System zur Zeit $t' = 0$ stattfinden, findet Alice die Beziehung

$$t = \frac{v}{c^2} x \qquad (2.20)$$

(Aufgabe 6). Das bedeutet: Diese Ereignisse finden für Alice *nicht* gleichzeitig statt. Je größer die x-Koordinate eines dieser Ereignisse ist (d. h. je weiter rechts sein Ort liegt), umso später findet es statt (sofern $v > 0$ ist). Diese Beobachtung wirft ein grundlegendes Problem auf, das wir bisher unter den Teppich gekehrt haben: Wie stellt es Alice an, Zeiten von Ereignissen zu messen und zu vergleichen, die an verschiedenen Orten stattfinden? Man darf sich nicht vorstellen, dass Alice *eine* Uhr dazu benutzt, die sie bei sich trägt! Am einfachsten ist es, sich den ganzen Raum mit Uhren gepflastert zu denken, die in Alices System ruhen, und die die Zeitkoordinate, die zu diesem Inertialsystem gehört, messen. Findet irgendwo ein Ereignis statt, so registriert die *dort* befindliche Uhr die Zeit. Das ist die zu dem Ereignis gehörende Zeitkoordinate t. Alice (als „Beobachterin") muss sich nicht dort aufhalten und auch nicht hinschauen! Um ein solches System von Uhren zu etablieren, muss aber sichergestellt sein, dass alle Uhren, die zu Alices System gehören, *synchronisiert* sind. Um ihre Uhren zu synchronisieren, kann Alice so vorgehen: Sie wählt zwei ihrer Uhren aus, bestimmt den Mittelpunkt ihrer Verbindungsstrecke und schickt zwei Lichtsignale von diesem Mittelpunkt in direkter Linie auf die beiden Uhren zu. Die Ereignisse, in denen die Lichtsignale bei den Uhren ankommen, gelten in Alices System als gleichzeitig. Alice muss dann durch die Justierung der

---

[14] Kurzformel: „Bewegte Körper sind in Bewegungsrichtung verkürzt".

Uhren sicherstellen, dass sie für diese beiden Ereignisse die gleichen Zeiten anzeigen. Dann sind sie synchronisiert. Bob verfügt über ein ganz analoges System von Uhren, die in *seinem* System ruhen und von ihm auf die gleiche Weise synchronisiert werden. Klarerweise sind Alices Uhren *nicht* mit jenen von Bob synchronisiert (siehe dazu Aufgabe 7).

Ein wichtiger Effekt ist die **relativistische Geschwindigkeitsaddition**. Ein Körper bewege sich, in Bobs System betrachtet, in x'-Richtung mit Geschwindigkeit w. Mit welcher Geschwindigkeit bewegt er sich in Alices System? Wir bezeichnen sie mit u. Nach unserem Alltagsempfinden würden wir die Beziehung $u = v + w$ erwarten: Wenn ein Eisenbahnzug (Bob) mit $v = 80\,\mathrm{km/h}$ nach rechts fährt und *im Zug* jemand mit $w = 5\,\mathrm{km/h}$ in Fahrtrichtung geht, so sollte doch seine Geschwindigkeit relativ zum Erdboden $u = 85\,\mathrm{km/h}$ sein! Die Lorentztransformation sagt anderes voraus: In Bobs System wird die Bewegung des Körpers (wir lassen ihn zur Zeit $t' = 0$ im Ursprung starten) durch die Gleichung $x' = w t'$ beschrieben. Um dies in Alices Koordinaten zu übertragen, setzen wir in diese Gleichung die Ausdrücke für x' und t', wie sie von den jeweils ersten Beziehungen von (2.5) und (2.6) bestimmt sind[15] und erhalten, nach x aufgelöst,

$$x = \frac{v + w}{1 + \frac{vw}{c^2}}\, t\,. \tag{2.21}$$

In Alices System hat der Körper daher die Geschwindigkeit

$$u = \frac{v + w}{1 + \frac{vw}{c^2}} \tag{2.22}$$

(Aufgabe 8). Das ist die Formel der *relativistischen Geschwindigkeitsaddition*. Im Grenzübergang $c \to \infty$ geht sie in unsere Alltagserwartung $u = v + w$ über. Bewegen sich sowohl Bobs System als auch der Körper *in* Bobs System nach rechts (d. h. gilt $v > 0$ und $w > 0$), so ist $u < w + v$, also kleiner als nichtrelativistisch erwartet. Die Formel stellt übrigens sicher, dass (sofern v und w kleiner als die Lichtgeschwindigkeit sind, auch wenn sie ihr beliebig nahe kommen dürfen) stets $|u| < c$ gilt. Ist $w = \pm c$ (handelt es sich also nicht um einen Körper, sondern um ein Lichtsignal), so gilt $u = \pm c$, was die Konstanz der Lichtgeschwindigkeit noch einmal unterstreicht (siehe dazu die Aufgaben 9 und 10).

Das **Zwillingsparadoxon** ist der vielleicht berühmteste raumzeitliche Effekt, der sich aus der Struktur der Lorentztransformation ergibt. Wir formulieren ihn in einer mathematisch eleganten Weise, die sich später als bedeutsam erweisen wird: Nehmen wir an, Charly, der Zwillingsbruder von Alice, bewege sich in Alices System so, dass er zur Zeit t am Ort $x(t)$ ist. Zur Zeit $t = 0$ beginnt er seine Reise im Koordinatenursprung (d. h. es gelte $x(0) = 0$), und zur Zeit $t = T$ trifft er wieder dort ein (d. h. es gelte $x(T) = 0$). Dazwischen darf er sich bewegen, wie er will. Wenn Sie wollen, können Sie sich hier *ausnahmsweise* vorstellen, Alice halte sich

---

[15] Bei Rechnungen dieser Art kann immer entweder die erste oder die zweite Spalte der Beziehungen (2.5) – (2.8) verwendet werden. Üblicherweise wählt man den Weg, der einfacher ist. Die obige Rechnung könnten Sie auch ausführen, indem Sie in den jeweils zweiten Beziehungen von (2.5) und (2.6) x' durch $w t'$ ersetzen. Damit erhalten Sie zwei Gleichungen für t und x, in denen noch t' vorkommt. Durch Elimination von t' erhalten Sie eine einzige Gleichung, die nur mehr t und x enthält, und zwar genau (2.21).

während dieser Zeit am Koordinatenursprung auf. Nach Charlys Rückkehr vergleichen die beiden ihre Uhren. Für Alice ist während Charlys Reise das Zeitintervall T vergangen, und genau diesen Wert zeigt eine Uhr an, die sich die ganze Zeit über im Ursprung befunden hat. Welches Zeitintervall zeigt Bobs Uhr an? Um es zu berechnen, erinnern wir uns an den Effekt der Zeitdilatation: Nehmen wir an, Charlys Uhr zeige zwischen einem *Tick* und dem darauffolgenden *Tack* ein (infinitesimal kleines) Zeitintervall $d\tau$ an. Währenddessen vergeht für Alice nach (2.15) die Zeit

$$dt = \frac{d\tau}{\sqrt{1 - \frac{v^2}{c^2}}}. \tag{2.23}$$

Daher gilt

$$d\tau = dt\,\sqrt{1 - \frac{v^2}{c^2}}, \tag{2.24}$$

wobei v die Geschwindigkeit ist, die Charly gerade hat. Folglich können wir diese Beziehung – mathematisch etwas transparenter – in der Form

$$d\tau = dt\,\sqrt{1 - \frac{\dot{x}(t)^2}{c^2}} \tag{2.25}$$

anschreiben. Die Aufsummierung aller dieser Zeitintervalle führt auf das Integral

$$\tau = \int_0^T dt\,\sqrt{1 - \frac{\dot{x}(t)^2}{c^2}}, \tag{2.26}$$

womit die Zeit, die Charlys Uhr bei dessen Rückkehr anzeigt, gefunden ist. Klarerweise gilt $\tau < T$, und zwar ganz unabhängig davon, wie sich Charly nun im Einzelnen bewegt hat (sofern er sich überhaupt bewegt hat). Das ist das *Zwilligsparadoxon*. Das Schöne an dieser Formel ist, dass sie Charly nicht auf eine gleichförmige Bewegung einschränkt. Sie kann auf Bewegungen im Raum verallgemeinert werden, indem $\dot{x}(t)^2$ durch $\dot{\vec{x}}(t)^2$ ersetzt wird. Eigentlich ist am Zwillingsparadoxon nicht Paradoxes. In der üblichen Darstellung, die Sie in den meisten Lehrbüchern finden, bewegt sich Charly zuerst gleichförmig von Alice weg, dreht dann abrupt um und kehrt gleichförmig wieder zurück. Das macht die Situation auf den ersten Blick ein bisschen paradoxer, weil dann die fundamental unterschiedliche Rolle, die Alice und Charly spielen, nicht so leicht erkannt wird (siehe Aufgabe 11).

Aus dem Zwillingsparadoxon folgt unmittelbar ein Kriterium für die **freie Bewegung**, das diese in einem neuen Licht erscheinen lässt: Denken wir uns zwei Ereignisse A (früher) und B (später) vorgegeben. Sie sollen so zueinander liegen, dass es für einen Körper möglich ist, in A zu starten und in B anzukommen, ohne sich je mit Lichtgeschwindigkeit oder schneller bewegen zu müssen. Im Prinzip gibt es dann viele denkbare Bewegungen, die in A beginnen und in B enden. Darunter ist *genau eine*, die kräftefrei, d. h. gleichförmig verläuft. Nun denken wir uns, dass jeder Körper eine Uhr mit sich führt, die die gesamte Eigenzeit misst, die auf dem Weg von A nach B vergeht. Die für unterschiedliche Bewegungen gemessenen Eigenzeiten werden nicht alle gleich sein. Die *freie Bewegung* ist nun *genau jene, für die Eigenzeit am größten ist*.

Beweis

Wir betrachten die Situation von Standpunkt eines Inertialsystems, in dem der frei bewegte Körper (im Koordinatenursprung) ruht. Für ihn stellt sich die Situation genauso dar wie das Zwillingsparadoxon für Alice. Das Ereignis A findet zur Zeit $t = 0$ am Ursprung statt, das Ereignis B zur Zeit $t = T$ (ebenfalls am Ursprung), wobei T die Eigenzeit ist, die für unseren kräftefreien Körper (der ja nichts zu tun braucht als im Ursprung zu ruhen) zwischen A und B vergeht. Formel (2.26) sagt uns dann, dass für *jede andere* Bewegung, die in A beginnt und in B endet, die Eigenzeit *kleiner* ist.

Wenn dieses Kriterium Sie jetzt an das Wirkungsprinzip (Seite 103) erinnert, dann liegen Sie genau richtig! Wir werden es benutzen, um eine poincaré-invariante Lagrangefunktion für das freie Teilchen zu finden (das Ergebnis wird (2.59) auf Seite 204 sein), und es besitzt eine geometrische Deutung, zu der wir kommen, wenn wir die ganze Theorie aus einem geometrischen Blickwinkel betrachten (Seite 197).

Ein weiteres Phänomen, das sich aus der Lorentztransformation ergibt, ist der **relativistische Dopplereffekt**. Dazu stellen wir uns vor, Bob hat eine Lichtquelle in seinem Koordinatenursprung ($x' = 0$) platziert, die Licht einer (in Bobs System gemessenen) Frequenz f' aussendet. Alice hat in ihrem Koordinatenursprung ($x = 0$) einen Empfänger, der das Licht auffängt. Welche Frequenz hat es (in Alices Sicht)? Um uns den Zusammenhang der Frequenz mit Zeitmessungen zu verdeutlichen, modellieren wir die Lichtquelle als periodischen Prozess, der in zeitlichen Abständen τ' Lichtsignale aussendet (die wir als punktförmig annehmen wollen). Sie bewegen sich mit Lichtgeschwindigkeit auf Alices Empfänger zu und treffen in zeitlichen Abständen τ dort ein. Die zugehörigen Frequenzen identifizieren wir mit $f' = \tau'^{-1}$ (aus Sicht des Senders) und $f = \tau^{-1}$ (aus Sicht des Empfängers). Weiters nehmen wir an, dass sich Bobs Sender aus Alices Sicht „rechts" von ihrem Empfänger (d. h. bei einem $x > 0$) befindet. Damit legen wir folgende Konvention fest:

- Ist $v > 0$, so bewegen sich Sender und Empfänger voneinander weg.

- Ist $v < 0$, so bewegen sich Sender und Empfänger aufeinander zu.

Zur Berechnung genügen zwei Lichtsignale: Das erste wird (in Bobs System) zu einer bestimmten Zeit $t' = t_0'$ ausgesandt. Danach wird seine Bewegung in Bobs System durch die Beziehung $x' = -c\,(t' - t_0')$ beschrieben. Das Minuszeichen rührt daher, dass es sich in die Richtung von Alices Empfänger, also „nach links", bewegen muss. Das zweite Signal folgt eine Zeitspanne τ' später (also zur Zeit $t' = t_0' + \tau'$). Bob beschreibt seine Bewegung durch die Beziehung $x' = -c\,(t' - t_0' - \tau')$. Übersetzen wir diese Zeit-Weg-Beschreibungen mit Hilfe von (2.5) und (2.6) in Alices Ereigniskoordinaten, so erhalten wir

$$x = -ct + \frac{(c+v)\,t_0'}{\sqrt{1 - \frac{v^2}{c^2}}} \tag{2.27}$$

für das erste Signal und

$$x = -ct + \frac{(c+v)\,(t_0' + \tau')}{\sqrt{1 - \frac{v^2}{c^2}}} \tag{2.28}$$

für das zweite. Daraus berechnen wir die Zeiten des Eintreffens bei Alices Empfänger (bei $x = 0$), bilden die Differenz und finden

$$\tau = \frac{1 + \frac{v}{c}}{\sqrt{1 - \frac{v^2}{c^2}}}\, \tau' \equiv \sqrt{\frac{1 + \frac{v}{c}}{1 - \frac{v}{c}}}\, \tau',\tag{2.29}$$

wobei die Identität $1 - \frac{v^2}{c^2} = \left(1 + \frac{v}{c}\right)\left(1 - \frac{v}{c}\right)$ verwendet wurde. Damit ist das Problem gelöst. Auf die Frequenzen übertragen, lautet die Formel für den *relativistischen Dopplereffekt*[16]

$$f_{\text{Empfänger}} = \sqrt{\frac{1 - \frac{v}{c}}{1 + \frac{v}{c}}}\, f_{\text{Sender}}.\tag{2.31}$$

Für $v > 0$ beschreibt er eine Rotverschiebung, für $v < 0$ eine Blauverschiebung (siehe dazu auch Aufgabe 12). Im Unterschied zu den Formeln für den nichtrelativistischen Dopplereffekt (etwa für den Schall), in die die Geschwindigkeiten von Sender und Empfänger relativ zum Trägermedium der Welle eingehen, hängt der Faktor der Frequenzänderung im relativistischen Fall nur von deren *Relativgeschwindigkeit* ab. Dies unterstreicht noch einmal die Abwesenheit jeglicher Äthervorstellungen in der Speziellen Relativitätstheorie.

Zuletzt kommen wir noch einmal auf die Lichtgeschwindigkeit als oberste **Grenzgeschwindigkeit** zu sprechen. Bereits zu Beginn dieses Unterabschnitts (Seite 180) wurde bemerkt, das sich ein (materieller) Körper stets mit Unterlichtgeschwindigkeit bewegen muss. Lichtsignale (die wir uns immer als punktförmig denken – Sie können sie auch als „Photonen" bezeichnen) bewegen sich mit Lichtgeschwindigkeit. Nun wollen wir zeigen, dass die Lichtgeschwindigkeit auch die obere Grenze für jegliche Art von **Signalübermittlung** ist: Angenommen, es wäre Alice möglich, ein Signal mit Überlichtgeschwindigkeit $u > c$ zu versenden. Alice schickt es zur Zeit $t = 0$ von ihrem Koordinatenursprung $(x = 0)$ aus. Zu Beginn sind seine Ereigniskoordinaten daher $(t = 0, x = 0)$. Nach einer Zeitspanne $T > 0$ sind seine Ereigniskoordinaten $(t = T, x = uT)$. Wann und wo finden diese beiden Ereignisse für Bob statt? Wir übersetzen ihre Koordinaten nach bewährter Methode mit Hilfe der jeweils ersten Beziehungen von (2.5) und (2.6) und erhalten $(t' = 0, x' = 0)$ für das erste und

$$\left(t' = \frac{c^2 - uv}{c^2\sqrt{1 - \frac{v^2}{c^2}}}\, T\, ,\; x' = \frac{u - v}{\sqrt{1 - \frac{v^2}{c^2}}}\, T \right)\tag{2.32}$$

---

[16] Genau genommen handelt es sich dabei um den *longitudinalen Dopplereffekt*, bei dem sich Sender und Empfänger genau aufeinander zu oder voneinander weg bewegen. Für den *transversalen Dopplereffekt*, bei dem sich der Sender aus der Sicht des Empfängers mit Geschwindigkeit v „quer" zur Sichtlinie bewegt, gilt, solange die Änderung des Abstands vernachlässigt werden kann,

$$f_{\text{Empfänger}} = f_{\text{Sender}} \sqrt{1 - \frac{v^2}{c^2}}\tag{2.30}$$

(Aufgabe 13).

für das zweite Ereignis. Interessant ist die Zeit, zu der Bob das zweite Ereignis registriert: Ist die Relativgeschwindigkeit v der beiden Inertialsysteme größer als c^2/u, so gilt $c^2 - uv < 0$, was bedeutet, dass Bob das zweite Ereignis zu einer negativen Zeit, also *vor* dem ersten registriert! Überlegen wir kurz, ob die Bedingung $v > c^2/u$ überhaupt zu erfüllen ist: Da $u > c$ ist, gilt $1/u < 1/c$, und daher ist die Geschwindigkeit c^2/u kleiner als c. Da nun v jeden Wert haben darf, dessen Betrag kleiner als c ist, ist es Bobs Inertialsystem ohne weiteres möglich, sich relativ zu Alices System mit einer Geschwindigkeit $v > c^2/u$ zu bewegen. In diesem Fall läuft das von Alice ausgesandte Signal in Bobs Inertialsystem *in der Zeit zurück*, was physikalisch offensichtlicher Unsinn ist. Man kann dieses Resultat sogar verschärfen: Sind in jedem Inertialsystem überlichtschnelle Signale möglich (und wenn sie in *einem* möglich sind, dann sind sie aufgrund des Relativitätsprinzips in *allen* möglich), so ist es möglich, ein Signal zu verschicken, das an einem bestimmten Ort startet und am selben Ort, aber zu einer früheren Zeit ankommt. Auf diese Weise könnte man seine eigene Vergangenheit beeinflussen (Aufgabe 14)! Die Möglichkeit überlichtschneller Signalübermittlung wird von der Speziellen Relativitätstheorie also ausgeschlossen.

Wir haben uns bei der Herleitung dieser Effekte sehr rigide an das Prinzip der *Übersetzung von Ereigniskoordinaten* gehalten, fast könnte man sagen „nach Kochrezept". Obwohl all diese Resultate mit geschickter Argumentation auch unter Umgehung der Formeln (2.5) − (2.8) gewonnen werden können, ist es dennoch wichtig, dieses Prinzip zu beherrschen, denn es bezieht sich *direkt* auf den *Kern* der Theorie. Es funktioniert *immer* und lässt keinen Raum für die so genannten *Paradoxa*, die logische Widersprüche konstruieren wollen, wo es keine gibt[17]. Die Theorie, soweit wir sie bisher dargestellt haben, ist absolut frei von logischen Inkonsistenzen! Das wird durch die Übersetzungsmethode unterstrichen: Was aus der Sichtweise eines Inertialsystem in einer konsistenten Weise beschrieben werden kann (also physikalisch *möglich* ist), wird in die Sichtweise eines anderen Inertialsystems übertragen und kann dort nicht zu Unmöglichkeiten führen. Wer den Sinn und die Struktur der Lorentztransformationen einmal verstanden (und ein bisschen Übung im Umgang mit ihnen) hat, muss das nicht widerstrebend akzeptieren, sondern *weiß*, warum es so ist. Auf diese Weise wird auch ein besseres Verständnis dafür erlangt, dass die Theorie nicht bloß eine Summe aus einigen Einzeleffekten ist.

Exkurs
Elementare Herleitung der raumzeitlichen Effekte und der Lorentztransformation:

Obwohl der bisher vertretene theoretische Standpunkt, der die Struktur der Speziellen Relativitätstheorie *als Ganzes* und nicht nur einige Effekte im Blickwinkel hat, für das Verständnis unerlässlich ist, ist es nützlich, einige elementare Argumente zu kennen, aus denen sich die wichtigsten dieser Effekte und die Formeln (2.5) − (2.8) für die Lorentzschen Geschwindigkeitstransformationen in x-Richtung ergeben. Insbesondere, wenn Sie den Lehrberuf anstreben, werden sie

---

[17] Wobei wir hinzufügen, dass die Analyse von Paradoxa, wenn sie dem besseren Verständnis der Theorie dienen sollen, sinnvoll ist, siehe dazu die Aufgaben 15 − 17.

für die Gestaltung Ihres Unterrichts hilfreich sein. Wir geben die Argumente in skizzenhafter Form an. Führen Sie sie bei Interesse genauer aus! Es wird dabei lediglich die Gleichberechtigung aller Inertialsysteme, die universelle Konstanz der Lichtgeschwindigkeit und die Synchronisierung von Uhren mit Hilfe von Lichtsignalen vorausgesetzt.

- **Abwesenheit von Quereffekten**

  Quer zur Bewegungsrichtung eines Körpers kann es keine Längenveränderung geben. Um das einzusehen, betrachten wir zwei Zylinder, die in ihren Ruhsystemen den gleichen Radius haben und sich in Längsrichtung relativ zueinander bewegen, und zwar so, dass ihre Achsen zusammenfallen. Gäbe es nun beispielsweise eine *Verkürzung* von Längen quer zur Bewegungsrichtung, so wäre aus der Sicht eines Beobachters, für den der erste Zylinder ruht, der Radius des zweiten Zylinders verkleinert. Daher würde der erste Zylinder den zweiten umschließen. Von außen würde man nur den ersten Zylinder sehen. Aus der Sicht eines Beobachters, für den der zweite Zylinder ruht, wäre es genau umgekehrt – ein klarer Widerspruch! Es folgt, dass die Radien der beiden Zylinder für beide Beobachter gleich groß sind.

- **Zeitdilatation**

  Eine *Lichtuhr*, die aus einem zwischen zwei Spiegeln hin und her pendelnden Photon besteht, ruht in Bobs Inertialsystem. Das Photon pendelt quer zur relativen Bewegungsrichtung der beiden Inertialsysteme. In Alices System bewegt es sich (wie in Abbildung 2.1 skizziert) auf einer schrägen Bahn, die es aber ebenfalls mit Lichtgeschwindigkeit durchläuft (vgl. Aufgabe 4, in der eine solche Situation betrachtet wurde). Aufgrund der Abwesenheit von Quereffekten muss das Photon auf seinem Weg zwischen den Spiegeln in Alices System eine längere Strecke zurücklegen als in Bobs System. Wird die Lichtuhr als Uhr aufgefasst und diese Situation durchgerechnet (Aufgabe 18), so ergibt sich daraus genau der Effekt der Zeitdilatation.

- **Längenkontraktion**

  Alice überquert einen Fluss, der in Bobs Inertialsystem ruht und dort eine bestimmte Breite hat. Aufgrund des Effekts der Zeitdilatation messen Alice und Bob verschiedene Zeiten für Alices Flussüberquerung. Der Fluss muss daher für Alice schmäler sein als für Bob, und zwar – wie eine kleine Rechnung ergibt – genau um den Faktor, der dem Effekt der Längenkontraktion entspricht.

- **Lorentztransformation**

  Die Formeln (2.5)–(2.8) für die Lorentzschen Geschwindigkeitstransformationen in x-Richtung können so hergeleitet werden: Da in allen Inertialsystemen der Trägheitssatz gilt, geradlinig-gleichförmige Bewegungen also beim Wechsel des Systems immer in geradlinig-gleichförmige Bewegungen übergehen, muss die gesuchte Transformation *linear* sein. Aufgrund des Fehlens von Quereffekten sind die y- und z-Koordinaten von Alice und Bob identisch.

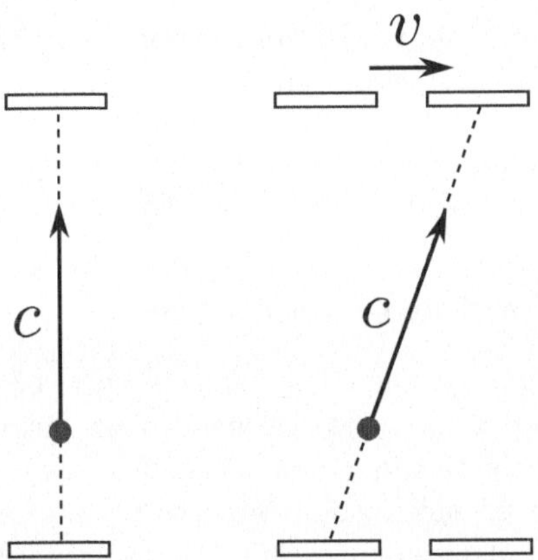

Abbildung 2.1: Elementare Herleitung des Effekts der Zeitdilatation: Eine Lichtuhr, die aus einem zwischen zwei Spiegeln hin und her pendelnden Photon besteht, ruht in Bobs Inertialsystem (links). In Alices System bewegt sich die Lichtuhr quer zur Bewegungsrichtung des Photons (rechts). Letzteres läuft in *beiden* Systemen mit Lichtgeschwindigkeit c. Da es in Alices System eine längere Strecke zurücklegen muss als in Bobs System, ist das Zeitintervall Δt, das es für einen Flug zwischen den Spiegeln in Alices System benötigt, länger als das Zeitintervall $\Delta t'$, das es für einen Flug zwischen den Spiegeln in Bobs System benötigt. Das ist der Effekt der Zeitdilatation. Der Faktor, um den Δt größer als $\Delta t'$ ist, kann durch eine Anwendung des Satzes von Pythagoras ermittelt werden, wobei verwendet wird, dass der Abstand der Spiegeln aufgrund der Abwesenheit von Quereffekten in beiden Inertialsystemen der gleiche ist (Aufgabe 18). Es ergibt sich genau (2.15).

Soll sich Bobs Inertialsystem aus Alices Sicht mit Geschwindigkeit v in x-Richtung bewegen, und sollen die Koordinatenursprünge beider Systeme zur Zeit $t = 0$ (für Alice) und $t' = 0$ (für Bob) zusammenfallen, so können wir den Ansatz

$$t' = a(v)t + b(v)x \qquad (2.33)$$
$$x' = d(v)(x - vt) \qquad (2.34)$$
$$y' = y \qquad (2.35)$$
$$z' = z \qquad (2.36)$$

machen. Synchronisieren Alice und Bob (unabhängig voneinander) zwei Uhren, die auf ihrer x- bzw. x'-Achse liegen, mit demselben Paar von Lichtsignalen (die im Ereignis des Zusammenfallens der beiden Ursprünge ausgesandt werden), so kann (2.33) über das Ausmaß der Nicht-Übereinstimmung der Uhren (das sich aus einer Berechnung nach Art einer Fahrplan-Aufgabe ergibt) zu

$$t' = a(v)\left(t - \frac{v}{c^2}x\right) \qquad (2.37)$$

vereinfacht werden. Die Funktion $a(v)$ wird durch die Zeitdilatation, die

Funktion $d(v)$ durch die Längenkontraktion festgelegt, wodurch sich genau die Formeln (2.5)–(2.8) ergeben.

Eine nützliche grafische Technik, die das Verstehen der Theorie und ihrer Folgerungen ergänzt und erleichtert, werden wir im nächsten Unterabschnitt vorstellen.

2.2.3 Die Raumzeit und ihre Geometrie

Nachdem wir uns über einige typische Phänomene orientiert haben, die das neue Konzept von Raum und Zeit auf einer phänomenologischen Ebene illustrieren, wollen wir es nun von einem mehr theoretischen Standpunkt untersuchen. Nachdem wir bereits oft von den vier Ereigniskoordinaten gesprochen haben, die vom Standpunkt eines Inertialsystem jedem Ereignis zugeschrieben werden, liegt es nun schon fast in der Luft, der *Menge aller Ereignisse* einen Namen zu geben. Wir nennen sie die **Raumzeit**[18] oder die **Minkowski-Raumzeit** (kurz **Minkowski-Raum**), zu Ehren von Hermann Minkowski, der dieses Konzept im Jahr 1908 mit den Worten vorstellte:

> „Von Stund' an sollen Raum für sich und Zeit für sich völlig zu Schatten herabsinken und nur noch eine Art Union der beiden soll Selbständigkeit bewahren."

Mit dem Verlust einer universellen Zeit ist auch die strikte Trennung von „dem Raum" und „der Zeit" hinfällig, ja sie stellt sogar ein Hindernis dar. Das Konzept der Raumzeit hingegen kommt der Struktur der Lorentztransformationen, die Raum- und Zeitkoordinaten mischen, sehr entgegen. Aus dem Blickwinkel eines Inertialsystem sieht die Raumzeit aus wie der $\mathbb{R}^4$, d. h. wie die Menge aller Quadrupel (t,x,y,z) reeller Zahlen. Jedes solche Quadrupel wird gedeutet als die Koordinaten[19] eines Ereignisses. Vom Standpunkt eines anderen Inertialsystems sieht die Raumzeit ebenso aus wie der $\mathbb{R}^4$, nur sind die konkreten Koordinaten, die einem Ereignis gegeben werden, andere. Die Raumzeit *an sich* ist ein bisschen schwer zu greifen – sie wird oft als *vierdimensionales Kontinuum* bezeichnet, ähnlich wie wir uns – nichtrelativistisch – „den Raum" als ein dreidimensionales Kontinuum vorstellen können, dem aber *à priori* kein Koordinatensystem angeheftet ist. Hinsichtlich der physikalischen Phänomene wird die Raumzeit meist durch die Brille konkreter Inertialsysteme erfahren. Dennoch besitzt sie Strukturen, die *nicht* vom Inertialsystem abhängen, und es sind gerade diese, die das physikalische Weltbild umwälzten.

Minkowskis Ansatz bestand darin, die Raumzeit von einem *geometrischen* Standpunkt zu betrachten. Zur Geometrie – wie sie gemeinhin verstanden wird – gehört das Aufzeichnen, also zeichnen wir die Raumzeit auf, wie sie sich einem Inertialsystem präsentiert! Dazu ignorieren wir zwei Dimensionen und konzentrieren uns nur auf die Ereigniskoordinaten t und x. Ein kleiner Trick, dieses Vorhaben von Beginn an so geometrisch wie möglich zu gestalten, besteht

---

[18] Im Hinblick auf die Allgemeine Relativitätstheorie, die das alles noch einmal umwälzt, spricht man auch von der *flachen Raumzeit*.

[19] Wir werden nicht immer die umständlichen Worte *Ereigniskoordinaten* oder *Raumzeit-Koordinaten* benutzen, sondern oft einfach *Koordinaten* sagen.

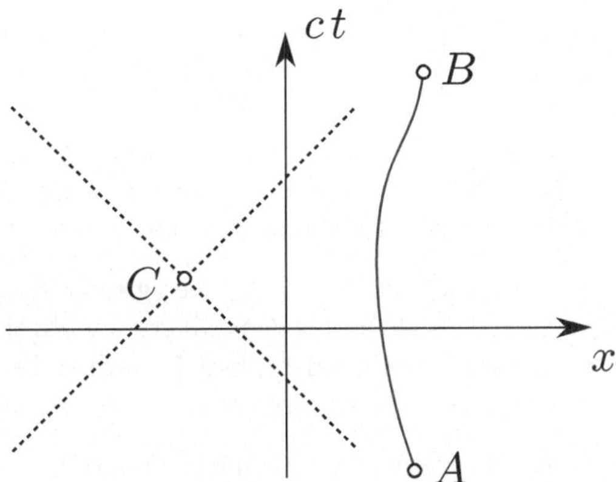

Abbildung 2.2: Minkowski-Diagramm als Modell der (auf zwei Dimensionen reduzierten) Raumzeit, wie sie vom Standpunkt eines gegebenen Inertialsystems erscheint: Jeder Punkt entspricht einem Ereignis, das zur Zeit t am Ort x stattfindet und hier mit den Koordinaten (ct,x) dargestellt wird. So entsprechen beispielsweise die drei eingezeichneten Punkte A, B, und C drei Ereignissen. Die Bewegung eines Teilchens (oder eines als punktförmig gedachten Körpers) wird als Kurve (Weltlinie) dargestellt. Die hier gezeichnete rote Kurve ist die Weltlinie eines Teilchens, das im Ereignis A startet, sich zunächst nach links bewegt, danach nach rechts und schließlich im Ereignis B ankommt. Die Bewegung von Lichtsignalen (Photonen) wird durch Geraden dargestellt, die im Diagramm eine Steigung von ± 1 besitzen, also mit den Koordinatenachsen einen Winkel von 45° einschließen. Die Weltlinien zweier Photonen (von denen eines nach links und eines nach rechts läuft) sind strichliert eingezeichnet. Sie treffen einander im Ereignis C und laufen dann weiter. Da sich kein Teilchen mit Überlichtgeschwindigkeit bewegen kann, muss eine Weltlinie in jedem ihrer Punkte *steiler* nach oben verlaufen als 45°.

darin, anstelle der Zeit t das Produkt ct als Koordinate zu verwenden. Es hat die Dimension einer Länge und kann physikalisch als jene Länge angegeben werden, die das Licht während der Zeit t zurücklegt. (Das *Lichtjahr* ist genau so eine Konstruktion). Wir zeichnen also ein rechtwinkeliges Koordinatensystem, dessen Achsen wir mit x und ct beschriften (Abbildung 2.2). Wir nennen es ein **Minkowski-Diagramm** oder **Raumzeit-Diagramm**. Traditionellerweise zeigt die Zeitachse (obwohl ct eine Länge ist, bezeichnen wir die ct-Achse als Zeitachse) in der Relativitätstheorie nach oben, die x-Achse nach rechts. Ein solches Diagramm dient uns als Modell der (auf zwei Dimensionen reduzierten) Raumzeit. Jeder Punkt stellt ein Ereignis dar, so dass wir (aus der Sicht des betreffenden Inertialsystems) Ereignisse und Punkte miteinander identifizieren können. Wir werden sowohl die Größen t und x als auch die Größen ct und x als Koordinaten bezeichnen.

Die Bewegung eines Teilchens wird durch eine Kurve dargestellt, die wir **Weltlinie** nennen. Da sich ein Teilchen zu jedem Zeitpunkt nur an einem Ort befinden kann, ist eine Weltlinie eine Kurve, die „von unten nach oben" verläuft, sich dabei hin- und herwinden oder auch gerade verlaufen kann. Aber *nicht jede* solche Kurve ist eine Weltlinie. Um eine Bewegung mit Unterlichtgeschwindigkeit darzustellen, muss sie in jedem ihrer Punkte *steiler* nach oben verlaufen als $45°$. Dieses einfache Kriterium verdanken wir der Wahl, ct anstelle von t als Koordinate zu verwenden: Die Bewegung eines (als punktförmig gedachten) Lichtsignals wird durch eine Beziehung der Form $x = \pm ct + x_0$ charaktersiert (wobei das obere Vorzeichen eine Bewegung in die positive x-Richung, das untere eine Bewegung in die negative x-Richung darstellt). Ein an einem Ort x_0 ruhendes Teilchen wird durch eine vertikale (zur ct-Achse parallele) Weltlinie dargestellt. Insgesamt erkennen wir also:

- Eine Gerade, die steiler verläuft als $45°$ stellt eine (gleichförmige) Bewegung mit Unterlichtgeschwindigkeit v dar. Ist k ihr aus dem Diagramm abgelesener Anstieg $c\Delta t/\Delta x$, so gilt $v/c = 1/k$. Eine Kurve, die in jedem ihrer Punkte steiler als $45°$ verläuft, stellt die Weltlinie eines Körpers dar. Wir nennen sie auch eine *zeitartige Kurve*.

- Die $45°$-Geraden stellen die Weltlinien von (als punktförmig gedachten) Lichtsignalen dar.

- Eine Gerade, die flacher verläuft als $45°$ stellt keine Bewegung dar. Die Ereignisse, die auf ihr liegen, können nicht mit Weltlinien verbunden werden.

Wenn wir nun bedenken, dass sich kein Signal mit Überlichtgeschwindigkeit bewegen kann, so ergibt sich die **Kausalstruktur der Raumzeit**: Sei A ein Ereignis mit Koordinaten (t,x) und B ein (anderes) Ereignis mit Koordinaten $(t + \Delta t, x + \Delta x)$. Ihre Koordinatendiffenenzen sind also Δt und Δx.

- Gilt $|c\Delta t| > |\Delta x|$, so verläuft die Gerade, die A und B verbindet, steiler als $45°$. Das bedeutet, dass ein mit Unterlichtgeschwindigkeit bewegtes Teilchen im früheren der beiden Ereignisse starten und im späteren ankommen kann. Das frühere kann das spätere Ereignis beeinflussen. Wir nennen die beiden Ereignisse zueinander **zeitartig**. Es gibt dann ein Inertialsystem, in dem sie beide *am gleichen Ort* stattfinden (Aufgabe 19).

- Gilt $|c\Delta t| = |\Delta x|$, so liegen A und B auf einer $45°$-Geraden. Das bedeutet, dass ein Lichtsignal im früheren der beiden Ereignisse starten und im späteren ankommen kann. Das frühere kann das spätere Ereignis beeinflussen (aber nur mit Hilfe von Signalen, die sich mit Lichtgeschwindigkeit bewegen). Wir nennen die beiden Ereignisse zueinander **lichtartig**.

- Gilt $|c\Delta t| < |\Delta x|$, so verläuft die Gerade, die A und B verbindet, flacher als $45°$. Das bedeutet, dass keinerlei Signal in einem der beiden starten und im anderen ankommen kann. Sie können einander nicht beeinflussen – sie sind kausal voneinander getrennt. Wir nennen die beiden Ereignisse zueinander **raumartig**. Es gibt dann ein Inertialsystem, in dem sie beide *gleichzeitig* stattfinden (Aufgabe 20).

Diese Relationen sind in Abildung 2.3 skizziert. Fixieren wir ein einziges Ereignis A, so werden alle Weltlinien, die durch es hindurchlaufen, von den beiden $45°$-Geraden begrenzt. Wir nennen

- die Menge aller Ereignisse, die A beeinflussen kann, die *Zukunft* von A,

- die Menge aller Ereignisse, die A beeinflussen können, die *Vergangenheit* von A und

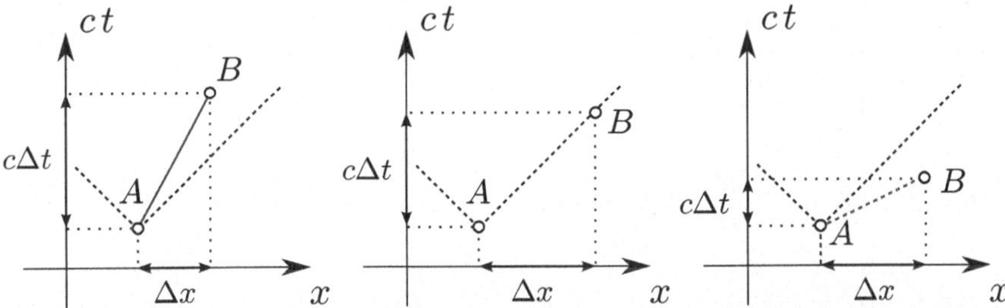

Abbildung 2.3: Zeitartig, lichtartig und raumartig: Zwei verschiedene Ereignisse A und B stehen stets in einer dieser drei kausalen Beziehungen zueinander. Links: A und B sind zueinander zeitartig ($|c\,\Delta t| >$ $|\Delta x|$), da ein unterlichtschnelles Signal (oder ein Teilchen, dessen Weltlinie hier rot eingezeichnet ist) von einem zum anderen laufen kann. A findet hier früher statt als B. Es kann B beeinflussen, und es gibt ein Inertialsystem, in dem die beiden Ereignisse am gleichen Ort stattfinden. Mitte: A und B sind zueinander lichtartig ($|c\,\Delta t| = |\Delta x|$), da sie *nur* durch die Weltlinie eines Lichtsignals verbunden werden können. A findet früher statt als B. Es kann B beeinflussen. Rechts: A und B sind zueinander raumartig ($|c\,\Delta t| < |\Delta x|$), da sie durch überhaupt keine Weltlinie verbunden werden können. (Die eingezeichnete rote strichlierte Linie ist *keine* Weltlinie, da sie eine Bewegung mit Überlichtgeschwindigkeit darstellen würde). In dem Inertialsystem, auf das sich das Diagramm bezieht, findet A früher als B statt, aber es gibt auch Inertialsysteme, in denen B früher als A stattfindet, und es gibt Inertialsysteme, in dem sie beide gleichzeitig stattfinden. Von den beiden Ereignissen A und B kann also *nicht* in einer vom Inertialsystem unabhängigen Weise gesagt werden, welches früher stattfindet und welches später. Die Ereignisse A und B sind voneinander kausal getrennt.

- die Menge aller Ereignisse, die von A kausal getrennt sind, die *Gegenwart* von A

(siehe Abbildung 2.4). Im Unterschied zur nichtrelativistischen Auffassung von Raum und Zeit (in der die Gegenwart eines Ereignsses A die Menge aller zu A gleichzeitigen Ereignisse ist) bildet die Gegenwart in relativistischer Sicht einen erheblichen Teil der Raumzeit. Ein Teil der Zukunft von A besteht aus allen Ereignissen, die A nur mit Hilfe eines Lichtsignals beeinflussen kann. Sie heißt **Zukunftslichtkegel** von A. Ein Teil der Vergangenheit von A besteht aus allen Ereignissen, die A nur mit Hilfe eines Lichtsignals beeinflussen können. Sie heißt **Vergangenheitslichtkegel** von A. Zukunfts- und Vergangenheitslichtkegel zusammen (also die Menge alle Ereignisse, die mit A nur durch Lichtsignale kausal verbunden sind) nennen wir den **Lichtkegel** von A.

Den Grund für die Bezeichnung „Lichtkegel" erkennen wir, wenn die beiden unterdrückten Dimensionen y und z hinzunehmen. Die Logik ist die gleiche wie im zweidimensionalen Raumzeit-Modell: Zwei verschiedene Ereignisse A und B mit Koordinatendifferenzen Δt, Δx, Δy und Δz heißen

- zueinander **zeitartig**, wenn $(c\,\Delta t)^2 - (\Delta x)^2 - (\Delta y)^2 - (\Delta z)^2 > 0$ ist,

- zueinander **lichtartig**, wenn $(c\,\Delta t)^2 - (\Delta x)^2 - (\Delta y)^2 - (\Delta z)^2 = 0$ ist und

- zueinander **raumartig**, wenn $(c\,\Delta t)^2 - (\Delta x)^2 - (\Delta y)^2 - (\Delta z)^2 < 0$ ist.

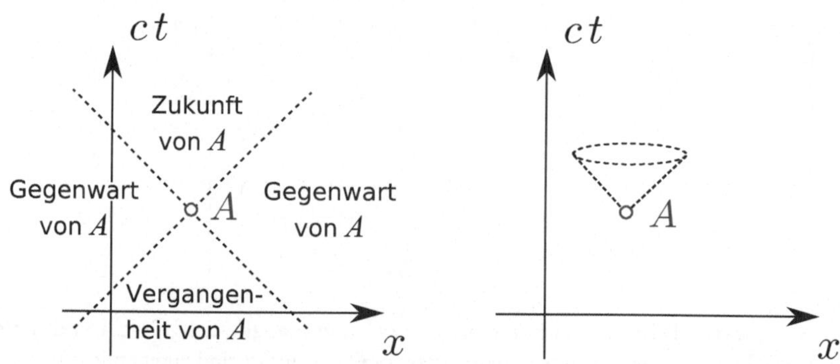

Abbildung 2.4: Zukunft, Vergangenheit, Gegenwart und der Lichtkegel: Die Zukunft eines Ereignisses A ist die Menge aller Ereignisse, die A beeinflussen kann. Die Vergangenheit eines Ereignisses A ist die Menge aller Ereignisse, die A beeinflussen können. Die Gegenwart eines Ereignisses A ist die Menge aller Ereignisse, die von A kausal getrennt sind. Die Begrenzungslinien dieser Bereiche sind die Weltlinien jener zwei Lichtsignale, die einander in A treffen. Wir bezeichnen sie als Lichtkegel (zusammengesetzt aus dem Zukunftslichtkegel und dem Vergangenheitslichtkegel) von A. Wird die Koordinate y hinzugenommen, so wird aus dem Geradenpaar ein Kegel in $\mathbb{R}^3$. In der vollen (vierdimensionalen) Raumzeit handelt es sich um einen Kegel im $\mathbb{R}^4$. Um dies anzudeuten, wird der Zukunftslichtkegel in Minkowski-Diagrammen oft in Form eines kleinen Kegelsymbols dargestellt (wie in der rechten Skizze gezeigt).

Ihre Kausalverhältnisse sind genau die gleichen wir zuvor. Beachten Sie insbesondere, dass die Bedingung für die Lichtartigkeit zweier Ereignisse auch in der Form

$$(\Delta x)^2 + (\Delta y)^2 + (\Delta z)^2 = (c\,\Delta t)^2 \tag{2.38}$$

angeschrieben werden kann. Sie besagt: Eine Sphäre (denken wir an die Front einer Kugelwelle), deren Mittelpunkt die Koordinaten (x,y,z) hat, und die zur Zeit t beginnt, sich mit Lichtgeschwindigkeit auszudehnen, ist zur Zeit $t + \Delta t$ soweit angewachsen, dass der Punkt mit den Koordinaten $(x + \Delta x, y + \Delta y, z + \Delta z)$ genau auf ihr liegt. Wird in (2.38) das Gleichheitszeichen durch $<$ ersetzt, so erreicht die Wellenfront den zweiten Punkt bereits zu einer früheren Zeit, wird $>$ gesetzt, so erreicht sie ihn erst zu einer späteren Zeit. Das entspricht genau den Kausalverhältnissen, die die Begriffe lichtartig, zeitartig und raumartig bezeichnen (Aufgabe 21). Zukunft, Vergangenheit und Gegenwart eines Ereignisses werden ganz genauso wie im zweidimensionalen Modell definiert. Der Zukunftslichtkegel eines Ereignisses A ist die Menge aller Ereignisse, die von A aus *nur* mit einem Lichtsignal erreicht werden können. Nehmen wir der Einfachheit halber an, die Raumzeit-Koordinaten von A sind $(0,0,0,0)$, so ist der Zukunftslichtkegel die Menge aller (t,x,y,z), für die

$$t^2 - x^2 - y^2 - z^2 = 0 \qquad \text{und} \qquad t > 0 \tag{2.39}$$

gilt. Im $\mathbb{R}^4$ kann sie tatsächlich als *Kegel* interpretiert werden. Lassen wir die z-Koordinate weg, so ergibt sich mit

$$t^2 - x^2 - y^2 = 0 \qquad \text{und} \qquad t > 0 \tag{2.40}$$

die Gleichung eines Kegels im $\mathbb{R}^3$, den wir uns räumlich vorstellen können: Seine Symmetrieachse ist die t-Achse. Wird er mit einer zur z-Achse orthogonalen Ebene geschnitten, so ergibt sich als Schnittlinie genau ein Kreis. Raumzeitlich können wir uns einen Zukunftslichtkegel als eine von einem Ereignis ausgehende und sich mit Lichtgeschwindigkeit ausbreitende Kugelwellenfront vorstellen. Ein Vergangenheitslichtkegel enspräche in diesem Bild einer mit Lichtgeschwindigkeit kollabierenden Kugelwellenfront. Der gesamte Lichtkegel ist beides zusammen: Eine in einen Punkt kollabierende und sich danach wieder ausdehnende Kugelwellenfront. In zweidimensionalen Minkowski-Diagrammen ist ein Lichtkegel nur ein Geradenpaar, das aber oft – eingeschränkt auf den Zukunftslichtkegel – in Form eines kleinen Kegelsymbols dargestellt wird (wie in Abbildung 2.4).

Die Kausalstruktur der Raumzeit ist eine *invariante Struktur*, die nicht vom Inertialsystem abhängt. Gilt beispielsweise (2.38) für die Koordinaten zweier Ereignisse in Alices Inertialsystem, so gilt in Bobs Koordinatensystem die analoge Beziehung

$$(\Delta x')^2 + (\Delta y')^2 + (\Delta z')^2 = (c\,\Delta t')^2. \tag{2.41}$$

Das ist einerseits aufgrund der Konstanz der Lichtgeschwindigkeit klar, kann aber auch mit Hilfe der Transformationsformeln (2.5)–(2.8) gezeigt werden. Doch damit nicht genug: Sogar die Kombination

$$(c\,\Delta t)^2 - (\Delta x)^2 - (\Delta y)^2 - (\Delta z)^2 \tag{2.42}$$

ist eine *Lorentz-Invariante*[20], d. h. sie stimmt mit

$$(c\,\Delta t')^2 - (\Delta x')^2 - (\Delta y')^2 - (\Delta z')^2 \tag{2.43}$$

überein, wie sie in Bobs Inertialsystem berechnet wird (siehe Aufgabe 22). Sie heißt **Minkowski-Metrik** (oder **Metrik des Minkowski-Raums**, kurz **Metrik**) und spielt für die geometrische Sichtweise der Raumzeit eine ähnliche Rolle wie der Ausdruck $(\Delta x)^2 + (\Delta y)^2 + (\Delta z)^2$ für das Abstandsquadrat im Raum. Sie hat ein einfache physikalische Bedeutung:

- Sind die beiden Ereignisse A und B, für die sie berechnet wird, zueinander *zeitartig*, so gibt es ein Inertialsystem, in dem sie am gleichen Ort stattfinden. In diesem Inertialsystem reduziert sich die Metrik auf den Ausdruck $(c\,\Delta t)^2$, d. h. sie ist c^2 mal dem Quadrat der Zeit, die zwischen ihnen in diesem Inertialsystem vergeht. Letztere ist genau die *Eigenzeit* einer kräftefreien Uhr, die sich vom früheren zum späteren Ereignis bewegt. Diese Größe kann also in *jedem* Inertialsystem mit Hilfe der Formel (2.42) berechnet werden.

- Sind die beiden Ereignisse A und B, für die sie berechnet wird, zueinander *lichtartig*, ist sie gleich 0.

- Sind die beiden Ereignisse A und B, für die sie berechnet wird, zueinander *raumartig*, so gibt es ein Inertialsystem, in dem sie gleichzeitig stattfinden. In diesem Inertialsystem

---

[20] Es gilt sogar noch mehr: Sie ist eine *Poincaré-Invariante*, da sie sich auch unter Verschiebungen der Raumzeit-Koordinaten nicht ändert.

reduziert sich die Metrik auf den Ausdruck $-(\Delta x)^2 - (\Delta y)^2 - (\Delta z)^2$, d. h. sie ist minus dem Quadrat des räumlichen Abstands der beiden Ereignisse in diesem Inertialsystem. Letzteren können wir mit der *Eigenlänge* eines ruhenden Stabes idenfizieren, an dessen Endpunkten die beiden Ereignisse stattfinden. Diese Größe kann also in *jedem* Inertialsystem mit Hilfe der Formel (2.42) berechnet werden.

Der Begriff der Metrik macht auch für infinitesimal benachbarte Ereignisse Sinn. Sind deren (infinitesimale) Koordinatendifferenzen dt, dx, dy und dz (die letzten drei können in der Form $d\vec{x}$ zusammengefasst werden), so schreiben wir die Metrik in der Form

$$ds^2 = c^2 dt^2 - dx^2 - dy^2 - dz^2 \equiv c^2 dt^2 - d\vec{x}^2 \tag{2.44}$$

an. Dass diese Größe traditionellerweise als Quadrat angeschrieben wird, ist symbolisch gemeint, da sie auch negativ sein kann – das soll uns nicht weiter stören. Man spricht auch von einem *raumzeitlichen Abstandsquadrat* oder *Linienelement*, in Analogie dazu, dass das Abstandsquadrat $ds^2 = dx^2 + dy^2 + dz^2 \equiv d\vec{x}^2$ die Grundlage der euklidischen Geometrie des Raumes und das Abstandsquadrat $ds^2 = dx^2 + dy^2$ die Grundlage der euklidischen Geometrie der Ebene ist. In der infinitesimalen Version (2.44) kann die Metrik dazu benutzt werden, die für eine beliebig bewegte Uhr vergehende Eigenzeit als Integral auszudrücken: Zwei infinitesimal benachbarte Ereignisse auf ihrer Weltlinie liegen zueinander zeitartig, daher ist $ds^2 = c^2 d\tau^2$, wobei $d\tau$ das zwischen ihnen liegende infinitesimale Eigenzeitintervall ist. Stellen wir die Bewegung in der Form $\vec{x} \equiv \vec{x}(t)$ dar und formen gemäß

$$ds^2 = c^2 dt^2 - d\vec{x}^2 = c^2 dt^2 \left(1 - \frac{1}{c^2}\left(\frac{d\vec{x}}{dt}\right)^2\right) \equiv c^2 dt^2 \left(1 - \frac{\dot{\vec{x}}(t)^2}{c^2}\right) \tag{2.45}$$

um, so ergibt sich

$$d\tau = dt \sqrt{1 - \frac{\dot{\vec{x}}(t)^2}{c^2}} \; . \tag{2.46}$$

Die Eigenzeit für ein endliches Stück der Bewegung ist damit als Integral ausgedrückt. Es hat – nicht zufällig – die gleiche Form wie jenes, das wir bereits bei der Diskussion des Zwillingsparadoxons erhalten haben, vgl. (2.26). Die Eigenzeit kann also (bis auf den Faktor c) als die durch die Metrik definierte „Länge" einer Weltlinie gedeutet werden. Entlang der Weltlinie eines Lichtsignals gilt $ds^2 = 0$ (was manchmal so ausgedrückt wird, dass „für das Licht keine Zeit vergeht").

Die Metrik (2.44) ist das zentrale *geometrische Objekt der Raumzeit*. Mit ihrer Hilfe werden Zeiten und Abstände *fast* gleichberechtig in einer einheitlichen geometrischen Sichtweise zusammengefasst. Die Einschränkung *fast* müssen wir machen, weil Raum und Zeit doch nicht das Gleiche sind. Schließlich können wir nach links und nach rechts gehen, aber nicht in die Vergangenheit. Es ist gerade die Kausalstruktur, die diesen Unterschied ausmacht, und sie leitet sich ebenfalls von der Metrik her: Zwei benachbarte Ereignisse liegen zueinander zeitartig, lichtartig oder raumartig, wenn $ds^2 > 0$, $= 0$ oder < 0 ist. Auch in der Speziellen Relativitätstheorie gibt es einen *Zeitfluss*, aber er ist nicht mit einer universellen Zeitvariable

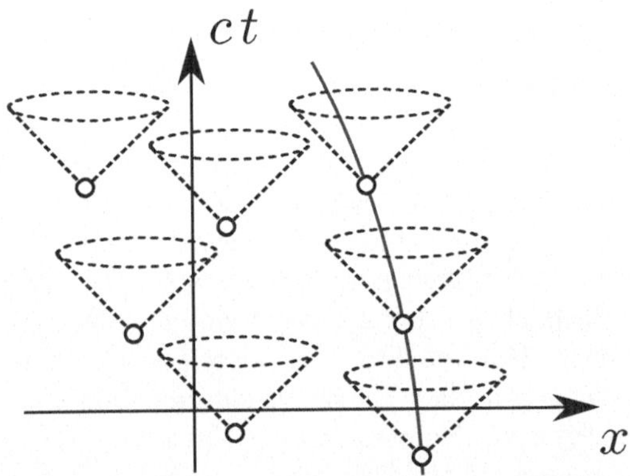

Abbildung 2.5: Die Lichtkegelstruktur als Veranschaulichung der Kausalstruktur und des Zeitflusses der Raumzeit: Da die Weltlinie eines Teilchens in *jedem* ihrer Punkte steiler nach oben verläuft als 45°, also innerhalb des (jeweils momentanen) Zukunftslichtkegels liegt, können wir uns vorstellen, dass in jedem Ereignis der Raumzeit ein kleiner Zukunftslichtkegel sitzt, der über die Einhaltung des „Verbots der Überlichtgeschwindigkeit" wacht. Diese Art verteilter Verkehrspolizei bildet die Kausalstruktur der Raumzeit und gibt uns ein Bild an die Hand, mit dessen Hilfe wir uns den *Fluss der Zeit* vorstellen können. Die Lichtkegel werden in jedem Minkowski-Diagramm, das sich auf ein *beliebiges* Inertialsystem bezieht, in der gleichen Weise eingezeichnet. Diese Struktur folgt unmittelbar aus der Metrik (2.44) und bildet daher einen der zentralen Aspekte der Geometrie der Raumzeit. In der euklidischen Geometrie des Raumes oder der Ebene gibt es eine derartige Struktur nicht, da dort das Abstandquadrat $ds^2 = dx^2 + dy^2 + dz^2$ bzw. $ds^2 = dx^2 + dy^2$ aus Summen von Quadraten besteht, während (2.44) sowohl Plus- als auch Minuszeichen enthält.

verbunden (wie in der nichtrelativistischen Physik), sondern lässt sich eher als *Lichtkegelstruktur* verstehen: Zukunft (und daher die Richtung des Zeitflusses) ist, was innerhalb des Zukunftslichtkegels liegt (siehe Abbildung 2.5).

Das Konzept der Metrik führt uns auch zu einer neuen Sichtweise der kräftefreien Bewegung: Wie wir anlässlich des Zwillingsparadoxons bereits angemerkt haben (Seite 184) ist die kräftefreie Bewegung genau jene, für die die Eigenzeit (im Vergleich zu anderen Bewegungen, die den gleichen Anfangs- und Endpunkt haben) maximal ist. Da die Eigenzeit – wie wir mit (2.46) gesehen haben – direkt durch die Metrik ausgedrückt werden kann, können wir die Weltlinien von kräftefreien Bewegungen als **Geodäten** der Raumzeit charakterisieren, d. h. als jene Kurven, deren durch die Metrik definierte „Länge" maximal ist[21]. Und schließlich – das erwähnen wir nur am Rande – lassen sich die Lorentztransformationen definieren als die Menge aller linearen Transformationen der Ereigniskoordinaten, die die Metrik invariant

---

[21] Vielleicht haben Sie schon einmal die Formulierung „die Geodäte ist die kürzeste Verbindung zweier Punkte" gehört. Genauer müsste man eine Geodäte als Kurve ansehen, deren Länge *extremal* ist, sich also von der Länge von Vergleichskurven, die den gleichen Anfangs und Endpunkt besitzen, in erster Ordnung nicht unterscheidet. Bei der Weltlinie eines kräftefreien Körpers handelt es sich um „die längste Verbindung zweier Punkte".

lassen.

Eine nützliche Methode, die bei der konkreten Anwendung des relativistischen Raumzeit-Konzepts hilft, wollen wir noch besprechen: die **grafische Darstellung der Lorentztransformation**. Alice und Bob haben ihre (zweidimensionalen) Minkowski-Diagramme gezeichnet. Jedes stellt die Raumzeit in den entsprechenden Ereigniskoordinaten dar. Die Ursprünge dieser raumzeitlichen Koordinatensysteme stellen das gleiche Ereignis dar, da sich $(t = 0, x = 0)$ mit $(2.5)-(2.6)$ in $(t' = 0, x' = 0)$ übersetzt. Alle anderen Ereignisse entsprechen in den beiden Diagrammen unterschiedlichen Punkten, deren Koordinaten mit $(2.5)-(2.6)$ ineinander umgerechnet werden können. Nun möchte Alice wissen, wo Bobs Achsen (also die x'- und die ct'-Achse) in *ihrem* Diagramm liegen. Damit könnte sie dann auf recht einfache Weise überblicken, wie sich ein Prozess, den sie aus ihrer eigenen Sichtweise kennt, in Bobs Inertialsystem darstellt. Nichts leichter als das: Bobs x'-Achse wird durch die Gleichung $t' = 0$ beschrieben. (Sie besteht aus allen Ereignissen, die für Bob zur Zeit $t' = 0$ stattfinden). Mit der ersten Formel von (2.5) ergibt sich, dass die Menge aller dieser Ereignisse in Alices Koordinatensystem durch die Beziehung

$$t = \frac{v}{c^2}x \qquad \text{oder} \qquad ct = \frac{v}{c}x \tag{2.47}$$

beschrieben wird. Bobs ct'-Achse wird durch die Gleichung $x' = 0$ beschrieben. (Sie besteht aus allen Ereignissen, die für Bob am Ort $x' = 0$ stattfinden). Mit der ersten Formel von (2.6) ergibt sich, dass die Menge aller dieser Ereignisse in Alices Koordinatensystem durch die Beziehung

$$x = vt \qquad \text{oder} \qquad x = \frac{v}{c}ct \tag{2.48}$$

beschrieben wird, wobei die zweiten hier angegebenen Schreibweisen direkt in Alices Diagramm, das ja ct als Zeitkoordinate benutzt, umgesetzt werden können. Bobs Achsen erscheinen in Alices Diagramm als zwei Geraden, die symmetrisch zur 45°-Geraden $ct = x$ um den gleichen Winkel zusammen- oder auseinandergeklappt sind, wie in Abbildung 2.6 skizziert (siehe dazu auch Aufgabe 23). Alice sieht jetzt sofort, welche Ereignisse für Bob gleichzeitig sind und welche Ereignisse für ihn am selben Ort stattfinden – und sie sieht auf einen Blick, dass sich Bobs Kriterien für *gleichzeitig* und *am selben Ort* von ihren unterscheiden. Falls Alice konkrete Koordinatenwerte, die Bob bei Beobachtungen misst, aus ihren Diagramm ablesen möchte, benötigt sie noch Informationen über die Einheiten. Welcher Punkt auf der x'-Achse entspricht einem Zentimeter? Welcher Punkt auf der ct'-Achse entspricht einem Zentimeter? Alice darf dafür nicht einfach eine Länge von 1 cm schräg auf Bobs Achsen auftragen. Wieder helfen uns die Transformationsformeln: Das Ereignis, das in Bobs Koordinaten durch $(ct' = 0, x' = L)$ charakterisiert ist, liegt in Alices Koordinatensystem am Punkt

$$\left(ct = \frac{vL}{c\sqrt{1-\frac{v^2}{c^2}}}, \; x = \frac{L}{\sqrt{1-\frac{v^2}{c^2}}} \right). \tag{2.49}$$

Um zu ermitteln, wo die erste Zentimetermarke auf Bobs x'-Achse in *ihrem* Diagramm liegt, setzt Alice $L = 1$ cm. Ganz allgemein kann sie die in den beiden Gleichungen auftretende

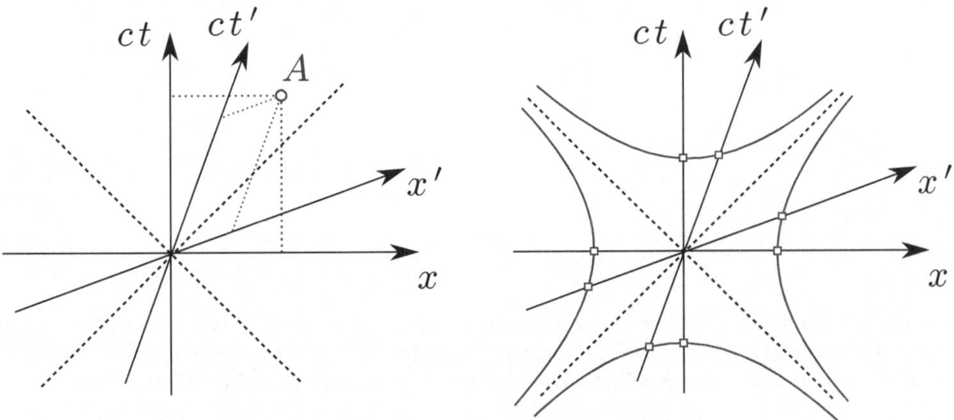

Abbildung 2.6: Grafische Darstellung der Lorentztransformation (2.5)–(2.6): Alice zeichnet ein Minkowski-Diagramm der Raumzeit, wie sie aus dem Blickwinkel ihres Inertialsystems erscheint. In dieses zeichnet sie die Ereignisse ein, die Bob als „seinen" Koordinatenachsen zugehörig bezeichnet. Bobs Achsen erscheinen in Alices Diagramm (symmetrisch zur 45°-Geraden $ct = x$, die in Bobs System durch die Gleichung $ct' = x'$ beschrieben wird) für $v > 0$ zusammengeklappt (das ist der hier dargestellte Fall) und für $v < 0$ in entsprechender Weise auseinandergeklappt. Sind die Einheiten auf den – nun vier – Achsen korrekt aufgetragen, so lässt sich von jedem Ereignis sofort ablesen, welche Raumzeit-Koordinaten es von Alice und welche Raumzeit-Koordinaten es von Bob zugeschrieben bekommt. Die rechte Skizze zeigt, wie die Einheiten gefunden werden: Die roten Hyperbeläste entsprechen den Kurven (2.50) und (2.51) für ein festgehaltenes L. Die roten Quadrate sind die Schnittpunkt dieser Kurven mit den Koordinatenachsen. Sie stellen die Markierungen $x = \pm L$ und $ct = \pm L$ auf Alices Achsen und $x' = \pm L$ und $ct' = \pm L$ auf Bobs Achsen dar.

Relativgeschwindigkeit v eliminieren und findet (nachdem sie einmal quadriert hat)

$$c^2 t^2 - x^2 = -L^2 , \qquad (2.50)$$

was in ihrem System eine Hyperbel darstellt. Sie besteht aus all jenen Punkten (d. h. Ereignissen), die für andere (mit beliebigen Geschwindigkeiten $-c < v < c$ bewegte) Inertialsysteme die L-Marke (oder die $-L$-Marke[22]) der räumlichen Achse darstellen. Der Punkt (2.49) ist für $L > 0$ der Schnittpunkt des rechten Astes dieser Hyperbel mit Bobs x'-Achse. Da die Beziehung (2.50) keinen Verweis auf andere Inertialsysteme enthält, muss sie in jedem *anderen* Inertialsystem die gleiche Form haben, also durch die gleiche Hyperbel dargestellt werden! Können Sie das auch anders begründen? (Aufgabe 24). Um die Einheiten auf Bobs ct'-Achse zu finden, geht Alice ganz analog vor. Das Ereignis, das in Bobs Inertialsystem die Koordinaten

---

[22] Dass es um die L-Marke *oder* um die $-L$-Marke handelt, kommt daher, dass Alice auf dem Weg von (2.49) zu (2.50) quadriert und sich damit eine zweite Menge von Ereignissen eingehandelt hat, die zur ersten symmetrisch liegt.

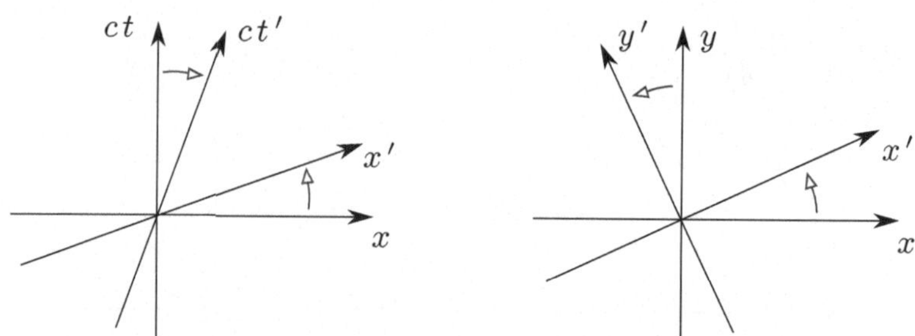

Abbildung 2.7: Analogie von Lorentztransformation und Drehung: Die grafische Darstellung der Lorentztransformation (links) sieht der Drehung eines Koordinatensystems in der Ebene (rechts) ähnlich. Lorentztransformationen werden daher auch manchmal als Lorentz-Rotationen bezeichnet.

$(ct' = L, x' = 0)$ hat (mit $L > 0$), ist der Schnittpunkt des oberen Astes der Hyperpel

$$c^2 t^2 - x^2 = L^2 \tag{2.51}$$

mit Bobs ct'-Achse (Aufgabe 25). Auch in diesem Fall sieht die Hyperbel im Minkowski-Diagramm jedes *anderen* Inertialsystems genauso aus. Insgesamt ist damit eine Lorentzsche Geschwindigkeitstransformation vom Typ (2.5) – (2.6) grafisch dargestellt. Daraus ergibt sich eine Reihe von Möglichkeiten, raumzeitliche Effekte qualitativ zu diskutieren, ohne lange Berechnungen anstellen zu müssen. Aber auch bei quantitativen Fragestellungen kann diese Methode hilfreich sein, denn sie macht für unsere Augen klarer sichtbar, was berechnet werden soll (Aufgaben 26 – 29).

Der *geometrische Charakter der Lorentztransformationen* wird ersichtlich, wenn ihre grafische Darstellung mit jener der *Drehung* eines räumlichen Koordinatensystems in der Ebene verglichen wird (Abbildung 2.7). Dass die Bilder einander nicht vollständig gleichen, rührt daher, dass die Formeln für raumzeitliche Abstandsquadrate, siehe (2.42), (2.43) und (2.44), sowohl Plus- als auch Minuszeichen enthalten, während in das Abstandquadrat der euklidischen Geometrie nur Pluszeichen eingehen. Die Hyperbeln (2.50) und (2.51) spielen eine ganz ähnliche Rolle wie die konzentrischen Kreise um den Ursprung mit Radius L in der Geometrie der Ebene. Auch dieser Unterschied wird durch die Mischung aus Plus- und Minus-Vorzeichen verursacht: Ersetzen Sie in der Kreisgleichung $x^2 + y^2 = R^2$ das + durch ein −, so erhalten Sie eine Hyperbel! Die Verwandtschaft der *Minkowski-Geometrie* mit der euklidischen Geometrie ist so offensichtlich, dass die Lorentztransformationen manchmal auch als *Lorentz-Rotationen* bezeichnet werden[23].

---

[23] In formaler Hinsicht kann eine Lorentztransformation vom Typ (2.5) – (2.6) als „Rotation mit einem komplexen Drehwinkel" gedeutet werden, wenn anstelle von t die imaginäre Variable it verwendet wird. Damit verschwindet auch die Mischung verschiedener Vorzeichen in der Metrik − allerdings ist der imaginäre Charakter der neuen Zeitvariable immer zu bedenken. Diese Sichtweise findet sich vor allem in älteren Darstellungen der Speziellen Relativitätstheorie.

Zum Abschluss unserer Betrachtungen über die Raumzeit und ihre Geometrie erwähnen wir noch, dass auch die Galileischen Geschwindigkeitstransformationen vom Typ (2.4) grafisch dargestellt werden können (Aufgabe 30 und 31). Der Unterschied zur grafischen Darstellung der Lorentztransformationen illustriert noch einmal sehr schön das neue Raumzeit-Konzept.

2.3 Relativistische Mechanik

Wir haben uns in diesem Kapitel bisher auf das relativistische Konzept von Raum und Zeit konzentriert und Konsequenzen der Lorentzschen Transformationsformeln (2.5)–(2.8) für Phänomene, die nur mit Ereigniskoordinaten zu tun haben, studiert. Von Begriffen wie Masse, Impuls, Energie und Kraft war noch gar nicht die Rede. In vielen elementaren Darstellungen der Speziellen Relativitätstheorie werden die relativistischen Versionen dieser Begriffe anhand von Gedankenexperimenten eingeführt, die unter Heranziehungen von Beziehungen aus der nichtrelativistischen Mechanik analysiert werden und daher sehr leicht Anass zu Missverständnissen führen. Wir wollen daher hier anders vorgehen und uns von Beginn an auf die Lorentztransformationen, den eigentlichen Kern der Theorie, stützen. Und wir wollen Sie bitten, sich – so lange es um die Spezielle Relativitätstheorie geht – gedanklich von den Formeln

$$\vec{p} = m\vec{v} \qquad \text{und} \qquad T = \frac{m}{2}\dot{\vec{x}}^2 \qquad (2.52)$$

für den Impuls und die kinetische Energie zu verabschieden. Sie wurden im Rahmen der Newtonschen Mechanik eingeführt, siehe (1.99) und (1.101), und werden in der relativistischen Mechanik durch andere Beziehungen ersetzt. Auch das Grundgesetz der Newtonschen Mechanik, das zweite Newtonsche Axiom

$$m\ddot{\vec{x}} \equiv \dot{\vec{p}} = \vec{F}, \qquad (2.53)$$

das die Vorhersage von Bewegungsabläufen erlaubt, besteht in der Relativitätstheorie nur in einer abgeänderten Version.

2.3.1 Kräftefreie Bewegung

Wir besprechen zuerst die kräftefreie Bewegung. Wieso eigentlich, fragen Sie sich jetzt vielleicht? Ist die nicht schon bekannt? Ein kräftefreier – als punktformig gedachter – Körper (wir wollen für solche Körper wie bisher den Ausdruck *Teilchen* benutzen) bewegt sich, von jedem Inertialsystem aus betrachtet, gleichförmig, d. h. die drei Funktionen $\vec{x} \equiv \vec{x}(t)$, die angeben, an welchem Ort er sich zu einer gegebenen Zeit aufhält, erfüllt die Differentialgleichung

$$\ddot{\vec{x}} = 0. \qquad (2.54)$$

Das ist richtig, und wenn es keine Kräfte gäbe, könnten wir jetzt zufrieden sein. Im Hinblick auf die spätere Behandlung von Teilchen, die an Wechselwirkungen teilnehmen, wollen wir aber auch bei der Analyse des freien Teilchens ganz korrekt vorgehen. Wir hatten bereits im Kapitel über die klassische Mechanik gesehen, dass die Erwartungen, die an eine Theorie fundamentaler Wechselwirkungen gestellt werden, am besten durch das *Wirkungsprinzip* erfüllt werden. Zusammen mit der Forderung nach der Galilei-Invarianz des Wirkungsprinzips (Unterabschnitt 1.6.10, Seite 143) ergab sich damit ein abgerundeter, in sich konsistenter theoretischer Rahmen, der sowohl die Invarianz der Bewegungsgleichungen unter Galileitransformationen als auch die Existenz der von uns erwarteten Erhaltungsgrößen sicherstellte.

An diesem allgemeinen Rahmen (Wirkungsprinzip + Invarianzforderung) wollen wir festhalten, setzen allerdings an die Stelle der Galilei-Invarianz die **Poincaré-Invarianz**. Erinnern wir uns: Poincarétransformationen sind Lorentztransformationen (die neben den Geschwindigkeitstransformationen auch die räumlichen Drehungen enthalten[24]) zusammen mit räumlichen und zeitlichen Translationen. Auch in der Feldtheorie und in der modernen Elementarteilchenphysik wird dieser allgemeine Rahmen beibehalten – er bildet, wie schon erwähnt, ein Gestaltungsprinzip für Theorien, die die Gravitation nicht beinhalten.

Ein Wirkungsprinzip benötigt eine Lagrangefunktion. Wie könnte also die Lagrangefunktion eines freien Teilchens im Rahmen der Relativitätstheorie aussehen? Eigentlich ist uns bereits nach der Diskussion des Zwillingsparadoxons ein Kandidat für ein Wirkungungsintegral in die Hände gefallen (Seite 184), obwohl wir ihn nicht so genannt haben: Sind zwei Ereignisse A und B in der Raumzeit fixiert, so ist unter allen Bewegungen, die in A beginnen und in B enden, die freie Bewegung jene, für die die Eigenzeit maximal ist. Die Eigenzeit, die für ein bewegtes Teilchen vergeht, lässt sich wiederum durch die Metrik der Raumzeit ausdrücken: Mit (2.46) wurde ein infinitesimales Eigenzeitintervall durch die – auf ein Inertialsystem bezogene – Geschwindigkeit ausgedrückt. Findet die Bewegung zwischen den Zeiten t_0 und t_1 statt, so ist die gesamte Eigenzeit durch das Integral

$$\int_{t_0}^{t_1} dt \sqrt{1 - \frac{\dot{\vec{x}}(t)^2}{c^2}} \tag{2.55}$$

gegeben. Das ist unser Kandidat für ein Wirkungsintegral! Er ist für die kräftefreie Bewegung (im Vergleich mit benachbarten Bewegungen, die alle den gleichen Anfangs- und Endpunkt haben) *stationär*. Der Kandidat für die Lagrangefunktion wäre demnach

$$\sqrt{1 - \frac{\dot{\vec{x}}^2}{c^2}} \cdot \tag{2.56}$$

Sehen wir uns an, ob er für Geschwindigkeiten, die klein gegenüber c sind, zu etwas Bekanntem führt: Dazu entwickeln wir

$$\sqrt{1 - \frac{\dot{\vec{x}}^2}{c^2}} = 1 - \frac{\dot{\vec{x}}^2}{2c^2} - \frac{1}{8}\left(\frac{\dot{\vec{x}}^2}{c^2}\right)^2 + O\left(\frac{|\dot{\vec{x}}|}{c}\right)^6 . \tag{2.57}$$

Der erste Term ist eine Konstante, die für den Vergleich benachbarter Bewegungen unerheblich ist. Der zweite Term stimmt bis auf das Vorzeichen und eine multiplikative Konstante mit der nichtrelativistischen kinetischen Energie überein. Um dies zu reparieren, multiplizieren wir mit $-mc^2$, wobei m die Masse des betrachteten Teilchens ist. Die Entwicklung geht dann in

$$-mc^2\sqrt{1 - \frac{\dot{\vec{x}}^2}{c^2}} = -mc^2 + \frac{m}{2}\dot{\vec{x}}^2 + \frac{m}{8}\frac{|\dot{\vec{x}}|^4}{c^2} + O\left(\frac{|\dot{\vec{x}}|^6}{c^4}\right) \tag{2.58}$$

---

[24] Ob räumliche Spiegelungen und Zeitspiegelungen dazugenommen werden sollen, ist für die Betrachtungen, die nun folgen, unerheblich.

über. Der zweite Term stimmt nun mit der Lagrangefunktion des nichtrelativistischen freien Teilches überein. Die restlichen Terme interpretieren wir als *relativistische Korrekturen* und postulieren, dass die Lagrangefunktion des freien relativistischen Teilchens durch

$$L\left(\dot{\vec{x}}\right) = -mc^2\sqrt{1 - \frac{\dot{\vec{x}}^2}{c^2}} \tag{2.59}$$

gegeben ist. Gemäß ihrer Konstruktion als Eigenzeit ist sie poincaré-invariant. Das kann auch leicht explizit überprüft werden: Die Invarianz unter räumlichen und zeitlichen Verschiebungen sowie unter räumlichen Drehungen ist offensichtlich gegeben (dafür ist nicht einmal eine Rechung erforderlich). Die Invarianz unter Lorentztransformationen der Form (2.5)–(2.8) wird in Aufgabe 32 überprüft. Wir haben (2.59) bereits früher (Seite 142) als Beispiel für eine Lagrangefunktion hingeschrieben, die nicht die übliche (nichtrelativistische) Gestalt hat – hier haben wir also ihre Begründung! Wie ihre Form zeigt, sind Geschwindigkeiten von vornherein auf

$$|\dot{\vec{x}}| < c \tag{2.60}$$

beschränkt. Weiters wollen wir $m \neq 0$ annehmen[25]. (Auf die so genannten masselosen Teilchen kommen wir später zu sprechen).

Ausgehend von (2.59) können wir nun das Programm des Lagrangeformalismus (Abschnitt 1.6, Seite 103) anwenden. Dazu vereinbaren wir eine Schreibweise, die in der Relativitätstheorie üblich ist: Wir nummerieren die Koordinaten mit *hochgestellten* Indizes durch. Der Vektor $\vec{x}$ hat demnach die Komponenten x^j (mit $j = 1, 2, 3$), wobei

$$x \equiv x^1, \qquad y \equiv x^2 \quad \text{und} \quad z \equiv x^3 \tag{2.61}$$

ist und wir die Komponenten der Geschwindigkeit als $\dot{x}^j \equiv v^j$ schreiben[26]. Die zu den Koordinaten gehörenden Impulse[27] erhalten wir als Ableitungen der Lagrangefunktion nach den Geschwindigkeiten

$$p^j = \frac{\partial L}{\partial \dot{x}^j} = \frac{m\dot{x}^j}{\sqrt{1 - \frac{\dot{\vec{x}}^2}{c^2}}} \equiv \frac{mv^j}{\sqrt{1 - \frac{\vec{v}^2}{c^2}}} \tag{2.62}$$

---

[25] Beachten Sie, dass wir m, wie in der nichtrelativistischen Mechanik, als die *Masse* des Teilchens bezeichnen. Im Fall eines Elementarteilchens wäre es besser, vom *Massenparameter* zu sprechen: Für ein gegebenes Elementarteilchen ist m eine fixe Masse, die das Teilchen als solches (oder den Teilchentyp) und *nicht* seinen Bewegungszustand charakterisiert. Die Massen der Elementarteilchen (etwa jene des Elektons: $m_e = 9.109534 \cdot 10^{-31}$ kg) können Sie dem Anhang der meisten Physikbücher – wie auch diesem – entnehmen, und als solche sind sie tatsächlich fixe Größen. Wir machen diese Bemerkung gleich hier zu Beginn, um möglichen Missverständnissen im Zusammenhang mit dem Massenbegriff vorzubeugen. Den Massenbegriff für Systeme von Körpern werden wir weiter unten diskutieren (Unterabschnitt 2.3.6, Seite 219).

[26] In der so genannten Viererschreibweise der Speziellen Relativitätstheorie, die wir im Unterabschnitt 2.3.7, Seite 227, behandeln, wird zwischen hoch- und tiefgestellten Indizes unterschieden. Die allgemein übliche Konvention verlangt, dass die Koordinaten hochgestellte Indizes tragen.

[27] Wir können sie im Sinn des Lagrangeformalismus auch als *verallgemeinerte Impulse* bezeichnen.

oder, als Vektor zusammengefasst,

$$\vec{p} = \frac{m\dot{\vec{x}}}{\sqrt{1 - \frac{\dot{\vec{x}}^2}{c^2}}} \equiv \frac{m\vec{v}}{\sqrt{1 - \frac{\vec{v}^2}{c^2}}}. \tag{2.63}$$

Diese Größe wird **relativistischer Impuls** genannt (wobei der Zusatz „relativistisch", sofern er sich von selbst versteht, oft weggelassen wird). Für Geschwindigkeiten, die klein gegenüber c sind, reduziert sich die erste Ordnung der Entwicklung

$$\vec{p} = m\dot{\vec{x}} + O\left(\frac{|\dot{\vec{x}}|^3}{c^2}\right) \tag{2.64}$$

auf die Formel für den nichtrelativistischen Impuls.

Die Bewegungsgleichungen treten im Rahmen des Lagrangeformalismus als Euler-Lagrange-Gleichungen auf (siehe (1.358), Seite 110). Da die Lagrangefunktion (2.59) nicht von den Koordinaten abhängt ($\partial L/\partial x^j = 0$), lauten sie

$$\dot{\vec{p}} \equiv \frac{d}{dt} \frac{m\dot{\vec{x}}}{\sqrt{1 - \frac{\dot{\vec{x}}^2}{c^2}}} = 0 \tag{2.65}$$

und drücken die zeitliche Erhaltung der Komponenten des relativistischen Impulses aus. Aus der Konstanz von $\vec{p}$ ergibt sich (durch Quadrieren) jene von $\dot{\vec{x}}^2$ und, nachdem die Definition von $\vec{p}$ ein weiteres Mal benutzt wird, jene des Geschwindigkeitsvektors. Erwartungsgemäß ist (2.65) äquivalent zu (2.54).

Nun kommen wir zu einem der spannendsten Themen der Speziellen Relativitätstheorie: die Energie. Wir berechnen die Energie des freien Teilchens gemäß der bereits bewährten Formel (1.387), mit der ganz allgemein im Lagrangeformalismus jene Größe gefunden werden kann, die wir, auch wenn die uns vertrauten Formeln nicht mehr gelten, als „Energie" bezeichnen, und die für den Fall, dass die Lagrangefunktion nicht explizit von der Zeit abhängt (was für (2.59) zutrifft) eine Erhaltungsgröße ist. Wir bezeichen sie, wie in der Speziellen Relativitätstheorie üblich, mit dem Buchstaben E. Formel (1.387) lautet damit

$$E = \dot{\vec{x}} \cdot \vec{p} - L. \tag{2.66}$$

Eine kurze Rechnung (Aufgabe 33) ergibt

$$E = \frac{mc^2}{\sqrt{1 - \frac{\dot{\vec{x}}^2}{c^2}}} \equiv \frac{mc^2}{\sqrt{1 - \frac{\vec{v}^2}{c^2}}}. \tag{2.67}$$

Diese Größe wird **relativistische Energie** genannt. Um zu untersuchen, wie sie mit der nichtrelativistischen Energie eines freien Teilchens der Masse m zusammenhängt, entwickeln wir für kleine Geschwindigkeiten:

$$E = mc^2 + \frac{m}{2}\dot{\vec{x}}^2 + \frac{3}{8}\frac{m|\dot{\vec{x}}|^4}{c^2} + O\left(\frac{|\dot{\vec{x}}|^6}{c^4}\right) \tag{2.68}$$

(Aufgabe 34). Der erste Term, mc^2, wird als **Ruheenergie** bezeichnet. Wir erhalten ihn auch, indem wir (2.67) für $\dot{\vec{x}} = 0$ auswerten. Das Teilchen besitzt also selbst in Ruhe diese Energie, was auch ihren Namen erklärt. Der zweite Term, $\frac{m}{2}\dot{\vec{x}}^2$, ist der Ausdruck für die nichtrelativistische kinetische Energie. Die restlichen Terme stellen relativistische Korrekturen dar. Sie hängen alle von der Geschwindigkeit ab, und da auf ein freies Teilchen keine Kräfte wirken (also auch keine potentielle Energie im Spiel sein kann), können wir alle Terme bis auf den ersten, d. h. die Differenz

$$T = E - mc^2, \tag{2.69}$$

als *relativistische kinetische Energie* bezeichnen.

Relativistische Masse

Die Ausdrücke (2.63) und (2.67) werden manchmal zum Anlass genommen, die Größe

$$m_{\text{rel}} = \frac{m}{\sqrt{1 - \frac{\vec{v}^2}{c^2}}} \tag{2.70}$$

als *relativistische Masse* oder *dynamische Masse* zu bezeichnen. Mit ihrer Hilfe können der relativistische Impuls und die relativistische Energie einfach in der Form

$$\vec{p} = m_{\text{rel}}\,\vec{v} \qquad \text{und} \qquad E = m_{\text{rel}}\,c^2 \tag{2.71}$$

angeschrieben werden. Um m_{rel} von der Masse m zu unterscheiden, wird letztere auch die *Ruhemasse* des Teilchens genannt. Die Tatsache, dass die relativistische Masse von der Geschwindigkeit abhängt, wird durch das Schlagwort von der durch die Geschwindigkeit bewirkte *relativistische Massenzunahme* ausgedrückt. Diese Begriffe können zu einem intuitiven Verständnis des Verhaltens von Körpern unter relativistischen Bedingungen beitragen. So ist beispielsweise die Arbeit, die nötig ist, um ein Teilchen der Masse m aus der Ruhe zu beschleunigen, bis es eine gegebene Geschwindigkeit hat, größer als nichtrelativistisch erwartet – sie ist, wie wir gleich sehen werden, durch $E - mc^2$ gegeben, und um Geschwindigkeiten zu erreichen, die nahe bei der Lichtgeschwindigkeit liegen, sind immer größere Energiemengen nötig. Die Grenzgeschwindigkeit c kann überhaupt nicht erreicht werden, da der Nenner in (2.67) für $|\vec{v}| \to c$ gegen 0 strebt. Qualitativ kann das auch so verstanden werden, dass die Trägheit, die das Teilchen aufgrund seiner Masse dem Beschleunigtwerden entgegensetzt, mit wachsender Geschwindigkeit ansteigt, da sich „seine Masse" – worunter jetzt die relativistische Masse verstanden ist – vergrößert. Manche Argumente dieser Art stellen aber bei genauerer Betrachtung eine Mischung aus relativistischen und nichtrelativistischen Sichtweisen dar und laufen sehr leicht auf eine problematische Verkürzung der relativistischen Mechanik hinaus. Um derartige (eigentlich unzulässige) Theoriemischungen zu vermeiden, werden wir sie im weiteren Verlauf unserer Darstellung *nicht* benutzen. Mit dem Begriff „Masse" meinen wir stets die Ruhemasse m – sei es die eines Elementarteilchens oder die eines zusammengesetzten Systems. Auf die Frage, ob und wie sich die Ruhemasse – und mit ihr die Ruheenergie – physikalisch zeigt, werden wir später eingehen (Unterabschnitt 2.3.6, Seite 219).

Die Interpretation von (2.69) als kinetische Energie kann benutzt werden, um die Begriffe der **Arbeit** und der **Kraft** aus der nichtrelativistischen Mechanik in die Spezielle Relativitätstheorie zu übertragen. Wir halten daran fest, dass die an einem Teilchen geleistetet Arbeit die Änderung seiner kinetischen Energie ist, und dass sie als Linienintegral über die Kraft ausgedrückt werden kann (vgl. (1.160)). Nehmen wir versuchsweise an, dass sich die Kraft, die auf ein Teilchen wirkt (in Übertragung der Form (1.100) des zweiten Newtonschen Axioms) als Zeitableitung des *relativistischen* Impulses äußert, so können wir eine Konsistenzüberlegung anstellen: Die Arbeit W, die nötig ist, um ein Teilchen aus der Ruhe zu beschleunigen, bis es die Geschwindigkeit v hat, ist demnach (wir beschränken uns auf eine Bewegung in einer Dimension) durch das Integral

$$W = \int dx\, \frac{dp}{dt} \tag{2.72}$$

über die gesamte Strecke, entlang derer die Beschleunigung stattfindet, gegeben. Nach der Umformung

$$dx\, \frac{dp}{dt} = \frac{dx}{dt}\frac{dp}{du}\,du = du\,u\,\frac{dp}{du}\,, \tag{2.73}$$

wobei $u = dx/dt$ die Geschwindigkeit ist, erhalten wir mit

$$W = \int_0^v du\,u\,\frac{dp}{du} \equiv \int_0^v du\,u\,\frac{d}{du}\,\frac{mu}{\sqrt{1-\frac{u^2}{c^2}}} = \frac{mc^2}{\sqrt{1-\frac{v^2}{c^2}}} - mc^2 \tag{2.74}$$

genau die Differenz (2.69), also die kinetische Energie. (In Aufgabe 35 wird eine analoge Berechnung in drei Dimensionen und für beliebige Beschleunigungen durchgeführt). Damit ist die Konsistenzüberlegung gelungen, und wir halten fest, dass sich die **Kraft** in der Speziellen Relativitätstheorie als **Zeitableitung des** *relativistischen* **Impulses** äußert[28], nicht als Zeitableitung von $m\ddot{\vec{x}}$.

Eine wichtige Beziehung ergibt sich, wenn in den Beziehungen (2.63) und (2.67) die Geschwindigkeit eliminiert wird, um die Energie durch den Impuls auszudrücken. Nach einer kurzen Rechnung folgt mit

$$E = \sqrt{\vec{p}^2 c^2 + m^2 c^4} \tag{2.75}$$

die so genannte **relativistische Energie-Impuls-Beziehung** (Aufgabe 36). Für kleine Geschwindigkeiten erhalten wir aus der Entwicklung

$$E = mc^2 + \frac{\vec{p}^2}{2m} - \frac{|\vec{p}|^4}{8m^3 c^2} + \left(\frac{|\vec{p}|^6}{c^4}\right) \tag{2.76}$$

(Aufgabe 37) als ersten Term die Ruheenergie mc^2, als zweiten Term den nichtrelativistischen Ausdruck $\frac{1}{2m}\,\vec{p}^2$ der Energie als Funktion des Impulses[29] und die restlichen Terme als relativistische Korrekturen. (2.75) weist den Weg zu einer alternativen Beschreibung der Dynamik

---

[28] Achtung: Unter dem Begriff *Kraft* wird in der Speziellen Relativitätstheorie manchmal ein anderes, der Geometrie der Raumzeit angemesseneres Konzept verstanden: die so genannte *Viererkraft*, auf die wir im Unterabschnitt 2.3.7, Seite 227, eingehen werden.

[29] Die Beziehung $E = \frac{1}{2m}\,\vec{p}^2$ stellt die *nichtrelativistische Energie-Impuls-Beziehung* dar.

des freien Teilchens: Wie wir im Abschnitt 1.7 über den Hamiltonformalismus (Seite 148) gelernt haben, ist die Hamiltonfunktion die gemäß (2.66) berechnete Energie, aber durch die Impulse ausgedrückt. Die Hamiltonfunktion des relativistischen freien Teilchens ist daher durch

$$H(\vec{p}) = \sqrt{\vec{p}^2 c^2 + m^2 c^4} \tag{2.77}$$

gegeben. Die Hamiltonschen Gleichungen (Seite 149) lauten, in Komponenten angeschrieben,

$$\dot{x}^j = \frac{\partial H}{\partial p^j} = \frac{c\,p^j}{\sqrt{\vec{p}^2 + m^2 c^2}} \tag{2.78}$$

$$\dot{p}^j = -\frac{\partial H}{\partial x^j} = 0 \tag{2.79}$$

und sind zu (2.54) äquivalent (Aufgabe 38).

In manchen Texten werden Sie die relativistische Energie-Impuls-Beziehung (2.75) in der quadrierten Form

$$E^2 = \vec{p}^2 c^2 + m^2 c^4 \tag{2.80}$$

oder als $E^2 - \vec{p}^2 c^2 = m^2 c^4$ angeschrieben sehen. Der Hintergedanke für diese Schreibweise ist eine reizvolle, auf Paul Adrien Maurice Dirac zurückgehende Idee: Als Gleichung für E aufgefasst, besitzt (2.80) *zwei* Lösungen, eine positive und eine negative. In der Lesart der Quantenfeldtheorie beschreibt die positive ein *Teilchen* und die negative das zugehörige *Antiteilchen* – eine Sichtweise, die sich als eine der wichtigsten theoretischen Entdeckungen in der Teilchenphysik herausgestellt hat.

Eine nützliche Beziehung wird erhalten, wenn in (2.63) und (2.67) der Wurzelterm eliminiert wird. Wir erhalten

$$\vec{v} = c^2 \frac{\vec{p}}{E}, \tag{2.81}$$

was die Geschwindigkeit durch den relativistischen Impuls und die relativistische Energie ausdrückt. In der Teilchenphysik werden Berechnungen in der Regel primär mit den Größen E und $\vec{p}$ durchgeführt und die Geschwindigkeit, wenn sie benötigt wird, mit Hilfe dieser Formel ermittelt.

2.3.2 Masselose Teilchen

Die Analyse der Bewegung freier Teilchen wäre nun komplett, wenn es nicht Teilchen gäbe, die sich mit Lichtgeschwindigkeit bewegen. Es sind dies die **Photonen**, die Lichtteilchen (oder, wenn man so will, die Teilchen, aus denen Lichtsignale bestehen). Sie stellen eigentlich ein quantentheoretisches Konzept dar, aber an dieser Stelle können wir sie uns einfach als punktförmige Teilchen vorstellen. Wie passen sie in die bisher entwickelte Logik der relativistischen Mechanik? Verbietet der Ausdruck (2.67) nicht, dass sich Teilchen mit Lichtgeschwindigkeit bewegen? Die Antwort ist, dass dieser Ausdruck nur für Objekte gilt, die eine Masse $m \neq 0$ besitzen. Versuchen wir unser Glück also mit der Idee, $m = 0$ zu setzen: Das führt zwar in

(2.67) nicht zu einem sinnvollen Ergebnis, aber die relativistische Energie-Impuls-Beziehung (2.75) erlaubt es! Mit $m = 0$ reduziert sie sich auf

$$E = c\,|\vec{p}|\,, \tag{2.82}$$

eine Beziehung, deren Gültigkeit sich für Photonen tatsächlich nachweisen lässt!

Energie und Impuls von Photonen

Wir greifen an dieser Stelle der Quantentheorie vor und erwähnen, dass monochromatisches Licht der Frequenz f und der Wellenlänge λ als aus Photonen bestehend verstanden werden kann, deren Energie und Impuls die Beziehungen

$$E = hf \qquad \text{und} \qquad |\vec{p}| = \frac{h}{\lambda} \tag{2.83}$$

erfüllen. Dabei ist $h = 6.62606896 \cdot 10^{-34}\,\mathrm{kg\,m^2/s}$ das Plancksche Wirkungsquantum, das mit der Planckschen Konstante $\hbar$, die uns im zweiten Band begleiten wird, über die Beziehung $h = 2\pi\hbar$ zusammenhängt. Da für die Frequenz und die Wellenlänge des Lichts stets $\lambda f = c$ gilt, folgt sofort (2.82) als Zusammenhang zwischen der Energie und dem Betrag des Impulses von Photonen. Die Richtung des Impulsvektors fällt mit der Ausbreitungsrichtung des Lichts zusammen.

Wir nennen Photonen daher **masselose Teilchen** und (2.82) die **Energie-Impuls-Beziehung für masselose Teilchen**. Um uns zu vergewissern, dass Teilchen dieser Art konsistent im Rahmen der relativistischen Mechanik beschrieben werden, interpretieren wir (2.82), in der Form

$$H(\vec{p}) = c\,|\vec{p}| \tag{2.84}$$

angeschrieben, als Hamiltonfunktion eines masselosen Teilchens. Die zugehörigen Hamiltonschen Gleichungen lauten

$$\dot{x}^j = \frac{\partial H}{\partial p^j} = \frac{c\,p^j}{|\vec{p}|} \tag{2.85}$$

$$\dot{p}^j = -\frac{\partial H}{\partial x^j} = 0 \tag{2.86}$$

(Aufgabe 39). Die erste Gleichung sagt uns sofort, dass $|\dot{\vec{x}}| = c$ ist, d. h. dass sich masselose Teilchen *stets* mit Lichtgeschwindigkeit bewegen. Mit $|\vec{p}| = E/c$ nimmt sie die gleiche Form an wie die Beziehung (2.81) für massive Teilchen. Wir können daher auch im masselosen Fall die Geschwindigkeit mit Hilfe der Formel

$$\vec{v} = c^2\,\frac{\vec{p}}{E} \tag{2.87}$$

aus dem Impuls und der Energie berechnen. Die zweite Hamiltonsche Gleichung besagt, dass der Impuls erhalten ist. Begreiflicherweise lässt sich der Impuls eines masselosen Teilchens nicht durch seine Geschwindigkeit ausdrücken: Der Versuch, (2.85) nach den Komponenten

p^j aufzulösen, bleibt erfolglos, was nicht verwundert, da ja der Impuls drei Freiheitsgrade besitzt und die Geschwindigkeit, deren Betrag immer gleich c ist, nur zwei. Daher ist es nicht möglich, aus der Hamiltonfunktion (2.84) nach der Vorschrift (1.544) eine Lagrangefunktion zu konstruieren. Auch das überrascht nicht, denn in der Beschreibung durch eine Lagrangefunktion nach herkömmlicher Art müssten wir beliebige Werte von $\vec{x}(0)$ und $\dot{\vec{x}}(0)$ als Anfangsdaten für die Euler-Lagrange-Gleichungen wählen können – was genau wegen der Einschränkung des Betrags der Geschwindigkeit nicht möglich ist. Will man masselose Teilchen im Rahmen des Lagrangeformalismus beschreiben, so muss man zu ausgeklügelteren Konstruktionen übergehen, was wir hier aber nicht tun wollen.

Wir merken noch an, dass die Bezeichnung „masselose Teilchen" insofern nicht ganz glücklich gewählt ist, als sie sich auf den Massenparameter m bezieht, der am Weg von (2.75) zu (2.82) ja 0 gesetzt wurde, und *nicht* auf irgendeine physikalische Größe, die den Zustand des Teilchens beschreibt. Zu sagen, dass „die Ruhemasse des Photons verschwindet", macht physikalisch nicht viel Sinn, da es ja kein Inertialystem gibt, in dem ein Photon ruhen könnte.

Das einzige masselose Elementarteilchen, das die heutige Physik kennt, ist das Photon. Das Neutrino wurde früher ebenfalls für masselos gehalten, aber heute wissen wir, dass das nicht zutrifft.

2.3.3 Wechselwirkungen, Poincaré-Invarianz und Erhaltungsgrößen

Soweit die Analyse freier Teilchen. Interessant wird Physik natürlich erst, wenn Wechselwirkungen ins Spiel kommen. Wir werden dazu in diesem Buch nur so viel sagen, wie es für ein Verständnis der Speziellen Relativitätstheorie (vor allem vom Standpunkt der Mechanik) und ihrer Bedeutung nötig ist. Zur Orientierung darüber, was wir uns *prinzipiell* von relativistischen Modellen erwarten dürfen, wollen wir aber hier einige grundsätzliche Bemerkungen machen.

Ganz analog zu unseren Betrachtungen über die Galilei-Invarianz im Rahmen der klassischen Mechanik müssen relativistische Modelle von Wechselwirkungen der zentralen grundlegenden Forderung der Speziellen Relativitätstheorie genügen, nämlich der Gleichwertigkeit aller Inertialsysteme auf der Basis der bereits ausführlich besprochenen Transformationen, zu denen auch die Geschwindigkeitstransformationen (2.5)–(2.8) gehören. Mathematisch bedeutet das, dass sie sich aus poincaré-invarianten Wirkungsprinzipien ableiten lassen müssen. Alle derartigen Modelle beschreiben *abgeschlossene* Systeme. In der Regel handelt es sich um Modelle, die neben Teilchen auch Felder (oder *nur* Felder) beinhalten, und daher fallen sie aus dem Rahmen der Mechanik heraus. Trotz aller Unterschiede haben Feldtheorien und mechanische Theorien aber eines gemeinsam: Kontinuierliche Symmetrien führen zu Erhaltungssätzen. Dieser Zusammenhang wurde recht ausführlich in einem Exkurs über das Noether-Theorem (Seite 119) besprochen und auf galilei-invariante mechanische Modelle angewandt (Unterabschnitt 1.6.10, Seite 143). Ersetzen wir die Forderung nach Galilei-Invarianz durch die Forderung nach Poincaré-Invarianz, so erhalten wir nach wie vor 10 Erhaltungsgrößen, von denen die wichtigsten vier die Energie (als Folge der Invarianz unter Zeittranslationen) und die drei Komponenten des Impulses (als Folge der Invarianz unter räumlichen Translationen) sind. Der Invarianz unter räumlichen Drehungen entspricht die Erhaltung des relativistischen Drehumpulses, der für ein einzelnes freies Teilchen durch die gleiche Formel (1.102) definiert ist wie der Drehimpuls in der nichtrelativistischen Mechanik, wobei aber nun $\vec{p}$ für den relativistischen Impuls steht. Die Invarianz unter Lorentzschen Geschwindigkeitstransformationen führt auf eine relativistische Version der Erhaltung der Schwerpunktsbewegung. Beachten Sie, dass sich die Erhaltungsgrößen, die wir hier mit Energie, Impuls und Drehimpuls bezeichnet haben, auf das *Gesamtsystem* beziehen, also auch Anteile, die von den Feldern herrühren, beinhalten. (Die Analyse der von der Poincaré-Invarianz herrührenden Erhaltungsgrößen kann zur Kontrolle natürlich auch für das einzelne freie relativistische Teilchen (2.59) durchgeführt werden, siehe Aufgabe 40).

Auch wenn diese Ausführungen auf Systeme verwiesen haben, die die Dynamik von Feldern beinhalten und daher nicht in die Mechanik fallen, merken Sie sich bitte vor allem Folgendes:

> **Energie- und Impulserhaltung in relativistischen Modellen**
> Ganz allgemein können wir in *jedem* relativistischen Modell von wechselwirkenden Teilchen und Feldern mit einer **erhaltenen Gesamtenergie** und einem **erhaltenen Gesamtimpuls** rechnen (wobei auch die Felder Energie und Impuls tragen), ganz unabhängig davon, wie kompliziert das Modell ist und wie kompliziert Energie und Impuls von den dynamischen Variablen abhängen.

2.3.4 Relativistische Bewegung im äußeren elektromagnetischen Feld

Vom Standpunkt der Mechanik wäre der nächste Schritt, zum Studium relativistischer Modelle der Wechselwirkungen *zwischen Teilchen* übergehen. Das wäre allerdings ein wesentlich schwierigeres Unterfangen als die Modellierung galilei-invarianter Wechselwirkungen (etwa der Newtonschen Gravitationskräfte) in der nichtrelativistischen Physik, und zwar mit einem guten Grund: Er besteht darin, dass die relativistische Physik, wie bereits des Öfteren erwähnt, Wechselwirkungen durch *Felder* vermittelt sieht. Instantane Kraftwirkungen über räumliche Distanzen (wie sie etwa vom Newtonschen Gravitationsgesetz angenommen werden) sind verboten, denn mit ihrer Hilfe könnte man unendlich schnelle Signale versenden. Das Paradebeispiel ist die elektromagnetische Wechselwirkung: Ein elektrisch geladenes Teilchen erzeugt ein elektromagnetisches Feld, das sich mit Lichtgeschwindigkeit ausbreitet und wiederum auf ein anderes geladenes Teilchen einwirkt. Der Standpunkt der Mechanik bestünde darin, die Wechselwirkung so zu formulieren, dass das Feld gar nicht mehr auftritt[30]. In gewissem Ausmaß gelingt es, Felder dieser Art mathematisch zu eliminieren, so dass sie sich in der Lagrangefunktion nicht mehr bemerkbar machen, aber das ist ein umständliches – und der heutigen Sicht der Dinge nicht angemessenes – Verfahren, das obendrein zu komplizier-

---

[30] Ein bisschen in diese Richtung geht die Lagrangefunktion (1.498) für das elektromagnetische Zweiteilchenproblem. Sie stellt allerdings nur eine Näherung für kleine Geschwindigkeiten dar. Selbst wenn die nichtrelativistischen Ausdrücke für die kinetischen Energien durch Terme der Form (2.59) ersetzt werden, ändert sich daran nichts.

ten Ergebnissen führt (wie etwa Lagrangefunktionen, die von der gesamten Vorgeschichte der beteiligten Teilchen abhängen).

Leichter zu beschreiben ist die relativistische Bewegung eines geladenen Teilchens in einem gegebenen (also äußeren) elektromagnetischen Feld. Wie bisher, wenn elektromagnetische Felder in diesem Buch auftraten, wie in (1.26), (1.28), (1.40), (1.495), (1.496) und (1.497), müssen wir Sie bitten, uns vorläufig die Art und Weise, wie sie auf Teilchen wirken, zu glauben. Die Eigenschaften dieser Felder werden im dritten Band genauer behandelt. Gehen wir an dieser Stelle davon aus, dass das elektrische Feld $\vec{E} \equiv \vec{E}(t,\vec{x})$ und das magnetische Feld $\vec{B} \equiv \vec{B}(t,\vec{x})$ durch zwei Größen, die mit $\phi \equiv \phi(t,\vec{x})$ und $\vec{A} \equiv \vec{A}(t,\vec{x})$ bezeichnet werden[31] (das skalare Potential und das Vektorpotential) gemäß (1.497) ausgedrückt werden können. Wir akzeptieren ϕ und $\vec{A}$ als fest vorgegeben und erinnern uns, dass die nichtrelativistische Bewegung im äußeren elektromagnetischen Feld durch die Lagrangefunktion (1.496) beschrieben wird. Die zugehörigen Bewegungsgleichungen sind (1.495). Sie beschreiben die (nichtrelativistische) Teilchenbewegung unter der Wirkung der Lorentzkraft. Die *relativistische* Lagrangefunktion für ein Teilchen im elektromagnetischen Feld erhalten wir aus (1.496), indem der Ausdruck $\frac{m}{2}\dot{\vec{x}}^2$ für die nichtrelativistische kinetische Energie durch (2.59) ersetzt wird:

$$L\left(\vec{x},\dot{\vec{x}},t\right) = -mc^2\sqrt{1-\frac{\dot{\vec{x}}^2}{c^2}} - q\,\phi(t,\vec{x}) + q\,\dot{\vec{x}}\cdot\vec{A}(t,\vec{x})\,. \tag{2.88}$$

Die Terme mit den Potentialen müssen beim Übergang von der nichtrelativistischen Mechanik zur Speziellen Relativitätstheorie nicht abgeändert werden. Um zu überprüfen, dass es sich dabei tatsächlich um ein relativistisches Modell handelt, müssten wir einen Anteil dazuschreiben, der die Dynamik der Felder beschreibt, und dann die Poincaré-Invarianz des durch die vollständige Lagrangefunktion definierten Wirkungsprinzips zeigen. Wir bitten Sie, uns zu glauben, dass das tatsächlich gemacht werden kann[32]. Die 10 Erhaltungsgrößen, die aus der Poincaré-Invarianz folgen (allen voran Energie und Impuls) gelten für das Gesamtsystem (Teilchen + Feld), nicht für das Teilchen alleine, und sie werden für unser Modell, das die Dynamik der Felder außer Acht lässt, unsichtbar bleiben. Nur in Ausnahmefällen (wenn die Felder Symmetrien aufweisen – wir werden gleich einige derartige Fälle kennen lernen) treten Erhaltungsgrößen für die Teilchen *alleine* auf. Aus experimenteller Sicht sind die Bewegungsformen, die sich aus (2.88) im Rahmen seiner Anwendbarkeit[33] ergeben, bestens überprüft,

---

[31] In der Relativitätstheorie ist es üblich, bei raumzeitlichen Abhängigkeiten zuerst die Zeit anzuschreiben, also Funktionen in der Form $f \equiv f(t,\vec{x})$ anzugeben statt des vertrauteren $f \equiv f(\vec{x},t)$. Das rührt daher, dass die Zeit als „nullte" Koordinate angesehen wird – siehe (2.136) weiter unten – und soll Sie nicht weiter stören.

[32] Der Grund dafür, dass wir das hier nicht durchführen können, liegt lediglich darin, dass erst im dritten Band beschrieben wird, wie sich das elektromagnetische Feld unter einem Wechsel des Inertialsystems ändert. Wir werden dort erkennen, dass Maxwells Theorie des Elektromagnetismus von Beginn an eine relativistische Theorie war, obwohl sie *vor* der Entwicklung der Relativitätstheorie natürlich nicht so genannt wurde. Dennoch hat dieser Umstand dazu beigetragen, die Idee der Galilei-Invarianz zu überwinden. Einsteins erste Veröffentlichung zur Relativitätstheorie aus dem Jahr 1905 trägt nicht zufällig den Titel „Zur Elektrodynamik bewegter Körper".

[33] Wir betonen noch einmal, dass es sich dabei – wie so oft – um eine Näherung handelt: Da das elektro-

und tagtäglich werden sie aufs Neue etwa im Röhrenfernseher und in den Teilchchenbeschleunigern bestätigt.

Der Impuls, dessen Komponenten als Ableitungen von (2.88) nach den Komponenten der Geschwindigkeit berechnet werden, ergibt sich zu

$$\vec{\mathscr{P}} = \frac{m\dot{\vec{x}}}{\sqrt{1 - \frac{\dot{\vec{x}}^2}{c^2}}} + q\vec{A}(t,\vec{x}) \equiv \vec{p} + q\vec{A}(t,\vec{x})\,. \tag{2.89}$$

Da er nicht mit dem relativistischen Impuls (2.63) übereinstimmt, schreiben wir ihn mit dem Symbol $\vec{\mathscr{P}}$ an. Er heißt *kanonischer Impuls*[34], während mit dem Symbol $\vec{p}$ nach wie vor der *relativistische Impuls* (2.63) bezeichnet wird. Die Euler-Lagrange-Gleichungen lauten

$$\dot{\vec{p}} \equiv \frac{d}{dt} \frac{m\dot{\vec{x}}}{\sqrt{1 - \frac{\dot{\vec{x}}^2}{c^2}}} = q\left(\vec{E}(t,\vec{x}) + \dot{\vec{x}} \times \vec{B}(t,\vec{x})\right) \tag{2.90}$$

(Aufgabe 42). Sie beschreiben die Bewegung eines geladenen Teilchens im äußeren elektromagnetischen Feld. Beachten Sie, dass diese Beziehung – wie erwartet – *nicht* die Form $m\ddot{\vec{x}} = \vec{F}$ des zweiten Newtonschen Axioms hat[35]. Wie bereits früher bemerkt wurde (Seite 207), äußert sich die Kraft in der Speziellen Relativitätstheorie als Zeitableitung des relativistischen Impulses und nicht als Zeitableitung von $m\dot{\vec{x}}$. Daher stellt (2.90) eine typische relativistische Bewegungsgleichung dar: Die Zeitableitung des relativistischen Impulses (linke Seite) ist gleich der (durch äußere Felder ausgeübten) Kraft (rechte Seite)[36]. Für Geschwindigkeiten, die sehr klein gegenüber c sind, können wir den Quotienten $\dot{\vec{x}}^2/c^2$ unter der Wurzel vernachlässigen und erhalten (1.495) als „nichtrelativistischen Grenzfall" von (2.90). Verschwinden die Felder ($\vec{E} = \vec{B} = 0$), so ergibt sich die freie Bewegung (2.65) und damit (2.54).

Eine allgemeine Eigenschaft der Bewegungsgleichung ergibt sich, indem das Skalarprodukt mit $\dot{\vec{x}}$ gebildet wird. Nach einer kurzen Rechnung (Aufgabe 43) finden wir

$$\frac{d}{dt} \frac{mc^2}{\sqrt{1 - \frac{\dot{\vec{x}}^2}{c^2}}} = q\,\dot{\vec{x}} \cdot \vec{E}(t,\vec{x})\,. \tag{2.91}$$

---

magnetische Feld als fest vorgegeben behandelt wird, kann (2.88) zwar dessen Wirkung auf das Teilchen beschreiben, nicht aber die Wirkung des Teilchens auf das Feld, die so genannte Strahlungsrückwirkung. Sie besteht, kurz gesagt, darin, dass ein beschleunigtes geladenes Teilchen ein elektromagnetisches Feld abstrahlt und dadurch Energie verliert.

[34] *Kanonisch* heißt er, weil er beim Übergang zum Hamiltonformalismus herangezogen werden muss und dort gemeinsam mit den Komponenten $\vec{x}$ des Ortsvektors die *kanonischen Variablen* bildet (siehe Seite 148). Der Zusatzterm tritt übrigens auch in der nichtrelativistischen Variante (1.496) auf, siehe (1.539). In Aufgabe 41 werden die Hamiltonfunktionen für (1.496) und (2.88) berechnet.

[35] Die Bewegungsgleichung (2.90) kann – rein formal – nach der Beschleunigung $\ddot{\vec{x}}$ aufgelöst und nach der Art des zweiten Newtonschen Axioms angeschrieben werden. Damit ist aber eine unpraktikable Unterscheidung zwischen einer „longitudinalen" und einer „transversalen" Masse, die beide von der Geschwindigkeit abhängen, und die Sie in älteren Texten finden können, verbunden.

[36] Wir erwähnen zur Sicherheit noch einmal, dass unter dem Begriff *Kraft* in der Speziellen Relativitätstheorie manchmal ein anderes Konzept verstanden wird: die so genannte *Viererkraft*, auf die wir im Unterabschnitt 2.3.7, Seite 227, eingehen werden.

Die linke Seite ist die zeitliche Änderungsrate der relativistischen Energie (und damit der kinetischen Energie). Daher stellt sie die Arbeit dar, die das Feld an einem geladenen Teilchen verrichtet. Da das Magnetfeld hier nicht auftritt, schließen wir, dass ein äußeres Magnetfeld an einem geladenen Teilchen keine Arbeit verrichtet. Für die Bewegung in einem elektrostatischen (d. h. zeitunabhängigen elektrischen) Feld (in dem $\vec{B} = 0$ und $\vec{A} = 0$ gilt, und in dem das skalare Potential ϕ nicht von der Zeit abhängt) folgt daraus (Aufgabe 44)

$$\frac{d}{dt}\left(\frac{mc^2}{\sqrt{1 - \frac{\dot{\vec{x}}^2}{c^2}}} + q\,\phi(\vec{x})\right) = 0. \tag{2.92}$$

Wir können diese Beziehung als die Erhaltung der Gesamtenergie (Ruheenergie + kinetische Energie + potentielle Energie im elektrostatischen Feld) interpretieren[37].

Die Bewegung im äußeren elektromagnetischen Feld kann dazu genutzt werden, um zu definieren, was unter dem Begriff der *Masse* in der Speziellen Relativitätstheorie eigentlich verstanden werden soll. Das einfachste Szenario, das diesem Zweck dient (und das wir später benutzen werden), ist folgendes: Wir nehmen an, dass die Geschwindigkeit eines Teilchens zu einem bestimmten Zeitpunkt t_0 verschwindet. Um das sicherzustellen, können wir $\dot{\vec{x}}(t_0) = 0$ als Anfangsbedingung vorgeben. In diesem Augenblick erfährt das Teilchen durch das elektromagnetische Feld die Bescheunigung[38]

$$\ddot{\vec{x}}(t_0) = \frac{q}{m}\,\vec{E}(\vec{x}_0), \tag{2.93}$$

wobei $\vec{x}_0$ sein Ort zur Zeit t_0 ist ($\vec{x}(t_0) = \vec{x}_0$). Sind der Feldwert $\vec{E}(\vec{x}_0)$, die Ladung q und die Beschleunigung bekannt, so kann m ermittelt werden. Damit ist gezeigt, dass die Masse (in ihrer Eigenschaft als *träge* Masse) in der Speziellen Relativitätstheorie ebenso wie in der Newtonschen Theorie den Widerstand gegen das Beschleunigtwerden (also die Trägheit) ausdrückt, allerdings nur *im Augenblick momentaner Ruhe*[39].

Wir wollen nun die Bewegungsgleichung (2.90) für zwei interessante Fälle lösen:

- **Teilchenbewegung im homogenen zeitunabhängigen elektrischen Feld**[*]
  Wir setzen $\vec{B} = 0$ und legen das Koordinatensystem so, dass $\vec{E}$ in die z-Richtung weist,

---

[37] Der Ausdruck in der Klammer ist übrigens der Wert der (durch die Geschwindigkeit ausgedrückten) Hamiltonfunktion für die Bewegung im elektrostatischen Feld.

[38] Sie wird aus (2.90) bestimmt, indem die Zeitableitung ausgeführt und danach (für *einen* Zeitpunkt) $\dot{\vec{x}} = 0$ gesetzt wird. Auf der linke Seite verschwinden alle Terme bis auf $m\ddot{\vec{x}}$, auf der rechten Seite verschwindet der Term mit dem Magnetfeld. Daraus ergibt sich unmittelbar (2.93).

[39] Es soll hier nicht stören, dass das Teilchen eine elektrische Ladung besitzen muss. Ähnliche Überlegungen können auch mit mechanischen Kräften angestellt werden.

also dass[40]

$$\vec{E} = \begin{pmatrix} 0 \\ 0 \\ \mathscr{E} \end{pmatrix} \tag{2.94}$$

gilt, wobei $\mathscr{E}$ räumlich und zeitlich konstant ist. Dieses (elektrostatische) Feld wird durch das skalare Potential $\phi(\vec{x}) = -\mathscr{E}z$ erzeugt. Mit (2.92) folgt

$$\frac{1}{\sqrt{1 - \frac{\dot{\vec{x}}^2}{c^2}}} = K + \frac{\mathscr{E}}{mc^2}z, \tag{2.95}$$

wobei K eine Konstante ist, die durch eine Verschiebung der z-Koordinate zu 0 gemacht werden kann. Damit wird die dritte Komponente der Bewegungsgleichung (2.90) zu einer Differentialgleichung für $z \equiv z(t)$ alleine, deren Lösung nach einer Verschiebung der Zeitvariable

$$z(t) = c\sqrt{t^2 + k} \tag{2.96}$$

lautet, wobei $k > 0$ eine Konstante ist. Wird dies in dies Bewegungsgleichung eingesetzt, so ergeben sich zwei entkoppelte Differentialgleichungen für $x \equiv x(t)$ und $y \equiv y(t)$, deren Lösungen (nach Verschiebungen dieser Koordinaten)

$$x(t) = a\ln\left(t + \sqrt{t^2 + k}\right) \tag{2.97}$$

$$y(t) = b\ln\left(t + \sqrt{t^2 + k}\right) \tag{2.98}$$

lauten, wobei a und b Konstanten sind[41]. Zuletzt bleibt noch die Bedingung (2.95) für $K = 0$ zu erfüllen, woraus sich die Bedingung

$$c^2 k = a^2 + b^2 + \left(\frac{mc^2}{q\mathscr{E}}\right)^2 \tag{2.100}$$

ergibt. Neben den Konstanten a und b bleiben die Freiheiten, Verschiebungen in x, y und z sowie in der Zeitvariable t durchzuführen (d. h. deren Nullpunkte zu ändern). Das macht insgesamt 6 freie Konstanten, die durch die Anfangsdaten ausgedrückt werden

---

[40] Wir halten uns in diesem Buch so eng wie möglich an die in der Physik übliche Bezeichnungsweise, die leider daran krankt, dass es zu wenig Buchstaben gibt. Die z-Komponente des konstanten elektrischen Feldes wird hier $\mathscr{E}$ genannt, um sie von der Energie, die mit dem Buchstaben E bezeichnet wird, zu unterscheiden. Das Symbol $\vec{E}$ – mit Vektorpfeilchen – steht immer für den elektrischen Feldvektor.

[41] Sollte es Sie – berechtigterweise – stören, dass hier der Logarithmus einer Zeit gebildet wird, so ersetzen Sie die Ausdrücke $\ln\left(t + \sqrt{t^2 + k}\right)$ durch

$$\ln\left(\frac{t + \sqrt{t^2 + k}}{t_0}\right) \tag{2.99}$$

für eine beliebige Konstante t_0, die die Dimension einer Zeit hat. Dadurch werden lediglich die Koordinaten x und y erneut verschoben.

können – womit die *allgemeine* Lösung gefunden ist (Aufgabe 45). Die Bewegung (2.96) in Feldrichtung ist eine schöne Illustration der Tatsache, dass sich ein massives Teilchen stets langsamer als das Licht bewegt: Obwohl das elektrische Feld zu jeder Zeit und an jedem Raumpunkt gleich ist (und daher nach Newtonscher Auffassung eine unbegrenzte Beschleunigung stattfinden sollte), wird das Teilchen in z-Richtung zwar immer schneller, erreicht jedoch c nie. Obwohl also – Newtonsch gedacht – die Kraft stets die gleiche bleibt (wenn doch das Feld stets das gleiche ist), findet doch *keine* gleichmäßige Beschleunigung statt. Das unterstreicht noch einmal, dass das zweite Newtonsche Axiom in seiner ursprünglichen Formulierung in der Speziellen Relativitätstheorie *nicht* mehr gilt. Die Geschwindigkeiten in der x- und y-Richtung fallen hingegen mit der Zeit ab. Da (2.97) und (2.98) Vielfache voneinander sind, findet die Bewegung in einer auf die xy-Ebene normal stehenden Ebene statt. (Durch eine Drehung des Koordinatensystems könnte man $b = 0$ erreichen und damit die Bewegung auf die xz-Ebene einschränken). Das Quadrat des Geschwindigkeitsvektors zur Zeit t ist durch

$$\dot{\vec{x}}^2 = \frac{c^2 t^2 + a^2 + b^2}{t^2 + k} = c^2 - \frac{m^2 c^4}{q^2 \mathcal{E}^2 (t^2 + k)} \qquad (2.101)$$

gegeben, nähert sich also mit einer charakteristischen Zeit $mc/(q\mathcal{E})$ dem Grenzwert c^2. Die kinetische Energie (2.69) steigt dabei unbegrenzt an.

Der nichtrelativistische Grenzfall wird am besten direkt aus der Bewegungsgleichung erhalten, indem $\dot{\vec{x}}^2/c^2 \to 0$ gesetzt wird. Es ergibt sich dann ein zur Bewegung im homogenen Schwerefeld äquivalentes Differentialgleichungssystem (vgl. (1.68)): Das Teilchen erfährt in z-Richtung die konstante Beschleunigung $q\mathcal{E}/m$.

- **Teilchenbewegung im homogenen zeitunabhängigen Magnetfeld** *
  Wir setzen $\vec{E} = 0$ und legen das Koordinatensystem so, dass $\vec{B}$ in die z-Richtung weist, also dass

$$\vec{B} = \begin{pmatrix} 0 \\ 0 \\ B \end{pmatrix} \qquad (2.102)$$

gilt, wobei B räumlich und zeitlich konstant ist. Die Lösung der (doch recht kompliziert aussehenden) Bewegungsgleichung ist einfacher, als man zunächst erwarten würde: Da $\vec{E} = 0$ ist, folgt aus (2.91), dass der Betrag der Geschwindigkeit konstant ist. (2.90) nimmt damit effektiv die Form einer Newtonschen Bewegungsgleichung mit einer zu $\dot{\vec{x}} \times \vec{B}$ proportionalen Kraft an. Wegen (2.102) ist der Beschleunigungsvektor parallel zur xy-Ebene, woraus sofort $\ddot{z} = 0$ folgt: Die Bewegung in die Richtung des Magnetfelds ist gleichförmig. Weiters ist der Beschleunigungsvektor immer orthogonal zur Geschwindigkeit, was uns vermuten lässt, dass die auf die xy-Ebene projizierte Bewegung eine gleichförmig Kreisbewegung ist[42]. Wir machen den Ansatz

$$\vec{x}(t) = \begin{pmatrix} R\cos(\omega t) \\ R\sin(\omega t) \\ z_0 + v_{z0}\,t \end{pmatrix}, \qquad (2.103)$$

setzen ihn in die Bewegungsgleichung ein und finden, dass er eine Lösung angibt, wenn

$$\omega = -\frac{qB}{m}\sqrt{1-\frac{v^2}{c^2}} = -\frac{qB\sqrt{1-\frac{v_{z0}^2}{c^2}}}{\sqrt{m^2 + \frac{q^2B^2R^2}{c^2}}} \qquad (2.104)$$

gilt, wobei

$$v = \sqrt{\omega^2 R^2 + v_{z0}^2} \qquad (2.105)$$

der (zeitlich erhaltene) Betrag der Geschwindigkeit ist (Aufgabe 46). Die Lösung enthält drei freie Konstanten z_0, v_{z0} (wobei $|v_{z0}| < c$ sein muss) und $R \geq 0$, zu denen noch die Freiheit hinzukommt, den Mittelpunkt des Kreises zu verschieben und t durch $t - t_0$ zu ersetzen (also den Nullpunkt der Zeit zu ändern). Das macht insgesamt 6 freie Konstanten, die durch die Anfangsdaten ausgedrückt werden können – womit die *allgemeine* Lösung gefunden ist. Für $R > 0$ vollführt das Teilchen eine Schraubenbewegung, die (in der Aufsicht) für $qB > 0$ im Uhrzeigersinn, für $qB < 0$ im Gegenuhrzeigersinn verläuft. In Aufsicht sieht die Bahnkurve dann wie ein Kreis mit Radius R aus. Durch eine (beliebige) Wahl von R ist ω festgelegt. Für $R = 0$ entsteht eine gleichförmige Bewegung in z-Richtung. Sind das Magnetfeld und die Bahndaten bekannt, so kann diese Bewegung benutzt werden, um das Verhältnis Ladung zu Masse (q/m) eines Teilchens zu messen.

Im nichtrelativistischen Grenzfall (den wir durch $v/c \to 0$ bzw. durch $c \to \infty$ erhalten) reduziert sich (2.104) auf

$$\omega = -\frac{qB}{m}, \qquad (2.106)$$

die so genannte *Zyklotronfrequenz*. In diesem Fall ist ω unabhängig von der Umlaufgeschwindigkeit.

Verallgemeinerungen dieser beiden Beispiele auf elektromagnetische Felder, die vom Ort und von der Zeit abhängen, sind von entscheidender Bedeutung in der Technologie der Teilchenbeschleuniger.

---

[42] Vgl. die Diskussion der gleichförmigen Kreisbewegung auf Seite 8.

2.3.5 Relativistische Stoßgesetze

Neben der Bewegung von Teilchen in äußeren Feldern gibt es in der Speziellen Relativitätstheorie eine weitere Möglichkeit, grundlegende Eigenschaften von Wechselwirkungen zu studieren, nämlich die Betrachtung von Stoßprozessen von Teilchen. Sie ist besonders nützlich bei der Diskussion der Bedeutung der Ruheenergie mc^2 im Ausdruck (2.67). Vom Standpunkt der klassischen Mechanik könnte man ja meinen, dieser Beitrag mc^2 sei eine belanglose Konstante, die sich nicht bemerkbar macht, also ein „mathematisches Artefakt", das man genausogut weglassen könnte. Tatsächlich hat aber die Physik des zwanzigsten Jahrhunderts herausgefunden, dass die Identität von Elementarteilchen gar nicht so stabil ist wie ihr Name vermuten lässt: Sie können ineinander *umgewandelt* werden und dabei ihre Massen (und damit ihre Ruheenergien) verändern. Ein berühmtes Beispiel ist der inverse Beta-Zerfall $p + e^- \rightarrow n + \nu_e$, bei dem ein Proton ein Elektron „einfängt" und dabei ein Neutron und ein Neutrino herauskommen (ein Prozess, der zur Bildung von Neutronensternen führt). Die Summen der Massen (und damit der Ruheenergien) vor und nach der Reaktion sind nicht gleich! Wir sind also darauf vorbereitet, dass sich die Ruheenergie physikalisch sehr wohl zeigt, und dass wir sie als einen integralen Bestandteil der Energie betrachten müssen.

Die Idee der Stoßprozesse ist folgende: Wir betrachten modellmäßig Wechselwirkungen, die nur dann stattfinden, wenn die an ihr teilnehmenden Teilchen einander *sehr nahe* sind. Nach kurzer Zeit ist der Wechselwirkungsprozess vorbei, und die Teilchen (oder andere, in die die ursprünglichen umgewandelt wurden) entfernen sich voneinander. Weiters nehmen wir an, dass allfällige Felder, die beim eigentlichen Wechselwirkungsprozess auftreten, danach effektiv keine Rolle mehr spielen, also auch keinen Impuls und keine Energie mehr tragen, die berücksichtigt werden müssten. Unter den vier fundamentalen Wechselwirkungen, die die heutige Physik kennt, sind zwei (nämlich die *schwache* und die *starke*) von diesem Typ. Bei der *elektromagnetischen* Wechselwirkung, die über große Distanzen wirkt, müssen wir ein bisschen aufpassen, damit das Feld nicht Energie und Impuls davonträgt, die uns dann fehlen. Das wird üblicherweise durch die Interpretation des Feldes als Teilchen (Photonen), die in die Bilanz mit einbezogen werden, erreicht[43]. Die vierte, die *gravitative* Wechselwirkung, wollen wir hier ganz beiseite lassen. Ohne die genauen Details von Prozessen dieser Art kennen zu müssen, können wir die Rolle, die der relativistische Impuls und die relativistische Energie spielen, zumindest in der Zeit *vor* und in der Zeit *nach* der Reaktion studieren. Wir müssen uns dabei nicht auf Elementarteilchen beschränken, sondern können auch durchaus an makroskopische Körper denken, die ja aus vielen Elementarteilchen zusammengesezt sind.

Nehmen wir also an, ein bestimmter Typ von Wechselwirkung werde ganz im Einklang mit der Speziellen Relativitätstheorie beschrieben und erlaube *Stoßprozesse* des angenommenen Typs. Dann können wir – wie im Unterabschnitt 2.3.3 (Seite 210) argumentiert – mit einer erhaltenen Gesamtenergie und einem erhaltenen Gesamtimpuls rechnen. Sind die Teilchen

---

[43] Erst die Kombination der relativistischen mit der quantentheoretischen Betrachtung fundamentaler Wechselwirkungen macht diese unpraktische Unterscheidung zwischen Teilchen und Feldern hinfällig. Die Theorie ist dann eine *Quantenfeldtheorie*, in der es nur mehr Felder gibt, die sich in gewissen experimentellen Situationen als Teilchen zeigen.

(oder Körper) weit voneinander entfernt und spüren die Werchselwirkungen nicht mehr, so werden sie als frei betrachtet, womit sich die Werte der Gesamtenergie und des Gesamtimpulses auf die *Summen* der Energien und Impulse der einzelnen Teilchen oder Körper reduzieren. Diese Summen müssen also *vor* dem Stoßprozess die gleichen wie *nach* dem Stoßprozess sein – eine Aussage, die als **relativistische Stoßgesetze** bekannnt ist. Formal können sie in der Form

$$E^{\text{tot}}_{\text{vorher}} = E^{\text{tot}}_{\text{nachher}} \tag{2.107}$$

$$\vec{p}^{\,\text{tot}}_{\text{vorher}} = \vec{p}^{\,\text{tot}}_{\text{nachher}} \tag{2.108}$$

angeschrieben werden, wobei im Unterschied zu den nichtrelativistischen Stoßgesetzen (Seite 64) nun die relativistischen Versionen (2.67) und (2.63) von Energie und Impuls zu nehmen sind.

2.3.6 Die Äquivalenz von Masse und Energie

Nun stehen uns alle nötigen Ingedienzien zur Verfügung, um die Frage nach der Bedeutung der Ruheenergie zu diskutieren. Dazu betrachten wir zunächst ein System aus zwei Teilchen, die beide die Masse m haben und genau aufeinander zu laufen. Wir beschreiben es aus der Sicht jenes Ineratialsystems, in dem sie sich entlang der x-Achse mit entgegengesetzten Geschwindigkeiten $-u$ und u bewegen und schließlich im Ursprung zusammenstoßen werden. Der Gesamtimpuls des Systems (wir schreiben nur seine x-Komponente auf) ist

$$p^{\text{tot}} = \frac{mu}{\sqrt{1 - \frac{u^2}{c^2}}} - \frac{mu}{\sqrt{1 - \frac{u^2}{c^2}}} = 0 \tag{2.109}$$

(also die Summe der relativistischen Impulse der beiden Teilchen). Ein Intertialsystem, in dem der Gesamtimpuls verschwindet, wird auch als *Schwerpunktsystem* bezeichnet. Die Gesamtenergie des Systems ist

$$E^{\text{tot}} = \frac{2mc^2}{\sqrt{1 - \frac{u^2}{c^2}}} \tag{2.110}$$

(also die Summe der relativistischen Energien der beiden Teilchen). Bevor wir die Teilchen kollidieren lassen, wollen wir eine einfache, aber vielleicht überraschende Frage stellen: Welche *Masse* besitzt das System *als Ganzes*? In der Newtonschen Mechanik wäre die Antwort auf eine solche Frage klarerweise, dass die Gesamtmasse gleich der Summe der Einzelmassen, also $2m$ ist. Woher kommt diese Antwort eigentlich? Ist diese *Additivität der Masse* in der nichtrelativistischen Mechanik ein Postulat (das wir im vorigen Kapitel nur aus Nachlässigkeit nicht formuliert haben) oder kann sie bewiesen werden? Im folgenden kleinen Exkurs soll das erst einmal geklärt werden.

Exkurs[*]

Die Masse in der nichtrelativistischen Mechanik:
Wiederholen wir zwei Eigenschaften der Masse, wie sie bei der Besprechung der nichtrelativistischen Mechanik im ersten Kapitel aufgetreten sind:

- Die Masse eines Körpers ist ein Maß dafür, welchen Winderstand (d. h. welche Trägheit) er dem Beschleunigtwerden entgegensetzt. Das ergibt sich direkt aus dem zweiten Newtonschen Axiom: Ist die Kraft $\vec{F}$, die auf einen Körper wirkt, bekannt, und wurde die Beschleunigung[44] $\ddot{\vec{x}}$, die er durch diese Kraftwirkung erfährt, gemessen, so ist die Masse m der Proportionalitätsfaktor, der in der Beziehung $\vec{F} = m\ddot{\vec{x}}$ auftritt. Auf diese Weise kann die Masse gemessen werden[45].

- Die Gesamtmasse eines Systems, das aus mehreren Teilsystemen besteht, ist gleich der Summe der Massen dieser Teilsysteme.

Die zweite Eigenschaft wurde gleich zu Beginn der Besprechung von Mehrteilchensystemen benutzt, siehe (1.184), und sie hat zu einem konsistenten Bild der Dynamik geführt. Sie muss nicht vorausgesetzt werden – denn man kann sie *beweisen*: Wird ein Mehrteilchensystem einer äußeren Kraft unterworfen, so wird sein Widerstand gegen das Beschleunigtwerden durch eben diese Gesamtmasse ausgedrückt. In der Newtonschen Formulierung der Mechanik zeigt sich das in der Beziehung (1.191). Im Rahmen des Lagrangeformalismus hat sich die Additivität der Masse anhand eines Zweiteilchensystems im Detail gezeigt, ohne dass wir sie vorausgesetzt hätten: Nachdem die Lagrangefunktion (1.438) für das gravitative Zweikörperproblem (Unterabschnitt 1.6.7, Seite 127) durch die Schwerpunkts- und Relativkoordinaten ausgedrückt wurde, nahm sie die Form (1.443) an. Im kinetischen Term $\frac{M}{2}\dot{\vec{X}}^2$, der die Schwerpunktsbewegung beschreibt, trat mit $M = m_1 + m_2$ ganz automatisch die *Summe* der Massen der beteiligten Körper auf. Wird ein solches Zweiteilchensystem einer zusätzlichen Kraft ausgesetzt, so muss zur Lagrangefunktion (1.443) eine zusätzliche potentielle Energie addiert werden, was genau wieder zu einer Schwerpunktsbewegung der Form (1.191) führt. Rechnerisch beruhen diese Ergebnisse auf der Tatsche, dass die Geschwindigkeit in die nichtrelativistische kinetische Energie *quadratisch* eingeht[46]. Für die relativistische Energie (2.67) ist das *nicht* der Fall, so dass wir also nicht automatisch damit rechnen können, dass auch im Rahmen der Speziellen Relativitätstheorie die Gesamtmasse eines zusammengesetzten Systems gleich der Summe der Einzelmassen ist!

Damit ist geklärt, dass die Additivität der Masse, so plausibel sie uns auch erscheinen mag, keine logische Selbstverständlichkeit ist, sondern aus dem zentralen Postulat der Newtonschen Mechanik folgt. Kehren wir nun zu unserem relativistisch behandelten System zweier aufeinander zu laufender Teilchen zurück: Welche Masse besitzt es? Wir beantworten diese Frage nicht aufgrund des Gefühls, dass es sich doch auch um die Summe der Einzelmassen handeln muss, sondern wenden das Kriterium an, das wir bei der Besprechung der relativisti-

---

[44] Handelt es sich um einen makroskopischen Körper, so ist $\vec{x}$ der Ort seines Massenmittelpunkts.

[45] Da wir uns hier auf die Masse in ihrer Eigenschaft als *träge Masse* beziehen, wollen wir sie nicht einfach auf die Waage legen, sondern über die Trägheit messen.

[46] Sehen Sie sich die Berechnungen, die zu (1.191) und (1.443) führen, noch einmal genau an!

schen Teilchenbewegung im elektromagnetischen Feld entwickelt haben (Seite 214): Wenn ein Teilchen für einen Augenblick eine verschwindende Geschwindigkeit besitzt und sich in einem elektromagnetischen Feld befindet, so erfährt es in diesem Augenblick eine Beschleunigung, die durch (2.93) gegeben ist. Wenn es irgendeinen Sinn macht, einem zusammengesetzten System eine Masse zuzuordnen (und schließlich ist ja jeder makroskopische Körper aus unzähligen Elementarteilchen zusammengesetzt), so kann dieses Kriterium benutzt werden, um sie zu bestimmen. Denken wir uns also eine Box über die beiden Teilchen gestülpt, so dass wir sie de facto als *ein Teilchen* mit einer inneren Struktur betrachten können. Als „Mittelpunkt" dieses Systems (unserer Box) können wir den Ursprung annehmen, an dem die Teilchen zusammenstoßen werden. Sind keine weiteren Kräfte im Spiel, so ruht das System als Ganzes[47]. Nun setzen wir es in Gedanken einem elektromagnetischen Feld aus. Am einfachsten ist es, ein räumlich und zeitlich konstantes elektrisches Feld anzunehmen, das, wie (2.94), in z-Richtung zeigt, und dessen z-Komponente wir wie in (2.94) mit $\mathscr{E}$ bezeichnen. Wie wirkt dieses Feld auf das Gesamtsystem? Da das Gesamtsystem aus zwei individuellen Teilchen besteht (von denen wir annehmen, dass sie die gleiche Ladung q besitzen[48]) erfährt jedes eine Beschleunigung, die aus der Bewegungsgleichung (2.90) folgt.

Nehmen wir zur konkreten Berechnung an, dass zu einer Anfangszeit Zeit t_0 die Geschwindigkeiten der Teilchen genau in die x-Richtung zeigen, das System als Ganzes (unsere Box) daher zu diesem Zeitpunkt eine verschwindende Geschwindigkeit hat. Die ersten beiden Komponenten von (2.90), zur Zeit t_0 ausgewertet, besagen dann, dass für beide Teilchen

$$\ddot{x}(t_0) = 0 \qquad \text{und} \qquad \ddot{y}(t_0) = 0 \tag{2.111}$$

gilt. Mit dieser Information stellt sich die dritte Komponente der Bewegungsgleichung zur Zeit t_0 für beide Teilchen als

$$\frac{m\ddot{z}(t_0)}{\sqrt{1 - \frac{u^2}{c^2}}} = q\mathscr{E} \tag{2.112}$$

heraus. Das bedeutet, dass beide Teilchen lediglich die in z-Richtung wirkende Beschleunigung

$$\ddot{z}(t_0) = \frac{q\mathscr{E}}{m} \sqrt{1 - \frac{u^2}{c^2}} \tag{2.113}$$

---

[47] Um genau zu sein: Wir sagen, dass ein aus mehreren bewegten Komponenten bestehendes physikalisches System *als Ganzes* ruht, wenn sein relativistischer Gesamtimpuls verschwindet. Da dieser stets erhalten ist (wie auf Seite 211 festgehalten), gibt es immer ein Inertialsystem, in dem er gleich 0 ist. Jedes solche Inertialsystem bezeichnen wir als ein *Ruhsystem* oder *Schwerpunktsystem*. Das Inertialsystem, in dem unsere beiden Teilchen mit entgegengesetzten Geschwindigkeiten aufeinander zu fliegen, ist klarerweise ein Ruhsystem der betrachteten Box.

[48] Die elektrische Abstoßung die daraus resulieren würde, vernachlässigen wir. Sie zu berücksichtigen, wäre recht kompliziert und würde an der Schlussfolgerung nichts ändern. Sie können in Gedanken q sehr klein und $\mathscr{E}$ sehr groß werden lassen und dabei den Wert des Produkts $q\mathscr{E}$ festhalten. Damit kann der Effekt der elektrischen Abstoßung beliebig klein gemacht werden. Es soll uns auch nicht stören, dass das Verfahren für elektrisch neutrale Teilchen nicht funktioniert: Eine (beliebig) kleine elektrische Ladung kann in Gedanken immer aufgebracht werden.

erfahren. Das ist aber auch gleichzeitig die Beschleunigung, die das System (die Box) als
Ganzes erfährt, denn es besteht ja nur aus den beiden Teilchen! Da das Gesamtsystem die
Ladung $Q = 2q$ besitzt, gilt

$$\ddot{z}(t_0)|_{\text{Gesamtsystem}} = \frac{Q\mathscr{E}}{2m} \sqrt{1 - \frac{u^2}{c^2}} \,. \tag{2.114}$$

Durch Vergleich mit (2.93) ergibt sich, dass die Masse unses Gesamtsystems durch

$$M = \frac{2m}{\sqrt{1 - \frac{u^2}{c^2}}} \tag{2.115}$$

gegeben ist. Sie ist also *nicht* gleich der Summe der Einzelmassen $(2m)$! Mit ihrer Hilfe können
wir die Gesamtenergie (2.110) in der Form

$$E^{\text{tot}} = Mc^2 \tag{2.116}$$

schreiben. Das ist ein bemerkenswertes Resultat. Es besagt, dass die Masse nichts anderes ist
als die Gesamtenergie dividiert durch c^2. Wichtig ist hier zu beachten, dass unser Gesamtsystem ruht! (Das elektrische Feld, das wir zur Bestimmung der Masse benutzt haben, müssen
wir uns nun wieder wegdenken, denn in der Folge würde es diese schöne Beziehung wieder
zerstören). Die Beziehung (2.116) gilt nicht nur für Zweiteilchensysteme, sondern ganz allgemein. Sie drückt die berühmte **Äquivalenz von Masse und Energie** aus. Genauer sollte
es eigentlich *Äquivalenz von Masse und Ruheenergie* heißen. Formulieren wir diesen für die
relativistische Mechanik zentralen Grundsatz ganz allgemein: Befindet sich ein System der
Masse M (egal, ob es sich um ein Elementarteilchen oder um einen makroskopischen Körper
handelt) in Ruhe, so ist seine Gesamtenergie E^{tot} durch (2.116) gegeben.

Um die Wichtigkeit dieses Ergebnisses voll einzusehen, lassen wir unsere beiden Teilchen nun
endlich zusammenstoßen. Weiters nehmen wir an, dass sie aufgrund einer Wechselwirkung,
die auf kleinen Distanzen wirkt, aneinander haften bleiben, also nach dem Stoß im Endeffekt
einen einzigen Körper bilden, der im Ursprung ruht: Vor dem Stoß existieren zwei Körper,
nach den Stoß nur mehr einer. Ein solcher Prozess kann als Modell der Umwandlung zweier
Elementarteilchen in ein einziges betrachtet werden[49], und das neu entstandere Teilchen kann
als aus den beiden anderen zusammengesetzt gedacht werden[50]. Dabei wollen wir natürlich
voraussetzen, dass die Wechselwirkung im Einklang mit den Forderungen der Speziellen Relativitätstheorie steht und folglich der Gesamtimpuls und die Gesamtenergie erhalten sind. Um
die energetischen Verhältnisse nach dem Stoß zu analysieren, können wir die relativistischen
Stoßgesetze (2.107)–(2.108) anwenden. Den Gesamtimpuls und die Gesamtenergie vor dem
Stoß haben wir ja bereits mit

$$p^{\text{tot}}_{\text{vorher}} = p^{\text{tot}} = 0 \tag{2.117}$$

---

[49] Im Jargon der Teilchenphysik würde man dann sagen, es gibt zwei *einlaufende* und ein *auslaufendes*
Teilchen.

[50] Diese Vorstellung ist zwar hilfreich, aber wir merken der Korrektheit halber an, dass sie in der Teilchenphysik
nun beschränkt gültig ist.

und

$$E^{tot}_{vorher} = E^{tot} = \frac{2mc^2}{\sqrt{1 - \frac{u^2}{c^2}}} \tag{2.118}$$

bestimmt. Da das neu entstandene Teilchen ruht, ist

$$p^{tot}_{nachher} = 0, \tag{2.119}$$

was uns (außer der Beobachtung, dass die Impulserhaltung aufgrund der Symmetrie der Situation automatisch gegeben ist) nichts Neues sagt. Die Gesamtenergie nach dem Stoß muss aufgrund der Energieerhaltung gleich der Gesamtenergie vor dem Stoß sein, d. h. es muss

$$E^{tot}_{nachher} = \frac{2mc^2}{\sqrt{1 - \frac{u^2}{c^2}}} \tag{2.120}$$

gelten. Sie ist durch die Massen und Geschwindigkeiten der beiden kollidierenden Teilchen ausgedrückt, aber diese bewegen sich ja nicht mehr – sie bilden gemeinsam ein einziges ruhendes Teilchen. Damit ist ihre kinetische Energie verloren gegangen, aber ein entsprechender Energiebetrag muss noch in dem neu entstandenen Teilchen stecken! Wir können uns beispielsweise vorstellen, dass es sich von Beginn an nicht um Elementarteilchen, sondern um makroskopische Körper gehandelt hat, deren kinetische Energien durch den Stoß in Wärmeenergie übergegangen sind[51]. Wenn wir einen solchen Körper vor uns haben, ohne zu wissen, wie er entstanden ist (wenn wir also also m und u nicht kennen), könnten wir Formel (2.120) nicht anwenden. Aus nichtrelativistischer Sicht wäre es dann schwierig, die Gesamtenergie des Körpers zu bestimmen: Die kinetische Energie ist ja 0, und der Rest der Energie könnte sich als Wärmeenegie und anderen „inneren Energieanteilen" verstecken. Diese Situation wird in der Speziellen Relativitätstheorie mit einem Schlag geändert: Mit (2.116) folgt, dass

$$E^{tot}_{nachher} = Mc^2 \tag{2.121}$$

gilt, also

$$\text{gesamte Ruheenergie} = \text{Masse} \times c^2. \tag{2.122}$$

Die Masse M eines Teilchens oder Körpers kann mit Hilfe von (2.93) durch die Trägheit gegen das Beschleunigtwerden im Augenblick der Ruhe bestimmt werden. Ist sie bekannt, so ist damit *automatisch die Gesamtenergie bekannt*, inklusive aller „inneren Energien", die sich dem nichtrelativistischen Bick entziehen!

Halten wir kurz inne, um der Bedeutung dieses Ergebnisses zu gedenken! Üblicherweise wird angenommen, dass die Spezielle Relativitätstheorie komplizierter ist als die Newtonsche Physik. Das stimmt in vieler Hinsicht, aber zumindest in einer Hinsicht ist die relativistische Mechanik wesentlich einfacher als die Newtonsche: Energien können sich nicht verstecken! Wie auch immer die Gesamtenergie eines ruhenden makroskopischen Körpers zusammengesetzt ist – sie ist immer gleich Mc^2. Bewegt sich der Körper als Ganzes mit Geschwindigkeit

---

[51] Ein Prozess wie der hier beschriebene wird *inelastischer* Stoß genannt.

v, so ist seine Gesamtenergie gemäß (2.67) durch $Mc^2/\sqrt{1-v^2/c^2}$ gegeben. Die Tragweite dieser Erkenntnis (die auch empirisch sehr gut getestet ist) kann kaum überschätzt werden. Sie gestattet uns Einblicke in die Natur der Wechselwirkung von Elementarteilchen, die ohne sie (also ohne Relativitätstheorie) nicht möglich wären.

Quantitativ kann die Energiebilanz unseres Stoßprozesses durch die Differenz

$$\Delta m = M - 2m = \frac{2m}{\sqrt{1 - \frac{u^2}{c^2}}} - 2m \qquad (2.123)$$

ausgedrückt werden. Im Vergleich zur Summe der Massen $2m$ seiner „Bestandteile" hat sich die Masse um diesen Betrag geändert. Der letzte Ausdruck ist (bis auf einen Faktor c^2) nichts anderes als die Summe der kinetischen Energien der beiden Teilchen, die verloren gegangen ist und daher im neu entstandenen Körper steckt. Bezeichnen wir sie mit ΔE, so ergibt sich

$$\Delta m = \frac{\Delta E}{c^2} . \qquad (2.124)$$

Diese Beziehung folgt also unmittelbar aus der Äquivalenz von Ruheenergie und Masse, und wir können sie ganz allgemein so formulieren: Wird die Energie eines (in Ruhe befindlichen) Systems um ΔE geändert, so ändert sich seine Masse um $\Delta E/c^2$. Ist $\Delta E > 0$, so handelt es sich um eine Energiezufuhr[52], während $\Delta E < 0$ einen Energieentzug darstellt. Beides ist in Stoßprozessen grundsätzlich möglich. In unserem Beispiel ist $\Delta E > 0$ und daher $\Delta m > 0$. Die Masse des resultierenden Teilchens ist größer als die Summe der Massen seiner „Bestandteile". Rein energetisch wäre es möglich, dass es in die zwei ursprünglichen Teilchen *zerfällt* und dabei den Energiebetrag ΔE als kinetische Energie an die *Zerfallsprodukte* abgibt.

Elementarteilchen gehen oft derartige Verschmelzungs- und Zerfallsprozesse ein, wobei der interessantere Fall aber darin besteht, dass die Masse des verschmolzenen Teilchens *kleiner* ist als die Summe der Einzelmassen. Um ein Gefühl dafür zu bekommen, wie radikal eine derartige Massenänderung sein kann, betrachten wir folgenden Prozess (wieder im Schwerpunktsystem): Zwei Teilchen gleicher Masse m fliegen mit Geschwindigkeiten u und $-u$ entlang der x-Achse aufeinander zu und gehen eine Reaktion ein, die dazu führt, dass ein Teilchen mit der Ruhemasse M und ein Photon (also ein masseloses Teilchen) entsteht. Ersteres bewegt sich nach der Reaktion mit Geschwindigkeit w nach links, das Photon mit Geschwindigkeit c

---

[52] Das bedeutet: Ein Körper, der erwärmt wird, wird dadurch schwerer (wenn das Wort „schwer", das sich eigentlich auf die Gravitationswechselwirkung bezieht, hier kurz erlaubt sein darf)! Bei normalen Temperaturen handelt es sich dabei natürlich nur um einen *sehr kleinen* Effekt (Aufgabe 47).

nach rechts. Stellen wir die Energie-Energiebilanz und Impulsbilanz auf[53]:

$$p_{\text{vorher}}^{\text{tot}} = \frac{mu}{\sqrt{1 - \frac{u^2}{c^2}}} - \frac{mu}{\sqrt{1 - \frac{u^2}{c^2}}} = 0 \qquad (2.125)$$

$$p_{\text{nachher}}^{\text{tot}} = -\frac{Mw}{\sqrt{1 - \frac{w^2}{c^2}}} + p^{\text{Photon}} \qquad (2.126)$$

und

$$E_{\text{vorher}}^{\text{tot}} = \frac{2mc^2}{\sqrt{1 - \frac{u^2}{c^2}}} \qquad (2.127)$$

$$E_{\text{nachher}}^{\text{tot}} = \frac{Mc^2}{\sqrt{1 - \frac{w^2}{c^2}}} + E^{\text{Photon}}. \qquad (2.128)$$

Aus der Forderung der Gleichheit (2.125) von (2.126) berechnen wir den Impus des Photons (er ist positiv, da sich das Photon nach rechts bewegt) und benutzen mit (2.82) die Tatsache, dass $E^{\text{Photon}} = c\,p^{\text{Photon}}$ gilt. Damit bleibt als einzige Bedingung für die grundsätzliche Möglichkeit einer solchen Reaktion die aus der Gleichheit von (2.127) und (2.128) folgende Gleichung

$$\frac{2mc^2}{\sqrt{1 - \frac{u^2}{c^2}}} = \frac{Mc^2}{\sqrt{1 - \frac{w^2}{c^2}}} + \frac{Mwc}{\sqrt{1 - \frac{w^2}{c^2}}} \equiv \frac{M(w+c)c}{\sqrt{1 - \frac{w^2}{c^2}}}. \qquad (2.129)$$

Angenommen, in einem Teilchchenbeschleuniger wird diese Reaktion mit den Geschwindigkeiten $u = \frac{1}{3}c$ und $w = \frac{1}{5}c$ beobachtet. Damit können wir nach M auflösen und erhalten $M = m\sqrt{3} \approx 1.732\,m < 2m$. Die Masse des neu entstandenen Teilchens ist kleiner als die Summe der Massen seiner Bestandteile! Vom energetischen Standpunkt aus betrachtet, wurde dem ungebundenen System zweier freier Teilchen, das vor der Reaktion bestand, Energie entzogen und vom Photon fortgetragen (also freigesetzt). Das resultierende massive Teilchen können wir uns (zumindest gedanklich) als einen gebundenen Zustand vorstellen, der nun, sofern keine äußere Einwirkung mehr auftritt, von sich aus nicht mehr in seine zwei Bestandteile zerfallen kann und in diesem Sinn stabil ist. Die Massendifferenz

$$\Delta m - 2m - M > 0 \qquad (2.130)$$

ist genau $-1/c^2$ mal der (negativen) **Bindungsenergie** des gebundenen Zustands. Sie heißt **Massendefekt** und gibt (bis auf den Faktor c^2) einerseits die Energie an, die bei diesem Prozess freigesetzt wird und andererseits die Mindestenergie, die nötig wäre, um das neue Teilchen wieder aufzubrechen und seine Bestandteile zu befreien (siehe dazu Aufgabe 48).

---

[53] In der Teilchenphysik werden derartige Energie- und Impulsbilanzen meist nicht durch die Geschwindigkeiten ausgedrückt, wie wir es hier machen, sondern durch direkt durch die Impulse. Die Energien werden mit Hilfe der Energie-Impuls-Beziehungen (2.75) bzw. (2.82) ebenfalls durch die Impulse ausgedrückt.

Die in der *Kernfusion* frei werdende kinetische Energie ist genau von diesem Typ. Um sie zu bestimmen, muss lediglich der Massendefekt berechnet werden! Das Schöne daran ist, dass wir das sehr leicht tun können, *ohne* die Details der Fusionsprozesse (oder auch nur ihre Ursache) kennen zu müssen.

Beispielsweise findet in der Sonne eine komplexe Prozesskette (die so genannte *Proton-Proton-Reaktion*) statt, die unter dem Strich aus vier Protonen und zwei Elektronen einen Heliumkern ($^4_2$He) macht und zusätzlich Photonen sowie zwei Neutrinos freisetzt. Listen wir die relevanten Massen auf (jene des Neutrinos kann vernachlässigt werden):

$$m_p = 1.672621637 \cdot 10^{-27}\,\mathrm{kg} \tag{2.131}$$

$$m_e = 9.10938215 \cdot 10^{-31}\,\mathrm{kg} \tag{2.132}$$

$$m_{\text{He-Kern}} = 6.64465620 \cdot 10^{-27}\,\mathrm{kg}. \tag{2.133}$$

Damit wird

$$\Delta m = 4m_p + 2m_e - m_{\text{He-Kern}} = 4.76522 \cdot 10^{-29}\,\mathrm{kg}, \tag{2.134}$$

woraus folgt, dass für jeden auf diese Weise entstandenen Heliumkern eine Energie von etwa

$$\Delta m\,c^2 = 4.283 \cdot 10^{-12}\,\mathrm{kg\,m^2/s^2} = 26.73\,\mathrm{MeV} \tag{2.135}$$

freigesetzt wird[54]. Dass die Sonne leuchtet, verdanken wir in erster Linie dieser Energie!

Um die Energiebilanz von Kernreaktionen zu bestimmen, ist es üblich, für jeden beteiligten Kern den *Massendefekt pro Kernbaustein* (also den gesamten Massendefekt des Kerns dividiert durch die Zahl seiner Nukleonen) zu betrachten. Es stellt sich heraus, dass diese Größe für Kerne mittlerer Masse maximal ist: Den größten Massendefekt weist das Nickel-Isotop $^{62}_{28}$Ni auf, gefolgt von den Eisen-Isotopen $^{58}_{26}$Fe und $^{56}_{26}$Fe. Daher wird nicht nur bei der Fusion mittelschwerer Kerne aus leichten, sondern auch bei der *Kernspaltung*, d. h. bei der Auftrennung schwerer Kerne (wie z. B. Uran) in mittelschwere, Energie freigesetzt.

Nach manchen Teilchenreaktionen bleiben nur Photonen zurück. Beispielsweise können ein Elektron und ein Positron einen Prozess der *Annihilation* („Paarvernichtung") eingehen und dabei lediglich zwei Photonen zurücklassen[55] (Aufgabe 49).

Diese Beispiele illustrieren, dass die Äquivalenz von Masse und Energie zahlreiche Vorhersagen ermöglicht, die in der experimentellen Praxis der Teilchen- und Kernphysik überprüft werden können – und tatsächlich mit großem Erfolg überprüft wurden! Gemeinsam mit den experimentellen Bestätigungen der raumzeitlichen Effekte macht ihr Erfolg die Spezielle Relativitätstheorie zu einer der zentralen Säulen der modernen Physik.

---

[54] Davon nimmt jedes Neutrino im Schnitt eine Energie von 0.26 MeV mit, die der Sonne verloren geht, da die Neutrinos die Sternmaterie praktisch ungehindert durchdringen. Also bleiben der Sonne netto 26.2 MeV für jeden entstandenen Heliumkern.

[55] Manchmal wird gesagt, dass in einer solchen Reaktion Materie vollständig „in Energie umgewandelt" wird. Das ist insofern nicht richtig, als Photonen Elementarteilchen sind und nicht „reine Energie".

2.3.7 Vierervektoren, Viererschreibweise und relativistische Kovarianz[*]

Die von der Speziellen Relativitätstheorie ermöglichte vereinheitlichende Sichtweise auf Raum und Zeit wird gekrönt von einem Kalkül, der der Vierdimensionalität der Raumzeit und der Gleichberechtigung aller Inertialsysteme volle Rechnung trägt. In der bisher in diesem Buch entwickelten Art, die Theorie und einige Grundtatsachen der relativistischen Mechanik zu formulieren, wurde jeweils *ein* Inertialsystem verwendet und auf die Zeit- und Raumkoordinaten dieses Inertialsystems Bezug genommen. Die Invarianz der beschriebenen Gesetzmäßigkeiten unter dem Wechsel auf ein *anderes* Inertialsystem war den aufgeschriebenen mathematischen Beziehungen nicht immer direkt anzusehen. Weiters ist nicht offensichtlich, wie sich die Werte der bisher definierten physikalischen Größen (wie etwa der relativistischen Energie und des relativistischen Impulses eines freien Teilchens) beim Übergang zu einem anderen Inertialsystem ändern. Ihre volle Stärke hinsichtlich der Anwendung auf andere Gebiete wie die Elektrodynamik und die Teilchenphysik (also auch auf Modelle der schwachen und starken Wechselwirkung) entwickelt die Theorie erst, wenn sie durch mathematische Objekte ausgedrückt wird, die sich *unmittelbar und in direkt einsehbarer Weise* auf die (Minkowski-)Geometrie der Raumzeit beziehen. Wir führen hier die Grundzüge dieses vierdimensionalen Kalküls vor, wobei wir – weniger als sonst in diesem Buch – die Begründungen liefern.

Eine wichtige mathematische Ingredienz bei der Formulierung physikalischer Theorien sind *Vektoren*. In diesem Kapitel haben wir vor allem räumliche Ortvektoren, Geschwindigkeitsvektoren und Impulsvektoren angeschrieben. Ihre Komponenten beziehen sich auf ein räumliches Koordinatensystem, nicht aber auf die Zeit, die ja ebenfalls eine Koordinate der Raumzeit ist. Daher erscheint eine Formulierung relativistischer Gesetzmäßigkeiten mit Hilfe einer neuen Art von Vektoren, die *vier* Komponenten besitzen, sinnvoll. Dazu nummerieren wir die Koordinaten der Raumzeit in der Form

$$ ct \equiv x^0, \qquad x \equiv x^1, \qquad y \equiv x^2 \qquad \text{und} \qquad z \equiv x^3 \tag{2.136} $$

durch (vgl. (2.61)). Gemeinsam schreiben wir sie als x^μ, wobei ganz allgemein die Konvention besteht, dass griechische Indizes die Werte 0, 1, 2 und 3 annehmen können. Eine Lorentztransformationen vom Typ (2.5)–(2.8) kann daher auch in der Form

$$ x'^0 = \gamma\left(x^0 - \frac{v}{c}x^1\right) \qquad\qquad x^0 = \gamma\left(x'^0 + \frac{v}{c}x'^1\right) \tag{2.137} $$

$$ x'^1 = \gamma\left(x^1 - \frac{v}{c}x^0\right) \qquad \text{bzw.} \qquad x^1 = \gamma\left(x'^1 + \frac{v}{c}x'^0\right) \tag{2.138} $$

$$ x'^2 = x^2 \qquad\qquad\qquad\qquad x^2 = x'^2 \tag{2.139} $$

$$ x'^3 = x^3 \qquad\qquad\qquad\qquad x^3 = x'^3 \tag{2.140} $$

angeschrieben werden, wobei die in der Speziellen Relativitätstheorie übliche Abkürzung

$$ \gamma = \frac{1}{\sqrt{1 - \frac{v^2}{c^2}}} \tag{2.141} $$

verwendet wurde (Aufgabe 50). Wir können die erste Spalte dieser Transformationsformeln in der einheitlichen Form

$$x'^{\mu} = \Lambda^{\mu}{}_{\nu} x^{\nu} \tag{2.142}$$

schreiben (Aufgabe 51), wobei die Konstanten $\Lambda^{\mu}{}_{\nu}$ eine 4×4-Matrix (eine so genannte *Lorentz-Matrix*) bilden und die *Einsteinsche Summenkonvention* (Seite 35) angewandt wurde: In der Summe über ein Produkt, das zwei Indizes gleichen Namens enthält, kann das Summensymbol $\sum$ weggelassen werden[56]. Auch die anderen Lorentztransformationen (also räumliche Drehungen, Geschwindigkeitstransformationen in andere Richtungen, Raum- und Zeitspiegelungen sowie die Kombinationen all dieser) können in der Form (2.142) geschrieben werden, wobei die Konstanten $\Lambda^{\mu}{}_{\nu}$ die jeweilige Transformation charakterisieren.

Die Beziehung (2.142) hat in Bezug auf die Lorentztransformationen die gleiche Bedeutung wie die Formel (1.217) in Bezug auf räumliche Drehungen. (Siehe auch die in Fußnote 65 auf Seite 71 angegebene Form (1.218)). Analog zum dreidimensionalen Vektorbegriff definieren wir: Eine Größe, die in Bezug auf jedes Inertialsystem durch vier Zahlen (Komponenten) a^{μ} ausgedrückt wird, heißt **Vierervektor**,

- wenn sich ihre Komponenten unter jeder Lorentztransformation wie die Raumzeit-Koordinaten x^{μ} verhalten, also wenn für jede Lorentztransformation

$$a'^{\mu} = \Lambda^{\mu}{}_{\nu} a^{\nu} \tag{2.144}$$

  gilt,

- *und* wenn sich ihre Komponenten unter einer raumzeitlichen Verschiebung nicht ändern[57].

Ein Vierervektor, dessen Komponenten a^{μ} sind, kann auch einfach mit a bezeichnet werden.

Ausgerüstet mit dem Begriff des Vierervektors können wir die Grundidee der Viererschreibweise skizzieren: Verschwindet ein Vierervektor in einem Inertialsystem ($a^{\mu} = 0$), so tut er

---

[56] Beziehung (2.142) heißt daher, wenn das Summensymbol angeschrieben wird,

$$x'^{\mu} = \sum_{\nu=0}^{3} \Lambda^{\mu}{}_{\nu} x^{\nu}, \tag{2.143}$$

und sie gilt für $\mu = 0, 1, 2, 3$, stellt also vier Gleichungen dar, nämlich die erste Spalte von (2.137) − (2.140). Alternativ dazu können Sie den vierkomponentigen Spaltenvektor, der aus den x^{μ} besteht, kurzerhand mit x bezeichnen und die 4×4-Matrix der Konstanten $\Lambda^{\mu}{}_{\nu}$ mit Λ. Dann kann (2.142) in der Kurzform $x' = \Lambda x$ geschrieben werden.

[57] Letzteres ist ganz analog zur Tatsache, dass sich die Komponenten einer Teilchengeschwindigkeit unter einer Verschiebung des räumlichen Koordinatenursprungs nicht ändern. Diese zweite Bedingung ist der Grund dafür, dass die Raumzeit-Koordinaten x^{μ} keinen Vierervektor bilden, die Differenzen Δx^{μ} der Raumzeit-Koordinaten zweier Ereignisse aber schon. Durch die hier angegebene Definition ist festgelegt, wie sich die Komponenten eines Vierervektors unter beliebigen Poincarétransformationen ändern: Die Lorentztransformationen sind gerade jene Poincarétransformationen, die den Ursprung des raumzeitlichen Koordinatensystems in sich selbst überführen, also keine Verschiebungen enthalten, und für sie muss (2.144) gelten.

das in *jedem* Inertialsystem. Stimmen zwei Vierervektoren in einem Inertialsystem überein (etwa $a^\mu = b^\mu$), so tun sie das in *jedem* Inertialsystem (Aufgabe 52). Jede Linearkombination zweier Vierervektoren (etwa $c_1 a^\mu + c_2 b^\mu$) ist wieder ein Vierervektor[58]. Gelingt es nun, eine Gesetzmäßigkeit in Form der Gleichheit zweier Vierervektoren (die selbst wieder aus Vierervektoren aufgebaut sein können) zu formulieren, so ist automatisch sichergestellt, dass diese Gesetzmäßigkeit in *jedem* Inertialsystem gilt. Diese Idee wird auch *relativistische Kovarianz* genannt: Sie besteht darin, die physikalischen Begriffe und Gesetze so anzuschreiben, dass ihre Invarianz unter Poincarétransformationen unmittelbar einsichtig ist.

Ein zentrales Thema der Mechanik ist die Bewegung von Teilchen. Wir beschränken uns hier auf massive Teilchen und werden entsprechende Beziehungen für masselose Teilchen am Rande erwähnen. In der konventionellen Dreierschreibweise wird die Bewegung eines Teilchens durch die Angabe dreier Funktionen $\vec{x} \equiv \vec{x}(t)$ ausgedrückt. Eine kovariante Beschreibung ergibt sich, wenn anstelle der (auf ein Inertialsystem bezogenen) Zeitkoordinate t die *Eigenzeit*, die für eine mitbewegte Uhr vergeht, verwendet wird[59]. Wir bezeichnen sie mit τ. Sie stellt eine vom verwendeten Inertialsystem unabhängige Invariante (d. h. eine Poincaré-Invariante) dar, deren Zusammenhang mit der Geometrie der Raumzeit wir bereits ausführlich besprochen haben – siehe vor allem (2.46). Beginnt die Bewegung in irgendeinem Ereignis, so beginnt dort auch die Eigenzeit zu laufen. Bei jedem Wert von τ befindet sich das Teilchen bei einem Ereignis, dessen Raumzeit-Koordinaten mit $x^\mu(\tau)$ bezeichnet werden. Die Angabe dieser vier Funktionen $x^\mu \equiv x^\mu(\tau)$ stellt die Teilchenbewegung dar[60]. Ihre Ableitungen nach der Eigenzeit

$$u^\mu(\tau) = \frac{dx^\mu(\tau)}{d\tau} \tag{2.145}$$

bilden für jeden festgehaltenen Wert von τ einen Vierervektor (Aufgabe 53), der **Vierergeschwindigkeit** genannt wird. Ist m die Masse des Teilchens, so wird durch

$$p^\mu(\tau) = m u^\mu(\tau) \equiv m \frac{dx^\mu(\tau)}{d\tau} \tag{2.146}$$

ein weiterer Vierervektor definiert, der **Viererimpuls**. Gilt für eine Teilchenbewegung eine Beziehung der Form

$$\frac{dp^\mu(\tau)}{d\tau} \equiv m \frac{d^2 x^\mu(\tau)}{d\tau^2} = K^\mu\left(x(\tau), u(\tau)\right), \tag{2.147}$$

so bilden die Funktionen K^μ die so genannte **Viererkraft**. Die zweite Ableitung von $x^\mu(\tau)$ nach τ heißt **Viererbeschleunigung**.

Damit haben wir die wichtigsten Vierervektoren der relativistischen Mechanik vom Himmel fallen lassen. Jetzt fehlt noch die Geometrie! Konkreter ausgedrückt, benötigen wir noch eine

---

[58] Die Menge aller Vierervektoren bildet einen (vierdimensionalen) Vektorraum.

[59] Das ist der Grund, warum wir uns hier auf massive Teilchen beschränken: Für masselose Teilchen existiert der Begriff der Eigenzeit nicht.

[60] Mathematisch handelt es sich um eine *Parameterdarstellung* der Weltlinie mit der Eigenzeit als Parameter.

Struktur, die es erlaubt, Skalarprodukte zwischen Vierervektoren zu bilden[61]. Wir erhalten sie, indem wir die Metrik (2.44), die das raumzeitliche Abstandsquadrat zweier infinitesimal benachbarter Ereignisse angibt, in der Form

$$ds^2 \equiv c^2\, dt^2 - dx^2 - dy^2 - dz^2 = \eta_{\mu\nu}\, dx^\mu\, dx^\nu \qquad (2.148)$$

schreiben. Dabei sind die Koeffizienten $\eta_{\mu\nu}$ durch

$$\eta_{00} = 1 \qquad (2.149)$$

$$\eta_{11} = \eta_{22} = \eta_{22} = -1 \qquad (2.150)$$

$$\eta_{\mu\nu} = 0 \,,\ \text{wenn}\ \mu \neq \nu \qquad (2.151)$$

gegeben. Mit ihrer Hilfe können wir für zwei Vierervektoren a und b das so genannte **Minkowski-Skalarprodukt**

$$\eta_{\mu\nu}\, a^\mu b^\nu \qquad (2.152)$$

bilden. Rechnerisch ist es einfach mittels der Formel

$$\eta_{\mu\nu}\, a^\mu b^\nu = a^0 b^0 - a^1 b^1 - a^2 b^2 - a^3 b^3 \qquad (2.153)$$

zu ermitteln. Es lässt sich zeigen, dass sein Wert unter beliebigen Poincarétransformationen invariant ist (Aufgabe 54), d. h. dass es nicht vom Inertialsystem abhängt. Ein Beispiel dafür ist (2.148), da das raumzeitliche Abstandsquadrat zweier Ereignisse – erinnern Sie sich an die Gleichheit von (2.42) und (2.43) – in jedem Inertialsystem den gleichen Wert hat. Die $\eta_{\mu\nu}$ heißen **metrische Koeffizienten**[62]. Sie können benutzt werden, um für jeden Vierervektor gemäß der Vorschrift

$$a_\mu = \eta_{\mu\nu}\, a^\nu \qquad (2.154)$$

eine Version zu definieren, deren Index tiefgestellt ist[63] Beachten Sie, dass

$$a_0 = a^0, \quad a_1 = -a^1, \quad a_2 = -a^2, \quad \text{und}\quad a_3 = -a^3 \qquad (2.155)$$

---

[61] Um den Zusammenhang zwischen Geometrie und Skalarprodukt einzusehen, überlegen Sie einmal, wie viele geometrische Begriffe und Zusammenhänge der Zeichenebene (vom Längen- und Winkelbegriff bis zum Satz von Pythagoras) auf das gewöhnliche Skalarprodukt zurückgeführt werden können. Die Antwort lautet: alle! Vgl. die diesbezüglichen Bemerkungen auf Seite 288 im Anhang.

[62] Man kann die Gesamtheit dieser Koeffizienten auch als Komponenten eines geometrischen Objekts ansehen, das als *metrischer Tensor* oder kurz *Metrik* bezeichnet wird. Es ist die Basis für die geometrische Formulierung der Theorie.

[63] Dieser Vorgang wird „Indexziehen" genannt. In der Viererschreibweise muss daher zwischen hoch- und tiefgestellten Indizes unterschieden werden. Dass die Koordinaten x^μ hochgestellte Indizex haben, ist eine Konvention, die Indexstellung der anderen Objekte folgt dann automatisch. In der Dreierschreibweise könnte das genauso gemacht werden. Allerdings sind die Komponenten der dreidimensionalen euklidischen Metrik gerade jene der 3×3-Einheitsmatrix (δ_{jk}), so dass Objekte mit oberen und unteren Indizes übereinstimmen. In der Viererschreibweise ist das nicht der Fall. Vierervektoren werden auch *kontravariante* Vektoren (oder einfach Vektoren) genannt, ihre Versionen mit tiefgestellten Indizes heißen *kovariante* Vektoren (oder *Kovektoren*).

gilt. Das Umwandeln von oberen in untere Indizes (und umgekehrt) ist also ganz leicht. Unter Verwendung dieser Operation kann das Minkowski-Skalarprodukt (2.152) auch kurz als

$$a_\mu b^\mu \tag{2.156}$$

geschrieben werden (was mit $a^\mu b_\mu$ übereinstimmt, siehe Aufgabe 55). Das Minkowski-Skalarprodukt eines Vierervektors a mit sich selbst (kurz: das *Viererquadrat*, *Minkowski-Quadrat* oder schlicht *Quadrat*) ist dann durch

$$a_\mu a^\mu \tag{2.157}$$

gegeben. Rechnerisch ist es einfach durch die Vorschrift

$$a_\mu a^\mu = \left(a^0\right)^2 - \left(a^1\right)^2 - \left(a^2\right)^2 - \left(a^3\right)^2 \tag{2.158}$$

zu ermitteln. Ist es > 0, $=$ oder < 0, so nennen wir a zeitartig, lichtartig oder raumartig. Ein zeitartiger Vierervektor a heißt *zukunftsgerichtet*, wenn seine 0-Komponente (oder Zeitkomponente) positiv ist, d. h. wenn

$$a^0 > 0 \tag{2.159}$$

gilt.

Sehen wir uns nun die zuvor für die Bewegung eines Teilchens definierten Vierervektoren genauer an. Eine Möglichkeit, um die Bedeutung dieser Vierervektoren herauszufinden, besteht darin, ihre Komponenten in die herkömmliche Dreierschreibweise zu übersetzen, in der die Bewegung des Teilchens durch Angabe der Funktionen $\vec{x} \equiv \vec{x}(t)$ bestimmt ist[64]. Beginnen wir mit der Vierergeschwindgkeit (2.145). Mit (2.46) haben wir bereits das für ein bewegtes Teilchen während des Zeitintervalls dt vergehende Eigenzeitintervall $d\tau$ ermittelt. Wir schreiben es in der Form

$$d\tau = \frac{dt}{\gamma} \tag{2.160}$$

an[65], wobei wir die traditionelle Abkürzung

$$\gamma = \frac{1}{\sqrt{1 - \frac{\dot{\vec{x}}^2}{c^2}}} \tag{2.162}$$

verwenden[66]. Die Komponenten der Vierergeschwindigkeit, also die Ableitungen der Raumzeit-

---

[64] Wir erlauben uns, eine Größe f – wie beispielsweise eine Koordinate –, wenn sie durch die Zeit ausgedrückt wird, in der Form $f(t)$ und wenn sie durch die Eigenzeit ausgedrückt wird, in der Form $f(\tau)$ zu schreiben. Mathematisch präziser wären die Schreibweisen $f(t)$ und $f(t(\tau))$.

[65] Für totale Ableitungen folgt daraus

$$\frac{d}{d\tau} = \gamma \frac{d}{dt}, \tag{2.161}$$

was benutzt werden kann, um Ableitungen nach τ in Ableitungen nach t umzuwandeln und umgekehrt.

[66] Bitte nicht mit (2.141) verwechseln! In (2.141) steht v für die (konstante) Relativgeschwindigkeit zweier Inertialsysteme, in (2.162) steht $\dot{\vec{x}}$ für die Geschwindigkeit eines Teilchens (die sich durchaus mit der Zeit ändern kann).

Koordinaten nach der Eigenzeit, sind daher durch

$$u^0 \;=\; \frac{dx^0}{d\tau} = c\,\frac{dt}{d\tau} = \gamma\,c \tag{2.163}$$

$$u^j \;=\; \frac{dx^j}{d\tau} = \frac{dx^j}{dt}\frac{dt}{d\tau} = \gamma\,\dot{x}^j \tag{2.164}$$

gegeben, wobei wir vereinbaren, dass lateinische Indizes $(j, k, \dots)$ von 1 bis 3 laufen und ein Punkt wie bisher die Ableitung nach der Zeit t bedeutet. $\dot{x}^j$ ist daher die j-te Komponente des Geschwindigkeitsvektors $\dot{\vec{x}}$. Wir können die Vierergeschwindigkeit auch in Form des 4-komponentigen Vektors

$$u \equiv \begin{pmatrix} u^0 \\ \vec{u} \end{pmatrix} = \begin{pmatrix} \gamma c \\ \gamma\dot{\vec{x}} \end{pmatrix} \tag{2.165}$$

anschreiben. Ihr Quadrat (im Sinn der Minkowski-Geometrie) berechnet sich zu

$$u^\mu u_\mu \;=\; \left(u^0\right)^2 - \vec{u}^2 = \gamma^2\left(c^2 - \dot{\vec{x}}^2\right) = \frac{c^2 - \dot{\vec{x}}^2}{1 - \frac{\dot{\vec{x}}^2}{c^2}} = c^2. \tag{2.166}$$

Es muss also stets den Wert c^2 haben. Beachten Sie: Während die Geschwindigkeit $\dot{\vec{x}}$ (bis auf die Einschränkung $|\dot{\vec{x}}| < c$) beliebig sein kann, muss das Quadrat der Vierergeschwindigkeit stets c^2 sein[67]:

$$u^\mu u_\mu = c^2. \tag{2.167}$$

Umgekehrt kann *jeder* zeitartige zukunftsgerichtete Vierervektor, dessen Quadrat gleich c^2 ist, als Vierergeschwindigkeit auftreten (Aufgabe 56). Sowohl die Geschwindigkeit als auch die Vierergeschwindigkeit besitzen also drei Freiheitsgrade. Damit kann die Parametrisierung der Weltlinie eines *freien* Teilchens explizit angegeben werden: Ist u seine Vierergeschwindigkeit (für ein freies Teilchen ist sie natürlich konstant), so gilt

$$x^\mu(\tau) = u^\mu\,\tau + x^\mu(0). \tag{2.168}$$

Zur Überprüfung differenzieren wir nach τ und erhalten gemäß (2.145) die u^μ als Komponenten der Vierergeschwindigkeit (siehe dazu auch Aufgabe 57). Wir erwähnen nur nebenbei, dass auch die Bewegung eines masselosen Teilchens durch eine Vierergeschwindigkeit beschrieben werden kann, die aber in diesem Fall ein zukunftsgerichteter lichtartiger Vierervektor ist $(u^\mu u_\mu = 0)$.

Der Viererimpuls ist nach (2.146) einfach das Produkt der Masse mit der Vierergeschwindigkeit. Seine Komponenten können wir daher direkt von (2.163)–(2.164) oder (2.165) ablesen. Wir erhalten

$$p^0 \;=\; \gamma m c \tag{2.169}$$

$$p^j \;=\; \gamma m \dot{x}^j \tag{2.170}$$

---

[67] Der Vierervektor u/c muss daher im Sinn der Minkowski-Geometrie ein *Einheitsvektor* sein.

oder, in Vektorform angeschrieben,

$$p \equiv \begin{pmatrix} p^0 \\ \vec{p} \end{pmatrix} = \begin{pmatrix} \gamma m c \\ \gamma m \dot{\vec{x}} \end{pmatrix}, \tag{2.171}$$

und wegen (2.167) muss sein Quadrat stets

$$p^\mu p_\mu = m^2 c^2 \tag{2.172}$$

erfüllen. *Jeder* zeitartige zukunftsgerichtete Vierervektor, der diese letzte Bedingung erfüllt, kann als Viererimpuls eines Teilchens mit Masse m auftreten[68].

Was haben wir mit den Beziehungen (2.169)–(2.170) bzw. (2.171) und der Bedingung (2.172) eigentlich hier vor uns? Indem wir für γ in diese Formeln wieder (2.162) einsetzen, erkennen wir: Die 0-Komponente des Viererimpulses ist nichts anderes die relativistische Energie (2.67) dividiert durch c:

$$p^0 = \frac{E}{c}, \tag{2.173}$$

während seine räumlichen Komponenten, die wir im dreidimensionalen Vektor $\vec{p}$ zusammengefasst haben, genau jene des relativistischen Impulses (2.63) sind: Energie und Impuls bilden gemeinsam den Viererimpuls. Damit ergibt sich auch ihr Transformationsverhalten unter einem Wechsel des Inertialsystems: Gemeinsam ändern sie ihre Komponenten entsprechend der Regel (2.142). Weiters ist die Bedingung (2.172) nichts anderes als die relativistische Energie-Impuls-Beziehung in der quadrierten Version (2.80). Zusammen mit der Bedingung, dass der Viererimpuls zukunftsgerichtet ist (also $E > 0$ gilt), ergibt sich daraus genau die Energie-Impuls-Beziehung in der Form (2.75).

Wir erwähnen am Rande, dass auch einem masselosen Teilchen ein Viererimpuls zugeschrieben werden kann, der aber in diesem Fall ein zukunftsgerichteter lichtartiger Vierervektor ist ($p^\mu p_\mu = 0$). Auch für ihn gilt $p^0 = E/c$, und sein räumlicher Anteil $\vec{p}$ ist mit dem relativistischen Impuls, wie er bereits in (2.87) aufgetreten ist, identisch. Die Gleichung $p^\mu p_\mu = 0$ kann auch in der Form $E^2 = c^2 \vec{p}^2$ geschrieben werden, woraus sich mit der Bedingung, dass der Viererimpuls zukunftsgerichtet ist (also $E > 0$ gilt), genau die Energie-Impuls-Beziehung (2.82) ergibt.

Wenden wir uns nun der in (2.147) auftretenden Viererbeschleunigung

$$a^\mu(\tau) = \frac{du^\mu(\tau)}{d\tau} \equiv \frac{d^2 x^\mu(\tau)}{d\tau^2} \tag{2.174}$$

zu: Die Ableitung eines von τ abhängigen Vierervektors ist wieder ein Vierervektor, da $d\tau$ unabhängig vom Inertialsystem ist. Damit ist automatisch gesichert, dass die Viererbeschleu-

---

[68] Die Menge all dieser möglichen Vierervektoren zu einer gegebenen Teilchenmasse m wird *Massenschale* genannt. Sie bildet eine dreidimensionale Teilmenge des Vektorraums aller Vierervektoren und kann geometrisch als *einschaliges Hyperboloid* im $\mathbb{R}^4$ charakterisiert werden.

nigung ebenso wie die Vierergeschwindigkeit ein Vierervektor ist. Mit (2.160) und (2.163)– (2.164) bzw. (2.165) errechnen sich ihre Komponenten zu

$$a^0 = \frac{d^2x^0}{d\tau^2} = \frac{du^0}{d\tau} = c\gamma\frac{d\gamma}{dt} \tag{2.175}$$

$$a^j = \frac{d^2x^j}{d\tau^2} = \frac{du^j}{d\tau} = \gamma\frac{d}{dt}\left(\gamma\dot{x}^j\right). \tag{2.176}$$

Ihr physikalische Bedeutung erschließt sich, indem wir ihre Komponenten im **momentanen Ruhsystem** betrachten: Für jeden gegebenen Wert τ_0 der Eigenzeit kann die Bewegung in einem Inertialsystem analysiert werden, in dem das Teilchen zur Zeit $t(\tau_0)$ die Geschwindigkeit 0 besitzt (also *momentan* in Ruhe ist). Eine kleine Rechnung zeigt, dass dann, in Vektorform angeschrieben,

$$a\big|_{\text{im momentanen Ruhsystem}} = \begin{pmatrix} 0 \\ \ddot{\vec{x}} \end{pmatrix} \tag{2.177}$$

gilt. Die Zeitkomponente der Viererbeschleunigung im momentanen Ruhsystem verschwindet, die räumlichen Komponenten stimmen mit jenen der gewöhnlichen Beschleunigung überein. Fixieren wir einen Wert τ_0 der Eigenzeit und ein zu ihm gehörendes momentanes Ruhsystem, so bewegt sich das Teilchen – von diesem Inertialsystem aus betrachtet – während einer kurzen Zeitspanne sehr langsam, so dass wir für kurze Zeit die Gültigkeit der nichtrelativistischen Mechanik – insbesondere des zweiten Newtonschen Axioms – annehmen können. Aus der Sicht eines mit dem momentanen Ruhsystem verbundenen Beobachters, der von der Relativitätstheorie nichts weiß, stellt das Produkt der räumlichen Komponenten von (2.177) mit der Masse m des Teilchens nichts anderes als die Kraft dar, die er für dessen Beschleunigung verantwortlich macht. Wir können uns auch vorstellen, dass es sich nicht um ein punktförmiges Teilchen, sondern um ein Raumfahrzeug handelt. Die räumlichen Komponenten der im momentanen Ruhsystem ausgedrückten Viererbeschleunigung stellen dann die von den Insassen *gespürte* Beschleunigung dar. Diese Beschleunigung kann natürlich über die Kraft, mit der ein Insasse einer gegebenen Masse in seinen Sitz gedrückt wird, gemessen werden[69], und sie macht auch für ein als punktförmig gedachtes Teilchen Sinn. Bezeichnen wir ihren Betrag mit b, so folgt, dass das Quadrat der Viererbeschleunigung zu *jedem* Zeitpunkt durch

$$a^\mu a_\mu = -b^2 \tag{2.178}$$

gegeben ist. Beachten Sie, dass es sich dabei um eine relativistisch kovariante Beziehung handelt, d. h. sie gilt in *jedem* Inertialsystem (auch wenn sie nur in *einem* speziellen Inertialsystem hergeleitet wurde). Das Minuszeichen sagt uns, dass die Viererbeschleunigung ein

---

[69] Beachten Sie den Unterschied zur Newtonschen Mechanik: In dieser ist die Beschleunigung, wie sie über die Kraft, die einen Insassen in den Sitz drückt, gemessen werden kann, relativ zu einem *fixen* Inertialsystem (oder relativ zum „absoluten Raum", wie Newton gesagt hätte) definiert. In der Speziellen Relativitätstheorie ist diese Größe stets auf ein momentanes Ruhsystem bezogen. Nur in einem solchen gelten „für einen kurzen Augenblick" die Gesetze der Newtonschen Mechanik, und klarerweise muss es im Laufe der Bewegung stets „nachjustiert" werden.

raumartiger Vierervektor ist. Zudem ist sie im Sinn der Minkowski-Geometrie stets orthogonal zur Vierergeschwindigkeit:

$$u^\mu\, a_\mu = 0 \tag{2.179}$$

(Aufgabe 58).

Exkurs
Relativistische geradlinige, gleichmäßig beschleunigte Bewegung:
Diese Erkenntnisse versetzen uns in die Lage, ein interessantes Problem zu lösen: Gibt es in der Speziellen Relativitätstheorie eigentlich ein Analogon zum Begriff der „geradlinigen, gleichmäßig beschleunigten Bewegung"? Im strikten Wortsinn natürlich nicht, denn ein auf einer Geraden bewegtes Teilchen, das eine konstante Beschleunigung erfährt, überschreitet irgendwann die Lichtgeschwindigkeit. Wir können die Frage aber etwas anders stellen: Wie muss sich ein Raumfahrzeug (auf einer geraden Bahn) bewegen, damit seine Insassen stets die gleiche Beschleunigung b „spüren"? Aus der soeben durchgeführten Analyse ergibt sich, dass für eine derartige Bewegung die Viererbeschleunigung zu jedem Zeitpunkt (2.178) erfüllen muss, wobei b vorgegeben (und konstant) ist. Um diese Bewegung zu finden, fixieren wir ein Inertialsystem, in dem sie entlang der x-Achse stattfindet (das ansonsten aber beliebig ist). Die allgemeine geltende Beziehung (2.167) lautet dann $(u^0)^2 - (u^1)^2 = c^2$, womit wir

$$u^0(\tau) = c\cosh(f(\tau)) \tag{2.180}$$
$$u^1(\tau) = c\sinh(f(\tau)) \tag{2.181}$$

ansetzen können[70], wobei $f \equiv f(\tau)$ eine noch zu bestimmende Funktion der Eigenzeit ist. Durch Ableitung nach τ ergeben sich die Komponenten der Viererbeschleunigung, und die Beziehung (2.178) nimmt die Form

$$c^2 f'(\tau)^2 = b^2 \tag{2.182}$$

an. Wir ziehen die Wurzel, wählen die positive Lösung für $f'(\tau)$ – was mit $b > 0$ bedeutet, dass die Beschleunigung in positive x-Richtung erfahren wird – und finden

$$f(\tau) = \frac{b}{c}\,\tau, \tag{2.183}$$

wobei wir die Freiheit, den Nullpunkt der Eigenzeit durch die Ersetzung $\tau \to \tau + C$ zu ändern, nicht eigens anschreiben. Die Integration der Komponenten der Vierergeschwindigkeit nach τ führt dann auf die Lösung

$$x^0(\tau) = \frac{c^2}{b}\sinh\left(\frac{b}{c}\,\tau\right) \tag{2.184}$$

$$x^1(\tau) = \frac{c^2}{b}\cosh\left(\frac{b}{c}\,\tau\right), \tag{2.185}$$

---

[70] Wir benutzen dabei die für beliebige reelle x geltende Beziehung $\cosh^2 x - \sinh^2 x = 1$ und die Tatsache, dass $u^0 > 0$ sein muss.

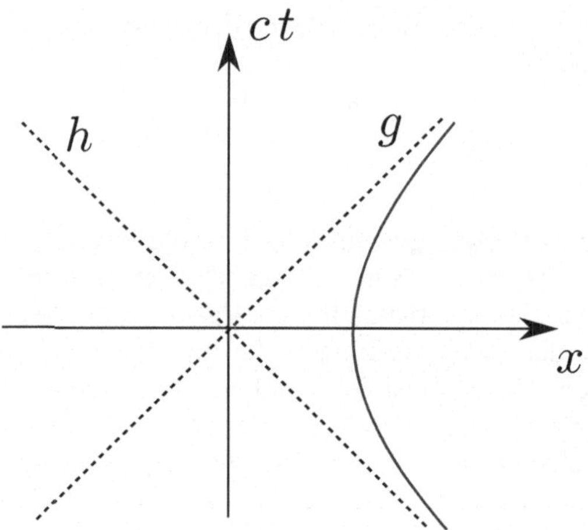

Abbildung 2.8: Relativistische geradlinige, gleichmäßig beschleunigte Bewegung: Die Skizze stellt eine Weltlinie vom Typ (2.184)–(2.185) dar. Sie beschreibt die Bewegung einer Raumfähre, deren Insassen stets die gleiche Beschleunigung b spüren. Da sie die Form einer Hyperbel hat, spricht man auch von einer hyperbolischen Bewegung. Der Nulldurchgang der Eigenzeit ($\tau = 0$) findet zur Zeit $x^0 \equiv ct = 0$ statt. Die Raumfähre befindet sich dann am Ort $x^1 \equiv x = c^2/b$. Für $\tau < 0$ (d. h. $t < 0$) verläuft die Bewegung in negative x-Richtung, für $\tau > 0$ (d. h. $t > 0$) verläuft sie in positive x-Richtung. Beim Umkehrpunkt $\tau = 0$ ist das Inertialsystem, in dem die Bewegung dargestellt ist, ein momentanes Ruhsystem. Beachten Sie, dass sich die Weltlinie in Vergangenheit und Zukunft dem mit g und h bezeichneten 45°-Geradenpaar, das die Grenzgeschwindigkeit c darstellt, asymptotisch annähert. Für die Insassen der Raumfähre ergeben sich interessante Kausalverhältnisse: Sie können von keinem Ereignis, das oberhalb der mit g bezeichneten 45°-Geraden liegt, Signale empfangen, „sehen" diesen Teil der Raumzeit also nicht! Wirkungen, die von der Raumfähre ausgehen, können grundsätzlich nur Ereignisse erreichen, die oberhalb der mit h bezeichneten 45°-Geraden liegen – von jenem Teil der Raumzeit, der unterhalb dieser Geraden liegt, kann die Raumfähre nicht „gesehen" werden! Die beiden Geraden g und h werden manchmal – in Anspielung auf ein ähnliches Phänomen, das in der Allgemeinen Relativitätstheorie auftritt, *Horizonte* genannt.

wobei noch die Freiheit beliebiger Verschiebungen $x^0(\tau) \to x^0(\tau) + C^0$ und $x^1(\tau) \to x^1(\tau) + C^1$ (mit Konstanten C^0 und C^1) besteht. (2.184)–(2.185) gibt die durch die Eigenzeit parametrisierte Weltlinie der gesuchten Bewegung an. Sie ist in Abbildung 2.8 gezeigt. Durch Elimination der Eigenzeit[71] ergibt sich mit

$$\left(x^0\right)^2 - \left(x^1\right)^2 \equiv (ct)^2 - x^2 = -\frac{c^4}{b^2}, \qquad (2.186)$$

dass sie die Form einer *Hyperbel* hat (weshalb man auch von einer *hyperbolischen Bewegung* spricht). Die letzte Beziehung kann nach x aufgelöst werden, womit

---

[71] Wobei wir wieder die Identität $\cosh^2 x - \sinh^2 x = 1$ benutzen.

sich die Lösung in der expliziten Form

$$x(t) = c\sqrt{t^2 + \frac{c^2}{b^2}} \tag{2.187}$$

darstellt. Für $t \to \pm\infty$ nähert sich die Geschwindigkeit $\pm c$. Die im (festgehaltenen) Inertialsystem gemessene Beschleunigung ist nur im Umkehrpunkt gleich b. Für $t \to \pm\infty$ strebt sie gegen 0 (obwohl die Insassen zu *jeder* Zeit die Beschleunigung b spüren). Für kleine Zeiten ($|t| \ll c/b$) ist die Bewegung näherungsweise gleichmäßig beschleunigt[72]. Die charakteristische Zeitskala für die Annäherung an die Lichtgeschwindigkeit ist c/b.

Da an das zur Beschreibung verwendete Inertialsystem keine Bedingungen gestellt wurden (außer, dass die Bewegung entlang der x-Achse verläuft und die Beschleunigung in positive x-Richtung stattfindet), wird sie in *jedem* derartigen System (bis auf eventuelle Verschiebungen in τ, t und x) durch die gleichen Beziehungen beschrieben. Insbesondere kann die Invarianz dieser Beziehungen unter Geschwindigkeitstransformationen vom Typ (2.5)–(2.8) auch leicht explizit überprüft werden.

Die Formeln (2.184)–(2.185) bzw. (2.187) oder (2.188) können dazu genutzt werden, Gedankenexperimente mit Raumreisen, die zumindest hinsichtlich der Bedingungen für die Insassen „realistisch" sind, zu diskutieren (siehe Aufgabe 59).

Vielleicht ist Ihnen aufgefallen, dass uns die hier diskutierte Bewegungsform bereits früher begegnet ist: Gemäß (2.96) hat ein homogenes zeitunabhängiges elektrisches Feldes auf ein geladenes Teilchen (in Feldrichtung) genau diese Wirkung, wobei k mit c^2/b^2 zu identifizieren ist.

Zuletzt kommen wir noch einmel auf den Begriff der Kraft in der Speziellen Relativitätstheorie zurück. In (2.147) wurde die Viererkraft K als Ableitung des Viererimpulses nach der Eigenzeit (d. h. als Produkt Masse mal Viererbeschleunigung) eingeführt. Wie kommt es dazu? Den Schlüssel zu einem Verständnis dieser Beziehung haben wir bereits bei der Diskussion der Viererbeschleunigung erarbeitet: Im momentanen Ruhsystem sind deren Komponenten durch (2.177) gegeben. Wie wir bereits bei der Frage der von einem Teilchen oder einer Raumfähren-Besatzung gespürten Beschleunigung verwendet haben, gelten in einem solchen Inertialsystem „für einen kurzen Augenblick" die Gesetze der Newtonschen Mechanik. In ihm können die räumlichen Komponenten der durch (2.147) definierten Viererkraft mit der Kraft im Newtonschen Sinn identifiziert werden:

$$K\big|_{\text{im momentanen Ruhsystem}} = \begin{pmatrix} 0 \\ \vec{F} \end{pmatrix}. \tag{2.189}$$

---

[72] Um die nichtrelativistische Form der Bewegung für kleine Zeiten zu diskutieren, ist es günstig, eine Verschiebung der x-Koordinate durchzuführen und statt (2.187)

$$x(t) = -\frac{c^2}{b} + c\sqrt{t^2 + \frac{c^2}{b^2}} \tag{2.188}$$

zu betrachten. Die Bewegung startet dann zur Zeit $t = 0$ bei $x = 0$ aus der momentanen Ruhelage.

Die Komponenten der Viererkraft in jedem anderen Inertialsystem können dann durch Anwendung einer entsprechenden Poincarétransformation erhalten werden. Wir verzichten auf die (etwas umständliche) Formel, die daraus resultiert, und nehmen gleich den „kovarianten" Standpunkt ein: Ein den Forderungen der Speziellen Relativitätstheorie genügendes Kraftgesetz der Form (2.147) ergibt sich, wenn ein von den Raumzeit-Koordinaten x und der Vierergeschwindigkeit u abhängiger Vierervektor K angegeben wird, der im Sinn der Minkowski-Geometrie orthogonal zur Vierergeschwindigkeit ist, d. h.

$$u^\mu K_\mu = 0 \tag{2.190}$$

erfüllt (vgl. (2.179)). Seine Abhängigkeit von den Raumzeit-Koordinaten leitet sich in der Regel von äußeren Gegebenheiten (wie Feldern) her, deren Transformationsverhalten bei der Verifikation, dass es sich tatsächlich um einen Vierervektor handelt, berücksichtigt werden muss. Da Situationen dieser Art zu sehr von der Mechanik weg- und in die Feldtheorie hineinführen, begnügen wir uns mit einem Beispiel: Die Bewegungsgleichung eines geladenen Teilchens im äußeren elektromagnetischen Feld, die in der Dreierschreibweise durch (2.90) ausgedrückt wird, nimmt in der Viererschreibweise die Form

$$\frac{dp^\mu(\tau)}{d\tau} \equiv m\,\frac{d^2 x^\mu(\tau)}{d\tau^2} = q\,F^\mu{}_\nu\,(x(\tau))\,u^\nu(\tau) \tag{2.191}$$

an, wobei die Funktionen $F^\mu{}_\nu$ durch Indexziehen aus den Komponenten $F_{\mu\nu}$ der antisymmetrischen Matrix

$$\begin{pmatrix} F_{00} & F_{01} & F_{02} & F_{03} \\ F_{10} & F_{11} & F_{12} & F_{13} \\ F_{20} & F_{21} & F_{22} & F_{23} \\ F_{30} & F_{31} & F_{32} & F_{33} \end{pmatrix} = \begin{pmatrix} 0 & E_1/c & E_2/c & E_3/c \\ -E_1/c & 0 & -B_3 & B_2 \\ -E_2/c & B_3 & 0 & -B_1 \\ -E_3/c & -B_2 & B_1 & 0 \end{pmatrix} \tag{2.192}$$

gewonnen werden[73]. Dabei sind E_j und B_j die Komponenten des elektrischen und magnetischen Feldes. Die Gesamtheit der von den Raumzeit-Koordinaten abhängigen Größen $F_{\mu\nu}$ (die das elektrische und das magnetische Feld zusammenfassen) heißt *elektromagnetischer Feldtensor*[74]. Werden mit seiner Hilfe die räumlichen Komponenten von (2.191) unter Ausnutzung von (2.165) und (2.171) berechnet, so ergibt sich

$$\frac{d\vec{p}}{d\tau} \equiv \frac{d}{d\tau}\left(\gamma m \dot{\vec{x}}\right) = \gamma q \left(\vec{E}(t,\vec{x}) + \dot{\vec{x}} \times \vec{B}(t,\vec{x})\right). \tag{2.193}$$

Wird die Ableitung nach der Eigenzeit mit Hilfe von (2.160) in die Ableitung nach der Zeitkoordinate t umgewandelt, so wird daraus genau (2.90). Beachten Sie: Die Zeitableitung des relativistischen Impulses (die *Kraft*) unterscheidet sich vom räumlichen Anteil der *Viererkraft* um den Faktor γ, ganz analog wie sich die Zeitableitung des Ortes (die Geschwindigkeit)

---

[73] Es gilt $F_{\mu\nu} = \eta_{\mu\rho}F^\rho{}_\nu$ oder, in Komponenten: $F_{0\nu} = F^0{}_\nu$ und $F_{j\nu} = -F^j{}_\nu$ für $\nu = 0,1,2,3$ und $j = 1,2,3$.
[74] Genauer ausgedrückt handelt es sich um ein *Tensorfeld*. Auf das Transformationverhalten derartiger Objekte werden wir im dritten Band eingehen.

vom räumlichen Anteil der Vierergeschwindigkeit um genau diesen Faktor unterscheidet. Die Zeitkomponente von (2.191) ist mit der Beziehung (2.91) identisch. Sie ist eine Folgerung aus (2.90) und beschreibt, wie bereits erwähnt, die Arbeit, die das Feld am Teilchen verrichtet. In einem elektrostatischen Feld reduziert sie sich auf (2.92). Siehe Aufgabe 60 zur Verifikation dieser Ergebnisse.

Bemerkung
Anhand von (2.193) lässt sich die spezifische Beziehung zwischen nichtrelativistischen und relativistischen Bewegungsgleichungen sehr schön diskutieren. Im momentanen Ruhsystem reduziert sich die Bewegung (für den Augenblick, in dem $\dot{\vec{x}} = 0$ gesetzt werden kann) auf

$$m\ddot{\vec{x}} = q\vec{E}(\vec{x},t) \tag{2.194}$$

(vgl. (2.93)). Das Teilchen spürt also (in diesem Augenblick) nur die elektrische Kraft (1.26), die wir bereits im Mechanik-Kapitel betrachtet haben, und erfährt (nur in diesem Augenblick) eine dem zweiten Newtonschen Axiom entsprechende Beschleunigung. Nun könnte man auf die Idee kommen, (2.194) mit Hilfe einer Poincarétransformation in ein beliebiges anderes Inertialsystem umzurechnen. Dazu muss man allerdings wissen, wie sich das elektromagnetische Feld unter einer solchen Transformation verhält (was wir erst im dritten Band besprechen werden). Interessant ist aber bereits hier, dass dies tatsächlich möglich ist, und dass dabei genau die relativistische Bewegungsgleichung (2.193) und daher (2.191) herauskommt! Das Magnetfeld kommt deshalb in Spiel, weil es unter Poincarétransformationen mit dem elektrischen „gemischt" wird[75]. Diese Argumentation unterstreicht, dass die Bewegungsgesetze der Newtonschen Mechanik zwar „jederzeit" gelten, aber immer nur auf das jeweilige momentane Ruhsystem bezogen. Ist das Transformationsverhalten der Größen, die die Kraft bestimmen, bekannt, so folgt daraus die relativistische, sich auf ein (beliebiges, aber) festgehaltenes Inertialsystem beziehende Form der Bewegungsgleichung.

Wir erwähnen abschließend, dass der Anteil $-q\phi + q\dot{\vec{x}}\cdot\vec{A}$ der Lagrangefunktion (2.88) für die Bewegung im äußeren elektromagnetischen Feld mit Hilfe des Vierervektors[76]

$$A = \begin{pmatrix} \phi/c \\ \vec{A} \end{pmatrix}, \tag{2.195}$$

der das skalare Potential und das Vektorpotential zusammenfasst, in der Form $-\frac{q}{\gamma}A_\mu u^\mu$ geschrieben werden kann. Damit wird

$$dt\,L = -mc^2\,d\tau - qA_\mu\,dx^\mu, \tag{2.196}$$

---

[75] Eine Folgerung dieses „Mischens" ist diese: Ein elektromagnetisches Feld, das in einem Inertialsystem als rein elektrisch erscheint, weist aus der Sicht eines relativ zu diesem bewegten Inertialsystems auch ein Magnetfeld auf.

[76] Genauer ausgedrückt handelt es sich um ein *Vierervektorfeld*. Auf das Transformationverhalten derartiger Objekte werden wir im dritten Band eingehen.

womit das Wirkungsintegral die relativistisch kovariante Form

$$S = \int \left(-mc^2\, d\tau - q A_\mu\, dx^\mu \right) \tag{2.197}$$

annimmt. Es erstreckt sich über beliebige Weltlinien, die ein festgehaltenes Anfangs- mit einem festgehaltenen End-Ereignis verbinden. Jene Weltlinie, die das Wirkungsintegral stationär macht ($\delta S = 0$ bei Vergleich mit infinitesimal benachbarten Weltlinien) ist die entsprechende Lösung der Bewegungsgleichungen (2.90) bzw. (2.191).

2.4 Die Bedeutung der Speziellen Relativitätstheorie für die Physik

Wir haben die Spezielle Relativitätstheorie in diesem Buch zunächst als einen generellen Rahmen für die Beschreibung von Prozessen, die in Raum und Zeit ablaufen, präsentiert und sind dann auf einige Konsequenzen, die sich für die Mechanik und die Begriffe der Energie, des Impulses und der Kraft ergeben, eingegangen. Stellenweise wurde aber auch von der relativistischen Natur der elektromagnetischen Felder und von der Rolle der relativistischen Stoßgesetze in der Teilchenphysik gesprochen. Das lässt vermuten, dass die Bedeutung dieser Theorie weit über die hier diskutierten Phänomene hinausgeht.

In gewisser Weise handelt es sich weniger um eine *Theorie* als vielmehr um ein *Gestaltungsprinzip für Theorien*, die ihrerseits unterschiedliche physikalische Systeme (wie das klassische elektromagnetische Feld oder die fundamentalen Wechselwirkungen zwischen Elementarteilchen) beschreiben, und über die die Spezielle Relativitätstheorie, wie wir sie hier kennen gelernt haben, gar keine (oder nur sehr allgemeine) Aussagen macht. Daher nennen wir ein Modell eines physikalischen Sachverhalts *relativistisch*, wenn es der von uns formulierten Grundforderung der Gleichberechtigung aller Inertialsysteme unter dem Gesichtspunkt der Poincarétransformationen genügt. Dabei liegt nicht immer klar auf der Hand, wie sich die physikalischen Größen beim Wechsel des Inertialsystems verhalten und muss in jedem Fall eigens herausgearbeitet werden. Beispielsweise unterscheidet sich das Transformationsverhalten des elektromagnetischen Feldes drastisch von jenem der mechanischen Vektorgrößen (wie der Geschwindigkeit oder des Impulses).

Im Vergleich zur Bedeutung der Speziellen Relativitätstheorie als *Rahmentheorie* sind das aber technische Nebensächlichkeiten: In der modernen Physik hat sie einen fast allgemeingültigen Bestand, wobei sich das Wort „fast" auf die einzige Einschränkung bezieht, die wir nach unserem heutigen Wissen machen müssen: Sobald die Gravitation ins Spiel kommt, muss zu einer *noch allgemeineren* Theorie, die daher nicht zufällig *Allgemeine Relativitätstheorie* heißt, und die unsere Konzepte von Raum und Zeit ein weiteres Mal dramatisch verändert hat, übergegangen werden. Lassen wir die Gravitation beiseite, so sind die zwei grundlegenden Säulen, auf denen die moderne Physik beruht, und die sie tragen, die Spezielle Relativitätstheorie und die *Quantentheorie*. Der zweite Band wird sich der letzteren zuwenden und damit das zweite große *Gestaltungsprinzip für Theorien*, das die heutige Physik kennt, behandeln. Die Verschmelzung der beiden hat (in Form der so genannten *Quantenfeldtheorie*) zu einem allgemeinen Rahmen für die moderne Teilchenphysik geführt, auf dessen Grundlage die konkreten Modelle der fundamentalen Wechselwirkungen formuliert werden.

Über dieser eminenten Bedeutung der Spezielle Relativitätstheorie sollte aber nicht vergessen werden, dass auch *nichtrelativistische* Modelle im Rahmen ihrer Gültigkeitsbereiche wertvolle Dienste leisten. Wir haben in diesem Buch die Newtonsche Mechanik und die Spezielle Relativitätstheorie in einer möglichst einheitlichen Weise dargestellt (und in beiden vom Lagrangeformalismus Gebrauch gemacht, der ja ebenfalls die Rolle eines *Gestaltungsprinzips für physikalische Theorien* spielt), um nicht nur ihre Unterschiede, sondern auch ihre theoretische Verwandtschaft begreifbar zu machen.

2.5 Aufgaben

1. Ergänzungsaufgabe[**]
   Argumentieren Sie, dass unter der Annahme der Existenz einer in allen Inertialsystemen gültigen universellen Zeit die Transformation von Ereigniskoordinaten zweier Inertialsysteme, die sich wie oberhalb von (2.4) beschrieben relativ zueinander bewegen, die Form $x' = x - vt$ haben muss! (Die Koordinaten y, y', z und z' können Sie dabei ignorieren).

2. Lösen sie die Beziehungen in der ersten Spalte von (2.5)–(2.8) nach t, x, y und z auf und verifizieren Sie, dass sich auf diese Weise genau die zweite Spalte ergibt! Formulieren Sie diesen Sachverhalt in Worten!

3. Rechnen Sie (2.14) und (2.15) nach!

4. Die Raumzeit-Koordinaten der Systeme von Alice und Bob werden mittels (2.5)–(2.8) ineinander umgerechnet. In Bobs System (er verwendet die gestrichenen Koordinaten) bewegt sich ein Photon (natürlich mit Lichtgeschwindigkeit) entlang der y-Achse. Wie sieht seine Bewegung für Alice (die die ungestrichenen Koordinaten verwendet) aus?

5. Alice und Bob beziehen sich auf die gleichen Inertialsysteme wie in Aufgabe 4. Ein Stab der Länge L' ruht in Bobs Inertialsystem entlang der y-Achse. Wie sieht seine Bewegung für Alice aus? Welche Länge hat er für sie? Was schließen Sie daraus?

6. Verifizieren Sie (2.20)!

7. Ergänzungsaufgabe[*]
   Artgumentieren Sie *ohne* Verwendung der Lorentztransformation, dass die im Text beschriebene Methode der Uhrensynchronisierung unter der Annahme der universellen Konstanz der Lichtgeschwindigkeit dazu führt, dass Alices Uhren *nicht* mit jenen von Bob synchronisiert sind!

8. Verifizieren Sie (2.22)!

9. Beweisen Sie folgende Eigenschaften der relativistischen Geschwindigkeitsaddition (2.22):
   (i) Gilt $|v| < c$ und $|w| < c$, so folgt $|u| < c$. (ii) Gilt $|v| < c$ und $|w| = c$, so folgt $|u| = c$.

10. Ergänzungsaufgabe[*]
    Führen Sie *zwei* Lorentztransformationen vom Typ (2.5)–(2.8) hintereinander aus. Ist die kombinierte Transformation wieder eine Lorentztransformation? Wenn ja, mit welcher Relativgeschwindigkeit? Gehen Sie dabei so vor: Seien (t',x',y',z') durch (t,x,y,z) wie in den jeweils ersten Beziehungen von (2.5)–(2.8) definiert, mit Relativgeschwindigkeit v. In analoger Weise seien (t'',x'',y'',z'') durch (t',x',y',z') definiert, nun mit Relativgeschwindigkeit w. Drücken Sie (t'',x'',y'',z'') durch (t,x,y,z) aus. Handelt es sich bei diesem Zusammenhang nun *wieder* um eine Lorentztransformation?
    Zusatzaufgabe: Hängt diese Fragestellung irgendwie mit der relativistischen Geschwindigkeitsaddition zusammen?

11. Berechnen Sie den Effekt des Zwillingsparadoxons mit Hilfe der Formel (2.26) für folgenden Reiseplan: Charly fliegt von Alice (die im Koordinatenursprung ihres Systems verbleibt) mit einer konstanten Geschwindigkeit $\vec{v}$ weg, kehrt abrupt um und fliegt mit der konstanten Geschwindigkeit $-\vec{v}$ wieder zum Ursprung zurück, wo Alice auf ihn wartet. Manchmal wird eingewandt, dass die Situation zwischen Alice und Charly symmetrisch sei, da sich beide mit einer konstanten Geschwindigkeit bewegen. Ist dieses Argument stichhaltig?

12. Leiten Sie eine Näherungsformel für den relativistischen Dopplereffekt (2.31) für Relativgeschwindigkeiten her, die klein gegenüber der Lichtgeschwindigkeit sind!

13. Ergänzungsaufgabe*
Leiten Sie die Formel (2.30) für den transversalen relativistischen Dopplereffekt her!

14. Ergänzungsaufgabe**
Zeigen Sie, dass die Möglichkeit überlichtschneller Signale dazu ausgenutzt werden könnte, ein Signal in die *eigene Vergangenheit* zu schicken!

15. Diskutieren Sie das „Paradoxon mit dem Hühnerstall": In Bobs Inertialsystem ruht ein Hühnerstall, der zwei gegenüberliegende Türen besitzt. Weiters gibt es eine Leiter, die länger ist als der Abstand der beiden Türen. Alice nimmt nun die Leiter (waagrecht) in die Hand und läuft mit hoher Geschwindigkeit auf den Hühnerstall zu. In Bobs System ist die bewegte Leiter so stark verkürzt, dass sie ganz in den Hühnerstall passt. Sobald sich Alice mit der ganzen Leiter im Stall befindet, schließt Bob beide Türen. Aus Alices Sicht ist aber der Abstand der beiden Türen verkürzt, so dass die Leiter *nicht* zur Gänze in den Hühnerstall passt. Also kann Bob die beiden Türen nicht schließen, um Alice mitsamt der Leiter einzusperren – ein Widerspruch?

16. Diskutieren Sie das folgende Paradoxon: Alice fährt mit dem Zug mit hoher Geschwindigkeit von A nach B. Der Zug macht zwischendurch keinen Halt, d. h. er passiert alle Bahnhöfe, die am Weg liegen, mit unverminderter Geschwindigkeit. Während die Reise in dem mit der Erde verbundenen Inertialsystem 2 Stunden dauert, vergeht für Alice nur 1 Stunde. (Das ist der Effekt der Zeitdilatation). Wann immer der Zug durch einen Bahnhof fährt, vergleicht Alice den Gang ihrer Uhr mit dem der Bahnhofsuhr. Da sich die Bahnhöfe in Alices System bewegen, gehen alle Bahnhofsuhren *langsamer* als Alices Uhr. (Das ist ebenfalls der Effekt der Zeitdilatation). Wäre demnach nicht zu erwarten, dass die (Eigen-)Zeit, die für Alice während ihrer Reise vergeht, *länger* ist als 2 Stunden? Tatsächlich ist sie mit 1 Stunde aber kürzer! Ein Widerspruch?

17. Ergänzungsaufgabe*
Diskutieren Sie das folgende Paradoxon: Alice ist Lenkerin einer schnell bewegte Raumfähre und setzt zum Landeanflug an. Sie verliert an Höhe, taucht – wie in Abbildung 2.9 skizziert – in einen unterirdischen Hangar ein, legt danach an Höhe zu und fliegt wieder heraus. Von jenem Inertialsystem aus betrachtet, in dem sich die Raumfähre in horizontaler Richtung nicht bewegt (der Hangar hingegen schnell näher kommt), ist aber

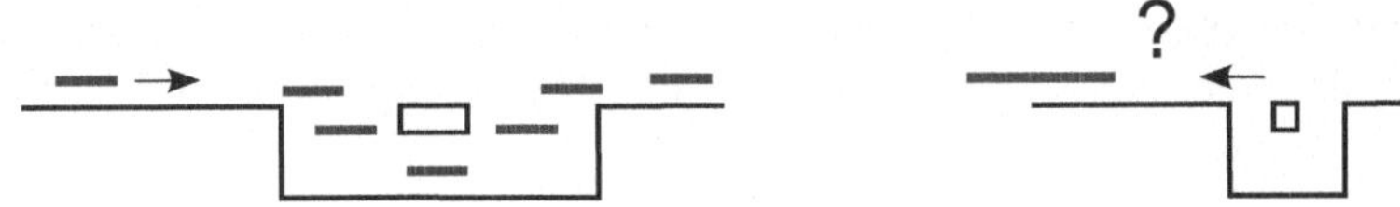

Abbildung 2.9: Skizze zur Aufgabe 17.

die Öffnung des Hangars aufgrund des Effekts der Längenkontraktion so klein, dass die Raumfähre gar nicht hineinpasst! Ein Widerspruch?

18. Rechnen Sie die Argumentation mit der Lichtuhr (Seite 188 und Abbildung 2.1) zur Herleitung der Formel für die Zeitdilatation durch!

19. Zeigen Sie, dass es für zwei zueinander zeitartige Ereignisse stets ein Inertialsystem gibt, in dem beide am gleichen Ort stattfinden!

20. Zeigen Sie, dass es für zwei zueinander raumartige Ereignisse stets ein Inertialsystem gibt, in dem beide gleichzeitig stattfinden!

21. (i) Verifizieren Sie die im Text angegebene Interpretation der Bedingung (2.38) für die Lichtartigkeit zweier Ereignisse: Eine Sphäre (Front einer Kugelwelle), deren Mittelpunkt die Koordinaten (x,y,z) hat, und die zur Zeit t beginnt, sich mit Lichtgeschwindigkeit auszudehnen, ist zur Zeit $t + \Delta t$ soweit angewachsen, dass der Punkt mit den Koordinaten $(x+\Delta x, y+\Delta y, z+\Delta z)$ genau auf ihr liegt.
(ii) Wird in (2.38) das Gleichheitszeichen durch $<$ ersetzt, so erreicht die Wellenfront den zweiten Punkt bereits zu einer früheren Zeit, wird $>$ gesetzt, so erreicht sie ihn erst zu einer späteren Zeit. Argumentieren Sie, dass das genau den Kausalverhältnissen entspricht, die mit den Begriffen „zeitartig" und „raumartig" verbunden sind!

22. Verifizieren Sie die Invarianz der Minkowski-Metrik unter den Lorentzschen Geschwindigkeitstransformationen (2.5)−(2.6)!

23. Verifizieren Sie die im Text beschriebene grafische Darstellung der Lorentztransformation (in zwei Dimensionen)! Zeigen Sie, dass Bobs Koordinatenachsen in Alices System zwei Geraden sind, die symmetrisch zur 45°-Geraden $ct = x$ um den gleichen Winkel zusammen- oder auseinandergeklappt sind!

24. Die Beziehung (2.50) stellt in Alices zweidimensionalem Minkowski-Diagramm eine Hyperbel dar. Deren Schnittpunkte mit Bobs x'-Achse (wie sie in Alices Diagramm erscheint) entsprechen den Längenmarkierungen $-L$ und L in Bobs Inertialsystem. Zeigen Sie, dass die Menge der Erreignisse, die (2.50) erfüllt, in Bobs Koordinatensystem durch die analoge Gleichung $c^2 t'^2 - x'^2 = -L^2$ beschrieben wird!

25. Die Beziehung (2.51) stellt in Alices zweidimensionalem Minkowski-Diagramm eine Hyperbel dar. Deren Schnittpunkte mit Bobs ct'-Achse (wie sie in Alices Diagramm

erscheint) entsprechen den Längenmarkierungen $-L$ und L in Bobs Inertialsystem. Zeigen Sie, dass die Menge der Erreignisse, die (2.51) erfüllt, in Bobs Koordinatensystem durch die analoge Gleichung $c^2 t'^2 - x'^2 = L^2$ beschrieben wird!

26. Stellen Sie den Effekt der Zeitdilatation anhand eines Minkowski-Diagramms dar!

27. Stellen Sie den Effekt der Längenkontraktion anhand eines Minkowski-Diagramms dar!

28. Lösen Sie das „Paradoxon mit dem Hühnerstall" (Aufgabe 15) grafisch auf! Zeichnen Sie die beschriebene Situation in einem Minkowski-Diagramm, das zu Bobs Inertialsystem gehört, und zeichnen Sie in das *gleiche* Diagramm ein, wie Alice sie erlebt (oder umgekehrt)!

29. Ergänzungsaufgabe**
    Stellen Sie die in der Lösungsangabe zur Aufgabe 14 (Seite 275) konstruierte Reise eines Signals, das ein Beobachter in die eigene Vergangenheit schicken könnte (wenn überlichtschnelle Signale zulässig wären), in einem Minkowski-Diagramm grafisch dar!

30. Wie werden Galileische Geschwindigkeitstransformationen vom Typ (2.4) – unter Weglassung der letzten beiden Koordinaten – grafisch dargestellt?

31. Untersuchen Sie, wie die grafische Darstellung der Lorentztransformation (Aufgabe 23) im Grenzwert $c \to \infty$ in die grafische Darstellung der Galileischen Geschwindigkeitstransformation (Aufgabe 30) übergeht!

32. Ergänzungsaufgabe**
    Zeigen Sie, dass das durch die Lagrangefunktion (2.59) definierte Wirkungsprinzip unter Lorentztransformationen der Form (2.5)−(2.8) invariant ist. Welche Erhaltungsgröße entspricht dieser Symmetrie?

33. Verifizieren Sie (2.67)!

34. Entwickeln Sie (2.67) für kleine Geschwindigkeiten bis zur Ordnung $O\left(|\vec{\dot{x}}|^6/c^4\right)$!

35. Ergänzungsaufgabe*
    Führen Sie eine zu (2.72)−(2.74) analoge Berechnung in drei Dimensionen durch, wobei das Teilchen beliebig im Raum bewegt werden kann (solange es unterlichtschnell bleibt)! Die am Teilchen geleistete Arbeit ist durch das Linienintegral

$$W = \int_\gamma d\vec{x} \cdot \frac{d\vec{p}}{dt} \equiv \int_\gamma dt \, \dot{\vec{x}} \cdot \frac{d\vec{p}}{dt} \qquad (2.198)$$

über die Bahnkurve gegeben. Rechnen Sie die Beziehung

$$\dot{\vec{x}} \cdot \frac{d\vec{p}}{dt} \equiv \dot{\vec{x}} \cdot \frac{d}{dt} \frac{m\dot{\vec{x}}}{\sqrt{1 - \frac{\dot{\vec{x}}^2}{c^2}}} = \frac{d}{dt} \frac{mc^2}{\sqrt{1 - \frac{\dot{\vec{x}}^2}{c^2}}} \qquad (2.199)$$

nach und benutzen Sie sie, um das Integral (2.198) zu berechnen!

36. Rechnen Sie (2.75) nach!

37. Rechnen Sie (2.76) nach!

38. Ergänzungsaufgabe*
    Verifizieren Sie die Form der Hamiltonschen Gleichungen (2.78)−(2.79) für ein freies relativistisches Teilchen mit Masse $m \neq 0$ und zeigen Sie, dass sie zu (2.54) äquivalent sind!

39. Ergänzungsaufgabe*
    Verifizieren Sie die Form der Hamiltonschen Gleichungen (2.85)−(2.86) für ein freies masseloses Teilchen!

40. Ergänzungsaufgabe**
    Ermitteln Sie die 10 Erhaltungsgrößen, die zu den Poincaré-Symmetrien des durch die Lagrangefunktion (2.59) definierten Wirkungsprinzps gehören! Ein Teil dieser Aufgabe wurde bereits in Aufgabe 32 gelöst.

41. Ergänzungsaufgabe**
    Ermitteln Sie die Hamiltonfunktionen für die Bewegung eines geladenen Teilchens im äußeren elektromagnetische Feld, und zwar für die nichtrelativistische Lagrangefunktion (1.496) und für die relativistische Lagrangefunktion (2.88)!

42. Ergänzungsaufgabe*
    Verifizieren Sie (2.90)!

43. Ergänzungsaufgabe*
    Verifizieren Sie (2.91) als Folge der Bewegungsgleichung (2.90)!

44. Ergänzungsaufgabe*
    Verifizieren Sie (2.92) als Folge von (2.91) für den Fall der Bewegung in einem elektrostatischen Feld!

45. Ergänzungsaufgabe*
    Vollziehen Sie – ggf. mit Hilfe eines Computeralgebra-Systems – die Berechnungen, die zum Ergebnis (2.96)−(2.98) mit (2.100) für die Bewegung eines geladenen Teilchens im homogenen zeitunabhängigen elektrischen Feld führen, nach!

46. Ergänzungsaufgabe*
    Vollziehen Sie die Berechnungen die zum Ergebnis (2.3.4)−(2.105) für die Bewegung eines geladenen Teilchens im homogenen zeitunabhängigen Magnetfeld führen, nach!

47. Ein Kilogramm Wasser wird um 10 Grad erwärmt. Um welchen Betrag ändert sich dadurch seine Masse?

48. Wählen Sie die Geschwindigkeiten in (2.129) so, dass M kleiner als m ist!

49. Betrachten Sie die Paarvernichtung $e^- + e^+ \to 2\gamma$ (Elektron + Positron $\to$ 2 Photonen), wobei die Impulse und kinetischen Energien von Elektron und Positron vernachlässigbar klein seien! Welche Energie haben die beiden Photonen?

50. Ergänzungsaufgabe*
Verifizieren Sie die Form (2.137) – (2.140) der Geschwindigkeitstransformationen (2.5) – (2.8)!

51. Ergänzungsaufgabe*
Schreiben Sie die in (2.142) definierte Lorentz-Matrix Λ mit Komponenten $\Lambda^\mu{}_\nu$ für die Lorentztransformationen (2.137) – (2.140) an!

52. Ergänzungsaufgabe*
Beweisen Sie: Wenn zwei Vierervektoren in einem Inertialsystem übereinstimmen (etwa $a^\mu = b^\mu$), so tun sie es in *jedem* Inertialsystem.

53. Ergänzungsaufgabe*
Beweisen Sie, dass die Vierergeschwindigkeit (2.145), genommen an einem Ereignis, das einem gegebenen Wert τ der Eigenzeit entspricht, ein Vierervektor ist!

54. Ergänzungsaufgabe**
Beweisen Sie, dass der Wert des Minkowski-Skalarprodukts (2.152) bzw. (2.153) zweier Vierervektoren nicht vom Inertialsystem abhängt, in dem er berechnet wird, d. h. dass er eine Poincaré-Invariante ist!

55. Ergänzungsaufgabe*
Zeigen Sie, dass für zwei Vierervektoren stets $a_\mu b^\mu = a^\mu b_\mu$ gilt!

56. Ergänzungsaufgabe*
Zeigen Sie, dass *jeder* zeitartige zukunftsgerichtete Vierervektor, der (2.167) erfüllt, d. h. dessen Viererquadrat gleich c^2 ist, als Vierergeschwindigkeit auftreten kann!

57. Ergänzungsaufgabe*
Die allgemeine Form der Bewegung eines freien massiven Teilchens ist durch die Beziehung (2.168) gegeben. Demnach sieht es so aus, als wäre sie durch 7 freie Konstanten bestimmt: 3 für die Vierergeschwindigkeit, die ja stets (2.167) erfüllen muss, und 4 für die frei wählbaren Anfangskoordinaten $x^\mu(0)$. In der Newtonschen Mechanik war eine freie Bewegung im Raum aber durch 6 Freiheitsgrade (Anfangsort und Anfangsgeschwindigkeit) charakterisiert! Können Sie diesen Widerspruch auflösen?

58. Ergänzungsaufgabe*
Zeigen Sie (2.179), d. h. dass die Viererbeschleunigung im Sinn der Minkowski-Geometrie stets orthogonal zur Vierergeschwindigkeit ist!

59. Ergänzungsaufgabe*
Eine Raumfähre bewegt sich so, dass ihre Insassen stets den ihnen vertrauten Wert $g = 9.81\,\mathrm{m/s^2}$ der Erdbeschleunigung spüren.

Szenario 1: Wie lange braucht sie (im Inertialsystem), um ein Lichtjahr weit zu reisen? Welche Eigenzeit vergeht dabei für die Insassen? Mit welcher Geschwindigkeit bewegt sich die Raumfähre am Ende der Reise?
Szenario 2: Wie weit kommt die Raumfähre während einer Eigenzeit von 10 Jahren? Welche Zeit vergeht während der Reise im Inertialsystem? Mit welcher Geschwindigkeit bewegt sich die die Raumfähre am Ende der Reise?

60. Ergänzungsaufgabe[**]
Verifizieren Sie, dass die Raum- und Zeitkomponenten der kovarianten Form (2.191) der Bewegungsgleichung eines Teilchens im äußeren elektromagnetischen Feld mit (2.90) und (2.91) übereinstimmen!

Anhang

A Lösungen und Lösungstipps zu den Aufgaben

A.1 Klassische Mechanik

1. Aus (1.8) ergibt sich sofort, dass der Abstand zum Ursprung zeitlich konstant ist: $\vec{x}(t)^2 = R^2 \cos^2(\omega t) + R^2 \sin^2(\omega t) = R^2$. Die Größe ωt, d. h. die „Phase", von der Sinus und Cosinus gebildet werden, ist während des ersten Umlaufs der (im mathematisch positiven Umlaufsinn bestimmte) Winkel, den $\vec{x}(t)$ mit der positiven x-Achse bildet. Daher ist $\frac{d}{dt}(\omega t) = \omega$ die Winkelgeschwindigkeit. Ein kompletter Umfauf ist vollendet, wenn ωt von 0 auf 2π angewachsen ist, was ein Zeitintervall der Dauer $\tau = 2\pi/\omega$ in Anspruch nimmt. Damit sind die Umlaufszeit und die behauptete Beziehung zu ω gefunden.

2. Eine volle Periode ist durchlaufen, wenn die Phase $\omega t + \varphi$ um 2π gewachsen ist, d. h. wenn t um $2\pi/\omega$ gewachsen ist. Daher ist die Periodendauer $\tau = 2\pi/\omega$. Die Frequenz ist die „Zahl der durchlaufenen Perioden pro Zeitintervall". Da während des Zeitintervalls $2\pi/\omega$ genau eine Periode durchlaufen wird, ist die Frequenz $f = \frac{1}{2\pi/\omega} = \omega/(2\pi)$.

   Zur Zusatzfrage: Zeitliche Nulldurchgänge folgen aufeinander im Abstand $\Delta t = \pi/\omega$. Sie entsprechen den Nullstellen der Sinusfunktion: Ein Intervall von einer Nullstelle des Sinus zur nächsten, also beispielsweise $[0, \pi]$, umfasst nur ein halbe Periode! Maxima hingegen folgen aufeinander im Abstand $\Delta t = 2\pi/\omega$, weil benachbarte Maxima der Sinusfunktion den Abstand 2π besitzen. Legen Sie die verlangte Skizze selbst an!

3. Da die Erde als homogene Kugel angesehen wird, kann ihre Masse in ihrem Mittelpunkt konzentriert gedacht werden. Wir legen nun das Koordinatensystem so, dass der Erdmittelpunkt im Ursprung liegt und der aktuelle Standort im Schnittpunkt der Erdoberfläche mit der z-Achse. Damit ist $\vec{x} = (0, 0, R)$ und $|\vec{x}| = R$, womit sich (1.22) zu

$$\vec{F}(\vec{x}) = -\frac{GMm}{|\vec{x}|^3}\vec{x} = -\frac{GMm}{R^3}\begin{pmatrix} 0 \\ 0 \\ R \end{pmatrix} \equiv -\frac{GMm}{R^2}\begin{pmatrix} 0 \\ 0 \\ 1 \end{pmatrix} \tag{A.1}$$

ergibt. Vergleich mit (1.25) liefert

$$g = \frac{GM}{R^2}. \tag{A.2}$$

4. Lösen Sie diese Aufgabe eigenständig!

5. Tipp: Die erste Integration liefert

$$\dot{\vec{x}}(t) = \dot{\vec{x}}(0) + \begin{pmatrix} 0 \\ 0 \\ -gt \end{pmatrix}, \qquad \text{(A.3)}$$

die zweite Integration führt auf das gewünschte Resultat.

6. Lösungen: Die maximale Höhe ist $z_{\max} = z(0) + \frac{1}{2g}\dot{z}(0)^2$. Sie wird zur Zeit $t_{\max} = \frac{1}{g}\dot{z}(0)$ erreicht. Der Bewegungsablauf, durch $z_{\max}$ und $t_{\max}$ ausgedrückt, ist durch $z(t) = z_{\max} - \frac{g}{2}(t - t_{\max})^2$ gegeben. $z_{\max}$ und $t_{\max}$ sind nun zwei frei wählbare Konstanten, die anstelle von $z(0)$ und $\dot{z}(0)$ vorgegeben werden können. Diese Form hat den Vorteil, dass der Wert der maximalen Höhe sofort erkannt wird. Weiters drückt sie klar aus, dass bei festgehaltenem $z_{\max}$ die verbleibende Freiheit *einzig und allein* in einer zeitlichen Verschiebung des Bewegungsablaufs besteht.

7. Lösen Sie diese Aufgabe eigenständig! Sie müssen dazu nur die Identität $\sin^2\varphi + \cos^2\varphi = 1$ verwenden!

8. Führen Sie diese Aufgabe eigenständig durch!

9. Kurzargumentation: Die Vertauschung zweier Indizes führt gerade in ungerade Permutationen von 123 ineinander über und ungerade Permutationen in gerade. Sie können die Antisymmetrie aber auch einsehen, indem Sie alle nichtverschwindenden Komponenten des Epsilon-Symbols (Epsilon-Tensors) anschreiben. Es sind dies lediglich

$$\varepsilon_{123} = \varepsilon_{231} = \varepsilon_{312} = 1 \qquad \text{(A.4)}$$

und

$$\varepsilon_{213} = \varepsilon_{132} = \varepsilon_{321} = -1. \qquad \text{(A.5)}$$

Alle anderen Komponenten verschwinden. Daher gilt $\varepsilon_{123} = -\varepsilon_{213}$, $\varepsilon_{123} = -\varepsilon_{321}$, usw.

10. Der Graph der Funktion $V(x)$ (zeichnen oder plotten Sie ihn!) zeigt ihr Verhalten: Zunächst ist $V(x) \geq 0$ für alle x. An der Stelle $x = 0$ besitzt V ein lokales Maximum (mit dem zugehörigen Funktionswert $V(0) = ab^4$). An den Stellen $x = \pm b$ besitzt V lokale Minima, die gleichzeitig Nullstellen sind. Für große $|x|$ verhält sich V wie ax^4. Daher sind für Bewegungen mit dieser potentiellen Energie die folgenden Fälle zu unterscheiden:

- Fall $E < 0$: Keine Bewegung möglich!

- Fall $E = 0$: Die beiden einzigen Möglichkeiten sind $x(t) = -b$ und $x(t) = b$. (Das Teilchen ruht an der linken oder an der rechten Mimimumstelle. Die beiden Minimumstellen sind Gleichgewichtslagen).

- Fall $0 < E < ab^4$: Das Teilchen oszilliert entweder um die linke oder um die rechte Gleichgewichtslage. Diese beiden möglichen Bewegungen sind durch eine *Potentialbarriere* voneinander getrennt.

- Fall $E = ab^4$: Das ist ein delikater Grenzfall. Es sind drei Bewegungsformen möglich: (i) Das Teilchen kommt von der linken Potentialmulde, „klettert den Berg hinauf", erreicht den Gipfel aber nie! Es wird immer langsamer, während es sich dem Nullpunkt von links nähert. (ii) Das Teilchen kommt von der rechten Potentialmulde und wird immer langsamer, während es sich dem Nullpunkt von rechts nähert. (iii) Das Teilchen sitzt im Nullpunkt (also „am Gipfel des Berges"). Es handelt sich um eine (instabile) Gleichgewichtslage.

- Fall $E > ab^4$: Das Teilchen oszilliert symmetrisch zum Nullpunkt. An den Stellen $x = \pm b$ ist es am schnellsten, bei $x = 0$ langsamer (im Unterschied zum harmonischen Oszillator!)

11. Die allgemeine Lösung des Anfangswertproblems lautet

$$x(t) = \exp\left(-\frac{\alpha t}{2m}\right)\left(x(0)\cos(\widetilde{\omega}t) + \frac{1}{\widetilde{\omega}}\left(\dot{x}(0) + \frac{\alpha x(0)}{2m}\right)\sin(\widetilde{\omega}t)\right). \qquad \text{(A.6)}$$

12. Lösen Sie diese Aufgabe eigenständig! Hier 7 Tipps:
(i) Finden Sie heraus, in welchen Fällen es zu einem *unbegrenzten* Aufschaukeln von $x(t)$ kommt und in welchen Fällen sich die Amplitude bei einem für das System vielleicht gefährlichen, aber *endlichen* Wert einpendelt.
(ii) Die Amplitude der in der Tabelle 1.1 für den Fall $\alpha > 0$ und $\Omega \neq \omega$ angegebenen speziellen Lösung beträgt (für $F_0 > 0$)

$$\frac{F_0}{\sqrt{\alpha^2\Omega^2 + m^2\left(\omega^2 - \Omega^2\right)^2}}. \qquad \text{(A.7)}$$

(iii) Die genauen Anfangsbedingungen der Schwingung sind für das Problem unerheblich. (Warum?)
(iv) Von einer „Resonanzkatastrophe" spricht man, wenn eine periodische aufgeprägte Kraft eine Aufschaukelung einer Schwingung bewirkt, die schließlich zur Zerstörung des Systems führt. Um dies zu modellieren, können Sie annehmen, dass das System für eine maximale Amplitude A_{max} ausgelegt ist. Wird sie stark überschritten, tritt die Katastrophe ein.
(v) Um eine Aufschaukelung zu bewirken, muss die Amplitude F_0 der aufgeprägten Kraft nicht unbedingt groß sein. Denken Sie etwa an die merklichen Vibrationen in Gebäuden, die von nahegelegenen Bauarbeiten herrühren, oder an Soldaten, die im Gleichschritt über eine Brücke marschieren (was in der Praxis nicht geschieht, um ein Einstürzen der Brücke zu vermeiden). Um zu modellieren, dass F_0 nicht übertrieben groß ist, können Sie annehmen, dass F_0 von der gleichen Größenordnung ist wie die Rückstellkraft, die im ungestörten System gerade noch auftreten kann, also $m\omega^2 A_{\mathrm{max}}$.
(vi) Eine Kennzahl für die Auswirkung der aufgeprägten Kraft ist daher der Quotient $\chi = B/A_{\mathrm{max}}$, wobei B die Amplitude der erzwungenen Schwingung ist, wie sie sich nach einiger Zeit einstellt, wenn $F_0 = m\omega^2 A_{\mathrm{max}}$ gesetzt wird. (Im Fall $\alpha = 0$ und $\Omega = \omega$ stellt sich gar keine Amplitude ein, wie ein Blick auf Tabelle 1.1 zeigt – er muss getrennt

analysiert werden). Der Wert von χ gibt an, um welchen Faktor die maximal erlaubte Amplitude überschritten wird. Berechnen Sie χ und untersuchen Sie, wann $\chi \gg 1$ ist! (vii) Als Endresultat – unter Berücksichtigung aller vier in der Tabelle angegebenen Fälle – sollten Sie erhalten: Eine Resonanzkatastrophe – verursacht durch eine periodische Kraft mit einer Amplitude der oben modellierten Größenordnung – liegt entweder dann vor, wenn $\Omega = \omega$ gilt oder wenn die beiden Bedingungen $|\Omega - \omega| \ll \omega$ und $\alpha \ll m\omega^2$ erfüllt sind. Formulieren Sie diese Bedingungen in Worten!

13. Die Bewegungsgleichung ist $m\ddot{z}(t) = -mg - \gamma\dot{z}(t)$, wobei die Konstante γ der (von der Viskosität der Flüssigkeit und der Geometrie des Körpers abhängige[1]) Reibungskoeffizient ist. Die allgemeine Lösung lautet

$$z(t) = C_1 - \frac{mg}{\gamma}t + C_2 e^{-\gamma t/m}. \tag{A.8}$$

Der expotentielle Term klingt nach einer Zeit $t \sim m/\gamma$ ab. Für große Zeiten überwiegt der lineare Anteil $-\frac{mg}{\gamma}t$, was bedeutet, dass sich die Geschwindigkeit des Körpers der Grenzgeschwindigkeit (Sinkgeschwindigkeit) $v_\infty = -\frac{mg}{\gamma}$ annähert. Diesen Wert kann man auch direkt aus der Bewegungsgleichung erhalten, indem (unter der *Annahme*, dass die Beschleunigung immer kleiner wird) $\ddot{z} = 0$ gesetzt wird: Es verbleibt $mg + \gamma\dot{z} = 0$, woraus sich sofort die Grenzgeschwindigkeit ergibt.

14. Hier nur ein Tipp: Zur Ermittlung der Grenzgeschwindigkeit brauchen Sie die Bewegungsgleichung nicht zu lösen! Da die Beschleunigung für große Zeiten vernachlässigt werden kann, können Sie sie in der Bewegungsgleichung gleich 0 setzen und nach der Geschwindigkeit auflösen.

15. Führen Sie diese Aufgabe eigenständig durch! Sie müssen dazu überprüfen, ob die negativen Gradienten der in der Tabelle 1.2 angegebenen Funktionen tatsächlich die entsprechenden Kraftfelder sind. Hier ein Tipp, der Ihnen helfen kann, die Berechnungen zu verkürzen: Die partiellen Ableitungen von $|\vec{x}| \equiv r$ sind durch

$$\frac{\partial r}{\partial x_j} = \frac{x_j}{r} \tag{A.9}$$

gegeben. Beweis für $j = 1$: Mit der Anwendung der Kettenregel ergibt sich

$$\frac{\partial r}{\partial x} = \frac{\partial}{\partial x}\sqrt{x^2 + y^2 + z^2} = \frac{x}{\sqrt{x^2 + y^2 + z^2}} = \frac{x}{r}. \tag{A.10}$$

In Vektorschreibweise lautet diese Regel

$$\vec{\nabla} r = \frac{\vec{x}}{r}. \tag{A.11}$$

---

[1] Für eine Kugel vom Radius r beträgt er, nach dem Gesetz von Stokes, $\gamma = 6\pi r\eta$, wobei η die Viskosität der Flüssigkeit ist. Für Wasser bei 20°C ist $\eta \approx 10^{-3}\,\mathrm{kg\,m^{-1}\,s^{-1}}$.

Der Gradient einer Funktion, die nur von r abhängt, ist daher durch

$$\vec{\nabla} f(r) = f'(r)\,\frac{\vec{x}}{r} \tag{A.12}$$

gegeben. (Beweis: Anwendung der Kettelregel).

16. Ist R der Radius der Kugel, so ist das Gravitationspotential durch

$$\phi(\vec{x}) = \begin{cases} \dfrac{GM(r^2 - 3R^2)}{2R^3} & \dots \text{ wenn } r < R \\[2ex] -\dfrac{GM}{r} & \dots \text{ wenn } r > R \end{cases} \tag{A.13}$$

gegeben (wobei $r = |\vec{x}|$). An der Kugeloberfläche ($r = R$) stimmen beide Ausdrücke überein. (Zeichnen oder plotten Sie den Graphen dieser Funktion!)
Die Bewegungsgleichung eines radial in die Kugel fallenden Teilchens lautet

$$m\ddot{r}(t) = -\frac{GMm}{R^3}\,r(t)\,, \tag{A.14}$$

ist also äquivalent zu jener des harmonischen Oszillators (wenn $\omega^2 = GM/R^3$ gesetzt wird). Die Lösung mit den Anfangsdaten $r(0) = R$ (Teilchen beginnt an der Oberfläche zu fallen) und $\dot{r}(0) = 0$ (Teilchen fällt aus der Ruhe) ist

$$r(t) = R \cos\left(\sqrt{\frac{GM}{R^3}}\, t \right). \tag{A.15}$$

Um die Erde komplett zu durchfallen, benötigt ein Körper die halbe Periodendauer, d h. die Zeit

$$\Delta t = \pi \sqrt{\frac{R^3}{GM}}. \tag{A.16}$$

Das ist interessanterweise genau die Hälfte der Umlaufszeit eines Satelliten (auf der Kreisbahn $r = R$). Wenn der Satellit und der fallende Körper gleichzeitig starten, so treffen sie zu gleichen Zeit am gegenüberliegenden Punkt der Erde ein!

17. Führen Sie diese Aufgabe selbst durch! Benutzen Sie dabei die folgende einfache Regel: Sind die Variablen τ und t durch die Beziehung $\tau = Ct$ verbunden, wobei C eine Konstante ist, so können die Ableitungen nach diesen Variablen gemäß

$$\frac{d}{d\tau} = \frac{1}{C}\frac{d}{dt} \quad \text{und} \quad \frac{d}{dt} = C\frac{d}{d\tau} \tag{A.17}$$

ineinander umgerechnet werden.

18. Hier nur ein Tipp: An einem Punkt P mit Koordinaten (x,y,z) ist der Vektor (1.181) orthogonal zur z-Richtung und zum kürzesten Verbindungsvektor von P zur z-Achse.

19. Mit (1.187) und (1.193) ist

$$
\frac{d}{dt}\left(T^{\text{tot}}+V\right) \;\equiv\; \frac{d}{dt}\left(\sum_{\alpha=1}^{n}\frac{m_\alpha}{2}\,\dot{\vec{x}}_\alpha{}^2+V\right) = \sum_{\alpha=1}^{n} m_\alpha \dot{\vec{x}}_\alpha\cdot\ddot{\vec{x}}_\alpha + \sum_{\alpha=1}^{n}\sum_{j=1}^{3}\frac{\partial V}{\partial x_{\alpha j}}\,\dot{x}_{\alpha j} =
$$

$$
= \sum_{\alpha=1}^{n}\sum_{j=1}^{3} \dot{x}_{\alpha j}\left(m_\alpha \ddot{x}_{\alpha j}+\underbrace{\frac{\partial V}{\partial x_{\alpha j}}}_{-F_{\alpha j}}\right) = 0. \tag{A.18}
$$

20. Dafür genügt es, zu zeigen, dass die Kräfte (1.29)–(1.30) gemäß (1.193) bzw. (1.194) aus dem Potential (1.204) gewonnen werden können.

21. Eine Möglichkeit besteht darin, $\dot{\vec{x}}_2 \neq 0$ parallel zu $\vec{x}_1-\vec{x}_2 \neq 0$ zu wählen (womit $\vec{F}_1^{\text{magn}}(\vec{x}_1,\vec{x}_2) = 0$ wird) und $\dot{\vec{x}}_1 \neq 0$ orthogonal zu diesen (womit $\vec{F}_2^{\text{magn}}(\vec{x}_1,\vec{x}_2) \neq 0$ und parallel zu $\dot{\vec{x}}_1$ wird).

22. Die Geschwindigkeiten der beiden Teilchen nach dem Stoß werden mit v_1 und v_2 bezeichnet. Dann folgt aus den nichtrelativistischen Stoßgesetzen, dass entweder $v_1 = 0$ und $v_2 = v$ gilt (das ist der – theoretisch zu berücksichtigende – Fall, dass überhaupt keine Wechselwirkung stattfindet) oder $v_1 = \frac{2}{3}v$ und $v_2 = -\frac{1}{3}v$. Letzteres gilt etwa für elastisch stoßende Kugeln: Die eine stößt die andere an und setzt sie dadurch in Bewegung.

23. Beziehung (1.227) lautet unter Weglassung des Index α

$$
d\vec{\xi} = \vec{\omega}\times\vec{\xi}\,dt. \tag{A.19}
$$

Wir betrachten zunächst $\vec{\omega}$ als zeitlich konstant und legen das Koordinatensystem so, dass

$$
\vec{\omega} = \begin{pmatrix} 0 \\ 0 \\ \omega \end{pmatrix} \tag{A.20}
$$

gilt (d. h. dass $\vec{\omega}$ in Richtung der z-Achse weist). In Komponenten angeschrieben, sieht diese Beziehung so aus:

$$
\begin{aligned}
d\xi_1 &= -\omega\,\xi_2\,dt \tag{A.21}\\
d\xi_2 &= \omega\,\xi_1\,dt \tag{A.22}\\
d\xi_3 &= 0. \tag{A.23}
\end{aligned}
$$

Andererseits sieht eine (endliche) Drehung um die z-Achse mit Drehwinkel α so aus:

$$
\begin{aligned}
\xi_1^{\text{neu}} &= \cos\alpha\,\xi_1 - \sin\alpha\,\xi_2 \tag{A.24}\\
\xi_2^{\text{neu}} &= \sin\alpha\,\xi_1 + \cos\alpha\,\xi_2 \tag{A.25}\\
\xi_3^{\text{neu}} &= \xi_3. \tag{A.26}
\end{aligned}
$$

Mit den Entwicklungen $\cos\alpha = 1 + O(\alpha^2)$ und $\sin\alpha = \alpha + O(\alpha^3)$ für kleine α wird daraus eine *infinitesimale* Drehung:

$$\xi_1^{\text{neu}} = \xi_1 - \alpha\,\xi_2 \tag{A.27}$$

$$\xi_2^{\text{neu}} = \alpha\,\xi_1 + \xi_2 \tag{A.28}$$

$$\xi_3^{\text{neu}} = \xi_3\,. \tag{A.29}$$

Mit $d\xi_j = \xi_j^{\text{neu}} - \xi_j$ wird daraus gerade (A.21)–(A.23), wenn wir $\alpha \equiv \omega\,dt$ identifizieren. Daher beschreibt (A.21)–(A.23) eine während eines infinitesimalen Zeitintervalls dt stattfindende infinitesimale Drehung um die z-Achse (d. h. um die durch die Richtung von $\vec\omega$ definierte Achse) mit Drehwinkel $\omega\,dt$. Folglich ist $\omega \equiv |\vec\omega|$ die Winkelgeschwindigkeit.

Wenn wir uns nun vorstellen, dass sich $\vec\omega$ mit der Zeit ändert, so ändert sich an der obigen Argumentation eigentlich nichts: Wir wählen das Koordinatensytem so, dass $\vec\omega$ zu einem gegebenen Zeitpunkt die Form (A.20) hat. Während des infinitesimalen Zeitintervalls dt wirkt sich die Änderung von $\vec\omega$ in den Formeln (A.21)–(A.23) zur betrachteten Ordnung nicht aus. Daher gibt die Richtung von $\vec\omega$ die *momentane* Drehachse an, und sein Betrag $\omega \equiv |\vec\omega|$ ist die *momentane* Winkelgeschwindigkeit.

24. Die Verifikation von (1.232) überlassen wir Ihnen! Der letzte Term

$$\sum_{\alpha=1}^{n} \frac{m_\alpha}{2} \left(\vec\omega \times \vec\xi_\alpha \right)^2 \tag{A.30}$$

des erhaltenen Ausdrucks enthält das Quadrat eines vektoriellen Produkts zweier Vektoren. Dafür gibt es eine allgemeine Formel (die man unschwer – beispielsweise unter Verwendung des Epsilon-Symbols – beweisen kann[2]):

$$(\vec a \times \vec b)^2 = \vec a^{\,2}\,\vec b^{\,2} - (\vec a \cdot \vec b)^2\,. \tag{A.31}$$

Mit ihrer Hilfe formen wir (A.30) zu

$$\sum_{\alpha=1}^{n} \frac{m_\alpha}{2} \left(\vec\omega^{\,2}\,\vec\xi_\alpha^{\,2} - \left(\vec\omega \cdot \vec\xi_\alpha \right)^2 \right) \tag{A.32}$$

um. Schreiben wir die Skalarprodukte, in die der Vektor $\vec\omega$ involviert ist, in Komponenten an, so wird daraus

$$\frac{1}{2} \sum_{j=1}^{3} \sum_{\alpha=1}^{n} m_\alpha\,\vec\xi_\alpha^{\,2}\,\omega_j^{\,2} - \frac{1}{2} \sum_{j,k=1}^{3} \sum_{\alpha=1}^{n} m_\alpha\,\xi_{\alpha j}\,\xi_{\alpha k}\,\omega_j\,\omega_k\,. \tag{A.33}$$

---

[2] Siehe dazu die Formeln (B.28)–(B.30) auf Seite 291 im Anhang.

Im ersten Term schreiben wir $\sum_{j=1}^{3} \omega_j{}^2 = \sum_{j,k=1}^{3} \delta_{jk}\omega_j\omega_k$, damit wir alle ω's herausziehen können[3] und erhalten

$$\frac{1}{2} \sum_{j,k=1}^{3} \underbrace{\sum_{\alpha=1}^{n} m_\alpha \left(\vec{\xi}_\alpha{}^2 \delta_{jk} - \xi_{\alpha j}\xi_{\alpha k} \right)}_{I_{jk}} \omega_j\omega_k , \tag{A.34}$$

womit (1.233) bewiesen ist.

25. Die Verifikation von (1.238) überlassen wir Ihnen! Der einzige nichtverschwindende Beitrag von $\vec{L}^{\text{tot}}$, in den $\vec{\omega}$ eingeht, ist

$$\sum_{\alpha=1}^{n} m_\alpha \vec{\xi}_\alpha \times \left(\vec{\omega} \times \vec{\xi}_\alpha \right) . \tag{A.35}$$

Er enthält das zweifache vektorielle Produkt dreier Vektoren. Dafür gibt es eine allgemeine Formel (die man unschwer – beispielsweise unter Verwendung des Epsilon-Symbols – beweisen kann[4]):

$$\vec{a} \times (\vec{b} \times \vec{c}) = (\vec{a} \cdot \vec{c})\vec{b} - (\vec{a} \cdot \vec{b})\vec{c} \tag{A.36}$$

und als Spezialfall mit $\vec{c} = \vec{a}$

$$\vec{a} \times (\vec{b} \times \vec{a}) = \vec{a}^2\vec{b} - (\vec{a} \cdot \vec{b})\vec{a} . \tag{A.37}$$

Mit ihrer Hilfe formen wir (A.35) zu

$$\sum_{\alpha=1}^{n} m_\alpha \left(\vec{\xi}_\alpha{}^2 \vec{\omega} - (\vec{\xi}_\alpha \cdot \vec{\omega}) \vec{\xi}_\alpha \right) \tag{A.38}$$

um. Schreiben wir die Skalarprodukte, in die $\vec{\omega}$ involviert ist, in Komponenten an, so wird die j-te Komponente dieses Vektors zu

$$\sum_{\alpha=1}^{n} m_\alpha \vec{\xi}_\alpha{}^2 \omega_j - \sum_{k=1}^{3} \sum_{\alpha=1}^{n} m_\alpha \xi_{\alpha j}\xi_{\alpha k}\omega_k . \tag{A.39}$$

Im ersten Term schreiben wir $\omega_j = \sum_{k=1}^{3} \delta_{jk}\omega_k$, damit wir alle ω's herausziehen können und erhalten

$$\sum_{k=1}^{3} \underbrace{\sum_{\alpha=1}^{n} m_\alpha \left(\vec{\xi}_\alpha{}^2 \delta_{jk} - \xi_{\alpha j}\xi_{\alpha k} \right)}_{I_{jk}} \omega_k , \tag{A.40}$$

womit (1.241) bewiesen ist.

---

[3] Zu δ_{jk}, dem Kronecker-Symbol, siehe (1.237) bzw. (B.26) auf Seite 291 im Anhang.
[4] Siehe dazu die Formeln (B.28)–(B.30) auf Seite 291 im Anhang.

26. Die kinetische Energie eines auf einer schiefen Ebene abrollenden zylindersymmetri-
schen Körpers kann auf zweierlei Weise ermittelt werden. Wir orientieren die z-Achse
parallel zur Drehachse des Körpers. Der Vektor der Winkelgeschwindigkeit ist dann von
der Form (1.243). Die Masse des Körpers wird mit M, sein Radius (bezüglich der zur
z-Achse parallelen Symmetrieachse) mit R bezeichnet.
Betrachtungsweise 1: Der Massenmittelpunkt des Körpers bewegt sich mit einer Geschwindigkeit v. Zudem findet eine Rotation mit der Winkelgeschwindigkeit $\omega = v/R$
um die Symmetrieachse statt. Die kinetische Energie setzt sich daher aus den beiden
Anteilen

$$T = \frac{1}{2} M v^2 + \frac{1}{2} I_{zz}\, \omega^2 \tag{A.41}$$

zusammen, wobei I_{zz} das Trägheitsmoment bezüglich der Symmetrieachse ist.
Betrachtungsweise 2: Die Bewegung des Körpers wird zu jedem Zeitpunkt als reine
Rotation um eine Achse ausgefasst, die in der schiefen Ebene liegt, parallel zur Symmetrieachse ist und mit der Berührungsgeraden zusammenfällt bzw. durch den Be-
rührungspunkt verläuft. Nach dem Satz von Steiner (1.249) ist das Trägheitsmoment
bezüglich dieser momentanen Drehachse gleich $I_{zz} + MR^2$. Daher ist

$$T = \frac{1}{2}\, (I_{zz} + MR^2)\, \omega^2 , \tag{A.42}$$

was mit (A.41) übereinstimmt.
Die potentielle Energie ist, bis auf eine unerhebliche additive Konstante, durch $V =$
$-Mgs \sin\alpha$ gegeben, wobei s der entlang der schiefen Ebene gemessene Weg und
α der Neigungswinkel der Ebene zur Waagrechten ist. (Das Minuszeichen in V rührt
daher, dass s wächst, während der Körper abwärts rollt). Unter Ausnutzung der Energieerhaltung $T + V = $ const und der Beziehung $v = \dot{s}$ können Sie nun verifizieren, dass
die gesuchte Beschleungung durch

$$b = \left(1 + \frac{I_{zz}}{MR^2} \right)^{-1} g \sin\alpha \tag{A.43}$$

gegeben ist. Sie ist also umso kleiner, je größer das Trägheitsmoment I_{zz} ist. Für eine
Vollkugel ist $I_{zz} = \frac{2}{5}MR^2$ zu setzen, für eine (unendlich dünne) Hohlkugel $\frac{2}{3}MR^2$, für
einen Vollzylinder $\frac{1}{2}MR^2$ und für einen (unendlich dünnen) Hohlzylinder MR^2 (wobei
natürlich in allen Fällen eine homogene Verteilung der Masse vorausgesetzt ist) – vgl.
die Angaben auf Seite 76. Wenn Sie diese Werte einsetzen, so fallen M und R heraus,
und es ergeben sich numerische Vielfache von $g \sin\alpha$, der Beschleunigung, die ein
reibungsfrei *gleitender* Körper erfährt. Diskutieren Sie die Ergebnisse!

27. Führen Sie diese Aufgabe eigenständig durch!

28. Rotationsinvarianz von (1.55): Wir setzen $\vec{x}' = R\vec{x}$ für eine Rotationsmatrix R. Da R
konstant ist, gilt auch $\ddot{\vec{x}}' = R\ddot{\vec{x}}$. Weiters ändern Drehungen den Betrag eines Vektors
nicht, d. h. $|\vec{x}'| = |\vec{x}|$. Damit geht (1.55), wenn $\vec{x}$ durch $\vec{x}'$ ersetzt wird, über in

$$m R \ddot{\vec{x}}(t) = -\frac{GMm}{|\vec{x}(t)|^3}\, R\vec{x}(t) . \tag{A.44}$$

Indem diese Gleichung (von links) mit der inversen Matrix R^{-1} multipliziert (und $R^{-1}R = 1$ benutzt wird, erhalten wir genau (1.55). Das bedeutet: Unter der Ersetzung $\vec{x} \to \vec{x}'$ ändert die Bewegungsgleichung ihre *Form* nicht – sie ist rotationsinvariant. Rotationsinvarianz von (1.58)–(1.59): Führen Sie die Argumentation selbst durch! Sie müssen dabei annehmen, dass die Ortsvektoren aller Teilchen der gleichen Drehung unterworfen werden, also $\vec{x}_1{}' = R\vec{x}_1$ und $\vec{x}_2{}' = R\vec{x}_2$ setzen. Damit geht $\vec{x}_1 - \vec{x}_2$ in $\vec{x}_1{}' - \vec{x}_2{}' = R\vec{x}_1 - R\vec{x}_2 = R(\vec{x}_1 - \vec{x}_2)$ über.

29. Führen Sie diese Rechnung eigenständig durch!

30. Während des Falls erfährt der Körper (in einem mit der Erde verbundenen Koordinatensystem) zusätzlich zu der durch die Schwerkraft verursachten Beschleunigung die Coriolisbeschleunigung $-2\vec{\omega} \times \dot{\vec{x}}$. Der Vektor $\vec{\omega}$ der Winkelgeschwindigkeit der Erde ist parallel zu deren Rotationsachse, und sein Betrag ist durch $|\vec{\omega}| = 2\pi/\text{Tag}$ gegeben. Die volle Bewegungsgleichung lautet, wenn $\vec{g}$ der (als konstant angenommene) Vektor der Erdbeschleunigung am betreffenden Ort ist,

$$\ddot{\vec{x}}(t) = \vec{g} - 2\,\vec{\omega} \times \dot{\vec{x}}(t)\,. \tag{A.45}$$

Orientieren wir die x-Achse nach Osten, die y-Achse nach Norden und die z-Achse nach oben, und befinden wir uns an einem Ort mit geografischer Breite ϕ, so ist

$$\vec{\omega} = \omega \begin{pmatrix} 0 \\ \cos\phi \\ \sin\phi \end{pmatrix} \tag{A.46}$$

mit $\omega = |\vec{\omega}| > 0$. Die Komponenten der Bewegungsgsgleichung lauten daher

$$\ddot{x}(t) = 2\,\omega\Big(\dot{y}(t)\sin\phi - \dot{z}(t)\cos\phi\Big) \tag{A.47}$$

$$\ddot{y}(t) = -2\,\omega\,\dot{x}(t)\sin\phi \tag{A.48}$$

$$\ddot{z}(t) = -g + 2\,\omega\,\dot{x}(t)\cos\phi\,, \tag{A.49}$$

wobei g die Erdbeschleunigung ist. Als Anfangsbedingungen werden dabei sinnvollerweise $x(0) = y(0) = 0$, $z(0) = h$ (Höhe, aus der der Körper fällt) und $\dot{x}(0) = \dot{y}(0) = \dot{z}(0) = 0$ (Fall aus der Ruhe) gesetzt. Für $\omega = 0$ so entstehen daraus die üblichen Gleichungen (1.70)–(1.72) für den freien Fall (die die Erdrotation vernachlässigen). Für $\omega \neq 0$ beschreiben sie vor allem eine Ablenkung aus der lotrechten Bahn. Nun ist eine Näherung erlaubt: Bei den üblicherweise auftretenden Geschwindigkeiten fallender Körper ist der ω-Term in (A.49) so klein, dass er unter die Genauigkeit, mit der g bekannt ist, fällt. Vernachlässigen wir ihn, so erhalten wir mit $z(t) = h - \frac{g}{2}t^2$ die übliche Zeitabhängigkeit von z beim freien Fall. Aufgrund der Kleinheit von ω sagen uns (A.47) und (A.48), dass x und y (und ihre Zeitableitungen) klein bleiben werden. Der größte Beitrag der Corioliskraft ist der $\dot{z}$-Anteil auf der rechten Seite von (A.47). Setzen wir für ihn $\dot{z}(t) = -gt$ ein und vernachlässigen den $\dot{y}$-Term, so erhalten wir die Differentialgleichung

$$\ddot{x}(t) = 2\,\omega g t \cos\phi\,, \tag{A.50}$$

die nach zwei Integrationen sofort auf

$$x(t) = \frac{1}{3}\,\omega\,g\,t^3\,\cos\phi \tag{A.51}$$

führt. Die Hauptablenkung findet daher in Ostrichtung statt. Da die Fallzeit $t = \sqrt{2h/g}$ beträgt, trifft der Körper um die Strecke

$$d = \frac{2\sqrt{2}}{3}\,\frac{\omega\,h^{3/2}}{\sqrt{g}}\,\cos\phi \tag{A.52}$$

in Richtung Osten versetzt auf. Berechnen Sie die numerischen Werte dieser Versetzung für Fallhöhen von 1 m, 10 m und 100 m! (Ganz analog kann die Wirkung der Corioliskraft auf einen in die Höhe geworfenen Körper analysiert werden. Während der Aufwärtsbewegung findet eine Ablenkung nach Westen statt, die durch die Ablenkung nach Osten während der anschließenden Abwärtsbewegung nicht vollständig kompensiert wird. Die Nettoablenkung findet in diesem Fall daher nach Westen statt).

31. Dazu müssen Sie nur $(\dot{x}(t)+\varepsilon\dot{\xi}(t))^2$ und $(x(t)+\varepsilon\xi(t))^2$ ausmultiplizieren und in das Wirkungsintegral einsetzen!

32. Nach dem Bilden der partiellen Ableitungen sollten Sie

$$\begin{aligned}
\dot{x} &= \sin\theta\cos\varphi\,\dot{r}+r\cos\theta\cos\varphi\,\dot{\theta}-r\sin\theta\sin\varphi\,\dot{\varphi} &\tag{A.53}\\
\dot{y} &= \sin\theta\sin\varphi\,\dot{r}+r\cos\theta\sin\varphi\,\dot{\theta}+r\sin\theta\cos\varphi\,\dot{\varphi} &\tag{A.54}\\
\dot{z} &= \cos\theta\,\dot{r}-r\sin\theta\,\dot{\theta} &\tag{A.55}
\end{aligned}$$

erhalten.

33. Nutzen Sie dazu (A.53)–(A.55)! Verwenden Sie zuerst die Identität $\sin^2\varphi+\cos^2\varphi=1$ und danach die Identität $\sin^2\theta+\cos^2\theta=1$ zur Vereinfachung!

34. Führen Sie diese Aufgabe eigenständig durch!

35. Die Euler-Lagrange-Gleichung lautet $m\ddot{z}=-mg$. Es handelt sich um die vertikale Bewegung im homogenen Schwerefeld (freier Fall).

36. Die Euler-Lagrange-Gleichungen lauten in Vektorform $m\ddot{\vec{x}}=-m\,\omega^2\,\vec{x}$. In Komponenten angeschrieben, sind das die drei Differentialgleichungen

$$\begin{aligned}
m\ddot{x} &= -m\,\omega^2\,x &\tag{A.56}\\
m\ddot{y} &= -m\,\omega^2\,y &\tag{A.57}\\
m\ddot{z} &= -m\,\omega^2\,z. &\tag{A.58}
\end{aligned}$$

Es handelt sich um den dreidimensionalen harmonischen Oszillator – man kann ihn sich vorstellen als ein Teilchen, das durch einen (idealen) elastischen Faden zum Ursprung gezogen wird (und daher „dreidimensionale Schwingungen" ausführt). Die Bewegungsgleichungen sind drei – entkoppelte – harmonische Oszillatoren mit der gleichen

Kreisfrequenz ω. (Daher ist es auch ganz leicht, ihre allgemeine Lösung zu finden – siehe Aufgabe 37). Wird die Lagrangefunktion *zweidimensional* interpretiert (also die z-Koordinate weggelassen), so findet man Systeme, die sich für kleine Auslenkungen so verhalten, auch in unserem Alltagsleben, wie etwa eine mit dem unteren Ende im Erdboden fixierte Stange (Verkehrstafel). Wird sie angestoßen, so reagiert sie mit zwei-dimensionalen Schwingungen.

37. Führen Sie diese Aufgabe selbst durch! Hier nur ein Tipp: Die Differentialgleichungen (A.56)–(A.56) sind entkoppelt, d. h. Sie können sie vollständig voneinander unabhängig betrachten (und lösen).

38. Mit (1.353) wird

$$L = \frac{m}{2}\left(\dot{r}^2 + r^2\left(\dot{\theta}^2 + \sin^2\theta\,\dot{\varphi}^2\right)\right) - \frac{m\omega^2}{2}\,r^2. \tag{A.59}$$

39. Der verallgemeinerte Impuls und die partielle Ableitung der Lagrangefunktion nach der verallgemeinerten Koordinate (d. h. die verallgemeinerte Kraft) sind durch

$$p = \frac{\partial L}{\partial \dot{q}} = \frac{2\dot{q}}{q} \quad \text{und} \quad \frac{\partial L}{\partial q} = -\frac{\dot{q}^2}{q^2} \tag{A.60}$$

gegeben. Daher lautet die Euler-Lagrange-Gleichung

$$\frac{d}{dt}\left(\frac{2\dot{q}}{q}\right) = -\frac{\dot{q}^2}{q^2}. \tag{A.61}$$

Durch Ausführen der Zeitableitung kann die linke Seite zu

$$\frac{2\ddot{q}}{q} - \frac{2\dot{q}^2}{q^2} \tag{A.62}$$

umgeformt werden. Damit kann $\ddot{q}$ in (A.61) auf die linke und alles andere auf die rechte Seite gebracht werden, womit die Euler-Lagrange-Gleichung dieses Systems auch in der Form

$$\ddot{q} = \frac{\dot{q}^2}{2q} \tag{A.63}$$

angeschrieben werden kann. (Sie können sich dieses System als ein Teilchen mit einer „ortsabhängigen Masse" $m(q) = \frac{2}{q}$ vorstellen. In der Physik treten derartige Terme in La-grangefunktionen manchmal im Zuge von Vereinfachungen nach einer Transformation auf nicht-kartesische Koordinaten auf).

40. Die allgemeine Lösung lautet $q(t) = C_1\,(t - C_2)^2$, wobei C_1 und C_2 frei wählbare Kon-stanten sind.

41. Die *direkte* Rechnung verläuft wie folgt: Wir bezeichnen die Differenz der beiden Lagrangefunktionen mit

$$K(q,\dot{q},t) = \frac{d}{dt}\,G(q,t) \equiv \sum_{k=1}^{n} \frac{\partial G(q,t)}{\partial q_k}\,\dot{q}_k + \frac{\partial G(q,t)}{\partial t}\,. \tag{A.64}$$

Die j-te Euler-Lagrange-Gleichung von $\widetilde{L}$ enthält im Vergleich zur j-ten Euler-Lagrange-Gleichung von L auf der linken Seite den Zusatzterm

$$\frac{d}{dt}\,\frac{\partial K}{\partial \dot{q}_j} = \frac{d}{dt}\,\frac{\partial G}{\partial q_j} = \sum_{k=1}^{n} \frac{\partial G}{\partial q_j \partial q_k}\,\dot{q}_k + \frac{\partial G}{\partial q_j \partial t} \tag{A.65}$$

und auf der rechten Seite den Zusatzterm

$$\frac{\partial K}{\partial q_j} = \sum_{k=1}^{n} \frac{\partial G}{\partial q_j \partial q_k}\,\dot{q}_k + \frac{\partial G}{\partial q_j \partial t}\,. \tag{A.66}$$

Da diese beiden Terme gleich sind, kürzen sie sich wieder heraus.
Führen Sie diese Berechnung bitte wirklich *im Detail* selbst durch! Wir nutzen diese Gelegenheit, um auf eine mögliche Schwierigkeit bei derartigen Berechnungen hinzuweisen: Ist Ihnen klar, dass

$$\frac{\partial}{\partial \dot{q}_j}\left(\sum_{k=1}^{n} \frac{\partial G}{\partial q_k}\,\dot{q}_k\right) = \frac{\partial G}{\partial q_j} \tag{A.67}$$

ist? Machen Sie sich klar, warum das Summensymbol und die Indexbenennung k nach dem Differenzieren verschwunden sind! Umformungen dieser Art kommen im Lagrangeformalismus oft vor!
Eine zweite Lösungsmöglichkeit dieser Aufgabe besteht darin, zu argumentieren, dass – für jeden Bewegungsverlauf $q \equiv q(t)$, egal, ob er die Euler-Lagrange-Gleichungen erfüllt oder nicht – der Beitrag des Zusatzterms K zum Wirkungsintegral von $\widetilde{L}$ durch

$$\int_{t_0}^{t_1} dt\,\frac{d}{dt}\,G(q(t),t) = G(q(t_1)) - G(q(t_0)) \tag{A.68}$$

gegeben ist. Im Wirkungsprinzip werden nun *beliebige* Bewegungsverläufe verglichen, für die allerdings $q(t_0)$ und $q(t_1)$ festgehalten sind. Damit ist (A.68) lediglich eine Konstante, die sich auf den Vergleich von Bewegungsverläufen nicht auswirkt. Folglich müssen die Euler-Lagrange-Gleichungen von L und $\widetilde{L}$ übereinstimmen.

42. Die zu (1.379) gehörende Euler-Lagrange-Gleichung lautet

$$m\ddot{x} + 2ax = -m\,\omega^2 x + 2ax\,. \tag{A.69}$$

Die beiden Terme mit a fallen weg, womit sich die zu (1.341) gehörende Euler-Lagrange-Gleichung ergibt.

43. Mit (1.102) und $p_j = m\dot{x}_j$ ist $L_z = x\,p_y - y\,p_x = m\,(x\dot{y} - y\dot{x})$. Durch Kugelkoordinaten ausgedrückt, ist (siehe Aufgabe 32)

$$\dot{x} \;=\; \sin\theta\,\cos\varphi\,\dot{r} + r\cos\theta\,\cos\varphi\,\dot{\theta} - r\sin\theta\,\sin\varphi\,\dot{\varphi} \tag{A.70}$$

$$\dot{y} \;=\; \sin\theta\,\sin\varphi\,\dot{r} + r\cos\theta\,\sin\varphi\,\dot{\theta} + r\sin\theta\,\cos\varphi\,\dot{\varphi} \tag{A.71}$$

und daher

$$\begin{aligned}
L_z \;&=\; m r \sin\theta\,\cos\varphi\,\big(\sin\theta\,\sin\varphi\,\dot{r} + r\cos\theta\,\sin\varphi\,\dot{\theta} + r\sin\theta\,\cos\varphi\,\dot{\varphi}\big)\\
&=\; -m r \sin\theta\,\sin\varphi\,\big(\sin\theta\,\cos\varphi\,\dot{r} + r\cos\theta\,\cos\varphi\,\dot{\theta} - r\sin\theta\,\sin\varphi\,\dot{\varphi}\big)\,.
\end{aligned} \tag{A.72}$$

Vereinfachen Sie, und Sie erhalten das Ergebnis $L_z = m r^2 \sin^2\theta\,\dot{\varphi}$.

44. Für die Lagrangefunktion (1.344) ist

$$H = \dot{x}\,p - L = \dot{x}\,p - \frac{m}{2}\dot{x}^2 + V(x,t)\,. \tag{A.73}$$

Wird dieser Ausdruck gänzlich durch die Geschwindigkeit ausgedrückt, d. h. $p = m\dot{x}$ gesetzt, so entsteht gerade die Funktion (1.388).
Für die Lagrangefunktion (1.346) ist

$$H = \dot{\vec{x}}\cdot\vec{p} - L = \dot{\vec{x}}\cdot\vec{p} - \frac{m}{2}\dot{\vec{x}}^2 + V(\vec{x},t)\,. \tag{A.74}$$

Wird dieser Ausdruck gänzlich durch die Geschwindigkeiten ausgedrückt, d. h. $\vec{p} = m\dot{\vec{x}}$ gesetzt, so entsteht gerade die Funktion (1.389).

45. Wir geben Ihnen nur ein paar Tipps: Die Aufgabe besteht darin, die Lagrangefunktion (1.438) durch die in (1.439) und (1.440) definierten Variablen $\vec{X}$ und $\vec{x}$ anstelle von $\vec{x}_1$ und $\vec{x}_2$ auszudrücken. Dazu gehen Sie am besten wie folgt vor:

- Benutzten Sie die inverse Transformation (1.441) – (1.442), um die Zeitableitungen $\dot{\vec{x}}_1$ und $\dot{\vec{x}}_2$ zu berechnen, d. h. durch $\dot{\vec{X}}$ und $\dot{\vec{x}}$ auszudrücken!

- Damit ausgerüstet, können Sie die Lagrangefunktion durch $\vec{X}$, $\vec{x}$, $\dot{\vec{X}}$ und $\dot{\vec{x}}$ ausdrücken. Beachten Sie, dass sich der Nenner $|\vec{x}_2 - \vec{x}_1|$ des letzten Terms gerade in $|\vec{x}|$ übersetzt und dass M und m gerade so gewählt sind, dass sich als Ergebnis (1.443) ergibt!

Damit haben Sie das gravitative Zweikörperproblem in zwei Einteilchenprobleme zerlegt: die Bewegung eines freien Teilchens und das Keplerproblem! Da es sich hier um eines der wichtigsten Probleme der neuzeitlichen Physik handelt, führen Sie die obige Berechnung wirklich im Detail durch!

46. Es wurde bereits in (1.103) festgestellt, dass die Geschwindigkeit immer auf den Drehimpulsvektor $\vec{L}$ normal steht. Ist das Teilchen einmal an einem Ort $\vec{x}_0$, so kann es von dort aus nur an Orte gelangen, die in jener Ebene liegen, in der $\vec{x}_0$ liegt und auf die

$\vec{L}$ normal steht. Sie können das formal auch so begründen: Ist das Teilchen zur Zeit t_0 am Ort $\vec{x}_0$ und zu einer späteren Zeit t_1 am Ort $\vec{x}_1$, so gilt

$$\vec{x}_1 - \vec{x}_0 = \int_{t_0}^{t_1} dt\, \dot{\vec{x}}(t)\,. \tag{A.75}$$

Da der Dehimpuls als erhalten vorausgesetzt wurde, gilt $\dot{\vec{x}}(t) \cdot \vec{L} = 0$ für *alle* Zeiten t, weshalb der Integrand und daher auch das Integral auf der rechten Seite von (A.75) auf $\vec{L}$ normal steht. Daher stehen auch alle Verbindungsvektoren $\vec{x}_1 - \vec{x}_0$ von Teilchenorten auf $\vec{L}$ normal.

47. Tipp: Setzen Sie, wie im Text erwähnt, $\varphi_0 = 0$ und verwenden Sie die Definition der ebenen Polarkoordinaten (siehe den Unterabschnitt B.4.1 auf Seite 297 im Anhang), um (1.476) durch die kartesischen Koordinaten x und y auszudrücken. Dies führt Sie unmittelbar auf (1.477). Bringen Sie den Term εx auf die rechte Seite und quadrieren Sie beide Seiten[5], um die Gleichung

$$(1-\varepsilon^2)x^2 + 2p\varepsilon x + y^2 = p^2 \tag{A.76}$$

zu erhalten! Für $\varepsilon = 1$ stellt sie eine Parabelgleichung dar. Rechnen Sie nach, dass sie für $\varepsilon \neq 1$ zu (1.478) umgeformt werden kann. Am Vorzeichen des Terms $1 - \varepsilon^2$, der als Zähler des Koeffizienten von y^2 auftritt, können Sie erkennen, wann es sich um eine Ellipsengleichung und wann um eine Hyperbelgleichung handelt!

48. Das ist eine Rechnung, die insbesondere für den Physikunterricht wichtig ist (auch wenn dort die Beschleunigung nicht als zweite Zeitableitung angeschrieben wird)! Für eine Bewegung auf einer Kreisbahn mit konstanter Winkelgeschwindigkeit ω (aus welchem Grund auch immer sie zustande kommt) gilt (1.11) und daher

$$m\ddot{\vec{x}} = -m\,\omega^2 \vec{x}\,. \tag{A.77}$$

Der Audruck „Zentripetalbeschleunigung" bezieht sich nur auf die Tatsache der Kreisbahn, nicht auf den Grund dafür! Aber nun betrachten wir auch den Grund: Nach dem zweiten Newtonschen Axiom muss (A.77) gleich der Gravitationskraft (1.22), also

$$\vec{F}(\vec{x}) = -\frac{GMm}{|\vec{x}|^3}\,\vec{x} \tag{A.78}$$

sein. Der Vergleich liefert

$$\omega^2 = \frac{GM}{r^3}\,, \tag{A.79}$$

---

[5] Genau genommen müsste man hier argumentieren, dass man sich durch das Quadrieren keine Kurvenpunkte einhandelt, die in (1.477) gar nicht enthalten sind. Schließlich hat die Gleichung $2x = 1$ auch weniger Lösungen als die quadrierte Gleichung $4x^2 = 1$!

wobei $r = |\vec{x}|$ der Radius der Kreisbahn ist. Diese Beziehung können Sie nun, ganz wie Sie es wünschen, durch die Geschwindigkeit $v = \omega r$ oder die Umlaufszeit $T = 2\pi/\omega$ (siehe Aufgabe 1) ausdrücken. Letzteres ergibt

$$\frac{T^2}{r^3} = \frac{4\pi^2}{GM},\tag{A.80}$$

was gerade das dritte Keplersche Gesetz für eine Kreisbahn ist.

49. Benutzen Sie zur Lösung dieser Aufgabe die Bemerkungen über die „verkleinerten" Keplerbahnen auf Seite 136!
Lösung: Der Radius der Bahn, die der Erdmittelpunkt um den Massenmittelpunkt des Erde-Mond-Systems beschreibt, beträgt $384400\,\text{km}/(81.3+1) \approx 4670\,\text{km}$.

50. Tipp: Gehen Sie davon aus, dass sich der Pendelkörper für einen gegebenen Auslenkungswinkel α am Ort $x = R\sin\alpha$, $y = 0$ und $z = -R\cos\alpha$ befindet! Drücken Sie die Lagrangefunktion

$$L = \frac{m}{2}\left(\dot{x}^2 + \dot{y}^2 + \dot{z}^2\right) - \text{potentielle Energie im homogenen Schwerefeld}\tag{A.81}$$

durch die (einzige) verallgemeinerte Koordinate α und ihre Zeitableitung aus!

51. Führen Sie diese Aufgabe (mit Hilfe der angegebenen Tipps) eigenständig durch! Die vier erwähnten Basislösungen (Eigenschwingungen) ergeben sich, nach Weglassung konstanter Vorfaktoren, zu

$$\text{(i)} \qquad x_1(t) = x_2(t) = \cos(\omega t)\tag{A.82}$$

$$\text{(ii)} \qquad x_1(t) = x_2(t) = \sin(\omega t)\tag{A.83}$$

$$\text{(iii)} \qquad x_1(t) = -x_2(t) = \cos(\nu t)\tag{A.84}$$

$$\text{(iv)} \qquad x_1(t) = -x_2(t) = \sin(\nu t),\tag{A.85}$$

wobei $\omega = \sqrt{k/m}$ und $\nu = \sqrt{(k+2\kappa)/m}$ gesetzt wurde. Interpretieren Sie diese Lösungen physikalisch! Wieso treten hier zwei verschiedene Kreisfrequenzen ω und ν auf?

52. Führen Sie diese Aufgabe eigenständig durch!

53. Hier nur ein Tipp: Unter der Ersetzung $\dot{\vec{x}}_1 \to \dot{\vec{x}}_1 - \vec{v}$ und $\dot{\vec{x}}_2 \to \dot{\vec{x}}_2 - \vec{v}$ wird bekommt die kinetische Energie den Zusatzterm

$$\frac{m}{2}\left(-2\dot{\vec{x}}_1 \cdot \vec{v} - 2\dot{\vec{x}}_2 \cdot \vec{v} + 2\vec{v}^2\right).\tag{A.86}$$

Er ist gleich der totalen Zeitableitung

$$\frac{d}{dt}\left(\frac{m}{2}\left(-2\vec{x}_1 \cdot \vec{v} - 2\vec{x}_2 \cdot \vec{v} + 2\vec{v}^2 t\right)\right).\tag{A.87}$$

54. Tipp: Die Lagrangefunktion (1.498) ist invariant unter räumlichen Translationen, räumlichen Drehungen und Zeittranslationen. Das Problem ergibt sich erst, wenn galileische Geschwindigkeitstransformationen betrachtet werden. Es ist also zu zeigen, dass die Ersetzung $\vec{x}_1 \to \vec{x}_1 - \vec{v}t$ und $\vec{x}_2 \to \vec{x}_2 - \vec{v}t$, daher $\dot{\vec{x}}_1 \to \dot{\vec{x}}_1 - \vec{v}$ und $\dot{\vec{x}}_2 \to \dot{\vec{x}}_2 - \vec{v}$ *nicht* zu einer neuen Lagrangefunktion führt, die sich von der ursprünglichen nur um eine totale Zeitableitung unterscheidet!

55. Dazu müssen Sie nur die bereits in Aufgabe 44 berechneten Funktionen durch die Impulse ausdrücken!

56. Führen Sie diese Aufgabe eigenständig durch! Gehen Sie dabei von der Lagrangefunktion (1.355) aus! Berechnen Sie aus ihr „nach Kochrezept" die verallgemeinerten Impulse p_r, p_θ und p_φ und drücken Sie die verallgemeinerten Geschwindigkeiten $\dot{r}$, $\dot{\theta}$ und $\dot{\varphi}$ durch sie aus! Dann bilden Sie gemäß (1.515) die Funktion H, also ebenfalls „nach Kochrezept" (oder Sie benutzen das frühere Ergebnis (1.460), das auf (1.353), (1.355) und (1.450) beruht), und drücken Sie die noch vorkommenden verallgemeinerten Geschwindigkeiten durch die verallgemeinerten Impulse aus!

57. Zur Verifikation von (1.535) müssen Sie nur zeigen, dass die rechten Seiten dieser Gleichungen mit $\partial H/\partial p$ und $-\partial H/\partial x$ übereinstimmen! Zur Verifikation von (1.538) müssen Sie nur zeigen, dass die rechten Seiten dieser Gleichungen mit $\partial H/\partial p_j$ und $-\partial H/\partial x_j$ übereinstimmen!

58. Zur Verifikation von (1.541) müssen Sie nur $-\partial H/\partial x_j$ für die Hamiltonfunktion (1.540) berechnen!

59. Die Hamiltonschen Gleichungen lauten $\dot{q} = qp$ und $\dot{p} = -\frac{1}{2}p^2$. Die Lagrangefunktion ist durch $L = \frac{1}{2q}\dot{q}^2$ gegeben, die Euler-Lagrange-Gleichung lautet

$$\ddot{q} = \frac{\dot{q}^2}{2q}. \tag{A.88}$$

Führen Sie die Verifikation der Äquivalenz der Hamiltonschen Gleichungen mit der Euler-Lagrange-Gleichung eigenständig durch!
Die allgemeine Lösung der Bewegungsgleichungen lautet $q(t) = C_1(t - C_2)^2$, wobei C_1 und C_2 frei wählbare Konstanten sind. Vergleichen Sie sie mit der Lösung von Aufgabe 40! Ist das ein Zufall?

60. Dazu müssen Sie nur die Euler-Lagrange-Gleichungen der Lagrangefunktion (1.545) aufstellen! Beachten Sie, dass die verallgemeinerten Koordinaten hier die $2n$ Variablen q_j und p_j sind und die verallgemeinerten Geschwindigkeiten die $2n$ Variablen $\dot{q}_j$ und $\dot{p}_j$! Nach einer kurzen Rechnung erhalten Sie die Euler-Lagrange-Gleichungen in der Form

$$\dot{p}_j = -\frac{\partial H}{\partial q_j} \tag{A.89}$$

$$0 = \dot{q}_j - \frac{\partial H}{\partial p_j}, \tag{A.90}$$

was offensichtlich gleichbedeutend mit den Hamiltonschen Gleichungen ist.

61. Dazu müssen Sie nur (1.548) und (1.549) nachrechnen!

62. Schreiben Sie dazu

$$\dot{f} = \sum_{j=1}^{n} \left(\frac{\partial f}{\partial q_j} \dot{q}_j + \frac{\partial f}{\partial p_j} \dot{p}_j \right) + \frac{\partial f}{\partial t} \, . \tag{A.91}$$

Nun ersetzen Sie die Zeitableitungen $\dot{q}_j$ und $\dot{p}_j$ mit Hilfe der Hamiltonschen Gleichungen durch $\partial H / \partial p_j$ und $-\partial H / \partial q_j$ und erkennen sogleich, dass sich der Ausdruck, den Sie erhalten, mit Hilfe der Poissonklammer in der Form $\{f, H\} + \partial f / \partial t$ schreiben lässt!

63. Führen Sie diese Aufgabe eigenständig durch! Falls Sie sie in Kugelkoordinaten lösen wollen, benutzen Sie dazu (1.525) und die Tatsache, dass $L_z = p_\varphi$ ist. Sie müssen dabei *fast nichts rechnen*! Als Ergebnis erhalten Sie $\{L_z, H\} = 0$. Das Resultat sagt Ihnen, dass L_z für die Bewegung in einem Zentralpotential erhalten ist. (Dieselbe Aussage gilt auch für die beiden anderen Komponenten des Drehimpulses).

64. Führen Sie diese Aufgabe eigenständig durch! Als Ergebnis sollten Sie erhalten, dass die Poissonklammer von H mit jeder Komponente des Lenz-Runge-Vektors verschwindet. Damit haben Sie bewiesen, dass der Lenz-Runge-Vektor eine Erhaltungsgröße des Keplerproblems ist.

65. Führen Sie diese Aufgabe bitte eigenständig durch! Sie ist ganz einfach zu bewerkstelligen und für das Verständnis der Quantenmechanik wichtig!

66. Führen Sie diese Aufgabe eigenständig durch! (1.557) ist ganz leicht zu verifizieren. Eigentlich müssen Sie dazu nur die Definition (1.547) der Poissonklammer auf die richtige Weise anschauen! Zur Verifikation von (1.558) müssen Sie ein bisschen rechnen!

67. Dazu müssen Sie nur überprüfen, ob $\{Q, P\} = 1$ gilt, denn die ersten beiden Bedingungen von (1.564) lauten für $n = 1$ einfach $\{Q, Q\} = \{P, P\} = 0$. Sie sind aufgrund der Antisymmetrie (1.557) der Poissonklammer automatisch erfüllt. Der Beweis von $\{Q, P\} = 1$ ist ein „Einzeiler".

68. Wie in Aufgabe 67 müssen Sie dazu nur überprüfen, ob $\{Q, P\} = 1$ gilt! Ebenfalls ein „Einzeiler"!

69. Führen Sie diese Aufgabe mit Hilfe der angegebenen Hinweise eigenständig durch! Wie in Aufgabe 67 und 68 müssen Sie nur überprüfen, ob $\{X, P\} = 1$ gilt!
Zur Zusatzaufgabe: Da im Allgemeinen $n \geq 1$ ist, müssen Sie nun *alle drei* Beziehungen von (1.564) bis zur ersten Ordnung in ε überprüfen. „Bis zur ersten Ordnung in ε" bedeutet: Sie dürfen alle im Zuge der Rechnung aufretenden ε^2-Terme ignorieren!

70. Setzen Sie (1.574) einfach in (1.571) und (1.572) ein (wobei Sie die Indizes ignorieren können, da $n = 1$ ist) und differenzieren Sie, um die gewünschte Variablentransformation zu erhalten! Benutzen Sie dabei die Formel

$$\frac{d}{dQ} \cot Q = -\frac{1}{\sin^2 Q} \tag{A.92}$$

und drücken Sie mit Hilfe der erhaltenen Beziehungen Q und P durch q und p aus! Sie sollten erhalten:

$$Q = \mathrm{acot}\left(\frac{p}{m\omega q}\right) \quad \text{und} \quad P = \frac{p^2}{2m\omega} + \frac{m\omega q^2}{2}. \tag{A.93}$$

(Beachten Sie, dass P nichts anderes ist als die alte Hamiltonfunktion dividiert durch ω). Mittels (1.573) berechnen Sie die neue Hamiltonfunktion (1.575). Die neuen Hamiltonschen Gleichungen, die Sie im Nu ermitteln – sie sind auch im Text nach (1.575) angegeben – sind blitzschnell gelöst (dazu brauchen Sie praktisch nichts zu rechnen). Setzen Sie zum Abschluss deren allgemeine Lösungen $Q(t)$ und $P(t)$ in die Variablentransformation ein, um q und p durch die Zeit auszudrücken! Klarerweise sollten Sie die – bereits bekannte – allgemeine Lösung der Bewegungsgleichung des harmonischen Oszillators erhalten!

71. Schrecken Sie sich nicht vor der Aufgabenstellung! Das ist wieder ein „Einzeiler"!

72. Die Gleichung (1.592) lautet für den harmonischen Oszillator (wir nennen die Variable nun x, aber Sie können auch bei q bleiben, wenn Ihnen das besser gefällt)

$$\frac{1}{2m}\left(\frac{dW(x)}{dx}\right)^2 + \frac{m\omega^2}{2}x^2 = E. \tag{A.94}$$

Sie können die Lösung mit Hilfe eines Computeralgebra-Systems ermitteln oder „nach Art der Physiker" finden, indem Sie $(dW/dx)^2$ isolieren, die Wurzel ziehen und nach dW auflösen, um

$$dW = \pm dx \sqrt{2mE - m^2\omega^2 x^2} \tag{A.95}$$

zu erhalten, was nach einer Integration

$$W(x) = \pm \int dx \sqrt{2mE - m^2\omega^2 x^2} = \pm\frac{1}{2}x\sqrt{2mE - m^2\omega^2 x^2} \pm \frac{E}{\omega}\,\mathrm{asin}\left(\sqrt{\frac{m}{2E}}\,\omega x\right) + C \tag{A.96}$$

liefert. Für vorgegebenes E ist diese Funktion bis auf ein Vorzeichen und die (irrelevante) additive Konstante C eindeutig bestimmt. Die zugehörige Lösung $S(x,t)$ der Hamilton-Jacobi-Gleichung ist dann durch (1.591) gegeben. Die Lösungsschar der Bewegungsgleichung, die sie beschreibt, ist durch (1.582) zusammen mit der ersten Hamiltonschen Gleichung (1.528) bestimmt. Im Fall des harmonischen Oszillators handelt es sich um die Menge aller Lösungen $x \equiv x(t)$ der Differentialgleichung

$$m\dot{x} = \frac{\partial S(x,t)}{\partial x} \tag{A.97}$$

mit beliebigen Anfangswerten $x(0)$. Die Konstante C fällt dabei wieder heraus. Lösen Sie (A.97) und überlegen Sie selbst, um welche Lösungsschar es sich dabei handelt! Vergleichen Sie mit (1.115) – (1.119)! Fällt Ihnen etwas auf?

Nachbemerkung: Wenn Sie sich die Logik dieser Methode sich genau überlegen, müssen Sie (A.94) gar nicht lösen (d. h. die Integration in (A.96) gar nicht ausführen), um (A.97) hinschreiben zu können! Das rührt daher, dass im Fall eines Systems mit zeitunabhängiger Hamiltonfunktion und einer *einzigen* verallgemeinerten Koordinate ($n = 1$) die Ableitung von W nach dieser Koordinate bis auf ein Vorzeichen eindeutig bestimmt ist. In einem System mit $n > 1$ gilt das jedoch nicht! So ist etwa für die Hamiltonfunktion $H = \frac{1}{2m}(p_1{}^2 + p_2{}^2) + V(x_1, x_2)$ nur die Summe $\sum_j (\partial W / \partial x_j)^2$ eindeutig bestimmt. Für $n = 1$ und $\partial H / \partial t = 0$ reduziert sich die Methode, via (A.97) eine Schar von Lösungen der Bewegungsgleichung zu bestimmen, einfach auf die Ausnutzung der Energieerhaltung, ist also zu dem früher besprochenen Verfahren, das anhand des harmonischen Oszillators in (1.115)–(1.119) vorgeführt wurde, äquivalent. Der Hamilton-Jacobi-Formalismus ist daher, was das Auffinden von Lösungen der Bewegungsgleichungen betrifft, vor allem für Systeme mit $n > 1$ interessant – in diesem Fall ist (1.592) aber wesentlich schwieriger zu lösen.

A.2 Spezielle Relativitätstheorie

1. Tipps: Zunächst gilt laut Voraussetzung $t' = t$. Setzen Sie nun die Transformation der Ortskoordinaten in der Form $x' \equiv f(x,t)$ an, wobei f noch zusätzlich von der Relativgeschwindigkeit v abhängt. Da Inertialsysteme dadurch charakterisiert sind, dass jede kräftefreie Bewegung mit konstanter Geschwindigkeit erfolgt, muss jede Bewegung, die in einem Inertialsystem (Alice) gleichförmig ist, also von der Form $x(t) = ut + x_0$, auch in jedem anderen Inertialsystem (Bob) gleichförmig sein. In Bobs System wird die gleiche Teilchenbewegung durch $x'(t) = f(x(t),t) \equiv f(ut + x_0,t)$ beschrieben. Sie muss (für beliebige u und x_0) ebenfalls mit konstanter Geschwindigkeit verlaufen. Zeigen Sie, dass diese Bedingung f auf eine lineare Funktion einschränkt: $f(x,t) = ax + bt + d$. Da f zusätzlich von v abhängt, gelangen Sie zum Ansatz

$$x' = a(v)x + b(v)t + d(v) \tag{A.98}$$

für die gesuchte Transformationsformel. Zeigen Sie als nächstes, dass die relative Justierung der beiden Inertialsysteme (das Zusammenfallen der Koordinatenursprünge zur Zeit $t = 0$ und die Bedeutung von v als Geschwindigkeit von Bobs System aus Alices Sicht) die Beziehungen $b(v) = -va(v)$ und $d(v) = 0$ impliziert, womit sich der Ansatz zu

$$x' = a(v)(x - vt) \tag{A.99}$$

vereinfacht. Nun können Sie annehmen, dass die Rücktransformation (also die Formel, die x durch x' und t ausdrückt) die *gleiche Form* wie (A.99) haben muss, nur mit $-v$ anstelle von v (aber mit der gleichen Funktion a) und daraus folgern, dass für alle Relativgeschwindigkeiten[6] $a(v) = 1$ sein muss.

2. Formulierung des Sachverhalts in Worten: Die Transformation von Alices Ereigniskoordinaten auf Bobs Ereigniskoordinaten hat genau die *gleiche Form* wie die Rücktransformation (die inverse Transformation, d. h. die Transformation von Bobs auf Alices Ereigniskoordinaten) mit dem einzigen Unterschied, dass v durch $-v$ ersetzt ist. Das ist kein Zufall, sondern es *muss* so sein (anderenfalls hätte man die ganze Sache gleich wieder verworfen), denn wenn sich Bob in Alices System mit Geschwindigkeit v bewegt, bewegt sich Alice in Bobs System mit Geschwindigkeit $-v$. Die Formgleichheit von Transformation und Rücktransformation unterstreicht, dass die Transformationsformeln zwischen *beliebigen* Inertialsystemen umrechnen, die in der vorausgesetzten Weise zueinander orientiert und bewegt sind, und nicht nur für eine bestimmte Geschwindigkeit, und daher auch für den Fall, dass Alice und Bob ihre Rollen vertauschen.

3. Führen Sie diese Aufgabe eigenständig durch!

---

[6] Um genau zu sein: Für $v = 0$ wäre zunächst auch $a(0) = -1$ erlaubt, was einer Spiegelung entspricht, aber das wird durch die Bedingung, dass die Koordinatenachsen gleich orientiert sind, ausgeschlossen.

4. Wir lassen das Photon in Bobs System zur Zeit $t' = 0$ im Ursprung starten. Seine Bewegung wird durch die Beziehungen $x' = 0$, $y' = ct'$ und $z' = 0$ ausgedrückt. Durch Alices Koordinaten ausgedrückt, lauten sie $x = vt$,

$$y = c \sqrt{1 - \frac{v^2}{c^2}}\, t \qquad \text{(A.100)}$$

und $z = 0$. Das Photon bewegt sich in Alices System auf einer schrägen Bahn. Das Betragsquadrat seiner Geschwindigkeit ist

$$v^2 + c^2 \left(1 - \frac{v^2}{c^2}\right) = c^2, \qquad \text{(A.101)}$$

d. h. es bewegt sich mit Lichtgeschwindigkeit (wie es sein muss)!

5. Das untere Ende des Stabes in Bobs System ruht im Ursprung, d. h. es ist durch die Beziehungen $x' = y' = z' = 0$ charakterisiert. Diese übersetzen sich für Alice in $x = vt$ und $y = z = 0$. Das obere Ende des Stabes ist in Bobs System durch die Beziehungen $x' = z' = 0$ und $y' = L'$ charakterisiert. Diese übersetzen sich für Alice in $x = vt$, $y = L'$ und $z = 0$. Der Stab ist für Alice in y-Richtung ausgerichtet und bewegt sich in x-Richtung. Seine Länge ist – ebenso wie für Bob – L'.
   Daraus folgt: Ein bewegtes Objekt erfährt *keine* Längenänderung normal zur Bewegungsrichtung. Die Längenkontraktion findet – wie im Text erwähnt – nur in Bewegungsrichtung statt.

6. Führen Sie diese Aufgabe eigenständig durch!

7. Lösen Sie diese Aufgabe eigenständig! Hier nur ein Tipp: Nehmen Sie an, Alice und Bob verwenden *dasselbe* Paar von Lichtsignalen!

8. Führen Sie diese Aufgabe eigenständig durch!

9. Führen Sie diese Aufgabe eigenständig durch!

10. Lösung: Ja, die kombinierte Transformation ist ebenfalls eine Lorentztransformation, und zwar mit einer Relativgeschwindigkeit u, die genau durch die Formel (2.22) der relativistischen Geschwindigkeitsaddition gegeben ist.
    Zur Zusatzaufgabe: Das Hintereinanderausführen zweier Lorentztransformationen in der gleichen Richtung entspricht genau der im Text zur Herleitung der relativistischen Geschwindigkeitsaddition geschilderten Situation: Das dritte Inertialsystem, dessen Ereigniskoordinaten hier mit (t'', x'', y'', z'') bezeichnet werden, spielt die Rolle des Körpers, der sich in Bobs System mit Geschwindigkeit w bewegt.

11. Führen Sie die Berechnung eigenständig durch! Sie ist ganz einfach!
    Zum Einwand: Er ist nicht stichhaltig, da sich Charly nicht mit einer konstanten Geschwindigkeit bewegt ($\vec{v}$ ist nicht gleich $-\vec{v}$!). Charly ruht im Unterschied zu Alice *nicht* während seiner ganzen Reihe in *einem* Inertialsystem!

12. Die gesuchte Formel ergibt sich aus der Taylorentwicklung

$$\sqrt{\frac{1-\frac{v}{c}}{1+\frac{v}{c}}} = 1 - \frac{v}{c} + O\left(\frac{v}{c}\right)^2 . \tag{A.102}$$

In der nichtrelativistischen Sichtweise des Dopplereffekts entspricht sie dem Fall des ruhenden Senders und bewegten Empfängers.

13. Führen Sie diese Aufgabe eigenständig durch!

14. Eine Lösung ist die folgende:

- Alice schickt ein Signal mit Geschwindigkeit $u > c$ zur Zeit $t = 0$ von ihrem Koordinatenursprung $(x = 0)$ aus. Zur Zeit $t = T > 0$ befindet es sich am Ort $x = uT$. Wir nennen dieses Ereignis A.

- Bobs System bewegt sich aus Alices Sicht mit einer Geschwindigkeit $v > 0$, die später genauer festgelegt wird. Im Ereignis A, dessen Bob-Koordinaten $(t' = t_1', x' = x_1')$ durch (2.32) gegeben sind, wird das Signal von Bob aufgefangen.

- Bob schickt im Ereignis A ein weiteres Signal mit der Geschwindigkeit $-w$ (wobei $w > c$) ab. Das Minuszeichen drückt aus, dass es sich in negative x'-Richtung bewegt, also zurückläuft. In Bobs System wird die Bewegung des Signals durch die Beziehung $x' = -w(t' - t_1') + x_1'$ beschrieben. Eine kurze Rechnung zeigt, dass es sich zur Bob-Zeit

$$t' = t_1' + \frac{u(c^2 - v^2)}{c^2(w-v)\sqrt{1-\frac{v^2}{c^2}}}\, T > t_1' \tag{A.103}$$

(also aus Bobs Sicht *später*) in Alices Koordinatenursprung $(x = 0)$ befindet. Wir nennen dieses Ereignis B.

- In Alices System findet das Ereignis B zur Zeit

$$t = \left(c^2(u+w-v) - uvw\right) \frac{T}{c^2(w-v)} \tag{A.104}$$

statt. Der Bruchterm ist immer positiv. Wenn es also gelingt, u, v, und w so zu wählen, dass $c^2(u+w-v) - uvw < 0$ ist, ist $t < 0$, was bedeutet, dass das Signal, von Alice aus betrachtet, in ihrem Koordinatenursprung ankommt, *bevor* sie es dort abgeschickt hat! Ein Wahl der Geschwindigkeiten, die das zuwege bringt, ist $w = u$ und

$$v = \frac{2u + \varepsilon}{1 + \frac{u^2}{c^2}}, \tag{A.105}$$

wobei $\varepsilon > 0$ ist. Für jedes $u > c$ kann ein hinreichend kleines, aber positives ε gefunden werden, so dass $v < c$ ist. Damit ist $c^2(u+w-v) - uvw = -\varepsilon c^2$.

- Die beiden Signale gemeinsam können natürlich als *ein* Signal gedacht werden. Im Endeffekt wurde es in Alices Koordinatenursprung abgeschickt und kommt genau dort, aber bevor es abgeschickt wurde, wieder an.

Rechnen Sie diese Schritte unter Ausnutzung der Formeln (2.5)–(2.8) für die Lorentztransformation durch! Vollziehen Sie auch die physikalische Logik nach: Aufgrund der speziellen Wahl der Geschwindigkeit w ist die *einzige* Annahme, die diesem Szenario zugrunde liegt, dass *irgendeine* Signalgeschwindigkeit $u > c$ möglich ist. Ist sie aus der Sicht *eines* Inertialsystems möglich, so ist sie aufgrund des Relativitätsprinzips auch aus der Sicht aller anderen Inertialsysteme möglich. (Alice schickt das Signal mit Geschwindigkeit u los, und Bob schickt es mit der – in seinem System gemessenen – Geschwindigkeit $-u$ zurück). Die für den Netto-Effekt der „Zeitreise" eines Signals nötige Relativgeschwindigkeit v kann immer erreicht werden. Es folgt also, dass ein Beobachter, der sich in Alices Koordinatenursprung befindet, mit Hilfe eines Verbündeten (Bob) ein Signal in seine eigene Vergangenheit schicken und damit diese beeinflussen könnte. Das wiederum führt zu unhaltbaren Paradoxien: Man veranlasse seinen – jugendlichen – Urgroßvater mittels einer schockierenden Nachricht, keine Kinder zu bekommen!

15. Hier nur ein Tipp: Bob kann die beiden Türen aus der Sicht seines Zeitbegriffs *gleichzeitig* schließen. Es ist aber nicht möglich, die Türen in Alices Zeitbegriff *gleichzeitig* zu schließen. Um dieses scheinbare Paradoxon genauer zu verstehen, rechnen Sie es nach! In Aufgabe 28 wird es grafisch gelöst.

16. Die Auflösung dieses scheinbaren Paradoxons liegt darin, dass Uhren in relativ zueinander bewegten Inertialsystemen nicht synchronisiert sind: Alices Uhr geht zwar beim Passieren eines Bahnhofs schneller als die Bahnhofsuhr, aber die Uhr im *nächsten* Bahnhof ist um ein Stück vorgerückt und zeigt eine spätere Zeit an, als Alice erwarten würde. Falls Alice nichts von der Speziellen Relativitätstheorie weiß, hat sie den Eindruck, ständig von einer Zeitzone in die nächste zu wechseln. Am Ende ihrer Reise zeigt ihre Uhr 1 Stunde Fahrzeit an, die Uhr im Ankunftsbahnhof steht jedoch auf 2 Stunden später als jene Abfahrtsbahnhofs.

17. Man könnte dieses Paradoxon die *Relativität der Geradlinigkeit* nennen. Die Situation ist zunächst aus der Sicht jenes Inertialsystems beschrieben, in dem der Hangar ruht. Aus der Skizze geht hervor, dass die – als Stab idealisierte – Raumfähre während des gesamten Vorgangs geradlinig bleibt. Mit anderen Worten: Zu jedem Zeitpunkt bildet die Menge aller Punkte, die zu diesem Stab gehören, eine (stets horizontal ausgerichtete) Strecke. Die Auflösung des Paradoxons besteht darin, diese Situation als Ganzes mit Hilfe der Formeln der Lorentztransformation in das Inertialsystem, in dem sich der Stab in horizontaler Richtung nicht bewegt (in dem also nur die zuerst nach unten und dann nach oben gerichtete Bewegung der Raumfähre stattfindet), umzurechnen. Führen Sie diese Aufgabe selbst durch! Vielleicht wird Sie das Ergebnis überraschen: Alices Raumfähre ist in diesem neuen Inertialsystem nicht mehr geradlinig, sondern verbiegt sich, schlängelt sich in den (näher kommenden) Hangar hinein und wieder heraus. Das rührt daher, dass eine vertikale

Beschleunigung (zuerst nach unten, dann nach oben) im Spiel ist. Da die Lorentz-transformation Raum- und Zeitkoordinaten mischt (wir betrachten nur x bzw. x' als horizontale und z bzw. z' als vertikale Koordinate), übersetzt sie, salopp gesagt, die Gleichung $z' \sim t'^2$ eines in x'-Richtung ausgerichteten und in z'-Richtung beschleunigten Stabes beim Übergang auf ein mit Geschwindigkeit $-v$ in x-Richtung bewegtes Inertialsystem in die Gleichung $z \sim (t - vx/c^2)^2$, die nun zu einer festgehaltenen Zeit t eine Parabel beschreibt (etwa $z \sim x^2$ zur Zeit $t = 0$) und *nicht* in eine Gerade! Allgemein bestimmt die zeitliche Abhängigkeit $z' \equiv z'(t')$ des Beschleunigungsvorgangs in dem einen Inertialsystem die Form der Kurve $z \equiv z(t,x)$ zu einer gegebenen Zeit t im anderen. Aus einer Parabel in einem $z't'$-Diagramm wird eine Parabel in einem xz-Diagramm!

Es ist lehrreich und fördert das Verständnis des Übersetzungsvorgangs der Beschreibung physikalischer Prozesse zwischen zwei Inertialsystemen, wenn Sie die genaue Berechnung wirklich selbst durchführen!

18. Wählen Sie eine Bezeichnung für den Abstand der beiden Spiegeln und führen Sie diese Aufgabe eigenständig durch!

19. Führen Sie diese Aufgabe eigenständig durch!

20. Führen Sie diese Aufgabe eigenständig durch!

21. Führen Sie diese Aufgabe eigenständig durch!

22. Es ist zu zeigen, dass mit (2.5)−(2.6) die Gleichheit von (2.42) und (2.43) folgt. Eine einfache, aber wichtige Berechnung! Führen Sie sie bitte eigenständig durch!

23. Tipp: Die Symmetrie des Zusammen- oder Auseinanderklappens der Achsen um den gleichen Winkel ergibt sich ganz elementar aus den Formeln (2.5)−(2.8).

24. Sie brauchen zur Lösung dieser Aufgabe gar nichts zu rechnen: Der Term auf der linken Seite von (2.50) ist genau das „raumzeitliche Abstandsquadrat" (die Metrik) zwischen den Punkten $(0,0)$ und (ct,x) und daher lorentz-invariant!

25. Sie brauchen zur Lösung dieser Aufgabe gar nichts zu rechnen: Der Term auf der linken Seite von (2.51) ist genau das „raumzeitliche Abstandsquadrat" (die Metrik) zwischen den Punkten $(0,0)$ und (ct,x) und daher lorentz-invariant!

26. Die grafische Darstellung der Zeitdilatation ist in der linken Skizze von Abbildung A.1 wiedergegeben. Während zwischen einem *Tick* und dem darauffolgenden *Tack* einer Uhr, die in Bobs Inertialsystem ruht, in diesem die Zeit T' vergeht, misst Alice eine deutlich längere Zeitspanne T. Lassen Sie sich nicht davon täuschen, dass im Diagramm die Strecke cT kürzer aussieht als die Strecke cT'! Die Markierung auf Alices Zeitachse, die dem Wert cT' entspricht, liegt beim Schnittpunkt dieser Achse mit der rot eingezeichneten Hyperbel.

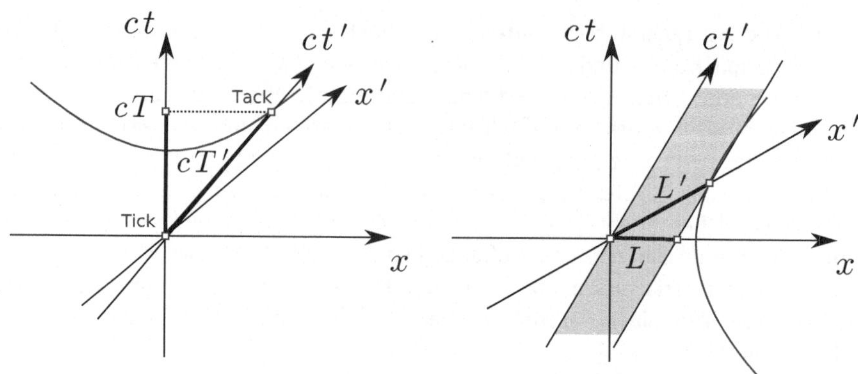

Abbildung A.1: Lösungen der Aufgaben 26 und 27.

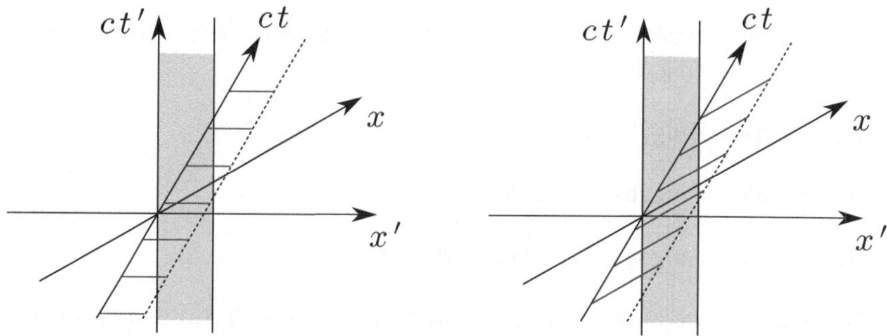

Abbildung A.2: Lösung von Aufgabe 28.

27. Die grafische Darstellung der Längenkontraktion ist in der rechten Skizze von Abbildung A.1 wiedergegeben. Die graue Fläche entspricht einem Stab, der in Bobs Inertialsystem ruht und dort die Länge L' hat. (Man spricht auch von einer *Weltfläche*). Beachten Sie, dass Alice und Bob die Länge des Stabes als räumliche Entfernung zweier Ereignisse messen, die für sie jeweils *gleichzeitig* sind! Unter Berücksichtigung der Einheiten auf den Achsen (Alices Markierung $x = L'$ liegt beim Schnittpunkt ihrer x-Achse mit der rot eingezeichneten Hyperbel) ergibt sich $L < L'$.

28. Die grafische Auflösung des Paradoxon mit dem Hühnerstall (das in Wahrheit keines ist) ist in Abbildung A.2 wiedergegeben. Die graue Fläche entspricht dem in Bobs Inertialsystem ruhenden Hühnerstall. Wir haben in diesem Diagramm (im Vergleich zu den früher gezeichneten Diagrammen) die Rollen von Alice vertauscht und die Relativgeschwindigkeit so gewählt, das Alice in Bobs System von links nach rechts läuft. Linke Skizze: Die roten Linien entsprechen den Positionen der Leiter, wie Bob sie mit seinem Zeitbegriff wahrnimmt. Jede solche Linie besteht aus Ereignissen (entlang der Leiter), die (für Bob) zur gleichen Zeit stattfinden. Die Leiter passt in den Hühnerstall. Rechte

Skizze: Die roten Linien entsprechen den Positionen der Leiter, wie Alice sie mit ihrem Zeitbegriff wahrnimmt. Jede solche Linie besteht aus Ereignisse (entlang der Leiter), die (für Alice) zur gleichen Zeit stattfinden. Die Leiter passt nicht in den Hühnerstall. Nachbemerkung: Die Leiter *als raumzeitliches Ganzes* ist durch die von den beiden zur ct-Achse parallelen Geraden begrenzte *Weltfläche* repräsentiert. Die roten Linien („Leiter zu einer gegebenen Zeit") sind dagegen ein vom jeweiligen Betrachter abhängiges Konzept.

29. Führen Sie diese Aufgabe eigenständig durch!

30. Bobs x'-Achse stimmt mit Alices x-Achse überein. Bobs t'-Achse ist gegenüber Alices t-Achse verdreht. Machen Sie sich klar, warum die *Zeitachsen* zueinander verdreht sind, wo doch die *Zeitkoordinaten* die gleichen sind, und warum die *räumlichen Achsen* übereinstimmen, wo doch die *räumlichen Koordinaten* verschieden sind!

31. Tipp: Der Grund dafür, dass eine Lorentztransformation für Relativgeschwindigkeiten, die im Alltag auftreten, praktisch wie eine Galileitransformation aussieht, liegt darin, dass c sehr groß ist. Um dies in der grafischen Darstellung zu berücksichtigen, müssen Sie die Lorentztransformation mit einer t-Achse (für Alice) und einer t'-Achse (für Bob) anstelle der üblichen ct- und ct'-Achsen darstellen.

32. Zur Verifikation der Invarianz des Wirkungsprinzips unter (2.5)–(2.8) müssen Sie überhaupt nichts rechnen, wenn Sie die Beziehung der Kombination $dt\,L$ mit der Metrik verstanden haben! Die zugehörige Erhaltungsgröße mit der im Mechanik-Kapitel formulierten Methode zu finden, ist ein bisschen schwieriger. Es empfiehlt sich, die im Exkurs über das Noether-Theorem (Seite 119) besprochene Methode kochrezeptartig anzuwenden. Das ist auch eine gute Übung zum besseren Verständnis der Formulierung des Noether-Theorems. Hier eine Skizze dieser Berechnung: Die dynamischen Variablen sind $q_1 = x$, $q_2 = y$, $q_3 = z$. Eine infinitesimale Geschwindigkeitstransformation ist eine Geschwindigkeitstransformation mit infinitesimaler Geschwindigkeit v, die wir in Anpassung an die Notation des genannten Exkurses mit ε bezeichnen. Damit fallen die Wurzelterme in (2.5)–(2.8) weg, und der Übergang zur transformierten Bewegung wird durch die Ersetzungsvorschrift

$$t \;\rightarrow\; t - \frac{\varepsilon}{c^2} x(t) \tag{A.106}$$

$$x(t) \;\rightarrow\; x(t) - \varepsilon t \tag{A.107}$$

$$y(t) \;\rightarrow\; y(t) \tag{A.108}$$

$$z(t) \;\rightarrow\; z(t) \tag{A.109}$$

bewerkstelligt. Mit den damit identifizierten Größen

$$\eta(t) \;=\; -\frac{x(t)}{c^2} \tag{A.110}$$

$$\xi_1(t) \;=\; -t \tag{A.111}$$

$$\xi_2(t) \;=\; 0 \tag{A.112}$$

$$\xi_3(t) \;=\; 0 \tag{A.113}$$

(vgl (1.396)–(1.397)) wird (1.407) zu

$$L_\varepsilon = \left(1 - \frac{\varepsilon}{c^2}\dot{x}\right)\sqrt{1 - \left(\dot{x} - \varepsilon + \frac{\varepsilon}{c^2}\dot{x}^2\right)^2 - \left(\dot{y} + \frac{\varepsilon}{c^2}\dot{x}\dot{y}\right)^2 - \left(\dot{z} + \frac{\varepsilon}{c^2}\dot{x}\dot{z}\right)^2}, \qquad \text{(A.114)}$$

woraus sich nach einer kurzen Rechnung die Invarianz $L_\varepsilon = L_0 + O(\varepsilon^2)$ erweist. Die zugehörige Erhaltungsgröße ist dann gemäß (1.426) durch

$$-t\,p^1 - \eta(t)\,E \equiv -t\,p^1 + \frac{E}{c^2}\,x(t) \qquad \text{(A.115)}$$

gegeben (wobei wir nun die erste Komponente des Impulses mit p^1 und die Energie mit E bezeichnen), d. h. es gilt

$$x(t) = c^2\frac{p^1}{E}\,t + K \qquad \text{(A.116)}$$

für eine Konstante K. Da p^1 und E selbst Erhaltungsgrößen sind (die zur Invarianz unter raumzeitlichen Translationen gehören), ist dieser Erhaltungssatz äquivalent zu

$$\dot{x}(t) = c^2\frac{p^1}{E}, \qquad \text{(A.117)}$$

besagt also nichts Neues, sondern drückt lediglich die Tatsachs aus, dass die x-Komponente der Geschwindigkeit konstant ist. Die zu den Geschwindigkeitstransformationen in y- und z-Richtung gehörenden Erhaltungsgrößen haben klarerweise die gleiche Struktur, so dass wir insgesamt auf

$$\vec{x}(t) = c^2\frac{\vec{p}}{E}\,t + \vec{K} \qquad \text{(A.118)}$$

schließen können, wobei $\vec{K}$ ein konstanter Vektor ist, und daher auf die Beziehung

$$\dot{\vec{x}}(t) = c^2\frac{\vec{p}}{E}. \qquad \text{(A.119)}$$

Sie drückt die gleiche Information aus wie (2.81).
Nachbemerkung: In einem System aus *mehreren* freien Teilchen ist die Lagrangefunktion die Summe der (freien) Lagrangefunktionen der Einzelteilchen, und das Noether-Theorem führt auf die relativistische Version der Erhaltung der Schwerpunktsbewegung. Die mathematische Umsetzung gemäß unserem Kochrezept ist in diesem Fall aber schwieriger als für ein einzelnes Teilchen, denn für n Teilchen sind jetzt $3n$ Teilchenkoordinaten $\vec{x}_\alpha$ und eine Zeitvariable t im Spiel, und es liegt nicht auf der Hand, wodurch die alte Zeitvariable zu ersetzen ist, d. h. wie (A.106) bzw. (A.110) auf den Fall mehrerer Teilchen zu übertragen ist. Es stellt sich heraus, dass die korrekte Verallgemeinerung von (A.110) durch eine Integration aus der Beziehung

$$\dot{\eta}(t) = -\frac{\dot{X}(t)}{c^2} \qquad \text{(A.120)}$$

gewonnen werden kann[7], wobei

$$\dot{X}(t) = \frac{\sum_\alpha m_\alpha\, \gamma_\alpha(t)\, \dot{x}_\alpha(t)}{\sum_\beta m_\beta\, \gamma_\beta(t)} \tag{A.121}$$

mit

$$\gamma_\alpha(t) = \frac{1}{\sqrt{1 - \frac{\dot{x}_\alpha(t)^2}{c^2}}} \tag{A.122}$$

die x-Komponente der Geschwindigkeit des relativistischen Schwerpunkts (besser: *Energiemittelpunkts*) ist. (m_α ist die Masse des α-ten Teilchens). Es gibt nun auch $3n$ Größen $\xi_{\alpha j}$ ($j = 1, 2, 3$), die für jedes Teilchen (für jedes α) die Form (A.111)–(A.113) haben. Unter dieser Gesamt-Ersetzung ist das Wirkungprinzip invariant. Der zugehörige Erhaltungssatz (er kann ohne Integration über (A.120) gewonnen werden) lautet

$$\ddot{X}(t) = 0. \tag{A.123}$$

Nach einer analogen Argumentation für Geschwindigkeitstransformationen in die y- und z-Richtung erhalten wir insgesamt die drei der Invarianz unter Lorentzschen Geschwindigkeitstransformationen entsprechenden Erhaltungssätze: Der durch

$$\vec{X}(t) = \frac{\sum_\alpha m_\alpha\, \gamma_\alpha\, \vec{x}_\alpha(t)}{\sum_\beta m_\beta\, \gamma_\beta} \tag{A.124}$$

definierte relativistische Schwerpunkt (Energiemittelpunkt) bewegt sich gleichförmig. Das ist die relativistische Version der Erhaltung der Schwerpunktsbewegung. Um den Ausdruck (A.124) – *nach* Sicherstellung der Invarianz – zu ermitteln (etwa seine x-Komponente aus (A.121)), wurde benutzt, dass es sich um freie Teilchen handelt, d. h. dass die γ_α nicht von t abhängen. Aus den formalen Finessen dieser Betrachtung können wir zweierlei lernen:

- Die genaue Wirkungsweise einer Lorentztransformation auf die dynamischen Variablen eines relativistischen Modells ist nicht immer von vornherein klar und muss eigens herausgearbeitet werden.

- Obwohl die im Rahmen des ersten Kapitels formulierten Verfahren zur Überprüfung der Invarianz eines Wirkungsprinzips und der Auffindung der entsprechenden Erhaltungsgröße auch hier funktionieren, können derartige Berechnungen unerwartet kompliziert werden. Tatsächlich stehen andere Methoden zur Verfügung, die der geometrischen Interpretation der Raumzeit angemessener sind und die gleichen Ergebnisse auf schnellere Weise liefern. Insbesondere der im Unterabschnitt 2.3.7, Seite 227, besprochene Formalismus der Viererschreibweise leistet

---

[7] Lorentzsche Geschwindigkeitstransformationen können im Fall mehrerer Teilchen daher nicht als *lokale Transformationen* im Sinn von (1.398)–(1.399) dargestellt werden. Beachten Sie bei dieser Feststellung, dass bei der Überprüfung der Invarianz eines Wirkungsprinzips die Bewegungsgleichung (in diesem Fall $\ddot{x}_\alpha = 0$) nicht verwendet werden darf!

auch bei der Lagrangeschen Formulierung relativistischer Systeme gute Dienste. Von einigen knappen Bemerkungen am Ende des betreffenden Unterabschnitts abgesehen, können wir in diesem Buch aber nicht näher darauf eingehen. Immerhin aber zeigt das hier angewandte Verfahren, dass die Beziehung zwischen Symmetrien und Erhaltungssätzen einen allgemeinen Rahmen bildet, dem sich sowohl die Spezielle Relativitätstheorie als auch die nichtrelativistische klassische Mechanik einfügen.

33. Führen Sie diese Aufgabe eigenständig durch!

34. Tipp: Sie können dazu die Entwicklung

$$\frac{1}{\sqrt{1-x}} = 1 + \frac{x}{2} + \frac{3x^2}{8} + O\left(x^3\right) \tag{A.125}$$

benutzen. Sie gilt für alle x mit $|x| < 1$. Ihr Ergebnis sollte mit (2.68) übereinstimmen.

35. Das Ergebnis ist die Änderung der Gesamtenergie (und damit der kinetischen Energie): $W = T|_{\text{Ende}} - T|_{\text{Anfang}}$.

36. Führen Sie diese Aufgabe eigenständig durch!

37. Tipp: Sie können dazu die Entwicklung

$$\sqrt{1+x} = 1 - \frac{x}{2} - \frac{x^2}{8} + O\left(x^3\right) \tag{A.126}$$

benutzen. Sie gilt für alle x mit $|x| < 1$.

38. Führen Sie diese Aufgabe eigenständig durch!

39. Führen Sie diese Aufgabe eigenständig durch!

40. Führen Sie diese Aufgabe eigenständig durch!

41. Tipp: Die erste Beobachtung, die man im Zuge der Berechnung macht, besteht darin, dass die Impulse (also die verallgemeinerten oder kanonischen Impulse), wie sie aus dem Lagrangeformalismus folgen, im Vergleich zu den üblichen Ausdrücken den Zusatzterm $q\vec{A}(t,\vec{x})$, der vom Magnetfeld herrührt, beinhalten. Für die nichtrelativistische Lagrangefunktion wurde der kanonische Impuls bereits im ersten Kapitel berechnet, siehe (1.539), und für die relativistische Lagrangefunktion wurde er in (2.89) angegeben. Bezeichnen wir die kanonischen Impulsvektoren in beiden Fällen mit $\vec{\mathscr{P}}$, so sollten die Ergebnisse Ihrer Berechnung für die nichtrelativistische Version

$$H(\vec{x}, \vec{\mathscr{P}}, t) = \frac{1}{2m}\left(\vec{\mathscr{P}} - q\vec{A}(t,\vec{x})\right)^2 + q\,\phi(t,\vec{x}) \tag{A.127}$$

und für die relativistische Version

$$H(\vec{x}, \vec{\mathscr{P}}, t) = c\sqrt{\left(\vec{\mathscr{P}} - q\vec{A}(t,\vec{x})\right)^2 + m^2c^2} + q\,\phi(t,\vec{x}) \tag{A.128}$$

lauten. Beide Hamiltonfunktionen entstehen aus den entsprechenden Hamiltonfunktionen und für *freie Teilchen* – $H(\vec{p}) = \frac{1}{2m}\vec{p}^2$ für die nicht relativistische Version und (2.77) für die relativistische Version –, indem die Ersetzung

$$\vec{p} \to \vec{\mathscr{P}} - q\vec{A}(t,\vec{x}) \qquad (A.129)$$

vorgenommen und die vom elektrischen Feld herrührende potentielle Energie $q\phi(t,\vec{x})$ addiert wird. Diese Vorgangsweise, die auch als „minimale Kopplung an ein elektromagnetisches Feld" bezeichnet wird, ist insbesondere bei der quantenmechanischen Behandlung derartiger Systeme nützlich. Sie unterstreicht, dass sich die Existenz eines äußeren Magnetfelds in ganz anderer Weise auf die Dynamik auswirkt als das elektrische Feld und nicht einfach durch die Addition eines „magnetischen Potentials" beschrieben werden kann.

42. Tipp: Keine Angst vor dieser Aufgabe! Gehen Sie einfach nach Kochrezept vor, wie Euler-Lagrange-Gleichungen im Lagrangeformalismus ermittelt werden, und benutzen Sie die Beziehungen (1.497) zwischen den Feldern und den Potentialen!

43. Tipp: Bilden Sie das Skalarprodukt beider Seiten von (2.90) mit $\dot{\vec{x}}$ (wodurch das Magnetfeld herausfällt, da $\dot{\vec{x}} \times \vec{B}$ auf $\dot{\vec{x}}$ normal steht) und zeigen Sie, dass sich die linke Seite der so erhaltenen Gleichung auf die linke Seite von (2.91) reduziert! Wenn Sie die Aufgabe 35 gelöst haben, sind Sie der Beziehung, die die gewünschte Gleichheit ausdrückt, bereits begegnet (siehe (2.199)).

44. Tipp: Verwenden Sie die in (1.497) angegebene Beziehung zwischen dem elektrischen Feld $\vec{E}$ und dem skalaren Potential ϕ und benutzen Sie die Identität

$$\dot{\vec{x}} \cdot \vec{\nabla}\phi(\vec{x}) = \frac{d}{dt}\phi(\vec{x}). \qquad (A.130)$$

45. Führen Sie diese Aufgabe eigenständig durch!

46. Führen Sie diese Aufgabe eigenständig durch!

47. Um ein Kilogramm Wasser um 1 Grad zu erwärmen, muss ihm eine Energie von $4178\,\mathrm{J}$ zugeführt werden (spezifische Wärmekapazität). Um ein Kilogramm Wasser um 10 Grad zu erwärmen, muss ihm daher die Energie $41780\,\mathrm{J}$ zugeführt werden. Das entspricht einer Massenzunahme von $4.6 \cdot 10^{-13}\,\mathrm{kg}$ und damit der Masse eines Wasserwürfels mit einer Kantenlänge von etwa $7.7 \cdot 10^{-3}\,\mathrm{mm}$ (oder einer durchschnittlich großen Zelle).

48. Eine Möglichkeit ist $u = \frac{3}{5}c$ und $w = \frac{4}{5}c$, woraus sich $M = \frac{5}{6}m$ ergibt.

49. Die Summe der beiden Photonenenergien ist gleich der Summe der Ruheenergien von Elektron und Positron, d. h. $2m_e c^2 \approx 1.63742 \cdot 10^{-13}\,\mathrm{kg\,m^2/s^2} \approx 1.022\,\mathrm{MeV}$. Dabei wurde verwendet, dass das Elektron und das Positron, die Antiteilchen voneinander sind, die gleiche Masse besitzen.

50. Führen Sie diese Aufgabe eigenständig durch!

51. Die Matrix lautet

$$\Lambda = \begin{pmatrix} \gamma & -v\gamma/c & 0 & 0 \\ -v\gamma/c & \gamma & 0 & 0 \\ 0 & 0 & 1 & 0 \\ 0 & 0 & 0 & 1 \end{pmatrix}. \tag{A.131}$$

52. Gilt in einem Inertialsystem $a^\mu = b^\mu$, und ist $\Lambda \equiv (\Lambda^\mu{}_\nu)$ die Lorentz-Matrix, die den Übergang zu einem anderen Inertialsystem beschreibt, so folgt $a'^\mu = \Lambda^\mu{}_\nu a^\nu = \Lambda^\mu{}_\nu b^\nu = b'^\mu$.

53. Die Komponenten der Vierergeschwindigkeit sind $u^\mu = dx^\mu/d\tau$. Das (infinitesimale) Eigenzeitintervall $d\tau$ ist eine vom Inertialsystem unabhängige Invariante. Die Koordinaten x^μ transformieren zwar unter Lorentztransformationen wie Vierervektoren, nicht aber unter raumzeitlichen Verschiebungen (da sie sich unter solchen ändern). Die (infinitesimalen) Koordinatendifferenzen dx^μ transformieren aber unter allen Poincarétransformationen in der gewünschten Weise (sie ändern sich unter raumzeitlichen Verschiebungen nicht), und daher auch die u^μ.

54. Sind a und b Vierervektoren, so ist das Minkowski-Skalarprodukt unter raumzeitlichen Verschiebungen (die an den Komponenten ja nichts ändern) sowie unter räumlichen Drehungen (die a^0 und b^0 nicht ändern und den Anteil $a^1 b^1 + a^2 b^2 + a^3 b^3 \equiv \vec{a} \cdot \vec{b}$ in sich selbst überführen) invariant. Durch eine entsprechende Kombination mit räumlichen Drehungen kann eine beliebige Geschwindigkeitstransformation immer auf die Form (2.137)–(2.140) reduziert werden. Für diese kann die Invarianz des Minkowski-Skalarprodukts leicht explizit nachgerechnet werden.
Nachbemerkung: Man kann jetzt den Spieß umdrehen und aus $\eta_{\mu\nu} a^\mu b^\nu = \eta_{\mu\nu} a'^\mu b'^\nu$ für alle Vierervektoren a und b schließen, dass jede Lorentz-Matrix Λ die Beziehung

$$\eta_{\mu\nu} \Lambda^\mu{}_\rho \Lambda^\nu{}_\sigma = \eta_{\rho\sigma} \tag{A.132}$$

erfüllt. Sie kann als *Definition* der Lorentztransformationen verwendet werden und ist in formaler Weise analog zur Definition $R^T R = 1$ der orthogonalen Matrizen, die Drehungen und Drehspiegelungen beschreiben (vgl. (1.220) und den Abschnitt B.3 auf Seite 293 im Anhang). In dieser Lesart ist eine Lorentztransformation eine lineare Transformation der Raumzeit-Koordinaten, die die Metrik invariant lässt. Etwas anders formuliert: Lorentztransformationen sind genau jene linearen Transformationen, die beliebige Minkowski-Skalarprodukte (und daher auch beliebige raumzeitliche Abstände) invariant lassen. Sie sind für die Geometrie der Minkowski-Raumzeit genau das, was die Drehungen und Drehspiegelungen für die euklidische Geometrie sind.

55. Tipp: Diese Aufgabe ist *ganz* leicht!

56. Tipp: Nehmen Sie an, ein zeitartiger zukunftsgerichteter Vierervektor u erfüllt (2.167). Berechnen Sie mit Hilfe der in (2.163)–(2.164) bzw. (2.165) explizit angegebenen Form

die Geschwindigkeit $\vec{v}$! Als Resultat sollten Sie die mit (2.81) eng verwandte Beziehung

$$\vec{v} = \frac{\vec{u}}{\sqrt{1 + \frac{\vec{u}^2}{c^2}}} \qquad (A.133)$$

erhalten. Umgekehrt ist der (gegebene) Vierervektor u gerade die zur Geschwindigkeit (A.133) gehörende Vierergeschwindigkeit. Es gibt also „genau so viele" räumliche Geschwindigkeitvektoren wie zeitartige zukunftsgerichtete Vierervektoren, die (2.167) erfüllen. Die Rolle von (2.167) mit der Zusatzbewingung $u^0 > 0$ besteht so gesehen darin, den Wert von u^0 festzulegen, sobald $\vec{u}$ bekannt ist.

57. Führen Sie diese Aufgabe eigenständig durch!

58. Eine (elegante) Möglichkeit, das zu zeigen, besteht darin, die Beziehung (2.167) nach τ zu differenzieren:

$$0 = \frac{d}{d\tau}\left(u^\mu u_\mu\right) = \frac{du^\mu}{d\tau}u_\mu + u^\mu \frac{du_\mu}{d\tau} = 2u_\mu \frac{du^\mu}{d\tau} = 2u_\mu a^\mu, \qquad (A.134)$$

wobei die triviale Identität verwendet wurde, dass $u^\mu \frac{du_\mu}{d\tau} = \frac{du^\mu}{d\tau}u_\mu$ gilt.
Eine andere Möglichkeit besteht darin, das Minkowski-Skalarprodukt $u^\mu a_\mu$ im momentanen Ruhsystem mit Hilfe der Formel (2.153) zu berechnen. In diesem sind die Komponenten der Vierergeschwindigkeit durch

$$u\big|_{\text{im momentanen Ruhsystem}} = \begin{pmatrix} \gamma c \\ 0 \end{pmatrix} \qquad (A.135)$$

und jene der Viererbeschleunigung durch (2.177) gegeben, woraus sofort $u^\mu a_\mu = 0$ folgt. Aufgrund der Invarianz des Minkowski-Skalarprodukts gilt diese Beziehung in *jedem* Inertialsystem.
Die dritte (umständlichste) Beweisführung besteht darin, die in (2.163)–(2.164) angegebenen Komponenten der Vierergeschwindigkeit und die in (2.175)–(2.176) angegebenen Komponenten der Viererbeschleunigung zu benutzen und das Minkowski-Skalarprodukt $u^\mu a_\mu$ mit (2.153) in einem *beliebigen* Inertialsystem zu berechnen:

$$u^\mu a_\mu = u^0 a^0 \quad \vec{u}\cdot\vec{a} = c^2\gamma^2 \frac{d\gamma}{dt} - \gamma^2 \vec{\dot{x}}\cdot\frac{d}{dt}\left(\gamma\vec{\dot{x}}\right) - 0. \qquad (A.136)$$

Die Orthogonalität von u und a besitzt eine Analogie im Dreidimensionalen: Findet eine Bewegung $\vec{x} \equiv \vec{x}(t)$ entlang einer Kurve mit konstantem Geschwindigkeitsbetrag $|\vec{\dot{x}}|$ statt, so stehen der Geschwindigkeitsvektor $\vec{\dot{x}}$ und der Beschleunigungsvektor $\vec{\ddot{x}}$ aufeinander normal. Die Aussage, dass $|\vec{\dot{x}}|$ konstant ist, bedeutet geometrisch, dass die Zeit t (die die Rolle des Kurvenparameters spielt) proportional zur *Bogenlänge* entlang der Kurve ist – analog zur Tatsache, dass die durch die Funktionen $x^\mu \equiv x^\mu(\tau)$ angegebene Weltlinie durch die *Eigenzeit* (die im Kontext der Geometrie der Raumzeit als proportional zur Minkowski-Bogenlänge s angesehen wird) parametrisiert ist.

59. Szenario 1: Die Reise dauert im Inertialsystem 1.71 Jahre. Für die Insassen vergeht eine
    Eigenzeit von 1.29 Jahren. Am Ende der Reise bewegt sich die Raumfähre mit einer
    Geschwindigkeit von $0.87\,c$.
    Szenario 2: Während einer Eigenzeit von 10 Jahren kommt die Raumfähre 14781.6
    Lichtjahre weit. Während der Reise vergehen im Inertialsystem 14782.6 Jahre. Am Ende
    der Reise bewegt sich die Raumfähre mit einer Geschwindigkeit von $(1 - 2.1 \cdot 10^{-9})\,c =$
    $0.9999999979\,c$. Insgesamt ist die Reise fast mit Lichtgeschwindigkeit erfolgt.

60. Führen Sie diese Aufgabe eigenständig durch!

B Mathematischer Anhang

B.1 Vektoren

Rechnerisch betrachtet, ist ein dreidimensionaler *Vektor* $\vec{v}$ eine Liste von 3 reellen Zahlen, seinen *Komponenten*, die entweder als v_x, v_y und v_z oder – in durchnummerierter Form – als v_1, v_2 und v_3 angeschrieben und in der üblichen Form

$$\vec{v} = \begin{pmatrix} v_x \\ v_y \\ v_z \end{pmatrix} \equiv \begin{pmatrix} v_1 \\ v_2 \\ v_3 \end{pmatrix} \tag{B.1}$$

zusammengefasst werden. In geometrischer Hinsicht stellt er einen *Pfeil* im Raum dar, der entweder in den Ursprung des Koordinatenystems gehängt werden kann, um den Ort eines Punktes anzugeben (wir nennen ihn dann *Ortsvektor*), oder dazu verwendet wird, um eine Größe, die eine Richtung und einen Betrag besitzt (wie etwa eine Geschwindigkeit oder eine Kraft) anzugeben. Die j-te Komponente eines Vektors $\vec{v}$ wird als v_j angeschrieben. Dass zwei Vektoren $\vec{v}$ und $\vec{w}$ gleich sind, kann dann wahlweise durch eine der beiden Formen

$$\vec{v} = \vec{w} \qquad \text{oder} \qquad v_j = w_j \tag{B.2}$$

ausgedrückt werden, wobei die zweite Variante mit dem Zusatz „für alle j" zu lesen ist. Ganz analog können zweidimensionale und – rein rechnerisch – auch höherdimensionale Vektoren betrachtet werden. Wenn nichts anderes dazugesagt wird, ist mit dem Wort *Vektor* ein *drei*dimensionaler Vektor gemeint.

B.1.1 Skalarprodukt

Das **Skalarprodukt** zweier Vektoren $\vec{v}$ und $\vec{w}$ wird mit Hilfe der einfachen Formel

$$\vec{v} \cdot \vec{w} = v_x w_x + v_y w_y + v_z w_z = v_1 w_1 + v_2 w_2 + v_3 w_3 \equiv \sum_{j=1}^{3} v_j w_j \tag{B.3}$$

berechnet. Seine geometrische Bedeutung wird durch die Formel

$$\vec{v} \cdot \vec{w} = |\vec{v}|\,|\vec{w}| \cos\theta \tag{B.4}$$

charakterisiert, wobei θ der von $\vec{v}$ und $\vec{w}$ eingeschlossene Winkel ist und $|\vec{v}|$ und $|\vec{w}|$ die Beträge von $\vec{v}$ und $\vec{w}$ bezeichnen. Das Skalarprodukt zweier Vektoren ist daher > 0, $= 0$ oder < 0, wenn der von ihnen eingeschlossene Winkel kleiner, gleich oder größer als $\pi/2$ $(= 90°)$ ist. Ist $\vec{v} \cdot \vec{w} = 0$, also $\theta = \pi/2$, so stehen $\vec{v}$ und $\vec{w}$ aufeinander *normal* (*orthogonal*). Die Beziehung

(B.4) kann auch als formale *Definition* des Winkels, den zwei Vektoren einschließen, gelesen werden.

Das Skalarprodukt ist symmetrisch, d. h. es gilt stets $\vec{v}\cdot\vec{w} = \vec{w}\cdot\vec{v}$. Beim Berechnen des Skalarprodukts kommt es auf die Reihenfolge nicht an.

Auch der **Betrag** eines Vektors kann mit Hilfe des Skalarprodukts berechnet werden: Das Skalarprodukt eines Vektors $\vec{v}$ mit sich selbst ist gleich dem Quadrat seines Betrags,

$$\vec{v}\cdot\vec{v} = |\vec{v}|^2, \tag{B.5}$$

was auf den bekannten Ausdruck

$$|\vec{v}| = \sqrt{v_x{}^2 + v_y{}^2 + v_z{}^2} \equiv \sqrt{v_1{}^2 + v_2{}^2 + v_3{}^2} \tag{B.6}$$

führt.

Mit (B.4) und (B.5) können Längen und Winkeln – und damit praktisch alle Begriffe der (euklidischen) Geometrie des Raumes und der Ebene – auf das Skalarprodukt zurückgeführt werden.

B.1.2 Einsteinsche Summenkonvention

Diese für das Rechnen und Argumentieren bequeme Vereinbarung besagt, dass in der Summe über ein Produkt, das zwei Indizes gleichen Namens enthält, das Summensymbol $\sum$ weggelassen werden kann. Mit ihrer Hilfe kann das Skalarprodukt (B.3) auch einfach in der Form

$$\vec{v}\cdot\vec{w} = v_j w_j \tag{B.7}$$

(oder, wenn Sie den Buchstaben k sympathischer finden, als $v_k w_k$) angeschrieben werden.

B.1.3 Vektorprodukt

Das *Vektorprodukt* (oder *vektorielle Produkt*) zweier Vektoren $\vec{v}$ und $\vec{w}$ ist durch

$$\vec{v}\times\vec{w} = \begin{pmatrix} v_y w_z - v_z w_y \\ v_z w_x - v_x w_z \\ v_x w_y - v_y w_x \end{pmatrix} \equiv \begin{pmatrix} v_2 w_3 - v_3 w_2 \\ v_3 w_1 - v_1 w_3 \\ v_1 w_2 - v_2 w_1 \end{pmatrix} \tag{B.8}$$

definiert. Es ist – wie sein Name sagt – ein Vektor. Das durch die Formel (B.8) ausgedrückte Bildungsgesetz können Sie sich leicht merken, indem Sie die Abkürzung $\vec{u} = \vec{v}\times\vec{w}$ verwenden und die Komponenten von $\vec{u}$ in der Form

$$u_1 = v_2 w_3 - v_3 w_2 \tag{B.9}$$

$$u_2 = v_3 w_1 - v_1 w_3 \tag{B.10}$$

$$u_3 = v_1 w_2 - v_2 w_1 \tag{B.11}$$

anschreiben. Die rot geschriebenen Zahlen stehen dann (sowohl waagrecht als auch senkrecht gelesen) stets in der richtigen *zyklischen Reihenfolge* $1 \rightarrow 2 \rightarrow 3 \rightarrow 1$. In geometrischer Hinsicht ist $\vec{v}\times\vec{w}$ jener Vektor,

- der auf $\vec{v}$ und $\vec{w}$ normal steht,

- dessen Betrag $|\vec{v} \times \vec{w}|$ gleich dem Flächeninhalt des von $\vec{v}$ und $\vec{w}$ aufgespannten Parallelogramms ist,

- und dessen Orientierung die Rechtsschraubenregel (Rechte-Hand-Regel) erfüllt: Wird $\vec{v}$ auf kürzestem Weg in $\vec{w}$ gedreht, so „bewegt" sich eine Schraube, die in dem gleichen Sinn gedreht wird, in die Richtung, in die $\vec{v} \times \vec{w}$ zeigt.

Das Vektorprodukt $\vec{v} \times \vec{w}$ ist genau dann gleich 0, wenn $\vec{v}$ und $\vec{w}$ zueinander *parallel* sind. Weiters ist das Bildungsgesetz (B.8) *antisymmetrisch*, d. h. es erfüllt stets

$$\vec{v} \times \vec{w} = -\vec{w} \times \vec{v}. \tag{B.12}$$

Beim Bilden des Vektorprodukts kommt es also auf die Reihenfolge an. Während das Skalarprodukt (B.3) für Vektoren beliebiger Dimension gebildet werden kann, ist das Vektorprodukt auf *drei*dimensionale Vektoren beschränkt[1].

Im nächsten Abschnitt werden wir das Vektorprodukt mit Hilfe des Epsilon-Symbols noch auf eine andere Weise anschreiben (siehe (B.19) und (B.21)).

---

[1] Für zweidimensionale Vektoren definiert die Verknüpfungsvorschrift

$$\begin{pmatrix} v_1 \\ v_2 \end{pmatrix} \times \begin{pmatrix} w_1 \\ w_2 \end{pmatrix} = v_1 w_2 - v_2 w_1 \tag{B.13}$$

eine verwandte Struktur, wobei allerdings aus zwei Vektoren ein *Skalar* (also eine Zahl) gemacht wird, während (B.8) stets ein *Vektor* ist. Der Betrag von (B.13) ist gleich dem Flächeninhalt des von $\vec{v}$ und $\vec{w}$ aufgespannten Parallelogramms.

B.2 Epsilon-Symbol (Epsilon-Tensor)

Kann die j-te Komponente des Vektorprodukts zweier Vektoren in einer kompakten Weise, die das Bildungsgesetz (B.8) ausdrückt, angeschrieben werden? Ja, aber dazu benötigen wir ein weiteres Objekt, das **Epsilon-Symbol** (auch **Epsilon-Tensor** genannt). Es ist definiert durch

$$\varepsilon_{jkl} = \begin{cases} 1 & \text{... wenn } jkl \text{ eine gerade Permutation von 123 ist} \\ -1 & \text{... wenn } jkl \text{ eine ungerade Permutation von 123 ist} \\ 0 & \text{... sonst.} \end{cases} \tag{B.14}$$

Dabei ist eine „gerade (ungerade) Permutation von 123" eine Umordnung der Zahlen 123, die durch eine gerade (ungerade) Anzahl von Zweiervertauschungen bewerkstelligt werden kann. Beispielsweise kann 231 durch zwei Zweiervertauschungen erzielt werden:

$$123 \rightarrow 213 \rightarrow 231, \tag{B.15}$$

stellt daher eine *gerade* Permutation dar. Folglich ist $\varepsilon_{231} = 1$. Hingegen kann 321 durch drei Zweiervertauschungen erzielt werden:

$$123 \rightarrow 213 \rightarrow 231 \rightarrow 321, \tag{B.16}$$

stellt daher eine *ungerade* Permutation dar. Folglich ist $\varepsilon_{321} = -1$. Wann immer zumindest zwei Indizes den gleichen Wert haben, ist das Epsilon-Symbol gleich 0, beispielsweise $\varepsilon_{112} = 0$. Insgesamt gibt es 27 derartige Komponenten, die alle einen der Werte 1, -1 oder 0 annehmen.

Das Epsilon-Symbol ist *total antisymmetrisch*, d. h. unter einer beliebigen Vertauschung zweier Indizes wechselt es sein Vorzeichen (siehe Aufgabe 9 von Kapitel 1). So gilt beispielsweise $\varepsilon_{213} = -\varepsilon_{123}$ und $\varepsilon_{321} = -\varepsilon_{123}$. Allgemein kann diese Eigenschaft durch Beziehungen der Form

$$\varepsilon_{kjl} = -\varepsilon_{jkl} \tag{B.17}$$
$$\varepsilon_{lkj} = -\varepsilon_{jkl} \tag{B.18}$$
$$\cdots$$

ausgedrückt werden.

Nun können wir die j-te Komponente des Vektorprodukts $\vec{u} = \vec{v} \times \vec{w}$ in der kompakten Form

$$u_j = \sum_{k,l=1}^{3} \varepsilon_{jkl} v_k w_l \tag{B.19}$$

anschreiben. Beweis: Wenn Sie nacheinander $j = 1$, $j = 2$ und $j = 3$ einsetzen und jeweils die Summe ausführen, erhalten Sie genau (B.9) – (B.11). Wir führen das für $j = 1$ vor:

$$u_1 = \sum_{k,l=1}^{3} \varepsilon_{1kl} v_k w_l = \varepsilon_{123} v_2 w_3 + \varepsilon_{132} v_3 w_2 = v_2 w_3 - v_3 w_2, \tag{B.20}$$

was mit (B.9) übereinstimmt. Beim Ausführen der Summe haben wir verwendet, dass $\varepsilon_{111} = \varepsilon_{112} = \varepsilon_{113} = \varepsilon_{121} = \varepsilon_{131} = 0$ ist. (Anders ausgedrückt: von allen Komponenten ε_{1kl} des Epsilon-Symbols sind nur jene ungleich 0, für die $kl = 23$ oder $kl = 32$ ist). Mit der Einsteinschen Summenkonvention nimmt (B.19) die noch kürzere Form

$$u_j = \varepsilon_{jkl} v_k w_l \tag{B.21}$$

an.

Um nun etwa zu zeigen, dass $\vec{u}$ auf $\vec{v}$ normal steht, kann das Skalarprodukt $\vec{u} \cdot \vec{v}$ gemäß (B.7) als

$$\vec{u} \cdot \vec{v} = u_j v_j \tag{B.22}$$

angeschrieben werden, was zusammen mit (B.21)

$$\vec{u} \cdot \vec{v} = \varepsilon_{jkl} v_k w_l v_j \tag{B.23}$$

ergibt. Wir können nun die Indizes k und j ineinander umbenennen, d. h. im ganzen Ausdruck vertauschen, was nichts an dessen Wert ändert, und erhalten, nachdem wir $v_j v_k$ als $v_k v_j$ schreiben,

$$\vec{u} \cdot \vec{v} = \varepsilon_{kjl} v_k w_l v_j . \tag{B.24}$$

Andererseits dieser Ausdruck wegen (B.17) genau das Negative von (B.23), also negativ zu sich selbst – und daher gleich 0. Diese Weghebung in (B.23) passiert, weil ε_{jkl} unter Vertauschung von k und j antisymmetrisch, $v_k v_j$ unter Vertauschung von k und j jedoch symmetrisch ist. Hier noch einmal (B.23), wobei die Indizes, auf die es ankommt, rot gedruckt sind:

$$\vec{u} \cdot \vec{v} = \varepsilon_{jkl} v_k w_l v_j . \tag{B.25}$$

Wenn Sie mit dieser Logik einmal vertraut sind, sehen Sie derartige Vereinfachungsmöglichkeiten mit einem Blick!

Um weitere nützliche Rechenregeln mit dem Epsilon-Symbol angeben zu können, benötigen wir das so genannte *Kronecker-Delta* (auch *Kronecker-Symbol*, *Kronecker-Tensor* oder *Einheitstensor*), das durch

$$\delta_{jk} = \left\{ \begin{array}{ll} 1, & \text{wenn } j = k \\ 0, & \text{wenn } j \neq k \end{array} \right. \tag{B.26}$$

definiert ist. Es gilt also $\delta_{11} = \delta_{22} = \delta_{33} = 1$ und $\delta_{12} = \delta_{13} = \delta_{23} = \cdots = 0$. Das Kronecker-Symbol ist symmetrisch ($\delta_{jk} = \delta_{kj}$), und für jeden Vektor $\vec{v}$ gilt

$$\delta_{jk} v_k = v_j \qquad \text{und} \qquad \delta_{jk} v_j = v_k . \tag{B.27}$$

Mit seiner Hilfe können wir die Identitäten

$$\varepsilon_{jkl} \varepsilon_{jkl} = 6 \tag{B.28}$$

$$\varepsilon_{jpq} \varepsilon_{kpq} = 2 \delta_{jk} \tag{B.29}$$

$$\varepsilon_{jkl} \varepsilon_{pql} = \delta_{jp} \delta_{kq} - \delta_{jq} \delta_{kp} \tag{B.30}$$

formulieren, die Sie benötigen, wenn Sie viel mit dem Epsilon-Symbol zu tun haben.

Eine Anwendung des Epsilon-Symbols bei der Beschreibung von Drehungen wird uns im nächsten Abschnitt begegnen, siehe (B.43), (B.44) und (B.45).

B.3 Matrizen: Beschreibung von Drehungen und Drehspiegelungen

Im Folgenden wird vorausgesetzt, dass Sie mit den Grundzügen der Matrizenrechnung vertraut sind. Insbesondere sollten Sie wissen, wie 3×3-Matrizen miteinander und mit Vektoren multipliziert werden, was die Inverse einer Matrix und was die Determinante einer Matrix ist[2].

Drehungen und Spiegelungen (und Drehspiegelungen, d. h. Kombinationen aus einer Drehung und einer Spiegelung) sind *lineare Transformationen*. Jede lineare Transformation führt die Koordinaten x_j eines Punktes in die Koordinaten $x_j{'}$ des transformierten Punktes gemäß einer Regel der Form

$$x_j{'} = \sum_{k=1}^{3} R_{jk} x_k \tag{B.31}$$

über[3], wobei die 9 Zahlen R_{jk} als 3×3-Matrix

$$R = \begin{pmatrix} R_{11} & R_{12} & R_{13} \\ R_{21} & R_{22} & R_{23} \\ R_{31} & R_{32} & R_{33} \end{pmatrix} \tag{B.33}$$

zusammengefasst werden. In Matrixschreibweise lautet (B.31) einfach

$$\vec{x}' = R\vec{x}. \tag{B.34}$$

Ganz allgemein kann eine Transformation dieser Form auch andere Abbildungen darstellen, wie Scherungen oder Projektionen. Damit es sich tatsächlich um eine Spiegelung oder eine Drehspiegelung handelt, darf sie Längen und Winkeln nicht ändern. Um diese Bedingung formal anzuschreiben, benötigen wir das Konzept der **Transponierten** einer Matrix. Die zu R transponierte Matrix entsteht aus R durch Vertauschung der Zeilen und Spalten:

$$R^T = \begin{pmatrix} R_{11} & R_{21} & R_{31} \\ R_{12} & R_{22} & R_{32} \\ R_{13} & R_{23} & R_{33} \end{pmatrix} \tag{B.35}$$

oder, in Indexschreibweise: $(R^T)_{jk} = R_{kj}$. Die Transponierte $\vec{u}^{t'}$ eines Spaltenvektors $\vec{u}$ ist der

---

[2] Eine Einführung in das Rechnen mit Matrizen finden Sie beispielsweise im Lehrbuch Franz Embacher: *Mathematische Grundlagen für das Lehramtsstudium Physik*, Vieweg+Teubner | GWV Fachverlage GmbH, Wiesbaden, 2. Auflage, 2011.

[3] Unter Benutzung der Einsteinschen Summenkonvention kann diese Beziehung auch in der Form

$$x_j{'} = R_{jk} x_k \tag{B.32}$$

geschrieben werden.

Zeilenvektor, der die gleichen Komponenten wie $\vec{u}$ hat:

$$\vec{u} = \begin{pmatrix} u_1 \\ u_2 \\ u_3 \end{pmatrix} \quad \rightarrow \quad \vec{u}^T = \begin{pmatrix} u_1 & u_2 & u_3 \end{pmatrix}. \tag{B.36}$$

Für das Rechnem mit der Transposition benötigen wir zwei Regeln:

- Für beliebige Matrizen R und Vektoren $\vec{u}$ gilt $(R\vec{u})^T = \vec{u}^T R^T$.

- Für beliebige Vektoren $\vec{u}$ und $\vec{v}$ gilt $\vec{u}^T \vec{v} = \vec{u} \cdot \vec{v}$.

Die Bedingung, dass Längen und Winkeln durch eine lineare Transformation R nicht geändert werden, ist gleichbedeutend mit der Forderung, dass beliebige Skalarprodukte in sich selbst übergehen. Sind nun $\vec{u}$ und $\vec{v}$ zwei beliebige Vektoren, so werden sie durch R in die Vektoren $\vec{u}' = R\vec{u}$ und $\vec{v}' = R\vec{v}$ übergeführt. Beliebige Skalarprodukte bleiben unter R erhalten, wenn stets

$$\vec{u}' \cdot \vec{v}' = \vec{u} \cdot \vec{v} \tag{B.37}$$

gilt. Die linke Seite kann mit unseren Rechenregeln so umgeformt werden:

$$\vec{u}' \cdot \vec{v}' = \vec{u}'^T \vec{v}' = (R\vec{u})^T R\vec{v} = \vec{u}^T R^T R\vec{v} = \vec{u} \cdot R^T R\vec{v}. \tag{B.38}$$

Damit das für beliebige Vektoren gleich der rechten Seite von (B.37) ist, muss $R^T R$ wie die identische Transformation wirken, d. h. es muss

$$R^T R = \mathbf{1} \tag{B.39}$$

gelten, wobei $\mathbf{1}$ die 3×3-Einheitsmatrix ist. Diese Bedingung (die zu $RR^T = \mathbf{1}$ gleichwertig ist) besagt, dass die Transponierte R^T gleich der zu R inversen Matrix R^{-1} ist. Eine Matrix, die sie erfüllt, heißt **orthogonale Matrix**. Orthogonale Matrizen sind genau jene, die **Drehungen** und **Drehspiegelungen** beschreiben.

Eine orthogonale Matrix kann eine rechtshändige Basis in eine linkshändige Basis umwandeln, wie das Beispiel

$$R = \begin{pmatrix} 1 & 0 & 0 \\ 0 & 1 & 0 \\ 0 & 0 & -1 \end{pmatrix} \tag{B.40}$$

einer Spiegelung an der xy-Ebene zeigt. Nun lässt sich zeigen, dass die Determinante einer orthogonalen Matrix stets 1 oder -1 ist[4]. Die *Drehungen* (*Rotationen*) werden durch genau jene orthogonalen Matrizen dargestellt, deren Determinante 1 ist, d. h. durch Matrizen, die zusätzlich zu (B.39) die Bedingung

$$\det(R) = 1 \tag{B.41}$$

---

[4] Aus (B.39) folgt $\det(R^T R) = 1$, und da die Determinante eines Produkts gleich dem Produkt der Determinanten ist, folgt $\det(R^T)\det(R) = 1$. Nun gilt stets $\det(R^T) = \det(R)$, woraus folgt $\det(R)^2 = 1$ und daraus $\det(R) = \pm 1$.

erfüllen. Sie werden **Rotationsmatrizen** (oder **Drehmatrizen**) genannt[5]. Gilt hingegen für eine orthogonale Matrix $\det(R) = -1$, so beschreibt R eine *Drehspiegelung*. Soweit die allgemeine Theorie.

Jede Rotationsmatrix beschreibt eine Drehung um eine bestimmte Drehachse mit einem bestimmten Drehwinkel. So wird die Drehung um die z-Achse mit Drehwinkel α durch die Rotationsmatrix

$$R = \begin{pmatrix} \cos\alpha & -\sin\alpha & 0 \\ \sin\alpha & \cos\alpha & 0 \\ 0 & 0 & 1 \end{pmatrix} \tag{B.42}$$

beschrieben.

Auch eine Drehung um eine beliebig orientierte Drehachse, die durch den Einheitsvektor $\vec{n}$ festgelegt ist, und deren Drehwinkel α ist, lässt sich explizit angeben: Ihre Matrix hat die Komponenten

$$R_{jk} = \cos\alpha \left(\delta_{jk} - n_j n_k\right) - \sin\alpha \, \varepsilon_{jkl} n_l + n_j n_k \,, \tag{B.43}$$

wobei wir das in (B.14) definierte Epsion-Symbol verwendet haben. Wenn Sie in diesem Ausdruck $n_1 = n_2 = 0$ und $n_3 = 1$ setzen, erhalten Sie gerade die Komponenten von (B.42). Aus dieser Darstellung folgt, dass eine *infinitesimale Drehung* (d. h. eine Drehung, die sich nur infinitesimal von der identischen Transformation unterscheidet) durch

$$R_{jk} = \delta_{jk} - \alpha \, \varepsilon_{jkl} n_l \tag{B.44}$$

gegeben ist. Ein Vektor $\vec{u}$ wird durch sie in $u_j{}' = u_j - \alpha\varepsilon_{jkl} u_k n_l$ übergeführt, was sich auch in der Form $du_j = -\alpha\varepsilon_{jkl} u_k n_l$ oder, in Vektorform, als

$$d\vec{u} = \alpha\, \vec{n} \times \vec{u} \tag{B.45}$$

schreiben lässt. Dieses Ergebnis liegt der Beziehung (1.227) im Abschnitt über den starren Körper zugrunde, wobei $\vec{\omega}\, dt$ die Rolle von $\alpha\, \vec{n}$ spielt.

Eine andere Darstellung von Rotationsmatrizen ist durch die so genannten Eulerschen Winkel gegeben, die bei der Beschreibung des starren Körpers nützlich sind, siehe (1.274).

Ein letzter Aspekt, den wir noch erwähnen, betrifft die *geometrische Interpretation* von Rotationsmatrizen (und Transformationsmatrizen ganz allgemein):

- Werden alle Punkte des Raumes einer Drehung R unterworfen, so wird ein Punkt mit Ortsvektor $\vec{x}$ in einen transformierten Punkt mit Ortsvektor $\vec{x}' = R\vec{x}$ übergeführt. Dabei wird angenommen, dass das Koordinatensystem, das dazu dient, die Lage von Punkten anzugeben, nicht verändert wird. Das ist die so genannte *aktive* Interpretation.

- Es kann aber auch umgekehrt das Koordinatensystem gedreht werden. Die Punkte des Raumes werden dabei als unverändert angesehen, aber ihre Koordinaten ändern sich.

---

[5] Man nennt sie auch *speziell-orthogonal*.

Werden die Koordinatenachsen gemäß einer Rotationsmatrix R in neue Koordinatenachsen übergeführt, so ändert sich dadurch der Ortsvektor eines Punktes von $\vec{x}$ in $\vec{x}' = R^{-1}\vec{x}$. Das ist die so genannte *passive* Interpretation.

Beide haben ihre Berechtigung und entsprechen unterschiedlichen Situationen. So ist die aktive Interpretation das geeignete Bild zur Beschreibung der Lage eines starren Körpers im Raum, während die passive Interpretation für Überlegungen zur Invarianz der Naturgesetze unter Änderungen des Koordinatensystems angebracht ist[6].

---

[6] Ein Beispiel: Die Transformation (B.42) beschreibt, in der aktiven Interpretation, bei Aufsicht („von oben") eine Drehung um den Winkel α im Gegenuhrzeigersinn (also im mathematisch „positiven" Umlaufsinn). Wird hingegen das Koordinatensystem gemäß der passiven Interpretation um den Winkel α im Gegenuhrzeigersinn gedreht, so wird die Änderung von Ortskoordinaten durch eine Transformation vom gleichen Typ beschrieben, wobei aber α durch $-\alpha$ ersetzt werden muss. Daher unterscheidet sich die Drehung (1.315) – (1.317), die im Abschnitt über rotierende Bezugssysteme erscheint, von (B.42) um das Vorzeichen von $\sin\alpha$.

B.4 Krummlinige Koordinaten

Krummlinige Koordinaten der Ebene und des Raumes dienen dazu, manche Probleme wesentlich zu vereinfachen.

B.4.1 Ebene Polarkoordinaten

Ebene Polarkoordinaten (r, φ) sind (wie ihr Name sagt, in der Ebene) durch

$$x = r \cos \varphi \tag{B.46}$$

$$y = r \sin \varphi \tag{B.47}$$

definiert. Dabei sind x, y die kartesischen Koordinaten der Ebene. Die geometrischen Bedeutungen der ebenen Polarkoordinaten sind:

- r ist der Abstand eines Punktes vom Koordinatenursprung. Er ist durch

$$r = \sqrt{x^2 + y^2} \tag{B.48}$$

  gegeben.

- φ ist der (im Gegenuhrzeigersinn bestimmte) Winkel, den der Ortsvektor mit der x-Achse einschließt[7].

Die Bereiche, in denen die ebenen Polarkoordinaten variieren, sind

$$r \geq 0 \tag{B.50}$$

$$0 \leq \varphi < 2\pi, \tag{B.51}$$

wobei für φ auch Werte außerhalb des angegebenen Bereichs zugelassen sind, sofern φ mit $\varphi + 2\pi$ identifiziert wird. Der Koordinatenursprung hat in ebenen Polarkoordinaten die Gleichung $r = 0$. In ihm ist die Koordinate φ unbestimmt.

---

[7] Sollten Sie einmal die Polarkoordinaten eines Punktes berechnen wollen, dessen Ort in kartesischen Koordinaten angegeben ist, so müssen Sie bei der Bestimmung von φ ein bisschen aufpassen, denn es gilt

$$\varphi = \operatorname{atan}\left(\frac{y}{x}\right) + k\pi, \tag{B.49}$$

wobei $k = 0$ zu setzen ist, wenn der Punkt (x, y) im ersten oder vierten Quadranten liegt ($x > 0$) und $k = 1$, wenn (x, y) im zweiten oder dritten Quadranten liegt ($x < 0$). Das rührt daher, dass die Arcus-Tangens-Funktion atan nur Werte zwischen $-\pi/2$ und $\pi/2$ annehmen kann. Die Formel $\varphi = \operatorname{atan}(y/x)$, die Sie in der Literatur oft finden, gilt nur für Punkte im ersten oder vierten Quadranten.

B.4.2 Kugelkoordinaten

Die Kugelkoordinaten (r, θ, φ) sind durch

$$x = r \sin\theta \cos\varphi \qquad (B.52)$$
$$y = r \sin\theta \sin\varphi \qquad (B.53)$$
$$z = r \cos\theta \qquad (B.54)$$

definiert. Dabei sind x, y, z die kartesischen Koordinaten des Raumes. Die geometrischen Bedeutungen der Kugelkoordinaten sind:

- r ist der Abstand eines Punktes vom Koordinatenursprung. Er ist durch

$$r = \sqrt{x^2 + y^2 + z^2} \qquad (B.55)$$

  gegeben.

- θ ist der Winkel, den der Ortsvektor mit der positiven z-Achse einschließt. (Punkte auf der positiven z-Achse erfüllen $\theta = 0$, Punkte auf der negativen z-Achse erfüllen $\theta = \pi$).

- φ hat bei Aufsicht („von oben") die gleiche Bedeutung wie der gleichnamige Winkel der ebenen Polarkoordinaten. Diese Koordinate kann auch charakterisiert werden als der (bei Aufsicht im Gegenuhrzeigersinn bestimmte) Winkel, den die Projektion des Ortsvektors auf die xy-Ebene mit der positiven x-Achse einschließt.

Die Bereiche, in denen die Kugelkoordinaten variieren, sind

$$r \geq 0 \qquad (B.56)$$
$$0 \leq \theta \leq \pi \qquad (B.57)$$
$$0 \leq \varphi < 2\pi, \qquad (B.58)$$

wobei für φ auch Werte außerhalb des angegebenen Bereichs zugelassen sind, sofern φ mit $\varphi + 2\pi$ identifiziert wird. Der Koordinatenursprung hat in Kugelkoordinaten die Gleichung $r = 0$. In ihm sind die beiden Winkelkoordinaten θ und φ unbestimmt. In allen Punkten der z-Achse ist φ unbestimmt.

B.4.3 Zylinderkoordinaten

Die Zylinderkoordinaten (ρ, z, φ) sind durch[8]

$$x = \rho \cos\varphi \qquad (B.59)$$
$$y = \rho \sin\varphi \qquad (B.60)$$

definiert. Als dritte Zylinderkoordinate wird die gleichnamige kartesische Koordinate z verwendet. Die geometrischen Bedeutungen der Zylinderkoordinaten sind:

---

[8] Der Mathematik gehen manchmal die Symbole aus. Verwechseln Sie bitte die Zylinderkoordinate ρ nicht mit der Dichte, die üblicherweise mit dem gleichen Symbol bezeichnet wird!

- ρ ist der (Normal-)Abstand eines Punktes von der z-Achse. Er ist durch

$$\rho = \sqrt{x^2 + y^2} \tag{B.61}$$

gegeben. (Beachten Sie, dass hier im Gegensatz zu (B.55) die z-Koordinate nicht eingeht!)

- φ hat bei Aufsicht („von oben") die gleiche Bedeutung wie der gleichnamige Winkel der ebenen Polarkoordinaten. Diese Koordinate kann auch charakterisiert werden als der (bei Aufsicht im Gegenuhrzeigersinn bestimmte) Winkel, den die Projektion des Ortsvektors auf die xy-Ebene mit der positiven x-Achse einschließt.

Die Bereiche, in denen die Zylinderkoordinaten variieren, sind

$$\rho \geq 0 \tag{B.62}$$
$$0 \leq \varphi < 2\pi \tag{B.63}$$

(keine Bedingung an z), wobei für φ auch Werte außerhalb des angegebenen Bereichs zugelassen sind, sofern φ mit $\varphi + 2\pi$ identifiziert wird. Die z-Achse hat in Zylinderkoordinaten die Gleichung $\rho = 0$. In allen ihren Punkten ist φ unbestimmt.

Eine nützliche Beziehung, die in diesem Buch verwendet wird (siehe (1.182) auf Seite 58 und die darauffolgende Fußnote 55) lautet

$$\frac{\partial}{\partial \varphi} = -y\,\frac{\partial}{\partial x} + x\,\frac{\partial}{\partial y} \tag{B.64}$$

(mehr über partielle Ableitungen im nächsten Abschnitt).

B.5 Differenzieren

Im Folgenden wird vorausgesetzt, dass Sie wissen, was die (**gewöhnliche**) **Ableitung** einer Funktion in einer Variablen ist. Die Ableitung der Funktion $x \mapsto f(x)$ ist wieder eine Funktion. Sie wird üblicherweise in einer der Formen

$$f'(x) \qquad \text{oder} \qquad \frac{df(x)}{dx} \qquad \text{oder} \qquad \frac{d}{dx}f(x) \tag{B.65}$$

oder, unter Weglassung der Variablenbezeichnung, einfach als

$$f' \qquad \text{oder} \qquad \frac{df}{dx} \qquad \text{oder} \qquad \frac{d}{dx}f \tag{B.66}$$

angeschrieben. Die zweite Ableitung (also die Ableitung der Ableitung) wird in einer der Formen

$$f''(x) \qquad \text{oder} \qquad \frac{d^2 f(x)}{dx^2} \qquad \text{oder} \qquad \frac{d^2}{dx^2}f(x) \tag{B.67}$$

oder einfach als f'' oder $\frac{d^2 f}{dx^2}$ angeschrieben. Um auszudrücken, dass die Ableitung an einer bestimmten Stelle a genommen werden soll, schreiben wir

$$f'(a) \qquad \text{oder} \qquad \frac{df}{dx}(a). \tag{B.68}$$

Die Ableitung nach der Zeit t wird in der Physik meist mit einem über das Funktionssymbol gestellten Punkt gekennzeichnet ($\dot{s}(t)$ für die Ableitung der Funktion $t \mapsto s(t)$), die zweite Ableitung mit zwei Punkten ($\ddot{s}(t)$).

Die **partielle Ableitung** einer Funktion, die von mehreren Variablen $x_1, x_2, \ldots x_n$ abhängt, wird berechnet, indem alle Variablen bis auf eine als konstant betrachtet werden und die Ableitung nach der verbleibenden gebildet wird. Partielle Ableitungen werden in einer der Formen

$$\frac{\partial f(x_1, x_2, \ldots x_n)}{\partial x_1} \qquad \text{oder} \qquad \frac{\partial}{\partial x_1}f(x_1, x_2, \ldots x_n) \tag{B.69}$$

oder, unter Weglassung der Variablenbezeichnungen, einfach als

$$\frac{\partial f}{\partial x_1} \qquad \text{oder} \qquad \frac{\partial}{\partial x_1}f, \tag{B.70}$$

zweite partielle Ableitungen in einer der Form

$$\frac{\partial^2 f(x_1, x_2, \ldots x_n)}{\partial x_1{}^2} \qquad \text{oder} \qquad \frac{\partial^2}{\partial x_1{}^2}f(x_1, x_2, \ldots x_n) \tag{B.71}$$

bzw.[9]

$$\frac{\partial^2 f(x_1, x_2, \ldots x_n)}{\partial x_1 \partial x_2} \qquad \text{oder} \qquad \frac{\partial^2}{\partial x_1 \partial x_2}f(x_1, x_2, \ldots x_n) \tag{B.74}$$

---

[9] Beim Bilden höherer partieller Ableitungen kommt es nicht auf die Reihenfolge an. So ist beispielsweise

$$\frac{\partial}{\partial x_1}\frac{\partial}{\partial x_2}f = \frac{\partial}{\partial x_2}\frac{\partial}{\partial x_1}f, \tag{B.72}$$

oder, unter Weglassung der Variablenbezeichnungen, einfach als

$$\frac{\partial^2 f}{\partial x_1{}^2} \quad \text{oder} \quad \frac{\partial^2}{\partial x_1{}^2} f \quad \text{bzw.} \quad \frac{\partial^2 f}{\partial x_1 \partial x_2} \quad \text{oder} \quad \frac{\partial^2}{\partial x_1 \partial x_2} f \tag{B.75}$$

angeschrieben. Um auszudrücken, dass eine partielle Ableitung an bestimmten (gegebenen) Werten $a_1, a_2, \ldots a_n$ der Variablen genommen werden soll, schreiben wir

$$\frac{\partial f}{\partial x_1}(a_1, a_2, \ldots a_n) \tag{B.76}$$

und

$$\frac{\partial^2 f}{\partial x_1{}^2}(a_1, a_2, \ldots a_n) \quad \text{bzw.} \quad \frac{\partial^2 f}{\partial x_1 \partial x_2}(a_1, a_2, \ldots a_n). \tag{B.77}$$

Werden die Variablen $(x_1, x_2, \ldots x_n)$ zu einem n-komponentigen Vektor $\vec{x}$ zusammengefasst, so kann man auch einfach

$$\frac{\partial f(\vec{x})}{\partial x_1} \quad \text{oder} \quad \frac{\partial}{\partial x_1} f(\vec{x}) \tag{B.78}$$

für die partiellen Ableitungen als Funktionen von $\vec{x}$ bzw.

$$\frac{\partial^2 f}{\partial x_1{}^2}(\vec{a}) \tag{B.79}$$

für die partielle Ableitung an einer gegebenen Stelle $\vec{a}$ schreiben. Lassen Sie sich von der Fülle dieser Schreibweisen nicht verwirren! Sie dienen im Einzelfall dazu, Ausdrücke übersichtlich zu gestalten.

Das direkt dem Begriff der partiellen Ableitung entspringende Konzept der *Richtungsableitung* wird weiter unten besprochen (siehe (B.105)).

B.5.1 Kettenregel

Die gewöhnliche **Kettelregel** (für Funktionen in einer Variable) in der Form, in der sie in diesem Buch am häufigsten benötigt wird, lautet[10]

$$\frac{d}{dt} f(x(t)) = \dot{x}(t) f'(x(t)). \tag{B.81}$$

---

was die vereinfachte Schreibweise

$$\frac{\partial^2}{\partial x_1 \partial x_2} f \tag{B.73}$$

für diese Größe rechtfertigt.

[10] Sie können sie auch in der stark komprimierten Form

$$\frac{df}{dt} = \frac{dx}{dt} \frac{df}{dx} \tag{B.80}$$

anschreiben und „zum Beweis" das dx herauskürzen.

Dabei sind $x \mapsto f(x)$ und $t \mapsto x(t)$ zwei Funktionen in jeweils einer Variablen. Die Kettelregel ist eine Formel für die Ableitung der Funktion $t \mapsto f(x(t))$, also der *Verkettung* der beiden Funktionen f und x. Denken Sie etwa an $f(x)$ als den Wert der potentiellen Energie am Ort x und an $x(t)$ als den Ort eines Teilchens zur Zeit t.

Beispiel

Mit $f(x) = \sin x$ und $x(t) = t^2$ ist $f(x(t)) = \sin(t^2)$, daher

$$\frac{d}{dt} f(x(t)) = \dot{x}(t)\, f'(x(t)) = \underbrace{2t}_{\dot{x}(t)}\, \underbrace{\cos(t^2)}_{f'(x(t)}\,. \tag{B.82}$$

Um $f'(x(t))$ zu berechnen, muss zuerst $f'(x) = \cos(x)$ bestimmt und *danach* $x(t)$, also t^2, anstelle von x eingesetzt werden.

Wir benötigen die Kettenregel meist nicht zur Berechnung konkreter Ableitungen, sondern für allgemeine Argumentationen, in denen die beteiligten Funktionen nicht näher bestimmt sind. Prägen Sie sich bitte die Struktur von (B.81) ein!

B.5.2 Leibnizsche Kettenregel

Als **Leibnizsche Kettenregel** bezeichnen wir die Verallgemeinerung der Kettenregel (B.81) für den Fall, dass die Funktion f von mehreren Variablen $x_1, x_2, \ldots x_n$ abhängt. Wir betrachten dann eine Funktion

$$(x_1, x_2, \ldots x_n) \mapsto f(x_1, x_2, \ldots x_n) \tag{B.83}$$

und n Funktionen

$$t \mapsto x_1(t), \qquad t \mapsto x_2(t), \qquad \ldots \qquad t \mapsto x_n(t)\,. \tag{B.84}$$

Die Leibnizsche Kettenregel erlaubt es, die Arbeitung der zusammengesetzten Funktion

$$t \mapsto f(x_1(t), x_2(t), \ldots x_n(t)) \tag{B.85}$$

zu berechnen. Sie lautet

$$\frac{d}{dt} f(x_1(t), x_2(t), \ldots x_n(t)) = \sum_{j=1}^{n} \dot{x}_j(t) \frac{\partial f}{\partial x_j}(x_1(t), x_2(t), \ldots x_n(t))\,. \tag{B.86}$$

oder, unter Weglassung aller Variablenbezeichnungen, in Kurzform[11]

$$\frac{df}{dt} = \sum_{j=1}^{n} \dot{x}_j \frac{\partial f}{\partial x_j}\,. \tag{B.88}$$

---

[11] Eine alternative Kurzform, die von der Struktur her an (B.80) erinnert, ist

$$\frac{df}{dt} = \sum_{j=1}^{n} \frac{dx_j}{dt} \frac{\partial f}{\partial x_j}\,. \tag{B.87}$$

Für den Fall $n = 2$ lautet sie

$$\frac{d}{dt} f(x_1(t), x_2(t)) = \dot{x}_1(t) \frac{\partial f}{\partial x_1}(x_1(t), x_2(t)) + \dot{x}_2(t) \frac{\partial f}{\partial x_2}(x_1(t), x_2(t)) \qquad \text{(B.89)}$$

oder kurz

$$\frac{df}{dt} = \dot{x}_1 \frac{\partial f}{\partial x_1} + \dot{x}_2 \frac{\partial f}{\partial x_2} . \qquad \text{(B.90)}$$

Denken Sie etwa an x_1 und x_2 als Teilchenkoordinaten, an $f(x_1, x_2)$ als den Wert der potentiellen Energie am Ort (x_1, x_2) und an $x_1(t)$ und $x_2(t)$ als die Koordinaten des Teilchens zur Zeit t.

Beispiel
Mit $f(x_1, x_2) = x_1 \sin(x_2)$, $x_1(t) = t^2$ und $x_2 = t^3$ ist $f(x_1(t), x_2(t)) = t^2 \sin(t^3)$, daher

$$\frac{d}{dt} f(x_1(t), x_2(t)) = \underbrace{2t}_{\substack{\dot{x}_1(t) \\ \frac{\partial f}{\partial x_1}(x_1(t), x_2(t))}} \underbrace{\sin(t^3)}_{} + \underbrace{3t^2}_{\substack{\dot{x}_2(t) \\ \frac{\partial f}{\partial x_2}(x_1(t), x_2(t))}} \underbrace{t^2 \cos(t^3)}_{} . \qquad \text{(B.91)}$$

Um also $\frac{\partial f}{\partial x_1}(x_1(t), x_2(t))$ zu berechnen, muss zuerst $\frac{\partial f}{\partial x_1}(x_1, x_2) = \sin(x_2)$ bestimmt und *danach* t^2 anstelle von x_1 und t^3 anstelle von x_2 eingesetzt werden. Um $\frac{\partial f}{\partial x_2}(x_1(t), x_2(t))$ zu berechnen, muss zuerst $\frac{\partial f}{\partial x_2}(x_1, x_2) = x_1 \cos(x_2)$ bestimmt und *danach* t^2 anstelle von x_1 und t^3 anstelle von x_2 eingesetzt werden.

Wie die gewöhnliche Kettenregel wird auch die Leibnizsche Kettenregel weniger zur Berechnung konkreter Ableitungen als vielmehr in allgemeinen Argumentationen benötigt, wobei die beteiligten Funktionen nicht näher bestimmt sind. Prägen Sie sich bitte die Struktur von (B.86) ein! Sie zählt zu den wichtigsten in der Physik verwendeten mathematischen Formeln.

Wenn wir $(x_1, x_2, \ldots x_n)$ als n-komponentigen Vektor $\vec{x}$ zusammenfassen und $(x_1(t), x_2(t), \ldots x_n(t))$ dementsprechend als $\vec{x}(t)$ schreiben, nimmt die Leibnizsche Kettenregel die kompakte Form

$$\frac{d}{dt} f(\vec{x}(t)) = \sum_{j=1}^{n} \dot{x}_j(t) \frac{\partial f}{\partial x_j}(\vec{x}(t)) \equiv \dot{\vec{x}}(t) \cdot \vec{\nabla} f(\vec{x}(t)) \qquad \text{(B.92)}$$

an, wobei das Symbol $\vec{\nabla}$ weiter unten erklärt wird (siehe (B.102) und (B.103)).

B.6 Ein bisschen Vektoranalysis

In diesem Abschnitt werden einige Operationen für Skalar- und Vektorfelder in geraffter Weise besprochen. Andere in das Gebiet der Vektoranalysis gehörende Konzepte (vor allem das der *Divergenz*) werden in diesem Buch nicht benötigt und bis zum Band über die Elektrodynamik aufgeschoben[12].

B.6.1 Skalar- und Vektorfelder

Als **Skalarfeld (skalares Feld)** bezeichnen wir einfach eine Funktion $f \equiv f(\vec{x})$ der Ortskoordinaten. Ein Skalarfeld besteht also darin, dass an jedem Raumpunkt $\vec{x}$ eine Zahl $f(\vec{x})$ festgelegt ist. Analog dazu besteht ein **Vektorfeld** darin, dass an jedem Raumpunkt $\vec{x}$ ein Vektor $\vec{v}(\vec{x})$ festgelegt ist. Manchmal ist eine Einschränkung auf einen Teilbereich des $\mathbb{R}^3$ nötig, beispielsweise wenn das Skalarfeld

$$f(\vec{x}) = \frac{1}{|\vec{x}|} \equiv \frac{1}{r} \equiv \frac{1}{\sqrt{x^2+y^2+z^2}} \tag{B.93}$$

oder das Vektorfeld

$$\vec{v}(\vec{x}) = \frac{\vec{x}}{|\vec{x}|^3} \equiv \frac{1}{r^3} \begin{pmatrix} x \\ y \\ z \end{pmatrix} \equiv \frac{1}{(x^2+y^2+z^2)^{3/2}} \begin{pmatrix} x \\ y \\ z \end{pmatrix} \tag{B.94}$$

betrachtet wird (die beide im Koordinatenursprung, d. h. an der Stelle $\vec{x} = 0$, nicht definiert sind). Ein Skalarfeld kann also als Abbildung

$$\mathbb{R}^3 \to \mathbb{R} \qquad \text{oder} \qquad G \to \mathbb{R}, \tag{B.95}$$

ein Vektorfeld kann als Abbildung

$$\mathbb{R}^3 \to \mathbb{R}^3 \qquad \text{oder} \qquad G \to \mathbb{R}^3, \tag{B.96}$$

verstanden werden, wobei G ein Teilbereich des $\mathbb{R}^3$ ist[13]. Weiters wollen wir voraussetzen, dass die für die nun zu besprechenden Operationen nötige Differenzierbarkeit gegeben ist.

Geometisch kann ein Vektorfeld visualisiert werden, indem an zahlreichen (theoretisch an *allen*) Punkten $\vec{x}$ der jeweilige zugeordnete Vektor $\vec{v}(\vec{x})$ „befestigt" wird, und zwar so, dass sein Schaft in diesem Punkt sitzt. Das entspricht etwa dem Bild, das wir uns von einem Kraftfeld machen. Um ein bisschen Routine im Umgang mit Objekten dieser Art erlangen, sollten Sie

---

[12] Eine ausführlichere Behandlung dieser Themen finden Sie beispielsweise im Lehrbuch Franz Embacher: *Mathematische Grundlagen für das Lehramtsstudium Physik*, Vieweg+Teubner | GWV Fachverlage GmbH, Wiesbaden, 2. Auflage, 2011.

[13] Man kann Skalar- und Vektorfelder in beliebigen Dimensionen betrachten. Wir beschränken uns hier auf den dreidimensionalen Fall.

in jedem konkreten Fall versuchen, die wichtigsten Eigenschaften eines Vektorfeldes direkt aus der Formel, die es beschreibt, zu erschließen. Hier einige besonders wichtige Beispiele – versuchen Sie, sie nachzuvollziehen:

- Für einen konstanten, fix gegebenen Vektor $\vec{b}$ besteht das Vektorfeld

$$\vec{v}(\vec{x}) = \vec{b} \tag{B.97}$$

darin, dass an jedem Raumpunkt der gleiche Vektor $\vec{b}$ gegeben ist. Durch Pfeile visualisiert bedeutet das, dass in jedem Punkt der gleiche Pfeil sitzt. Ein solches Vektorfeld nennen wir *konstant* oder *homogen*.

- Das Vektorfeld

$$\vec{v}(\vec{x}) = \vec{x} \tag{B.98}$$

besteht darin, dass jedem Punkt sein Ortsvektor zugeordnet wird. Die Pfeile in einer Visualisierung zeigen alle radial vom Ursprung weg und sind genauso lang wie der Abstand des jeweiligen Punktes vom Ursprung.

- Ein Vektorfeld heißt *radialsymmetrisch*, wenn es von der Form

$$\vec{v}(\vec{x}) = f(r)\,\vec{x} \tag{B.99}$$

ist, wobei $r \equiv |\vec{x}|$ und f eine beliebige Funktion ist. Die Pfeile in einer Visualisierung zeigen dann immer radial vom Ursprung weg oder zu ihm hin (je nach dem Vorzeichen von f am betrachteten Punkt), und für Punkte in gleicher Entfernung vom Ursprung besitzt es den gleichen Betrag. Ein Spezialfall eines radialsymmetrischen Vektorfeldes ist (B.98), ein anderes ist

$$\vec{v}(\vec{x}) = \frac{\vec{x}}{r^3} \equiv \frac{\vec{x}}{|\vec{x}|^3}\,. \tag{B.100}$$

Es weist radial vom Ursprung weg, und sein Betrag ist gleich $1/r^2$, d. h. er wird immer kleiner, je weiter wir uns vom Ursprung entfernen. (Bei einer Verdoppelung des Abstands fällt der Betrag auf ein Viertel). Wir haben es bereits in (B.94) – in drei gleichwertigen Schreibweisen – als Beispiel eines Vektorfeldes angegeben, das im Koordinatenursprung nicht definiert ist. Die Newtonsche Gravitationskraft (1.22), die ein im Ursprung fixierter Zentralkörper auf einen Satelliten ausübt, ist ein Vielfaches dieses Vektorfeldes, ebenso wie die von einer im Ursprung fixierten Punktladung auf ein geladenes Probeteilchen ausgeübte Coulombkraft (1.24).

- Verschieben wir das Vektorfeld (B.100) so, dass sein Zentrum im Punkt mit Ortsvektor $\vec{a}$ sitzt, so erhalten wir

$$\vec{v}(\vec{x}) = \frac{\vec{x}-\vec{a}}{|\vec{x}-\vec{a}|^3}\,. \tag{B.101}$$

Ausdrücke dieser Form treten im gravitativen Zweikörperproblem (1.29)–(1.30) und bei den zwischen zwei geladenen Teilchen wirkenden Coulombkräften (1.31)–(1.32) auf.

Lassen Sie sich von diesen Beispielen nicht abschrecken und versuchen Sie, wann immer Sie auf Vektorfelder stoßen, sich deren geometrische Eigenschaften zu vergegenwärtigen!

B.6.2 Gradient und Richtungsableitung

Der so genannte Nabla-Operator

$$\vec{\nabla} = \begin{pmatrix} \frac{\partial}{\partial x} \\ \frac{\partial}{\partial y} \\ \frac{\partial}{\partial z} \end{pmatrix} \tag{B.102}$$

kann aus einem Skalarfeld ein Vektorfeld machen: Ist ein skalares Feld $f \equiv f(\vec{x})$ gegeben, so ist

$$\vec{\nabla} f = \begin{pmatrix} \frac{\partial f}{\partial x} \\ \frac{\partial f}{\partial y} \\ \frac{\partial f}{\partial z} \end{pmatrix} \tag{B.103}$$

ein Vektorfeld, der **Gradient** von f.

Beispiel

Ist $f(\vec{x}) = x^2 + yz^3$, so ist

$$\vec{\nabla} f = \begin{pmatrix} \frac{\partial}{\partial x}\left(x^2\right) \\ \frac{\partial}{\partial y}\left(yz^3\right) \\ \frac{\partial}{\partial z}\left(yz^3\right) \end{pmatrix} = \begin{pmatrix} 2x \\ z^3 \\ 3yz^2 \end{pmatrix}. \tag{B.104}$$

Der Gradient kann dazu verwendet werden, um die Änderungsrate eines Skalarfeldes f in eine gegebene Richtung anzugeben. Dazu wandern wir, von einem Punkt $\vec{x}$ ausgehend, ein kleines Wegstück in Richtung eines Einheitsvektors $\vec{n}$ und sehen uns an, wie sich der Wert der Funktion f dabei ändert. Die Differenz der beiden Funktionswerte dividiert durch die zurückgelegte Distanz (im Grenzfall einer infinitesimal kleinen Distanz) ist dann genau durch das Skalarprodukt

$$\vec{n} \cdot \vec{\nabla} f, \tag{B.105}$$

ausgewertet am Punkt $\vec{x}$, gegeben. Diese Größe heißt **Richtungsableitung** (der Funktion f am Punkt $\vec{x}$ in Richtung $\vec{n}$). Mit ihrer Hilfe können wir die geometrische Bedeutung des Gradienten ausdrücken. Für alle Punkte, an denen $\vec{\nabla} f \neq 0$ ist, gilt:

- Der Gradient $\vec{\nabla} f$ zeigt in jene Richtung, in die die Richtungsableitung von f maximal ist.

- Der Betrag $|\vec{\nabla} f|$ des Gradienten ist gleich dem Wert dieser maximalen Richtungsableitung.

Daraus ergibt sich, dass die Richtungsableitung in die Gegenrichtung $-\vec{\nabla} f$ minimal ist. Wird $\vec{n}$ normal zu $\vec{\nabla} f$ gewählt, so verschwindet die Richtungsableitung, d. h. in eine solche Richtung ändert sich die Funktion f (in erster Ordnung) überhaupt nicht. Folglich steht $\vec{\nabla} f$ normal auf die durch den betrachteten Punkt verlaufende *Niveaufläche* von f (wobei die Niveauflächen von f als jene definiert Flächen sind, auf denen f konstant ist). Es kann aber auch geschehen, dass an einzelnen Punkten $\vec{\nabla} f = 0$ gilt. Diese sind die (lokalen) Extrema (Minima oder Maxima) oder Sattelstellen der Funktion f.

B.6.3 Rotation

Die **Rotation** eines Vektorfeldes $\vec{v} \equiv \vec{v}(\vec{x})$ ist formal durch

$$\operatorname{rot}\vec{v} = \vec{\nabla} \times \vec{v} \tag{B.106}$$

definiert. Damit ist gemeint, dass der Nabla-Operator nach Art des Vektorprodukts (B.8) mit $\vec{v}(\vec{x})$ „multipliziert" wird, sobei mit „multiplizieren" aber in Wirklichkeit „anwenden" gemeint ist. In Komponenten ausgeschrieben, ist die Rotation von $\vec{v}$ durch

$$\operatorname{rot}\vec{v} = \begin{pmatrix} \frac{\partial v_z}{\partial y} - \frac{\partial v_y}{\partial z} \\ \frac{\partial v_x}{\partial z} - \frac{\partial v_z}{\partial x} \\ \frac{\partial v_y}{\partial x} - \frac{\partial v_x}{\partial y} \end{pmatrix} \equiv \begin{pmatrix} \frac{\partial v_3}{\partial x_2} - \frac{\partial v_2}{\partial x_3} \\ \frac{\partial v_1}{\partial x_3} - \frac{\partial v_3}{\partial x_1} \\ \frac{\partial v_2}{\partial x_1} - \frac{\partial v_1}{\partial x_2} \end{pmatrix} \tag{B.107}$$

gegeben. Die Rotation eines Vektorfeldes ist also wieder ein Vektorfeld. Wenn Sie (für $j = 1,2,3$) die Abkürzungen

$$\frac{\partial}{\partial x_j} \equiv \partial_j \tag{B.108}$$

benutzen, so wird die Struktur dieser Definition vielleicht ein bisschen transparenter:

$$\operatorname{rot}\vec{v} = \begin{pmatrix} \partial_2 v_3 - \partial_3 w_2 \\ \partial_3 v_1 - \partial_1 w_3 \\ \partial_1 v_2 - \partial_2 w_1 \end{pmatrix}. \tag{B.109}$$

Mit Hilfe des Epsilon-Tensors (B.14) und der Schreibweise (B.21) des Vektorprodukts können die Komponenten von $\operatorname{rot}\vec{v}$ auch kompakt in der Form

$$(\operatorname{rot}\vec{v})_j = \varepsilon_{jkl}\,\partial_k v_l \tag{B.110}$$

angeschrieben werden.

Beispiel

Ist

$$\vec{v}(\vec{x}) = \begin{pmatrix} y^2 \\ z \\ x \end{pmatrix} \tag{B.111}$$

so ist

$$\operatorname{rot}\vec{v} = \begin{pmatrix} \frac{\partial x}{\partial y} - \frac{\partial z}{\partial z} \\ \frac{\partial y^2}{\partial z} - \frac{\partial x}{\partial x} \\ \frac{\partial z}{\partial x} - \frac{\partial y^2}{\partial y} \end{pmatrix} = \begin{pmatrix} -1 \\ -1 \\ -2y \end{pmatrix}. \tag{B.112}$$

Die geometrische Bedeutung der Rotation ist nicht so leicht zu erklären wie die des Gradienten. Sie misst – salopp gesagt – die Tendenz eines Vektorfeldes, „im Kreis herum zu laufen" bzw. geschlossene Feldlinien (Flusslinien) zu besitzen und wird daher auch *Wirbelstärke* oder *Zirkulation* genannt. Die volle Bedeutung dieser etwas kryptischen Formulierung kann nur mit Hilfe des Stokesschen Integralsatzes aufgeklärt werden – hier tiefer zu schürfen, wollen wir uns aber bis zum Band über die Elektrodynamik aufheben.

B.6.4 Beziehungen zwischen Gradient und Rotation

Zwischen dem Gradienten und der Rotation bestehen zwei wichtige Beziehungen:

- **Die Rotation eines Gradienten ist** 0. Das ist ganz leicht einzusehen: Ist $f \equiv f(\vec{x})$ ein Skalarfeld, so ist $\vec{\nabla}f$ ein Vektorfeld. Wir können also dessen Rotation bilden. Gemäß (B.107) ist die erste Komponente von $\mathrm{rot}\,\vec{\nabla}f$ gleich

$$\frac{\partial}{\partial y}\frac{\partial f}{\partial z} - \frac{\partial}{\partial z}\frac{\partial f}{\partial y} = 0, \qquad (\text{B.}113)$$

da partielle Ableitungen vertauscht werden können (vgl. (B.72)), und ganz analog kann gezeigt werden, dass auch die anderen Komponenten verschwinden. Für jedes skalare Feld f gilt also

$$\mathrm{rot}\,\vec{\nabla}f = 0. \qquad (\text{B.}114)$$

Besonders schön sieht der Beweis aus, wenn er mit Hilfe der Formulierung (B.110) geführt wird:

$$\left(\mathrm{rot}\,\vec{\nabla}f\right)_{j} = \varepsilon_{jkl}\,\partial_{k}\,\partial_{l}f = 0, \qquad (\text{B.}115)$$

da ε_{jkl} in kl antisymmetrisch und $\partial_{k}\partial_{l}f$ in kl symmetrisch ist. Erkennen Sie die strukturelle Ähnlichkeit dieses Arguments mit dem unterhalb von (B.23) diskutierten?

Wir nennen ein Vektorfeld $\vec{v}$ **rotationsfrei**, wenn es $\mathrm{rot}\,\vec{v} = 0$ erfüllt.

- Der Sachverhalt (B.114) besitzt eine Umkehrung, die in diesem Buch bei der Diskussion konservativer Kräfte von Bedeutung ist[14]: **Jedes rotationsfreie Vektorfeld ist** (zumindest lokal) **ein Gradient**. Ist $\vec{v}$ ein Vektorfeld, das $\mathrm{rot}\,\vec{v} = 0$ erfüllt, so existiert (zumindest lokal) ein skalares Feld f, so dass

$$\vec{v} = \vec{\nabla}f \qquad (\text{B.}116)$$

gilt. Wir beweisen diesen Sachverhalt nicht, gehen aber auf die Formulierung „zumindest lokal" ein: Falls $\vec{v}$ in einem Gebiet definiert (und dort differenzierbar und rotationsfrei) ist, in dem jede geschlossene Kurve auf stetige Weise zu einem Punkt zusammengezogen werden kann, ohne das Gebiet zu verlassen, so gibt es ein skalares Feld f, das (B.116) erfüllt. Falls aber $\vec{v}$ in einem Gebiet G definiert (und dort differenzierbar und rotationsfrei) ist, in dem *nicht* jede geschlossene Kurve zu einem Punkt zusammengezogen werden kann, so kann es geschehen, dass (B.116) nicht für ein Skalarfeld f zu erfüllen ist, das in ganz G wohldefiniert (und differenzierbar) ist.

Beispiel 1
Das Vektorfeld

$$\vec{v}(\vec{x}) = \begin{pmatrix} 2xyz \\ x^2 z \\ x^2 y \end{pmatrix} \qquad (\text{B.}117)$$

---

[14] Siehe den Exkurs auf Seite 50.

ist im *gesamten* Raum $\mathbb{R}^3$ rotationsfrei. (Rechnen Sie nach!) Es sollte daher der Gradient einer skalaren Funktion sein. Tatsächlich gilt $\vec{v} = \vec{\nabla} f$ mit

$$f(\vec{x}) = x^2 yz. \tag{B.118}$$

(Rechnen Sie nach!)

Beispiel 2
Das Vektorfeld

$$\vec{v}(\vec{x}) = \frac{1}{x^2 + y^2} \begin{pmatrix} -y \\ x \\ 0 \end{pmatrix} \tag{B.119}$$

ist überall außer auf der z-Achse (auf der ja $x = y = 0$ gilt) definiert, und in diesem Bereich G erfüllt es, wie Sie leicht nachrechnen können, $\operatorname{rot}\vec{v} = 0$. Allerdings lässt sich eine geschlossene Kurve, die um die z-Achse läuft, nicht innerhalb von G auf einen Punkt zusammenziehen. Nun lässt sich nachrechnen, dass $\vec{v}$ gerade der Gradient der Kugelkoordinate φ und auch jeder Funktion der Form $\varphi + C$ ist (wobei C eine beliebige Konstante ist):

$$\vec{v} = \vec{\nabla}(\varphi + C). \tag{B.120}$$

φ als skalares Feld aufzufassen, ist aber nicht ganz unproblematisch, denn diese Koordinate ist nicht im ganzen Gebiet außerhalb der z-Achse in differenzierbarer Weise definiert! Laufen wir einmal um die z-Achse herum, so ändert sich φ um 2π (oder -2π), was eine Unstetigkeit anzeigt! Wird der Bereich von φ gemäß (B.58) festgelegt, so liegt diese Unstetigkeit in der durch die positive x-Achse und die z-Achse definierten Halbebene. Durch geeignete Wahl von C kann die Unstetigkeit verlagert werden, aber sie kann nicht zum Verschwinden gebracht werden. Das bedeutet, dass $\vec{v}$ zwar in der Nähe jedes in G liegenden Punktes (also *lokal*) als Gradient geschrieben werden kann, dass es aber keine in ganz G definierte differenzierbare Funktion gibt, deren Gradient $\vec{v}$ wäre.

B.6.5 Laplace-Operator

Der **Laplace-Operator** in zwei Dimensionen (also in der Ebene) ist durch

$$\Delta = \frac{\partial^2}{\partial x^2} + \frac{\partial^2}{\partial y^2}, \tag{B.121}$$

der Laplace-Operator in drei Dimensionen (also im Raum) ist durch

$$\Delta = \frac{\partial^2}{\partial x^2} + \frac{\partial^2}{\partial y^2} + \frac{\partial^2}{\partial z^2} \tag{B.122}$$

definiert. Ist f ein Skalarfeld (in zwei oder drei Dimensionen), so ist Δf ebenfalls ein Skalarfeld (in zwei oder drei Dimensionen).

Beispiel

Ist $f(\vec{x}) = x^2 y + z$, so ist

$$\Delta f = \frac{\partial^2 f}{\partial x^2} + \frac{\partial^2 f}{\partial y^2} + \frac{\partial^2 f}{\partial z^2} = 2y. \tag{B.123}$$

(Rechnen Sie nach!)

Der Laplace-Operator tritt in der Physik oft in ähnlichen Zusammenhängen auf wie in diesem Buch auf Seite 54. Die Ermittlung des von einer gegebenen Dichteverteilung erzeugten Gravitationsfeldes läuft darauf hinaus, f zu ermitteln, wenn Δf bekannt ist. Probleme dieser Art erfordern es in der Regel, zu Koordinaten überzugehen, die der jeweiligen Situation angemessen sind. (Siehe dazu auch Aufgabe 16 von Kapitel 1). Daher geben wir hier die Form des Laplace-Operators in den drei krummlinigen Koordinatensystemen an, die oben (ab Seite 297) besprochen wurden:

- Der **Laplace-Operator in ebenen Polarkoordinaten** (B.46) – (B.47) lautet

$$\Delta = \frac{\partial^2}{\partial r^2} + \frac{1}{r}\frac{\partial}{\partial r} + \frac{1}{r^2}\frac{\partial^2}{\partial \varphi^2}. \tag{B.124}$$

Soll Δf für eine gegebene Funktion f berechnet werden, so muss vor Anwendung dieser Formel die Funktion f zuerst durch ebene Polarkoordinaten ausgedrückt werden.

Beispiel

Ist $f(x,y) = \frac{1}{\sqrt{x^2+y^2}}$, so ist die Berechnung von Δf in kartesischen Koordinaten ein bisschen mühsam. Durch ebene Polarkoordinaten ausgedrückt, ist aber einfach $f(r) = \frac{1}{r}$ und damit

$$\Delta f = \frac{\partial^2}{\partial r^2}\left(\frac{1}{r}\right) + \frac{1}{r}\frac{\partial}{\partial r}\left(\frac{1}{r}\right) = \frac{1}{r^3}. \tag{B.125}$$

(Rechnen Sie nach!)

Die ersten beiden Terme in (B.124) können übrigens zu

$$\frac{\partial^2}{\partial r^2} + \frac{1}{r}\frac{\partial}{\partial r} = \frac{1}{r}\frac{\partial}{\partial r}\, r\, \frac{\partial}{\partial r} \tag{B.126}$$

zusammengefasst werden, was manche Berechnungen noch einfacher macht.

- Der **Laplace-Operator in Kugelkoordinaten** (B.52) – (B.54) lautet

$$\Delta = \frac{\partial^2}{\partial r^2} + \frac{2}{r}\frac{\partial}{\partial r} + \frac{1}{r^2}\left(\frac{\partial^2}{\partial \theta^2} + \cot\theta\,\frac{\partial}{\partial \theta} + \frac{1}{\sin^2\theta}\frac{\partial^2}{\partial \varphi^2}\right). \tag{B.127}$$

Soll Δf für eine gegebene Funktion f berechnet werden, so muss vor Anwendung dieser Formel die Funktion f zuerst durch Kugelkoordinaten ausgedrückt werden. Ist sie radialsymmetrisch, d. h. hängt sie nur von r ab (nicht aber von θ und φ), so kann das Ungetüm in der Klammer ignoriert werden.

Beispiel

Ist $f(x,y,z) = \frac{1}{\sqrt{x^2+y^2+z^2}}$, so ist die Berechnung von Δf in kartesischen Koordinaten ein bisschen mühsam. Durch Kugelkoordinaten ausgedrückt, ist aber einfach $f(r) = \frac{1}{r}$ und damit

$$\Delta f = \frac{\partial^2}{\partial r^2}\left(\frac{1}{r}\right) + \frac{2}{r}\frac{\partial}{\partial r}\left(\frac{1}{r}\right) = 0. \tag{B.128}$$

(Rechnen Sie nach!) Dieses Ergebnis erweist, dass das Gravitationspotential außerhalb eines radialsymmetrischen Körpers proportional zu $1/r$ ist.

Die ersten beiden Terme in (B.127) können übrigens zu

$$\frac{\partial^2}{\partial r^2} + \frac{2}{r}\frac{\partial}{\partial r} = \frac{1}{r^2}\frac{\partial}{\partial r}r^2\frac{\partial}{\partial r}, \tag{B.129}$$

die beiden θ-Ableitungen können zu

$$\frac{\partial^2}{\partial\theta^2} + \cot\theta\,\frac{\partial}{\partial\theta} = \frac{1}{\sin\theta}\frac{\partial}{\partial\theta}\sin\theta\frac{\partial}{\partial\theta} \tag{B.130}$$

zusammengefasst werden, was manche Berechnungen (wie beispielsweise die oben als Beispiel vorgeführte Berechung von $\Delta\frac{1}{r}$) noch einfacher macht.

- Der **Laplace-Operator in Zylinderkoordinaten** (B.59)–(B.60) lautet

$$\Delta = \frac{\partial^2}{\partial\rho^2} + \frac{1}{\rho}\frac{\partial}{\partial\rho} + \frac{1}{\rho^2}\frac{\partial^2}{\partial\varphi^2} + \frac{\partial^2}{\partial z^2}. \tag{B.131}$$

Die ersten beiden Terme können zu

$$\frac{\partial^2}{\partial\rho^2} + \frac{1}{\rho}\frac{\partial}{\partial\rho} = \frac{1}{\rho}\frac{\partial}{\partial\rho}\rho\frac{\partial}{\partial\rho} \tag{B.132}$$

zusammengefasst werden, was manche Berechnungen noch einfacher macht.

B.7 Integrieren

In diesem Abschnitt – der, mathematisch gesehen, ebenso wie der vorige Abschnitt zum Teilgebiet der Vektoranalysis gehört – werden das Volumsintegral und das Linienintegral besprochen. Andere in dieses Gebiet gehörende Konzepte (vor allem *Oberflächenintegrale* und die *Integralsätze* von Gauß und Stokes) werden in diesem Buch nicht benötigt und bis zum Band über die Elektrodynamik aufgeschoben[15].

Im Folgenden wird vorausgesetzt, dass Sie mit den Grundzügen des Integralbegriffs vertraut sind. Das **bestimmte Integral** einer Funktion $f \equiv f(x)$ in einer Variablen über das Intervall $[a,b]$ schreiben wir in der Form

$$\int_a^b dx\, f(x) \tag{B.133}$$

an. Diese Schreibweise hat den Vorteil, dass die Angabe des Integrationsbereichs (d. h. des Intervalls $[a,b]$) und der Integrationsvariable (x) direkt nebeneinander stehen und schließt bei Mehrfachintegralen Verwechslungen aus.

Das Integral (B.133) kann als Grenzwert einer Summe von Produkten gedeutet werden: Wir teilen das Intervall $[a,b]$ in n Teilstücke der Länge Δx, wählen in jedem dieser Teilstücke eine Stelle x aus und bilden die Summe über alle Produkte $\Delta x\, f(x)$. Im Grenzfall $n \to \infty$ (d. h. $\Delta x \to 0$) strebt diese Summe von Produkten gegen das bestimmte Integral. Geometrisch kann jedes Produkt $\Delta x\, f(x)$ als Flächeninhalt eines Rechtecks gedeutet werden, woraus sich die Deutung des bestimmten Integrals als „Flächeninhalt unter dem Graphen" ergibt[16]. Das Symbol dx in (B.133) kann als (infinitesimal kleines) Längenelement angesehen werden.

Der Zusammenhang des Integrierens mit dem Differenzieren wird durch den **Hauptsatz der Differential- und Integralrechnung**

$$\int_a^b dx\, f'(x) = f(b) - f(a) \tag{B.134}$$

ausgedrückt[17]

---

[15] Eine ausführlichere Behandlung dieser Themen finden Sie beispielsweise im Lehrbuch Franz Embacher: *Mathematische Grundlagen für das Lehramtsstudium Physik*, Vieweg+Teubner | GWV Fachverlage GmbH, Wiesbaden, 2. Auflage, 2011.

[16] Genauer sollte man vom *orientierten* Flächeninhalt sprechen, da $f(x)$ negativ sein kann und Flächen unterhalb der x-Achse daher als negativ gezählt werden.

[17] Vielleicht kennen Sie ihn eher in der Form

$$\int_a^b dx\, f(x) = F(b) - F(a), \tag{B.135}$$

wobei F eine Stammfunktion von f ist. Wird f durch f' ersetzt, so kann F durch f ersetzt werden, womit sich (B.134) ergibt.

B.7.1 Volumsintegrale

Die räumliche Verallgemeinerung des Längenelements dx in (B.133) ist das **Volumselement**

$$d^3x = dx\,dy\,dz.$$
(B.136)

Es kann als Volumsinhalt eines (infinitesimal kleinen) Quaders mit Seitenlängen dx, dy und dz angesehen werden. Ist nun beispielsweise $f \equiv f(\vec{x})$ eine kontinuierliche Massendichte, so ist die in einem infinitesimalen Volumselement d^3x nahe dem Punkt $\vec{x}$ enthaltene Masse gleich dem Produkt $d^3x\,f(\vec{x})$. (Diese Situation wird auf Seite 69 behandelt). Die innerhalb eines Raumbereichs V enthaltene Gesamtmasse ist daher die Summe all diese Produkte – das **Volumsintegral**

$$\int_V d^3x\,f(\vec{x}).$$
(B.137)

Ist V der durch

$$a_1 \leq x \leq b_1$$
(B.138)
$$a_2 \leq x \leq b_2$$
(B.139)
$$a_3 \leq x \leq b_3$$
(B.140)

definierte Quader, so kann (B.137) als einfaches Mehrfachintegral (B.137)

$$\int_{a_1}^{b_1} dx \int_{a_2}^{b_2} dy \int_{a_3}^{b_3} dz\, f(\vec{x})$$
(B.141)

berechnet werden.

Beispiel
Ist $f(\vec{x}) = xy + z$ und V der Einheitswürfel ($a_1 = a_2 = a_3 = 0$, $b_1 = b_2 = b_3 = 1$), so ergibt sich

$$\begin{aligned}
\int_0^1 dx \int_0^1 dy \int_0^1 dz\,(xy+z) &= \int_0^1 dx \int_0^1 dy \left(xy + \frac{1}{2}\right) \\
&= \int_0^1 dx \left(\frac{x}{2} + \frac{1}{2}\right) \\
&= \frac{3}{4}.
\end{aligned}$$
(B.142)

Beachten Sie, dass die drei Integrale nacheinander von innen her berechnet wurden (wobei es aber auf die Reihenfolge nicht ankommt).

Da interessante Raumbereiche nicht immer Quader sind (viel öfter sind sie Kugeln), kann viel Arbeit erspart werden, wenn Volumsintegrale in krummlinigen Koordinaten, die der jeweiligen Situation angepasst sind, berechnet werden.

- Das **Volumsintegral in Kugelkoordinaten** (B.52) – (B.54) wird berechnet, indem
  - das Volumselement gemäß der Formel

$$d^3x = dr\,r^2\,d\theta\,\sin\theta\,d\varphi \qquad (B.143)$$

  in Kugelkoordinaten angeschrieben,
  - der Integrand in Kugelkoordinaten ausgedrückt und
  - der Integrationsbereich in Kugelkoordinaten ausgedrückt wird.

Nachdem das erledigt ist, muss man an die ursprünglichen kartesischen Koordinaten nicht mehr denken. Ist der Integrationsbereich eine Kugel um den Ursprung mit Radius R, so sind die Integrationsbereiche von θ und φ entsprechend (B.57) – (B.58) zu wählen. Schreiben wir den Integranden in der Form $f(r,\theta,\varphi)$, so sieht das Volumsintegral über die Kugel in Kugelkoordinaten so aus:

$$\int_0^R dr\,r^2 \int_0^\pi d\theta\,\sin\theta \int_0^{2\pi} d\varphi\, f(r,\theta,\varphi). \qquad (B.144)$$

Beispiel

Ist $f(r,\theta,\varphi) = r\sin\theta$, so ist (B.144) gleich

$$\underbrace{\int_0^R dr\,r^3}_{R^4/4} \underbrace{\int_0^\pi d\theta\,\sin^2\theta}_{\pi/2} \underbrace{\int_0^{2\pi} d\varphi}_{2\pi} = \frac{\pi^2 R^4}{4}. \qquad (B.145)$$

Beachten Sie, dass das ursprüngliche Dreifachintegral in drei einzelne, leicht zu berechnende bestimmte Integrale zerfallen ist.

Natürlich ist nicht jedes Integral so einfach zu berechnen wie dieses. In der Praxis ist die Wahl der günstigsten Koordinaten oft ein Balanceakt zwischen Koordinaten, die dem Integrationsbereich und Koordinaten, die dem Integranden angepasst sind. Kugelkoordinaten eigen sich vor allem dann, wenn sowohl der Integrationsbereich als auch der Integrand in diesen Koordinaten einfach auszudrücken sind. Das ist in der Regel der Fall, wenn die betrachtete Situation ein ausgezeichnetes Zentrum aufweist (und im Idealfall radialsymmetrisch ist).

- Das **Volumsintegral in Zylinderkoordinaten** (B.59) – (B.60) wird berechnet, indem
  - das Volumselement gemäß der Formel

$$d^3x = d\rho\,\rho\,d\varphi\,dz \qquad (B.146)$$

  in Zylinderkoordinaten angeschrieben,
  - der Integrand in Zylinderkoordinaten ausgedrückt und
  - der Integrationsbereich in Zylinderkoordinaten ausgedrückt wird.

Zylinderkoordinaten eigen sich vor allem dann, wenn sowohl der Integrationsbereich als auch der Integrand in diesen Koordinaten einfach auszudrücken sind. Das ist in der Regel der Fall, wenn die betrachtete Situation eine ausgezeichnete Achse (im Idealfall eine Symmetrieachse) aufweist.

B.7.2 Linienintegrale

Eine andere Form der Verallgemeinerung des bestimmten Integrals (B.133) ergibt sich, wenn anstelle von dx ein infinitesimales Wegstück $d\vec{x}$ im Raum betrachtet wird. Ist beispielsweise $\vec{v}(\vec{x})$ die Kraft, die auf ein Teilchen wirkt, wenn es sich am Ort $\vec{x}$ befindet, so ist das Skalarprodukt $d\vec{x} \cdot \vec{v}(\vec{x})$ die Arbeit, die das Kraftfeld am Teilchen leistet, wenn es entlang des Wegstücks $d\vec{x}$ bewegt wird. Die entlang einer ganzen Kurve γ am Teilchen geleistete Arbeit ist dann die Summe dieser Skalarprodukte (wieder im Sinn eines Grenzprozesses) und wird als **Linienintegral**

$$\int_\gamma d\vec{x} \cdot \vec{v} \tag{B.147}$$

angeschrieben. Ganz allgemein sind zur Berechnung eines Linienintegrals ein Vektorfeld $\vec{v}$ und eine (gerichtete) Kurve γ nötig. Um ein solches Integral zu berechnen, ist es in den meisten Fällen am günstigsten, zunächst die Kurve γ in einer Parameterdarstellung anzugeben, d. h. in der Form

$$t \mapsto \vec{x}(t). \tag{B.148}$$

Dabei ist t ein Parameter, der mit der Zeit identifiziert werden kann, aber nicht muss. Jedem Parameterwert t wird dadurch ein Punkt $\vec{x}(t)$ im Raum zugeordnet[18], an dem das Vektorfeld zu nehmen ist, d. h. das Skalarprodukt $d\vec{x} \cdot \vec{v}(\vec{x})$ wird als

$$d\vec{x} \cdot \vec{v}(\vec{x}(t)) \tag{B.149}$$

interpretiert. Ein bisschen salopp formen wir um

$$d\vec{x} = dt\, \frac{d\vec{x}}{dt} \tag{B.150}$$

und interpretieren diesen Ausdruck als

$$dt\, \dot{\vec{x}}(t). \tag{B.151}$$

Die Parameterwerte des Anfangs- und Endpunkts wollen wir mit t_0 und t_1 bezeichnen. Damit haben wir alle Ingredienzien gesammelt und können dem Linienintegral (B.147) in der Form

$$\int_{t_0}^{t_1} dt\, \dot{\vec{x}}(t) \cdot \vec{v}(\vec{x}(t)) \tag{B.152}$$

eine konkrete mathematische Bedeutung geben. Dieser Ausdruck entbehrt nicht einer gewissen Ästhetik, da das Vektorfeld $\vec{v}$, die Kurve γ, deren Parameterdarstellung, die Ableitung $\dot{\vec{x}}$ (die einen Tangentenvektor an die Kurve darstellt) und die Integration in wunderbarer Weise ineinandergreifen und zusammenpassen. Da überrascht es nicht, dass sein Wert von der gewählten Parametrisierung nicht abhängt. (B.152) sagt uns auch, wie ein Linienintegral berechnet werden kann:

---

[18] Eine Kurve kann daher auch als Abbildung $I \to \mathbb{R}^3$ angesehen werden, wobei I ein Intervall (der Parameterbereich) ist.

- Zuerst muss für die Kurve eine Parameterdarstellung gefunden werden.

- Weiters wird die Ableitung $\dot{\vec{x}}(t)$ benötigt.

- $\vec{v}(\vec{x}(t))$ wird ermittelt, indem $\vec{x}(t)$ anstelle des allgemeinen Ortsvektors $\vec{x}$ in $\vec{v}(\vec{x})$ eingesetzt wird.

- Danach wird das Skalarprodukt $\dot{\vec{x}}(t) \cdot \vec{v}(\vec{x}(t))$ gebildet. Es ist jetzt nur mehr eine Funktion in *einer* Variablen t.

- Diese Funktion wird über das entsprechende Parameterintervall $[t_0, t_1]$ integriert. Es bleibt lediglich ein bestimmtes Integral vom Typ (B.133) zu berechnen.

Beispiel

Das Linienintegral des Vektorfeldes

$$\vec{v}(\vec{x}) = \begin{pmatrix} y \\ 1+z \\ x \end{pmatrix} \tag{B.153}$$

über den im Gegenuhrzeigersinn durchlaufenen Einheitskreis der xy-Ebene ist zu berechnen. Eine Parameterdarstellung dieses Kreises ist durch

$$\vec{x}(t) \equiv \begin{pmatrix} x(t) \\ y(t) \\ z(t) \end{pmatrix} = \begin{pmatrix} \cos t \\ \sin t \\ 0 \end{pmatrix} \tag{B.154}$$

gegeben (vgl. (1.8)), mit $t_0 = 0$ als Anfangs- und $t_1 = 2\pi$ als Endwert. Daher ist

$$\dot{\vec{x}}(t) = \begin{pmatrix} -\sin t \\ \cos t \\ 0 \end{pmatrix} \tag{B.155}$$

und

$$\vec{v}(\vec{x}(t)) = \begin{pmatrix} y(t) \\ 1+z(t) \\ x(t) \end{pmatrix} = \begin{pmatrix} \sin t \\ 1 \\ \cos t \end{pmatrix} \tag{B.156}$$

sowie

$$\dot{\vec{x}}(t) \cdot \vec{v}(\vec{x}(t)) = \begin{pmatrix} -\sin t \\ \cos t \\ 0 \end{pmatrix} \cdot \begin{pmatrix} \sin t \\ 1 \\ \cos t \end{pmatrix} = -\sin^2 t + \cos t. \tag{B.157}$$

Folglich ist das gesuchte Linienintegral

$$\int_0^{2\pi} dt \left(-\sin^2 t + \cos t \right) = -\pi. \tag{B.158}$$

Im Zusammenhang mit dem Thema Linienintegrale erwähnen wir noch eine Verallgemeinerung des Hauptsatzes der Differential- und Integralrechnung (B.134): Ist f eine skalare Funktion, so ist ihr Gradient ein Vektorfeld, und das Linienintegral über dieses kann mit Hilfe der Beziehung

$$\int_\gamma d\vec{x} \cdot \vec{\nabla} f = f|_{\text{Endpunkt}} - f|_{\text{Anfangspunkt}} \tag{B.159}$$

durch die Werte von f an den beiden Randpunkten der Kurve ausgedrückt werden. Der Beweis dieses Sachverhalts ist nicht schwierig:

$$\int_{t_0}^{t_1} dt \, \underbrace{\dot{\vec{x}}(t) \cdot \vec{\nabla} f(\vec{x}(t))}_{\frac{d}{dt} f(\vec{x}(t))} = f(x(\vec{t_1})) - f(x(\vec{t_0})) = f|_{\text{Endpunkt}} - f|_{\text{Anfangspunkt}} \cdot \tag{B.160}$$

Er benötigt lediglich die Leibnizsche Kettenregel in der Form (B.92) und den Hauptsatz in der ursprünglichen Form (B.134). Diese Identität tritt auch in (1.163) auf Seite 51 auf.

B.8 Griechisches Alphabet

α	alpha		μ	my
β	beta		ν	ny
γ, Γ	gamma, Gamma		ξ, Ξ	xi, Xi
δ, Δ	delta, Delta		π, Π	pi, Pi
ε	epsilon		ρ	rho
ζ	zeta		σ, Σ	sigma, Sigma
η	eta		τ	tau
ϑ, θ, Θ	theta (2 Varianten), Theta		φ, ϕ, Φ	phi (2 Varianten), Phi
ι	iota		χ	chi
κ	kappa		ψ, Ψ	psi, Psi
λ, Λ	lambda, Lambda		ω, Ω	omega, Omega

C Einheiten und Konstanten

C.1 Massen- und Energieeinheiten

$$1\,\text{J} = 6.241509647 \cdot 10^{18}\,\text{eV} \qquad \text{Umrechnung von Joule in Elektronenvolt}$$
$$1\,\text{eV} = 1.602176487 \cdot 10^{-19}\,\text{J} \qquad \text{Umrechnung von Elektronenvolt in Joule}$$
$$1\,\text{u} = 1.660538782 \cdot 10^{-27}\,\text{kg} \qquad \text{atomare Masseneinheit}$$

Massen werden aufgrund der Äquivalenz von Masse und Energie oft in Energieeinheiten angegeben. Dabei entsprechen

$1\,\text{kg}$	$5.609589118 \cdot 10^{35}\,\text{eV}$
$1.782661758 \cdot 10^{-36}\,\text{kg}$	$1\,\text{eV}$
$1\,\text{u}$	$9.314940282 \cdot 10^{8}\,\text{eV}$
$1.073544188 \cdot 10^{-9}\,\text{u}$	$1\,\text{eV}$

C.2 Fundamentale Naturkonstanten

Die meisten der hier aufgelisteten Naturkonstanten scheinen im Text des Buches auf. Einige weitere wurden der Vollständigkeit halber hinzugefügt.

$c = 2.99792458 \cdot 10^{8}\,\text{m/s}$ — Lichtgeschwindigkeit (im Vakuum)

$\hbar = \frac{h}{2\pi} = 1.054571628 \cdot 10^{-34}\,\text{kg m}^2/\text{s}$ — Plancksche Konstante (reduziertes Plancksches Wirkungsquantum)

$h = 2\pi\hbar = 6.62606896 \cdot 10^{-34}\,\text{kg m}^2/\text{s}$ — Plancksches Wirkungsquantum

$k = 1.3806504 \cdot 10^{-23}\,\text{kg m}^2/(\text{s}^2\text{K})$ — Boltzmann-Konstante

$G = 6.67428 \cdot 10^{-11}\,\text{m}^3/(\text{kg s}^2)$ — Newtonsche Gravitationskonstante

$\mu_0 = 4\pi \cdot 10^{-7}\,\text{N s}^2/\text{C}^2$ — magnetische Feldkonstante

$\varepsilon_0 = \frac{1}{\mu_0 c^2} = 8.85418781762 \cdot 10^{-12}\,\text{C}^2/(\text{N m}^2)$ — elektrische Feldkonstante

$e = 1.602176487 \cdot 10^{-19}\,\text{C}$ — Elementarladung

$m_e = 9.10938215 \cdot 10^{-31}\,\text{kg}$ — Masse des Elektrons

$m_e c^2 = 0.510998910\,\text{MeV}$ — Ruheenergie des Elektrons

$m_p = 1.672621637 \cdot 10^{-27}\,\text{kg}$ — Masse des Protons

$m_p c^2 = 938.272013\,\text{MeV}$ — Ruheenergie des Protons

$m_n = 1.674927211 \cdot 10^{-27}\,\text{kg}$ — Masse des Neutrons

$m_n c^2 = 939.565346\,\text{MeV}$ — Ruheenergie des Neutrons

$m_{\text{He-Kern}} = 6.64465620 \cdot 10^{-27}\,\text{kg}$ — Masse des Helium-Kerns

$m_{\text{He-Kern}}\, c^2 = 3727.37911\,\text{MeV}$ — Ruheenergie des Helium-Kerns

C.3 Auf Himmelskörper bezogene Konstanten

Einige der hier aufgelisteten Größen scheinen im Text des Buches auf. Andere wurden hinzugefügt, da sie ähnliche Situationen betreffen.

Erde und Erdbahn

$M_{\text{Erde}} = 5.973 \cdot 10^{24}\,\text{kg}$ — Masse der Erde

$R_{\text{Erde}} = 6.371 \cdot 10^{6}\,\text{m}$ — mittlerer Radius der Erde (volumengleiche Kugel)

$g = 9.81\,\text{m/s}^2$ — Erdbeschleunigung (Durchschnittswert)

$$\left.\begin{array}{l} \widetilde{I}_1 = 8.00954 \cdot 10^{37}\,\text{kg m}^2 \\[4pt] \widetilde{I}_2 = 8.00971 \cdot 10^{37}\,\text{kg m}^2 \\[4pt] \widetilde{I}_3 = 8.03593 \cdot 10^{37}\,\text{kg m}^2 \end{array}\right\}\quad \text{Hauptträgheitsmomente}$$

$a_{\text{Erde}} = 1.495979 \cdot 10^{11}\,\text{m}$ — große Halbachse der Erdbahn

$\varepsilon_{\text{Erde}} = 0.0167$ — numerische Exzentrizität der Erdbahn

Mond

$M_{\text{Mond}} = 7.348 \cdot 10^{22}\,\text{kg}$ — Masse des Mondes

$R_{\text{Mond}} = 1.738 \cdot 10^{6}\,\text{m}$ — mittlerer Radius des Mondes

$g_{\text{Mond}} = 1.62\,\text{m/s}^2$ — Schwerebeschleunigung auf dem Mond

Erde-Mond-System

$D_{\text{Erde-Mond}} = 3.844 \cdot 10^{8}\,\text{m}$ — durchschnittliche Entfernung Erde-Mond

Sonne

$M_{\odot} = 1.989 \cdot 10^{30}\,\text{kg}$ — Masse der Sonne

$R_{\odot} = 6.957 \cdot 10^{8}\,\text{m}$ — mittlerer Radius der Sonne

Merkur

$M_{\text{Merkur}} = 3.302 \cdot 10^{23}\,\text{kg}$ — Masse des Merkur

$a_{\text{Merkur}} = 5.7909 \cdot 10^{10}\,\text{m}$ — große Halbachse der Merkurbahn

$\varepsilon_{\text{Merkur}} = 0.2056$ — numerische Exzentrizität der Merkurbahn

$T_{\text{Merkur}} = 87.969\,\text{Tage}$ — Umlaufzeit des Merkur

Jupiter

$M_{\text{Jupiter}} = 1.899 \cdot 10^{27}\,\text{kg}$ — Masse des Jupiter

$a_{\text{Jupiter}} = 7.7836 \cdot 10^{11}\,\text{m}$ — große Halbachse der Jupiterbahn

$\varepsilon_{\text{Jupiter}} = 0.0484$ — numerische Exzentrizität der Jupiterbahn

$T_{\text{Jupiter}} = 11.86\,\text{Jahre}$ — Umlaufzeit des Jupiter

Tabellenverzeichnis

Abbildungsverzeichnis

Index

Dieses Register verweist auf zahlreiche Seiten, die die entsprechenden Begriffe und Themen enthalten, jedoch nicht in jedem Fall auf *alle*.

A

abgeschlossenes System 16, 48, 59, 63, 64, 147, 173, 210

Abstand vom Koordinatenursprung 7

Abstandsquadrat
- im Raum 195, 196
- in der Ebene 196
- raumzeitliches 196, 200, 230, 277

Abstandsquadrat, raumzeitliches *siehe auch* Minkowski-Metrik

Addition von Kräften 18
- Kräfteparallelogramm 18

Additivität der Masse 219, 220

aktive Interpretation einer Transformation 295, 296

Algebra 154
- lineare 68, 80

Allgemeine Relativitätstheorie VII, 1, 2, 11, 12, 19, 55, 63, 96, 101, 147, 179, 190, 236, 241

am selben Ort 198

Amplitude 9, 31, 38–40, 44, 66, 139, 166, 255, 256

Analysis 32, 154

Änderungsrate 11, 34, 133, 306

Anfangsdaten 24, 25, 27, 29–32, 39, 65–67, 113, 114, 135, 141, 150, 161, 162, 165, 166, 210, 215, 217

Anfangsgeschwindigkeit 24, 25, 27, 28, 49, 65, 113, 248

Anfangsimpuls 66

Anfangsort 24, 25, 27, 29, 49, 65, 66, 113, 248

Anfangsphase *siehe* Phase

Anfangswertproblem 25, 27, 28, 30, 44

anharmonische Schwingung 141

anharmonischer Oszillator 142
- Lagrangefunktion 141

antisymmetrisch 35, 144, 145, 156, 165, 238, 254, 270, 289–291, 308

antisymmetrische Matrix 144, 238

Antiteilchen 208, 283

antreibende Kraft 17, 18, 20, 45

aperiodischer Grenzfall 44

Aphel 134

Äquivalenz von Masse und Energie 222, 224, 226, 319

Arbeit 46–48, 50, 51, 206, 207, 214, 239, 246, 315

Äther 174, 180, 186
- Ätherdrift-Experimente 174
- Äthertheorie 173, 174
- Michelson-Morley-Experimente 174, 179

Atom 15

Atomkern 136, 226

aufgeprägte Kraft 17, 18, 20, 45

Ausbreitungsgeschwindigkeit (Felder) 15, 16, 18, 211

Ausbreitungsrichtung des Lichts 174, 209

Auslenkung 16, 29–31, 138, 139, 141, 142, 169, 264

Auslenkungswinkel 107, 137–139, 141, 268

axialsymmetrisch 76, 81, 83, 89

B

Bahndaten 135, 217

Bahndrehimpuls 74

Fit für die Prüfung

Claus Wilhelm Turtur
Prüfungstrainer Mathematik
Klausur- und Übungsaufgaben mit vollständigen Musterlösungen
3., akt. Aufl. 2010. 606 S. Br. EUR 34,95
ISBN 978-3-8348-0639-0
Mengenlehre - Elementarmathematik - Aussagelogik - Geometrie und Vektorrechnung
- Lineare Algebra - Differential- und Integralrechnung - Komplexe Zahlen - Funktionen
mehrerer Variabler und Vektoranalysis - Wahrscheinlichkeitsrechnung und Statistik
- Folgen und Reihen - Gewöhnliche Differentialgleichungen - Funktionaltransformati-
onen - Musterklausuren - Tabellen und Formeln

Mit diesem Klausurtrainer gehen Sie sicher in die Prüfung. Viele Übungen zu
allen Bereichen der Ingenieurmathematik bereiten Sie gezielt auf die Klausur vor.
Ihren Erfolg können Sie anhand der erreichten Punkte jederzeit kontrollieren. Und
damit Sie genau wissen, was in der Prüfung auf Sie zukommt, enthält das Buch
Musterklausuren von vielen Hochschulen!

Claus Wilhelm Turtur
Prüfungstrainer Physik
Klausur- und Übungsaufgaben mit vollständigen Musterlösungen
2., überarb. Aufl. 2009. II, 570 S. mit 189 Abb. Br. EUR 34,90
ISBN 978-3-8348-0570-6

Mechanik - Schwingungen, Wellen, Akustik - Elektrizität und Magnetismus -
Gase und Wärmelehre - Optik - Festkörperphysik - Spezielle Relativitätstheorie
- Atomphysik, Kernphysik, Elementarteilchen - Statistische Unsicherheiten -
Musterklausuren

Mit diesem Klausurtrainer gehen Sie sicher in die Prüfung. Viele Übungen zu allen
Bereichen der Physik bereiten Sie gezielt auf die Klausur vor. Ihren Erfolg können
Sie anhand der erreichten Punkte jederzeit kontrollieren. Und damit Sie genau wissen, was in der Prüfung auf Sie zukommt, enthält das Buch Musterklausuren von
vielen Hochschulen!

**VIEWEG+
TEUBNER**

Abraham-Lincoln-Straße 46
65189 Wiesbaden
Fax 0611.7878-400
www.viewegteubner.de

Stand Juli 2010.
Änderungen vorbehalten.
Erhältlich im Buchhandel oder im Verlag.

Aus dem Programm Chemie

Rudi Hutterer

Fit in Biochemie

Das Prüfungstraining für Mediziner, Chemiker und Biologen
2010. IV, 641 S. (Studienbücher Chemie) Br. EUR 39,95
ISBN 978-3-8348-0727-4

Aufgaben vom Multiple Choice-Typus - Biomoleküle - Enzymkinetik und optisch-enzymatische Bestimmungen - Energetik und Stoffwechsel - Nucleinsäuren, Genexpression und molekularbiologische Methoden - Spezielle Themenbereiche - Aufgaben mit klinischem / pharmakologischen Bezug - Lösungen

Die Aufgabensammlung „Fit in Biochemie" baut auf den beiden erschienenen Titeln „Fit in Anorganik" und „Fit in Organik" auf und bildet den Abschluss dieser Reihe. Das hierbei bewährte Konzept wird beibehalten: im Mittelpunkt stehen die ausführlich ausgearbeiteten und kommentierten Lösungen zu den Aufgaben.

Abraham-Lincoln-Straße 46
65189 Wiesbaden
Fax 0611.7878-400
www.viewegteubner.de

Stand Juli 2010.
Änderungen vorbehalten.
Erhältlich im Buchhandel oder im Verlag.